GREIFSWALDER GEOGRAPHISCHE ARBEITEN

Geographisches Institut der Ernst-Moritz-Arndt-Universität Greifswald

Band 23

Geoökologische und landschaftsgeschichtliche Studien in Mecklenburg-Vorpommern

herausgegeben von
Konrad Billwitz

GREIFSWALD 2001

ERNST-MORITZ-ARNDT-UNIVERSITÄT GREIFSWALD

Impressum

ISBN 3-86006-188-7
Ernst-Moritz-Arndt-Universität Greifswald

Herausgabe: Konrad Billwitz
Redaktion: Konrad Billwitz; Knut Kaiser

Layout: Brigitta Lintzen
Karten und Grafiken: Brigitta Lintzen, Petra Wiese

Herstellung: Vervielfältigungsstelle der Ernst-Moritz-Arndt-Universität,
                KIEBU-Druck Greifswald

Für den Inhalt ist der Autor/sind die Autoren verantwortlich

Inhaltsverzeichnis

KONRAD BILLWITZ	Vorwort des Herausgebers	4 - 5
KNUT KAISER	Neue geomorphologische und pedologische Befunde zur jungquartären Landschaftsentwicklung in Mecklenburg-Vorpommern	7 - 41
PIM DE KLERK HENRIK HELBIG SABINE HELMS WOLFGANG JANKE KATHRIN KRÜGEL PETER KÜHN DIERK MICHAELIS SUSANN STOLZE	The Reinberg researches: palaeoecological and geomorphological studies of a kettle hole in Vorpommern (NE Germany), with special emphasis on a local vegetation during the Weichselian Pleniglacial/Lateglacial transition	43 - 131
PETER KÜHN	Grundlegende Voraussetzungen bodengenetischer Vergleichsuntersuchungen: Theorie und Anwendung	133 - 153
JANA KWASNIOWSKI	Die Böden im Naturschutzgebiet Eldena (Vorpommern)	155 - 185
PIM DE KLERK DIERK MICHAELIS ALMUT SPANGENBERG	Auszüge aus der weichselspätglazialen und holozänen Vegetationsgeschichte des Naturschutzgebietes Eldena (Vorpommern)	187 - 208
OLIVER NELLE JANA KWASNIOWSKI	Untersuchungen an Kohlenmeilerplätzen im NSG Eldena (Vorpommern) – Ein Beitrag zur Erforschung der jüngeren Nutzungsgeschichte	209 - 225
ALMUT SPANGENBERG	Die Vegetationsentwicklung im Naturschutzgebiet Eldena (Vorpommern) in der zweiten Hälfte des 20. Jahrhunderts	227 - 240
JÖRG HARTLEIB	Das Forst-GIS der Universität Greifswald. Struktur und Funktionalität an ausgewählten Beispielen des „NSG Eldena" (Vorpommern)	241 - 254
HARTMUT RUDOLPHI	Degradierung und Wiedervernässungsmöglichkeiten von Niedermooren in der Barther Heide (Vorpommern)	255 - 276
KONRAD BILLWITZ JÖRG HARTLEIB MATTHIAS WOZEL	Ein Bodenschutzkonzept als Beispiel für angewandte geoökologische Forschung	277 - 296

Vorwort des Herausgebers

Der Lehrstuhl Geoökologie legt hiermit eine Sammlung wissenschaftlicher Arbeiten unter dem Titel "Geoökologische und landschaftsgeschichtliche Studien in Mecklenburg-Vorpommern" vor. Alle hierunter subsummierten Arbeiten sind in den letzten beiden Jahren aus der täglichen Arbeit hervorgegangen. Dabei wird deutlich, dass es sowohl Arbeiten mit betont geowissenschaftlicher als auch komplexer geo- und landschaftsökologischer Ausrichtung bis hin zu Arbeiten mit bewusstem Praxisbezug sind. Es handelt sich einerseits um Zwischen- und Endergebnisse aus Dissertationen und DFG-Forschungsthemen, um Auftragsforschung als auch um Teilergebnisse aus Diplomarbeiten. Die Arbeiten offenbaren einerseits die Breite der am Lehrstuhl Geoökologie verfolgten wissenschaftlichen Ansätze als auch die Möglichkeiten und Erfordernisse fachübergreifender Kooperation insbesondere mit den Biowissenschaften. Daraus erwächst auch die Vielfalt der eingesetzten methodischen Verfahren (beispielsweise aus Vegetationsökologie und Pflanzensoziologie, aus Bodenkunde und Mikromorphologie, aus Palynologie und Großrestanalytik, aus Geomorphologie und Sedimentologie, Anthrakologie usw.). Zugleich werden die Fortschritte im Gebrauch computerkartographischer Werkzeuge bei der Erarbeitung und Umsetzung der Ergebnisse deutlich, wenngleich auch die begrenzten drucktechnischen Möglichkeiten bei der Herausgabe der "Greifswalder Geographischen Arbeiten" dies nicht immer zum Ausdruck bringen können.

Von besonderer Bedeutung war die Einbindung des Lehrstuhls Geoökologie in das DFG-Schwerpunktprogramm "Entwicklung der Geo-Biosphäre in den letzten 15.000 Jahren" mit dem eigenständigen Thema "Chronostratigraphie, geoökologische Entwicklung und menschliche Besiedlung vom Spätglazial zum Holozän in Nordostdeutschland". Von der DFG wurden nicht nur Personal- und Sachmittel gewährt, sondern es gelang während dieses Projekts auch eine sachgerechte Weiterentwicklung der Greifswalder geographischen Jungquartärforschung, die untrennbar mit den Namen HEINRICH REINHARD, HEINZ KLIEWE, HORST BRAMER und WOLFGANG JANKE verbunden ist. Die zweifelsfrei auch früher bereits praktizierte Zusammenarbeit mit Nachbarwissenschaften erfuhr mit diesem Projekt eine besondere Akzentuierung in Richtung Archäologie, Palynologie, Bodengenetik und Quartärgeologie. Die bereits abgeschlossenen oder kurz vor der Fertigstellung stehenden Dissertationen am Lehrstuhl Geoökologie von HENRIK HELBIG, KNUT KAISER, PIM DE KLERK UND PETER KÜHN sind äußerer Ausdruck dieser äußerst produktiven Arbeitsphase. Im wissenschaftlichen Sog dieser jungen Kollegen konnten in den letzten Jahren zunehmend auch begeisterungsfähige junge Leute heranwachsen, die teilweise bereits in diesem Band als Autoren in Erscheinung treten, von denen aber sicher auch in den nächsten Jahren noch zu hören sein wird (HARTMUT RUDOLPHI, JANA KWASNIOWSKI, SABINE HELMS, MATTHIAS WOZEL, JÖRG HARTLEIB u.a.).

Es mag auffallen, dass sich einige Arbeiten speziell um den Greifswalder Universitätsforst Eldena ranken. Dahinter steckt Absicht. Dieses Waldgebiet befindet sich in unmittelbarer Nähe der Universitätsstadt Greifswald und wird sowohl von der Bevölkerung als stadtnahes Erholungsgebiet stark frequentiert als auch als außerschulischer Lernort Greifswalder Schulen und als traditionelles Exkursionsgebiet universitärer Einrichtungen (Geobotanik, Geographie, Zoologie, Geologie usw.) genutzt. Zudem geriet es durch Rückübertragung wieder in die Hände der Universität und durch die daraufhin einsetzende Holzgewinnung und Durchforstung in den Mittelpunkt allgemeinen Interesses. Aus den hier vorgelegten Arbeiten zum Universitätsforst Eldena wird offensichtlich, dass dieses Kleinod aber mehr als ein gewinnbringender Forststandort ist. Infolge seines Charakters als Naturschutz- und Erholungsgebiet, infolge des von allen Seiten zunehmenden Siedlungsdruckes, infolge des auch durch dieses Heft deutlich werdenden ungebrochenen Bedarfs von Seiten universitärer Lehre und Forschung und nicht zuletzt durch das auch in Ansätzen kaum erschlossene landschaftliche "Archivgut" des Universitätsforstes Eldena bedarf es einer beschleunigten Umbewertung durch den alten und neuen Eigentümer, durch die Ernst-Moritz-Arndt-Universität Greifswald selbst. Hierzu möchten die Aufsätze zum Universitätsforst und Naturschutzgebiet Eldena einen anregenden Beitrag leisten.

Nicht zuletzt sollte auch der Aspekt des unmittelbaren und direkten Praxisbezugs von geoökologischen Arbeiten in diesem Band Erwähnung finden. Von den vielen landschaftsplanerischen Beiträgen, die in den letzten Jahren vom Lehrstuhl Geoökologie ausgingen, dominierten neben Beiträgen zur Umgestaltung vorpommerscher Gutsparke immer mehr solche zum "Schutzgut Boden". In diesem Sinne sind vor allem landschaftsplanerische Beiträge zu Umweltverträglichkeitsprüfungen zu Verkehrsprojekten (Transrapid, Bundesautobahn A 20, Umfahrung B 96 Greifswald, Umfahrung B 193 Neustrelitz, Umfahrung B 68 Darup-Nottuln), zum ITER-Projekt Lubmin und zum Schutz von Mineralwasserressourcen erarbeitet worden. Letzteres Projekt wird als Kurzfassung hier vorgestellt.

Insgesamt wird mit diesem Band deutlich, dass auch vergleichsweise kleine wissenschaftliche Einrichtungen nicht nur wesentlich zum allgemeinen wissenschaftlichen Fortschritt, sondern gleichzeitig auch zu einer bedeutsamen Vertiefung des geowissenschaftlichen Erkenntnisstandes über die Region beizutragen vermögen.

Greifswald, Oktober 2001　　　　　　　　　　　　　　　　　　　　Prof. Dr. Konrad Billwitz

Neue geomorphologische und pedologische Befunde zur jungquartären Landschaftsentwicklung in Mecklenburg-Vorpommern

von

KNUT KAISER

Zusammenfassung
In der vergangenen Dekade wurde eine Reihe neuer Befunde zur jungquartären Relief- und Bodenentwicklung in Mecklenburg-Vorpommern erbracht. Insbesondere ist die Qualität und Quantität begleitender chronologischer Daten – z.B. ^{14}C-Analysen, Pollendiagramme, archäologische Befunde – merklich erhöht worden. Vor dem Hintergrund sogenannter „Forstlicher Wuchsgebiete", als eine Möglichkeit der naturräumlichen Gliederung, werden die Ergebnisse zur regionalen Seebecken-, Fluß-, Dünen-, Küsten- und Bodengenese präsentiert. In einem besonderem Maße wird dem Einfluß des Menschen auf Relief, Substrat und Boden sowie der Geoarchäologie urgeschichtlicher Fundplätze nachgegangen.

Abstract
Several geoscientific projects in the last decade led to a marked increase of knowledge in the regional landscape evolution in the Late Quaternary. Especially the quality and quantity of accompanied chronological dates – e.g. radiocarbon dates, pollendiagrams, archaeological records – were increased. The new records of the genesis of basins, rivers, and dunes as well as soils are presented against the background of areas of „Forstliche Wuchsgebiete". These „Forstliche Wuchsgebiete" are terms used to describe the physiogeographical regional subdivision. A special focus highlights the human impact on the landscape and the geoarchaeology of archaeological sites.

1 Einführung
Hintergrund des vorliegenden Beitrages ist eine Studie für die Landesforstverwaltung zur spätpleistozänen und holozänen Landschaftsgeschichte in den forstlichen Wuchsgebieten von Mecklenburg-Vorpommern (LANDESAMT FÜR FORSTEN UND GROSSSCHUTZGEBIETE MECKLENBURG-VORPOMMERN im Druck). Darin wird anhand vornehmlich neuer Befunde ab den 1990er Jahren ein Abriß der geomorphologischen und bodengeschichtlichen Entwicklung dieses Raumes seit der letzten Enteisung gegeben.

Die räumliche Darstellung der Befunde vor dem Hintergrund forstlicher Wuchsgebiete folgt auch hier der Intention dieser Studie (Abb. 1, 2). Es muß jedoch darauf hingewiesen werden, dass es neben der hauptsächlich klimatisch begründeten Naturraumgliederung des Landes Mecklenburg-Vorpommern für forstliche Zwecke auch weitere, methodisch differenzierte Ansätze in diese Richtung gibt (BILLWITZ 1997a, Abb. 1).

In den Kapiteln 2 und 3 wird ein Überblick zur jungquartären Relief- und Bodenentwicklung in Mecklenburg-Vorpommern gegeben, wie er anhand des aktuellen und z.T. immer noch relativ geringen Kenntnisstandes abzuleiten ist. Aus diesem Grund kann auch keine gleichgewichtete Darstellung der Wuchsgebiete in Kapitel 4 erfolgen und sollen nur Fallbeispiele betrachtet werden. Randlich wird zudem auf vegetationsgeschichtliche Studien hingewiesen.

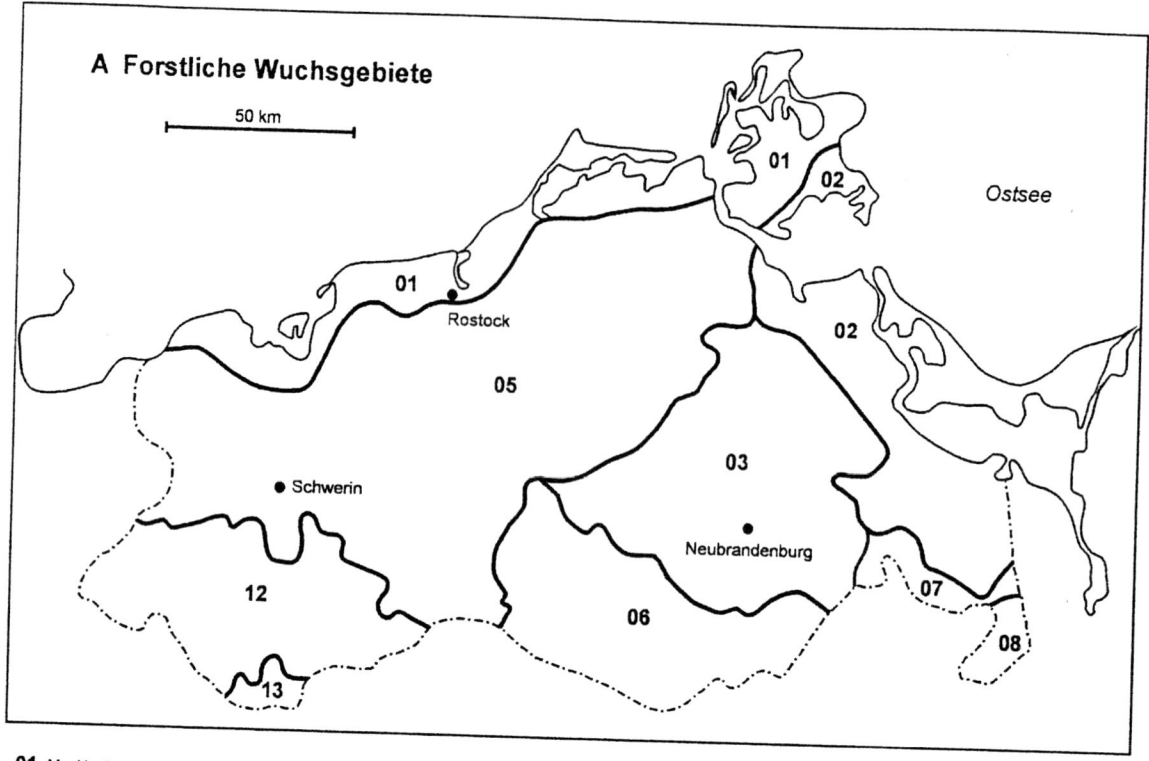

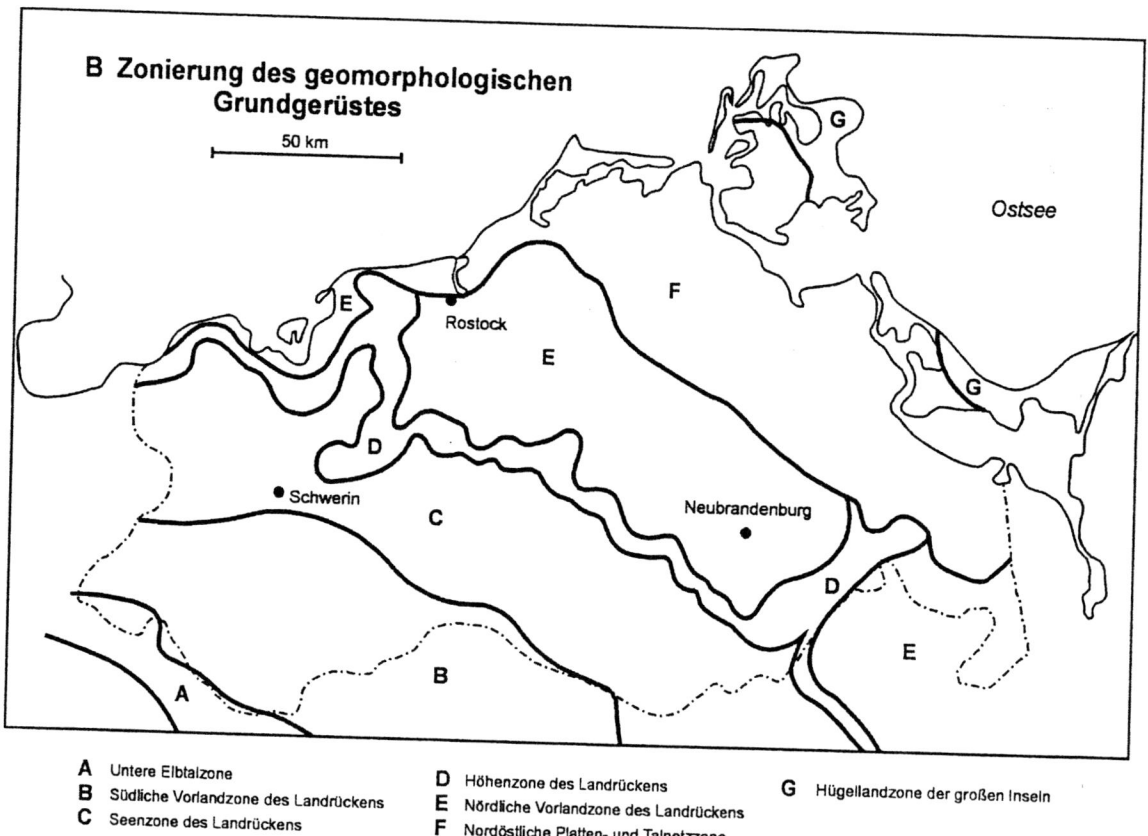

Abb. 1: Naturräumliche Gliederung von Mecklenburg-Vorpommern. A: Forstliche Wuchsgebiete auf der Grundlage vornehmlich klimatologischer Abgrenzungskriterien (Quelle: SCHULZE 1996, verändert). B: Naturraumstruktur anhand geomorphologischer Abgrenzungskriterien (Quelle: BILLWITZ 1997a, verändert)

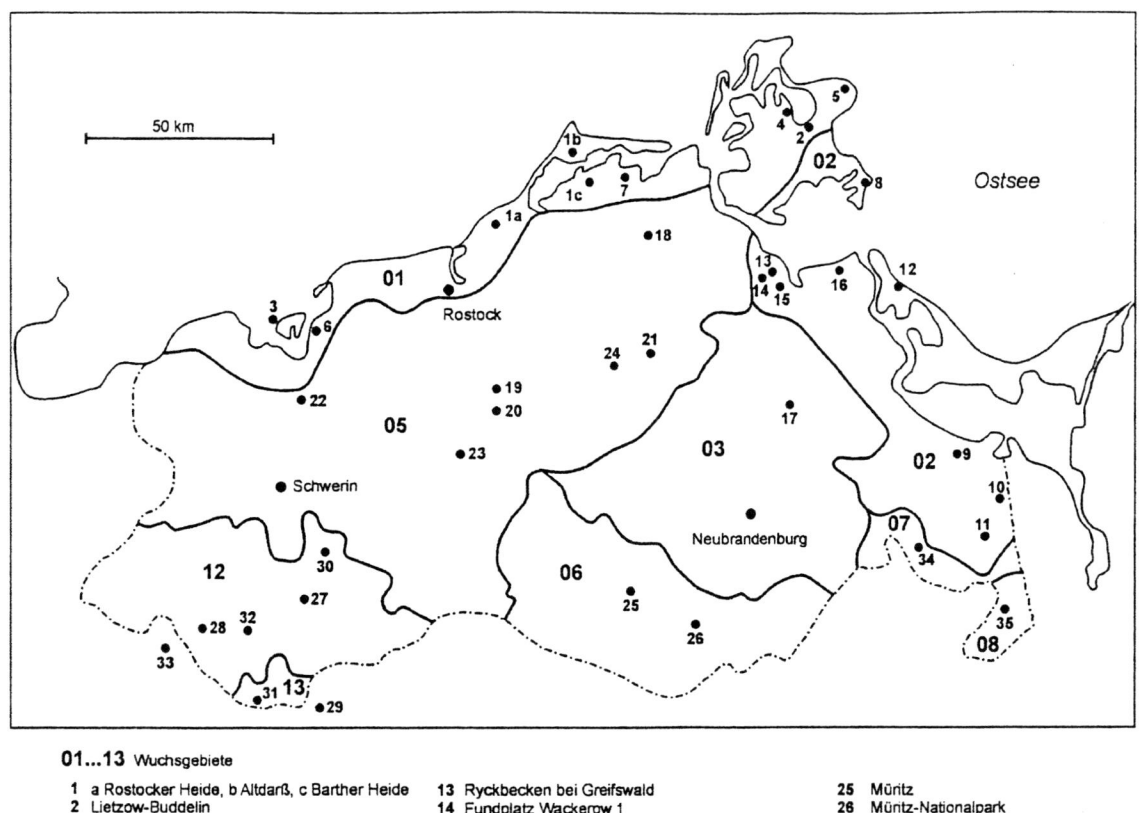

Abb. 2: Im Text vorgestellte Befunde zur spätpleistozänen und holozänen Relief- und Bodenentwicklung vor dem Hintergrund forstlicher Wuchsgebiete in Mecklenburg-Vorpommern

Zu beachten ist, dass Relief und Boden nur *zwei* von insgesamt acht Bestandteilen der Landschaft darstellen (Untergrund, Relief, Boden, Klima, Vegetation, Wasser, Tierwelt, Mensch). Erst der funktionale Zusammenhang aller ergibt „die" Landschaft und schließlich auch „die" Landschaftsgeschichte!

Auf den Menschen und seine landschaftsverändernde Wirkung wird z.B. bei der Diskussion von Kolluvialsequenzen und von Wasserstandsveränderungen in Seen und Mooren eingegangen. Eine *aktuelle* zusammenfassende Darstellung der regionalen ur- und frühgeschichtlichen Entwicklung fehlt allerdings bislang ebenso, wie auch eine regionale Zusammenfassung der Vegetationsgeschichte. Für einen Überblick zu den ur- und frühgeschichtlichen Verhältnissen sei auf die den wesentlichen "Epochencharakter" widerspiegelnden älteren Publikationen des Archäologischen Landesmuseums verwiesen (KEILING 1982, 1984 und weitere Bände).

Erste Untersuchungen zur spätpleistozänen und holozänen Landschaftsentwicklung datieren regional in das endende 18. Jh. Nach dem 19. Jh. mit seiner unüberschaubaren, heute aber weitgehend obsoleten Flut von kleineren Arbeiten und "vermischten Mitteilungen", die das Thema berührten, folgten zu Beginn des 20. Jh. im Zuge der geologischen und geographischen Landesaufnahme einige z.T. sehr modern anmutende und immer noch anregende Arbeiten (z.B. GEINITZ 1913). Einen großen Aufschwung nahm die Erforschung der jungquartären Landschaftsentwicklung dann in den 1950er und 60er Jahren, als einerseits vom Geographischen Institut der Universität Greifswald große Landschaftsmonographien mit zumeist geomorphologischem Schwerpunkt initiiert wurden (z.B. HURTIG 1954, 1957, BENTHIEN 1956, KLIEWE 1960, BRAMER 1964, REINHARD 1956, SEELER 1962) und anderseits vom Geologischen Institut der Universität Rostock quartärgeologisch orientierte Abhandlungen zu größeren Landschaften vorgelegt wurden (z.B. BRINKMANN 1958, SCHULZ 1961, LUDWIG 1964). Wichtige Beiträge zur Bodengenese im nordostdeutschen Tiefland lieferten in dieser Zeit zum einen Einrichtungen der Forstbodenkunde (z.B. DIETRICH 1958, KUNDLER 1961, JÄGER & KOPP 1969, KOPP 1969, 1970, 1973) und zum anderen bodenkundliche Institute der Landwirtschaft (z.B. REUTER 1962, THIERE & LAVES 1968). Der Entwicklung des ostseewärtigen Gebietes war eine Vielzahl von Arbeiten aus dem Institut für Meereskunde in Rostock-Warnemünde gewidmet (z.B. KOLP 1965). Nach einer Phase scheinbar vollständiger Einstellung terrestrischer Forschungsaktivitäten - Ausnahmen sind Untersuchungen zur regionalen Flußtalentwicklung (JANKE 1978a, b) und stratigraphische Arbeiten im Bereich der Wirbeltierfundstätte von Pisede bei Malchin (z.B. HARTWICH et al. 1975) - belebte sich die landschaftsgeschichtliche Forschung wieder spürbar in den 80er, insbesondere aber in den 90er Jahren (z.B. LANGE et al. 1986, KLIEWE 1989, im Druck, DUPHORN et al. 1995, JANKE 1996, im Druck, SCHUMACHER et al. 1998, BILLWITZ et al. 2000).

Man kann gegenwärtig (noch) von einer "ausdifferenzierten Forschungslandschaft" zur Untersuchung der jungquartären Landschaftsentwicklung in Mecklenburg-Vorpommern sprechen; verschiedene gerade abgeschlossene Großprojekte der Deutschen Forschungsgemeinschaft sowie von Bundes- und Landesministerien lieferten dafür eine Grundlage.

Die terrestrische Geomorphologie und Paläopedologie wird z.Z. hauptsächlich vom Geographischen Institut der Universität Greifswald betreut, dies z.T. in enger Kooperation mit der Universitäts- und Landesarchäologie. Der Entwicklungsgeschichte der Ostsee und ihrer Randgewässer widmen sich verschiedene Institute in Greifswald und Rostock (Geogr. Inst. und Inst. f. Geol. Wiss. der Univ. Greifswald, Inst. f. Ostseeforschung Warnemünde). Die paläobotanische Forschung ruht auf einer breiten Grundlage von Einrichtungen des Landes und benachbarter Bundesländer (z.B. Botan. Inst. d. Univ. Greifswald).

Dieser Forschungskonjunktur entspricht eine große Zahl von jüngeren Publikationen, die i.d.R. kleinräumig orientierte, akribische Befundaufnahmen und -diskussionen zum Inhalt haben und in den jeweiligen disziplineigenen Fachzeitschriften, Jahrbüchern oder Institutsschriftenreihen erschienen sind. Ein großer Teil von Ihnen findet sich als Referenz im Literaturanhang wieder. Noch fehlen allerdings weitgehend moderne Gebietsmonographien oder Darstellungen komplexer Sachverhalte, wie z.B. zur regionalen Relief- und Pedogenese oder zur Vegetationsgeschichte, die sich auf eine Zusammenfassung der vielen neuen Detailerkenntnisse gründen.

2 Grundzüge der jungquartären Reliefentwicklung

Abbildung 3 vermittelt einen Überblick zur Chronologie der spätpleistozänen und holozänen Landschafts- und Besiedlungsentwicklung in Mecklenburg-Vorpommern. Besonders zu berücksichtigen sind die unterschiedlichen Skalen einer absoluten Datierung von Entwicklungsphasen und Einzelereignissen.

Die jungquartäre Reliefentwicklung läßt sich grob in 5 Phasen gliedern: spätes Pleniglazial, Spätglazial, Frühholozän, natürlich geprägtes Mittelholozän und anthropogen geprägtes Jungholozän.

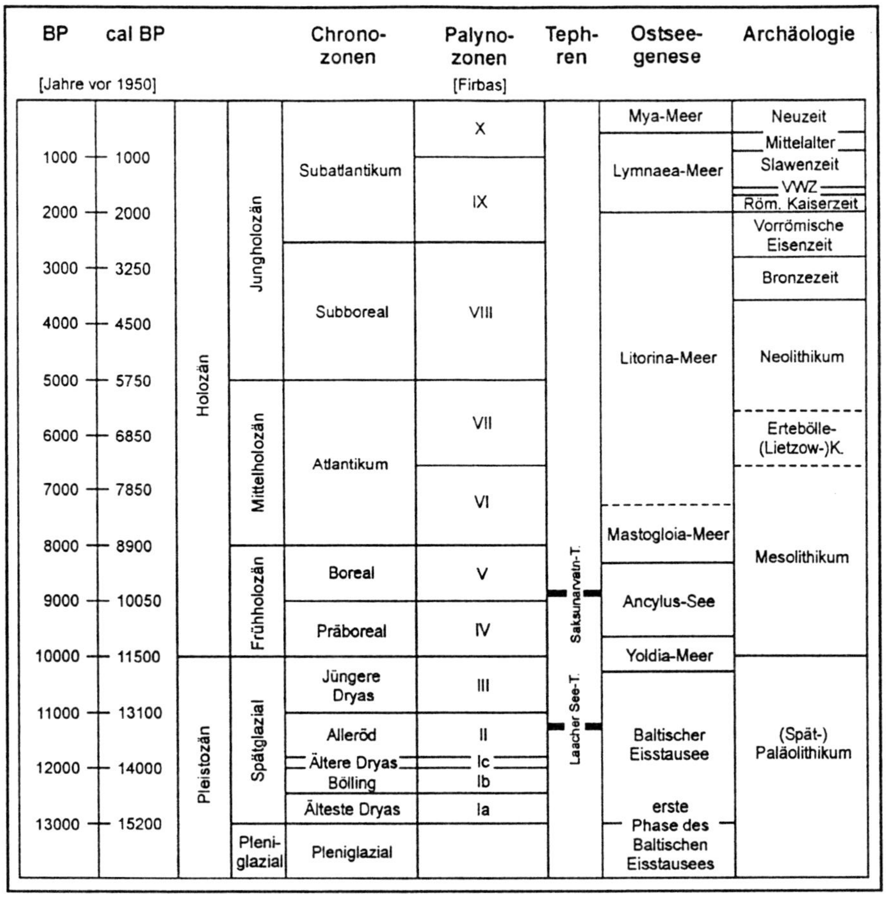

BP [Jahre vor 1950]	cal BP		Chronozonen	Palynozonen [Firbas]	Tephren	Ostseegenese	Archäologie
1000	1000	Holozän / Jungholozän	Subatlantikum	X		Mya-Meer	Neuzeit
							Mittelalter
						Lymnaea-Meer	Slawenzeit
							VWZ
2000	2000			IX			Röm. Kaiserzeit
							Vorrömische Eisenzeit
3000	3250						Bronzezeit
4000	4500		Subboreal	VIII		Litorina-Meer	
5000	5750						Neolithikum
6000	6850	Mittelholozän	Atlantikum	VII			Ertebölle-(Lietzow-)K.
7000	7850			VI			
8000	8900				Saksunarvatn-T.	Mastogloia-Meer	Mesolithikum
9000	10050	Frühholozän	Boreal	V		Ancylus-See	
			Präboreal	IV		Yoldia-Meer	
10000	11500	Pleistozän / Spätglazial	Jüngere Dryas	III	Laacher See-T.	Baltischer Eisstausee	(Spät-) Paläolithikum
11000	13100		Alleröd	II			
12000	14000		Ältere Dryas	Ic			
			Bölling	Ib			
			Älteste Dryas	Ia			
13000	15200	Pleniglazial	Pleniglazial			erste Phase des Baltischen Eisstausees	

Abb. 3: Chronologie der jungquartiären Landschafts- und Besiedlungsentwicklung in Mecklenburg-Vorpommern (Quelle: KAISER 2001)

Das *späte Pleniglazial* war von einer finalen glazialen Geomorphodynamik geprägt. Mit dem subaerischen Eisabbau im nördlichen Mecklenburg-Vorpommern um ca. 14.000 BP (BP = *before present* = Radiokarbonjahre vor heute; vgl. GÖRSDORF & KAISER 2001) entstanden großflächige Toteismassen, die einerseits relief- und sedimentbildend wirkten und andererseits - neben dem Niederschlag - Wasser für subaerische Abflußprozesse bereitstellten. Die sehr tiefen Temperaturen verursachten Permafrost und eine intensive Frostverwitterung der oberflächenbildenden Sedimente. Fehlende oder eine allenfalls sehr spärliche Vegetation aus Gräsern und Kräutern führte zu starkem Oberflächenabfluß mit Spülerosion. Jahreszeitlich sehr hohe Abflußspitzen prägten die "verwilderten", grobmaterialreichen Flußtäler.

Das *Spätglazial* von ca. 12.900 bis 10.000 BP ist von einer Folge sich rasch abwechselnder und jeweils relativ kurz andauernder kalt-trockener Phasen (Stadiale, die sog. "Dryas-Zeiten") und "warm"-feuchter Phasen (Interstadiale) geprägt gewesen. Eine Reihe von markanten Bestandteilen des Reliefs, wie z.B. die meisten Becken, viele Flußtäler sowie großflächige Areale mit Dünen und Flugsanddecken, erfuhren in diesem Zeitraum ihre Bildung bzw. starke Veränderungen. Der an die Stadiale gebundene Permafrost führte zu ähnlichen Prozessen wie im späten Pleniglazial. Während der Interstadiale löste sich der Permafrost auf, tauten die "Toteisplomben" in vielen Becken aus und bildeten sich Seen und Moore. Die sich phasenhaft mit steppenartiger und Gebüsch- bzw. Waldvegetation bedeckende Landschaft wurde zunächst von einer noch im Spätglazial ausgestorbenen bzw. verdrängten Großtierfauna aus z.B. Mammut, Wollnashorn und Rentier besiedelt (BENNECKE 2000). Später kamen Tiere lichter Wälder wie z.B. Riesenhirsch und Elch dazu (STREET 1996, KAISER et al. 1999). Ab dem jüngeren Spätglazial (Alleröd) läßt sich der Mensch in Mecklenburg-Vorpommern nachweisen (TERBERGER 1997).

Das *Frühholozän* von ca. 10.000 bis 8.000 BP ist von kontinental-temperaten Klimabedingungen geprägt gewesen. Nach Ausweis verschiedener hochaufgelöster Stratigraphien in Europa und auf Grönland fand der drastische Klima-Umschwung vom Spätglazial zum Holozän innerhalb weniger Jahrzehnte statt. Zunächst noch lichte Mischwälder aus Laubgehölzen und Kiefern sowie eine dichte Krautvegetation führten zu einer zunehmenden Stabilisierung der Landoberflächen. Letzte Toteis-Tieftauprozesse datieren in diesen Zeitabschnitt; die Anzahl von Stillgewässern im Jungmoränengebiet erreichte ihr jungquartäres Maximum. Das Gebiet der heutigen Ostsee und der Bodden wies Großseen auf, die infolge von Wasserspiegelschwankungen phasenhaft ihre Ausdehnung veränderten. Landbrücken verbanden zeitweise Mitteleuropa mit Südskandinavien (LEMKE 1998, Abb. 4).

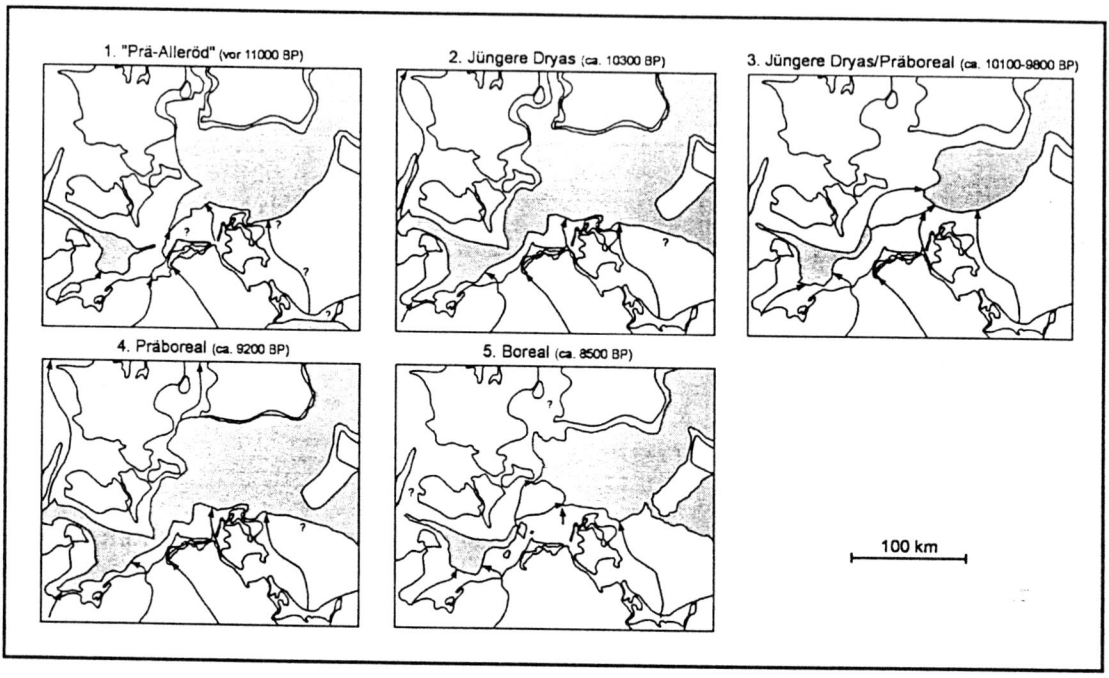

Abb. 4: Paläogeographische Entwicklung während des Spätglazials und Frühholozäns im Gebiet der südlichen Ostsee, Grau = Seeflächen (Quelle: LEMKE 1998, verändert)

Das natürlich geprägte *Mittelholozän* von ca. 8.000 bis 5.000 BP kennzeichnen ozeanisch-temperierte Klimaverhältnisse mit zeitweise um ca. 2 °C höheren Jahresdurchschnittstemperaturen gegenüber heute. Eingriffe des mittelsteinzeitlichen Menschen beschränkten sich auf lokale Störungen durch Jagd, Sammelwirtschaft und Siedlungsplätze. Die Vegetation war von dichten Laubmischwäldern geprägt; nur relativ kleinflächige Moor-, Flußtal-, Seeufer- und Küstenstandorte bildeten Offenland. Durch den ansteigenden Spiegel des Weltmeeres wurde im Ostseebecken die sogenannte Litorina-Transgression ausgelöst; hydrologische Fernwirkungen reichten bis weit in das tiefgelegene Hinterland (RICHTER 1968, KAISER 1996). Das Mittelholozän war - mit Ausnahme der Küste und einiger Flußabschnitte - die geomorphodynamisch stabilste Phase im Jungquartär.

Im anthropogen geprägten *Jungholozän* von ca. 5.000 BP bis heute führte die unterschiedlich intensive Besiedlung durch den wirtschaftenden Menschen zu einer Öffnung der Landschaft und damit zu einer anthropogen ausgelösten Aktivierung der Geomorphodynamik (z.B. Erosion auf Ackerflächen, Stoffeinträge in Seen, Erhöhung der Abflußspitzen in Fließgewässern). Waren in der Jungsteinzeit die Eingriffe durch Ackerbau und Viehzucht eher noch lokaler Natur, steigerte sich die Intensität in der nachfolgenden Bronze-, Eisen- und Slawenzeit. Unterbrochen wurden die Siedlungszeiten jedoch immer wieder von Entsiedlung und

Wiederbewaldung. Im Mittelalter und in der Neuzeit führte die großflächige ackerbauliche Nutzung von sandigen "Grenzertragsstandorten" zur Entstehung riesiger Ödländereien mit beeindruckenden Bodenumlagerungen (DIECKMANN & KAISER 1998). Diese Flächen wurden i.d.R. erst Ende des 18. Jh. und im 19. Jh. wieder forstwirtschaftlich rekultiviert.

3 Grundzüge der jungquartären Bodenentwicklung

An dieser Stelle soll beispielhaft für Böden anhydromorpher und hydromorpher Standorte kurz auf die Entwicklung von Braunerden, Lessivés, Moorböden und Kolluvisolen eingegangen werden. Grundsätzlich wurden für die ersten beiden Bodenklassen drei chronologische Modelle der Bodengenese vorgelegt. Während KOPP & JÄGER (1972), JÄGER & KOPP (1999) und z.T. auch JÄGER & LIEBEROTH (1987) die dominierende Bodenentwicklungsphase der Braunerden, Lessivés und eisenreichen Podsole in das Spätglazial datieren und den periglaziären Einfluß betonen, vermuten REUTER (1990, 1999) und SCHMIDT & BORK (1999) die prägende Bodengenese im Holozän. Beide Anschauungen beruhen auf dem regionalen Forschungsstand der 1960er und 70er Jahre. Wirklich *eindeutige* pedostratigraphische und chronologische Belege dafür fehlen indes bis in die jüngste Zeit. Eine dritte Vorstellung geht von initialen bodenbildenden Prozessen im Sinne von schwacher Podsolierung und Verbraunung im Spätglazial aus, vermutet aber die markante Tiefenentwicklung der Profile erst unter warmzeitlichen Bedingungen im Holozän (z.B. KAISER & KÜHN 1999, KAISER 2001). Begrabene spätpleistozäne Böden auf dem Altdarß und in der Ueckermünder Heide deuten mit schwach podsolierten Regosolen und geringmächtigen Braunerden in diese Richtung (s.u.). Befunde für eine (initiale?) spätglaziale Lessivierung teilen SCHNEIDER & KÜHN (2000), KÜHN (2001) und KÜHN et al. (im Druck) mit.

In der Diskussion um die Substratgenese bzw. -differenzierung von Profiltypen auf sandigen Standorten spielt der Terminus „Geschiebedecksand" eine bedeutende Rolle. Darunter wird eine wenige Dezimeter mächtige und vor allem aus periglazialen Frostbodenprozessen und Materialtransporten herrührende Sanddecke mit Geschieben verstanden (z.B. KOPP 1970, HELBIG 1999).

Moorböden, hier zunächst etwas weiter definiert als Oberflächensubstrate aus Torf, bildeten sich seit dem Spätglazial. Die vielfach in den ostseenahen "Heidesandbecken" unter Flugsanden der Jüngeren Dryas beschriebenen Torfe aus dem Alleröd-Interstadial belegen dies beispielhaft (vgl. SCHULZ 1961, BRAMER 1975, KAISER 2001). Im Holozän standen klimatisch und hydrographisch bedingte Phasen einer beschleunigten Torfsedimentation solche eines verminderten Torfwachstums oder gar -aufbrauchs entgegen. In der Regel erst mit den neuzeitlichen Entwässerungen des 18.-19. Jh., forciert dann mit den komplexen Hydromeliorationen der 1950er bis 70er Jahre, entwickelten sich die anthropogenen Moorböden (vgl. SUCCOW & JOOSTEN 2001).

Auch die Entwicklung der Kolluvisole, weiter gefaßt zählen die feinklastischen Auendecksedimente dazu, ist an eine mehr oder weniger intensive anthropogene Landnutzung gebunden. Die ältesten bislang aufgefundenen Hangfuß-Kolluvien datieren regional in den Übergang Jungsteinzeit/Bronzezeit (MÜLLER 1997, KAISER et al. 2000b).

Hinsichtlich der Humusformen unter Wald ist vor allem auf die Ausbildung ungewöhnlich mächtiger, gut durchwurzelter Rohhumusdecken in einigen Wuchsgebieten hinzuweisen („Filze"; SCHULZE 1996, BILLWITZ 1997b). Sie sind entlang der Küste und teilweise im Bereich der mecklenburgischen Seenplatte ausgebildet und können beispielsweise auf dem Darß bis

50 cm (!) Mächtigkeit erreichen. Ihre Bildung ist an stark saure Bodenverhältnisse und an eine positive ökoklimatische Wasserbilanz gekoppelt. Die „Filze" können ein erhebliches Alter repräsentieren, wie systematische pollenanalytische Untersuchungen in Mecklenburg-Vorpommern und Brandenburg gezeigt haben. Auf an- und semihydromorphen Böden bildete sich in den untersuchten Profilen der Rohhumus in 250 bis 1000 Jahren (MÜLLER et al. 1971).

Für die Forstbodenkartierung und den Waldbau ist die Kenntnis der sogenannten KMgCaP-Serien (= Nährstoffserien) von großer Bedeutung. In den Serien werden die bodenbildenden Ausgangssubstrate mit gleicher primärer Nährstoffausstattung zusammengefaßt. Der Gehalt an Nährstoffen ist mit dem landschaftsgeschichtlich bedingten Substratalter korreliert. So läßt sich eine Zunahme der K-, Mg-, Ca- und P-Gehalte vom Altmoränengebiet in Südwestmecklenburg über die in nordöstlicher Richtung jünger werdenden Eisrandlagen des Jungmoränengebietes feststellen (SCHULZE 1996).

4 Befunde zur jungquartären Landschaftsentwicklung
4.1 Wuchsgebiet "Mecklenburg-westvorpommersches Küstenland"

Die an der Ostsee gelegenen großen Waldgebiete der Rostocker Heide, des Altdarßes und der Barther Heide stocken auf spätpleistozänen Becken- und Dünensanden. Während einer spätpleniglazialen Eisstausee-Phase gelangten hier bis 25 m mächtige Schluffe und Sande zur Ablagerung (Abb. 5). Die vielfach höhere Lage der Beckensande gegenüber den südlich benachbarten Grundmoränen, erhebliche Höhenunterschiede der Beckensandoberfläche und eine Reihe von Hohlformen (z.B. die späteren Bodden) verweisen auf die Existenz von *Toteis* während der glazilimnischen Sedimentation. Zwischen den glazilimnischen Sanden und einer großflächig verbreiteten obersten Lage aus äolischen Sanden wurden vielfach spätglaziale Mudden, Torfe und Bodenbildungen nachgewiesen (KAISER 2001, LUDWIG im Druck). Die Ausdehnung zusammenhängender begrabener Landoberflächen beträgt dabei nach Bohrergebnissen auf dem Altdarß mindestens ca. 2400 x 500 m (= 1,2 km²)!

Von besonderer Bedeutung für die allgemein in Mitteleuropa noch kontrovers diskutierte jungquartäre Bodenentwicklung ist der Nachweis begrabener Bodenbildungen des Spätglazials (Alleröd) auf dem Altdarß. Die Böden sind zum einen als geringmächtige, podsolierte Humushorizonte (fAeh), zum anderen als Rohhumusauflagen (fOh) anzusprechen.

Die Flugsanddecken und Binnendünen in diesem Gebiet datieren nach geomorphologischen und pollenanalytischen Untersuchungen in das jüngste Spätglazial (Jüngere Dryas). Zudem läßt sich im Beckensandgebiet eine anthropogen bedingte *lokale* äolische Dynamik während des Jungholozäns nachweisen (Mittelalter oder Neuzeit). Die i.d.R. ausgereifte Podsole und Gley-Podsole aufweisenden spätglazialen Dünen werden auch als *Altdünen*, die i.d.R. Regosole oder Saum-Podsole aufweisenden jungholozänen Dünen auch als *Jungdünen* bezeichnet.

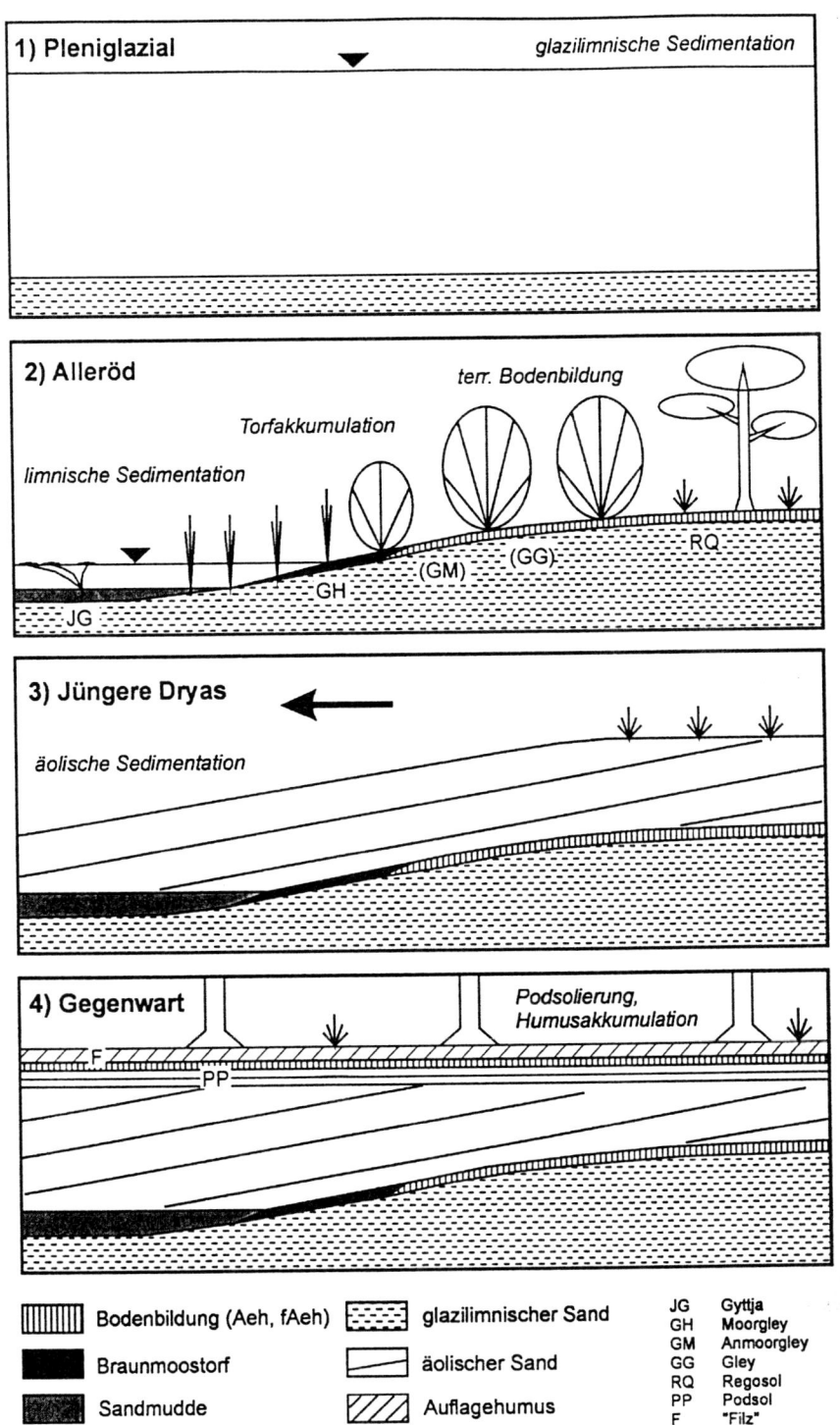

Abb. 5: Sedimentation und Bodengenese auf dem Altdarß (Quelle: KAISER 2001)

Die Bodden, in denen die holozäne Sedimentation zu unterschiedlichen Zeitpunkten begann, erreichte das Litorinameer frühestens zwischen 7.000 und 6.000 BP; limnisch-telmatische Sedimente und Bodenbildungen wurden im Ergebnis der Überflutung durch marine Sande und Schlicke überdeckt. Die fortschreitende Transgression führte schließlich zu einem großflächigen "Ertrinken" tiefliegender Beckensand- und Grundmoränenareale und zur Entstehung einer Inselflur. Das Zusammenwachsen der zeitweilig existierenden Inseln zu einer durchgehenden Nehrung und die Anbindung an das Festland erfolgte erst im Verlauf der jüngsten 4.000-1.000 Jahre (JANKE & LAMPE 1998; vgl. Abb. 6).

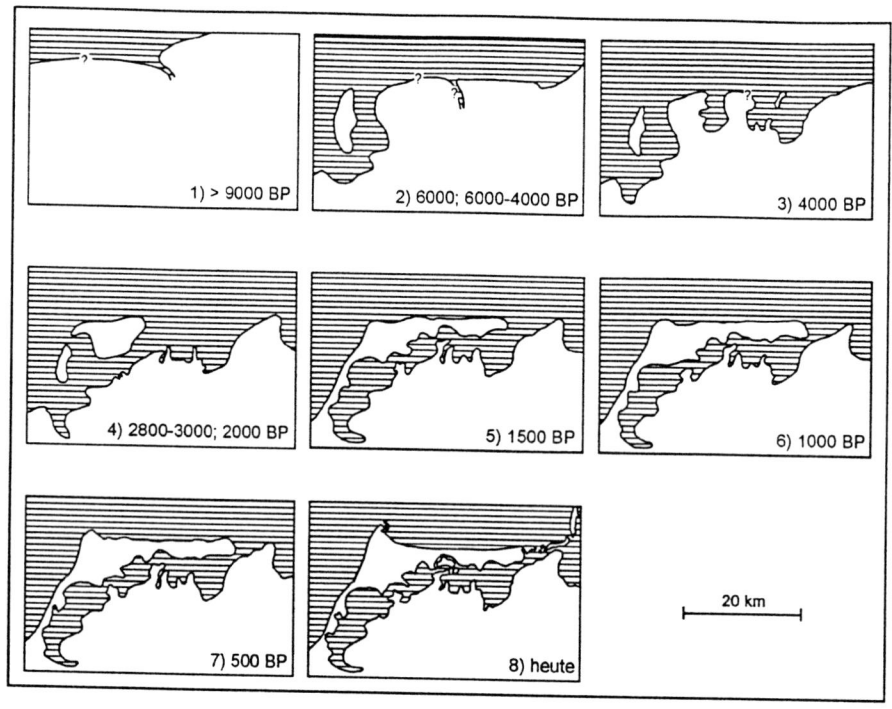

Abb. 6: Küstenentwicklung im Bereich Fischland-Darß-Zingst
(Daten: JANKE & LAMPE 1998, Grafik: KAISER)

Für das Küstengebiet liegt eine Reihe neuer Untersuchungen zur Oberflächenformung durch Küstenausgleichsprozesse vor. So z.B. für die Darß-Zingster-Boddenkette, die Insel Hiddensee und die Insel Rügen (JANKE & LAMPE 1998, 2000a, b, SCHUMACHER 2000, SCHUMACHER & BAYERL 1999, MÖBUS 2000). Große Waldgebiete, darunter der Neudarß, die Schaabe auf Rügen und die Zinnowitz-Peenemünder Seesandebene auf Usedom verdanken den marinen Sedimentationsprozessen und nachfolgenden äolischen Umlagerungen ihre geologisch-geomorphologische Struktur.

Großflächig sind im Bereich der Boddenküste knapp über dem Mittelwasserstand liegende Küstenüberflutungsmoore verbreitet. Deren Genese verlief von überflutungsbeeinflußten natürlichen Mooren mit Schilftorf- und Schlicksedimentation zu anthropogen beeinflußten Mooren mit Salzwiesentorfsedimentation. Der Weidegang von Rindern in den letzten Jahrhunderten hat offensichtlich bei der Bildung der Salzwiesentorfe eine entscheidende Rolle gespielt (JESCHKE & LANGE 1992). Die in Profilen aus diesen Mooren großräumig nachgewiesenen sogenannten „Schwarzen Schichten" stellen Torf-Vermullungshorizonte aus dem Atlantikum, dem Subboreal und dem Subatlantikum dar. Sie belegen Phasen eines verlangsamten Meeresspiegelanstieges bzw. einer Meeresspiegelabsenkung (JANKE & LAMPE 2000b).

Mehrfach wurden an der Ostseeküste interessante Verknüpfungen von natürlicher Küstenentwicklung und menschlicher Besiedlung untersucht. Beispielsweise konnten auf Rügen spätmittelsteinzeitliche Fundplätze der sogenannten "Lietzow-/Ertebøllekultur" in ihren landschaftsgeschichtlich-stratigraphischen Zusammenhang eingebunden werden (GRAMSCH 1978, TERBERGER 1999, KLIEWE 2000). Ähnliches gilt für etwa zeitgleiche subaquatische Fundplätze in der Wismarbucht (LÜBKE 2000).

Auch jüngere Siedlungsphasen sind archäologisch und landschaftsgeschichtlich dokumentiert worden. Herausragend steht dabei die durch Ausgrabungen auf dem slawischen Küstenhandelsplatz Ralswiek initierte Monographie zur Landschaftsgeschichte der Insel Rügen (LANGE et al. 1986). Die hier u.a. erarbeiteten 40 Pollendiagramme erlauben z.B. eine phasenhafte Vegetationsrekonstruktion in Gestalt von Karten verschiedener Zeitschnitte. Die absolutchronologische Einbindung vegetationsgeschichtlicher Ereignisse auf Rügen legte nachfolgend ENDTMANN (1998) vor. Im Bereich der slawischen Handelssiedlung "Reric" bei Groß Strömkendorf am Salzhaff östlich der Insel Poel stehen archäologische und geowissenschaftliche Arbeiten unmittelbar vor dem Abschluß. Hier sind zukünftig interessante Einblicke in die lokale Küstenentwicklung und menschliche Gestaltung des Siedlungsumlandes zu erwarten (vgl. DÖRFLER et al. 1998).

Bodenkundliche Zeugen der anthropogen beeinflußten Landschaftsentwicklung wurden bei Barth und auf Rügen aufgeschlossen. Am Fundplatz Barth-Kemmenacker konnte die phasenhafte Verfüllung einer spätpleistozän entstandenen Kleinhohlform ("Soll") mit Erosionsmaterial dokumentiert werden. Die Ackernutzung der Umgebung während verschiedener Siedlungszeiten resultierte in eine komplette Überdeckung des Solls mit kolluvialen Sanden (KAISER et al. 2000b, KUHLMANN & SCHIRREN 2000; vgl. Abb. 7). Auch bei der Untersuchung eines Schwemmkegels vor der "Wolfsschlucht" in der Nähe von Göhren auf Rügen zeigte sich eine an die Besiedlung, hier während der sog. Römischen Kaiserzeit, gebundene Sedimentation (AMELANG et al. 1983).

Gravierende Umgestaltungen erfuhr der unmittelbare Küstenbereich im Mittelalter und in der Neuzeit. Raubbau an den Küstenwäldern durch großflächige Abholzung und nachfolgende ackerbauliche sowie weidewirtschaftliche Nutzung lösten Sandumlagerungen und damit standörtliche Veränderungen aus. Beispiele für diese großflächigen und forstlich bedeutsamen Veränderungen bieten der Darß, die Schaabe und die Baaber Heide auf Rügen (KALÄHNE 1954, SCHMIDT 1977, KLIEWE 1979, LANDESAMT FÜR FORSTPLANUNG MECKLENBURG-VORPOMMERN 1995).

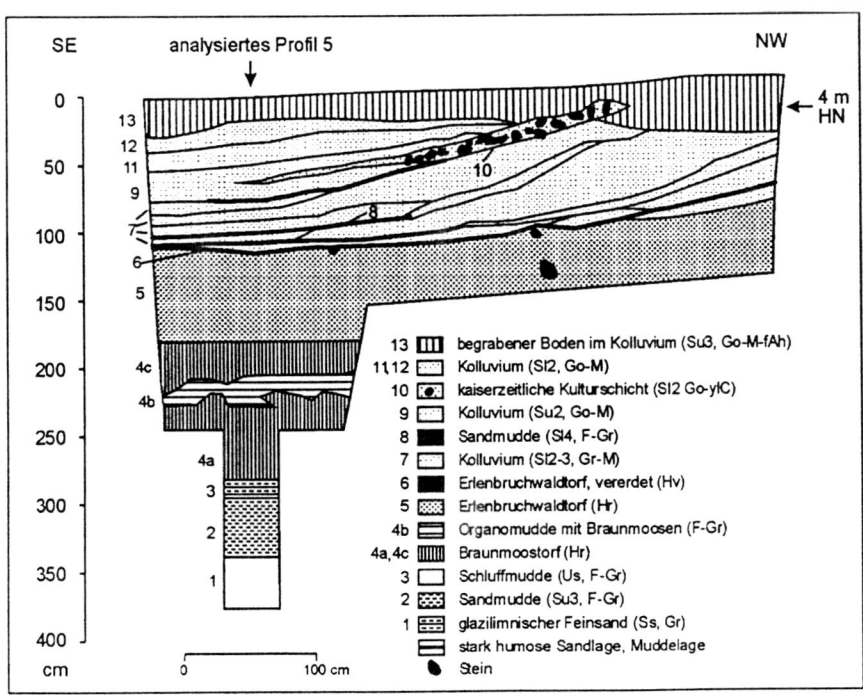

Abb. 7: Schnitt durch das von Kolluvialsanden begrabene Soll „Barth-Kemmenacker", Ausschnitt (Quelle: KAISER et al. 2000b)

4.2 Wuchsgebiet "Ostvorpommersches Küstenland"

Den Bereich der Ueckermünder Heide bedeckte während des späten Pleniglazials ein riesiger See, in den die von Süden kommenden Flüsse, darunter die Oder, ihre Fracht schütteten. Allein der deutsche Anteil am sogenannten "Haffstausee" (KEILHACK 1899, BRAMER 1964) umfaßt ca. 1.200 km²! Der mit dem Eisabbau sich schrittweise senkende Seespiegel führte zur Bildung verschiedener Terrassen- und Kliffniveaus. Neben Schluffen und Tonen wurden vor allem mächtige Fein- und Mittelsande in diesem eiszeitlichen See akkumuliert. Analog zu den Beckensandgebieten von Rostocker Heide, Altdarß und Barther Heide belegen spätglaziale Flachwasser-Mudden, Torfe und Bodenbildungen ein Ende der Großseephase. Anschließend führte während der Jüngeren Dryas eine starke äolische Dynamik zur Bildung großflächiger Flugsanddecken und z.T. sehr hoher Binnendünen (z.B. bei Altwarp: ca. 25 m!). Spätestens im Frühholozän schnitten sich die durch die Ueckermünder Heide fließenden Flüsse in den Untergrund ein. Mit der Litorinatransgression im Atlantikum hörte die Eintiefung auf und durch Sedimentation von Mudden und Torfen verfüllten sich nachfolgend die Talungen.

Auf einem archäologischen Fundplatz mit Hinterlassenschaften der spätpaläolithischen Ahrensburger Kultur konnte in der Ueckermünder Heide unter Flugsand eine geringmächtige Braunerde aus dem Spätglazial nachgewiesen werden (Fpl. Hintersee 24; BOGEN 1999, KAISER & KÜHN 1999, BOGEN et al. im Druck; vgl. Abb. 8). Die archäologisch-bodenkundlichen Befunde ergeben eine offensichtliche Übereinstimmung mit dem von SCHLAAK (1998) und BUSSEMER (1998) aus Brandenburg beschriebenen spätglazialen "Finowboden". Damit ist das Verbreitungsgebiet dieser Bodenbildung ausgehend vom *locus typicus* bei Eberswalde um ca. 100 km nach Norden ausgedehnt worden. Das sich bislang abzeichnende Verbreitungsgebiet des "Finowbodens" als pedostratigraphischer Leithorizont spätpleistozäner Dünengebiete in Nordostdeutschland kann nach SCHLAAK (mdl.) mit Nordsachsen, dem nördlichen Sachsen-Anhalt, Ost-Brandenburg und - aufgrund des Vorkommens in der Ueckermünder Heide - dem südlichen Vorpommern umrissen werden. Westlich und nordwestlich, wie auf dem Altdarß, schließen sich Regosole und "Nanopodsole" in identischer stratigraphischer Position an.

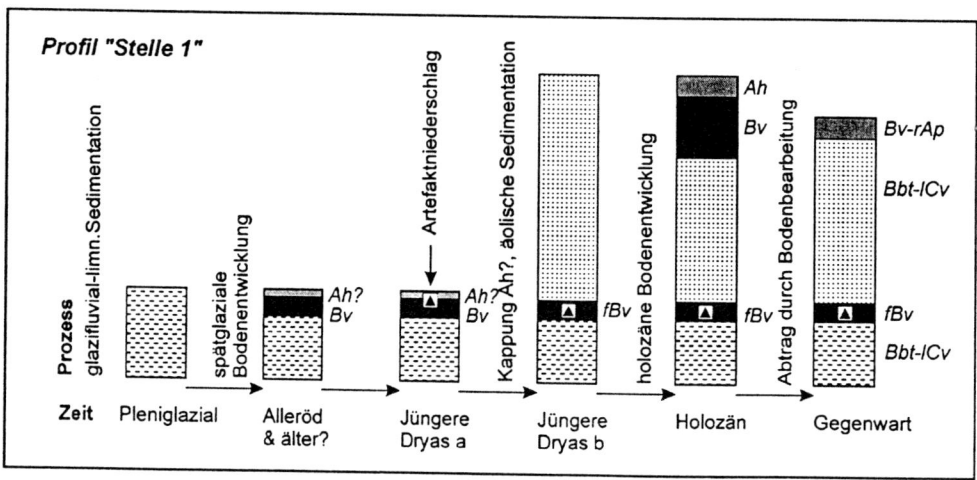

Abb. 8: Modell zur Bodenprofilgenese im Bereich des archäologischen Fundplatzes Hintersee 24 in der Ueckermünder Heide (Quelle: KAISER & KÜHN 1999)

Am Latzigsee im Randowbruch, einem großen meliorierten Moorgebiet inmitten der Ueckermünder Heide, wird gegenwärtig die jungquartäre Landschaftsgeschichte im Bereich einer mesolithisch-neolithischen Seeufersiedlung untersucht (SCHACHT 1993, SCHACHT & BOGEN 2001, KAISER et al. 2001). In den ufernahen Grabungsschnitten weisen von Seesanden und Mudden überdeckte Torfe auf säkulare Seespiegelveränderungen hin. Die anhand der Schichtenfolge ableitbare allgemeine Anstiegstendenz des Sees seit dem Frühholozän findet vielfache Parallelen im Bereich der Mecklenburger Seenplatte (s.u.).

Für die Ostsee-, Haff- und Boddenküste belegt eine Reihe von Arbeiten die holozäne Landschaftsgenese im unmittelbaren Einflußbereich des Meeres. Neben der Entwicklung des Stettiner Haffs und des Greifswalder Boddens von terrestrischen zu lagunären Räumen (LEIPE et al. 1998, VERSE et al. 1998), galt vor allem den Küstendünenlandschaften auf Usedom ein besonderes Interesse. Hier ermöglichen geomorphologisch-bodenkundliche Studien u.a. die Ableitung von Chrono- und Toposequenzen für Sandböden (KRETSCHMER et al. 1971, BILLWITZ 1987, 1997b; vgl. Abb. 9).

Exemplarisch für die vielfach beckenartig ausgeprägten Flußtäler im küstennahen Grundmoränengebiet steht die Entwicklung des unteren Ryckbeckens bei Greifswald (WITTIG 1996, KAISER & JANKE 1998). Der Ryck fließt hier durch eine Talweitung, in der mit Sedimenten verfüllte Teilbecken ein bewegtes Relief der pleistozänen Oberfläche bilden. Wahrscheinlich wurde eine durch Bohrungen nachgewiesene rinnenartige Übertiefung im Bereich des heutigen Flusses durch subglaziale Schmelzwässer gebildet. Die Erhaltung der Rinne und die Bildung weiterer Hohlformen ist auf Toteis zurückzuführen. In den tieferen Beckenpartien zeigt sich vom Liegenden zum Hangenden eine Abfolge Geschiebemergel, Sand verschiedener Fraktionen, Seesedimente und Torf. In den Toteisdepressionen existierten vom Spätglazial bis in das jüngere Holozän kleinere Seen, die zu unterschiedlichen Zeitpunkten durch Mudde- und Torfbildung verlandeten. Für das ältere Atlantikum läßt sich im unteren Ryckbecken, bedingt durch die Litorina-Transgression der Ostsee, ein ansteigender Wasserspiegel mit der Folge ansteigender Seeniveaus bzw. flächig zunehmender Vermoorung feststellen. Einen marinen Einfluß bis mindestens auf die Höhe der Greifswalder Innenstadt belegen erbohrte Nachweise der Herzmuschel, brackische Kieselalgen und schlickig-brackische Torfe. Im jüngeren Subatlantikum sind schließlich große Teile des Beckens vermoort. Erste Hydromeliorationen und Torfgewinnung kennzeichnen den Einfluß des Menschen im Mittelalter und in der Neuzeit. In der zweiten Hälfte des 19. Jh. erfolgte durch Baggerungen der Ausbau des Flusses zur Wasserstraße zwischen Greifswald und Wieck. Tiefgreifende Moorentwässerung, z.T. Bebauung und Mülldeponierung sind die Folgen der jüngsten Nutzungsgeschichte im Ryckbecken.

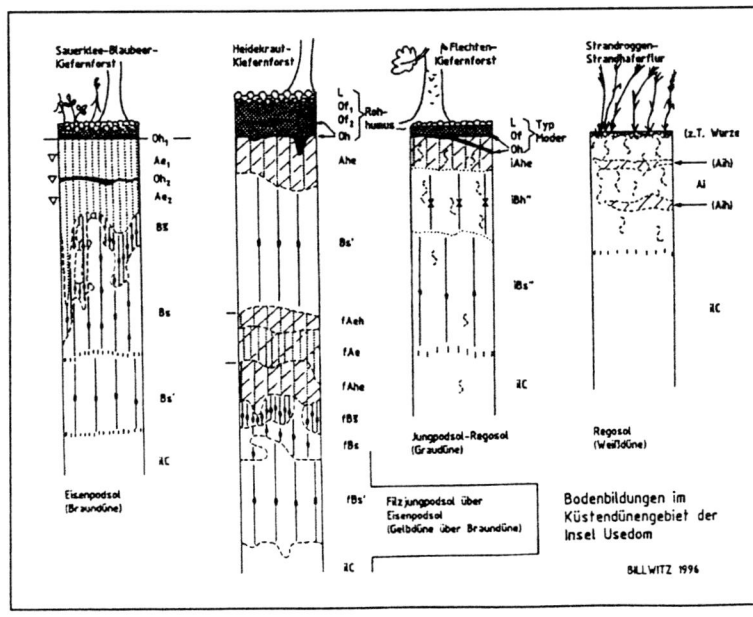

Abb. 9:
Bodenbildung im Küstendünengebiet der Insel Usedom (Quelle: BILLWITZ 1997b)

In der ostvorpommerschen Grundmoränenlandschaft wurden mehrfach Befunde mit Spuren prähistorischer und historischer Bodenerosion dokumentiert. So zeigen die Profile des archäologischen Fundplatzes "Wackerow 1" bei Greifswald eine Stapelung von Kolluvien und Kulturschichten aus der Bronzezeit, aus der Römischen Kaiserzeit und dem Mittelalter (NEUBAUER-SAURER 1997, KAISER & JANKE 1998). Parallele paläobotanische Untersuchungen geben hier zudem Auskunft über die Vegetation und Landnutzung während der Siedlungszeiten. Im Universitätsforst Eldena - einem naturnahen Wald-Naturschutzgebiet - überraschte bei bodenkundlichen Kartierarbeiten der vielfache Nachweis von Kolluvien und anderen Spuren intensiver menschlicher Nutzung, wie z.B. von Kohlenmeilern (HELBIG et al. im Druck, KWASNIOWSKI 2000, 2001, NELLE & KWASNIOWSKI 2001). Exemplarisch konnte ein letzterer mit 500 ± 50 BP = cal AD 1.405-1.440 (Hv-24262) und damit in das Mittelalter datiert werden. Die Radiokarbondatierung von Holzkohle in einer von Kolluvien begrabenen Braunerde spricht mit 1.780 ± 145 BP = cal AD 80-420 (Hv-21649) u.a. für eine kaiserzeitliche Ackernutzung in diesem Gebiet (HELBIG 1999).

Für das Beckensandgebiet der Lubminer Heide belegte JANKE (1971) anhand begrabener Böden die anthropogen bedingte Reaktivierung spätglazialer Dünen und Flugsanddecken während des Mittelalters und der Neuzeit. Entwaldung, Überweidung und Ackerbau auf leicht verwehbaren Sanden führte hier zu großflächigen Bodenumlagerungen. Stratigraphische Befunde zur spätglazialen Beckenentwicklung teilen GÖRSDORF & KAISER (2001) mit.

4.3 Wuchsgebiet "Ostmecklenburg-vorpommersches Jungmoränenland"

Auffälliges geomorphologisches Merkmal dieser Landschaft sind vermoorte Talzüge, die sich gitterförmig Nordwest-Südost und Nordost-Südwest erstrecken („Talnetz"). Hierzu zählen beispielsweise die untere Peene, die Tollense und die Datze (Abb. 10). Diese fluvialen Großstrukturen und auch einige größere Seebecken, wie z.B. der Tollensesee, finden sich in radialer oder paralleler Position zu weichselglazialen Eisrandlagen und bilden die subglaziale bzw. subaerische Entwässerung des Inlandeises ab.

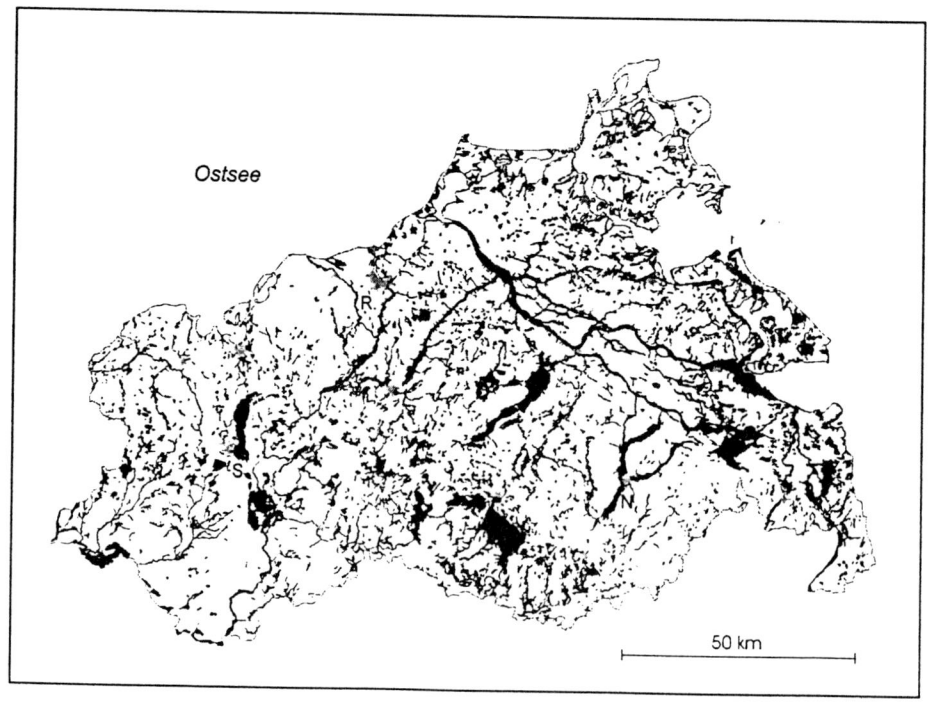

Abb. 10: Gewässernetz und Moore in Mecklenburg-Vorpommern (Quelle: LFG M-V)

Teilweise hoch über den heutigen Talböden liegen glazifluviale Terrassen. Sie entstanden, als die Nordwest-Südost orientierten Talzüge Abflußbahnen für den im Bereich der Ueckermünder Heide gelegenen „Haffstausee" waren (JANKE 1978a, b, KAISER et al. 2000a, HELBIG & DE KLERK im Druck; vgl. Abb. 11). Das ältere Spätglazial kennzeichnet ein markanter fluvialer Einschnitt, das jüngere Spätglazial fluviale und limnische Sedimentation sowie flächige Vernässung mit Moorbildung. Im Frühholozän schnitten sich die Flüsse aufgrund tiefer Wasserstände im Ostseebecken kerbtalförmig in die älteren Ablagerungen ein. In den Talungen existierten zu diesem Zeitpunkt noch kleinere Seen, die durch das Tieftauen von Toteis entstanden waren. Der Grundwasserspiegel lag im Bereich der Talebene tief und es kam zur Bildung terrestrischer Böden unter Wald. Mit der Litorina-Transgression im älteren Atlantikum schließlich entstanden durch den Abflußrückstau ausgedehnte Talmoore, die zu einer fortgesetzten Aufhöhung des Talbodens durch Torfwachstum führten (MICHAELIS 2000). Weitere hydrologische Charakteristika waren häufige Flußbettverlegungen, Überflutungen und Altwasserbildungen.

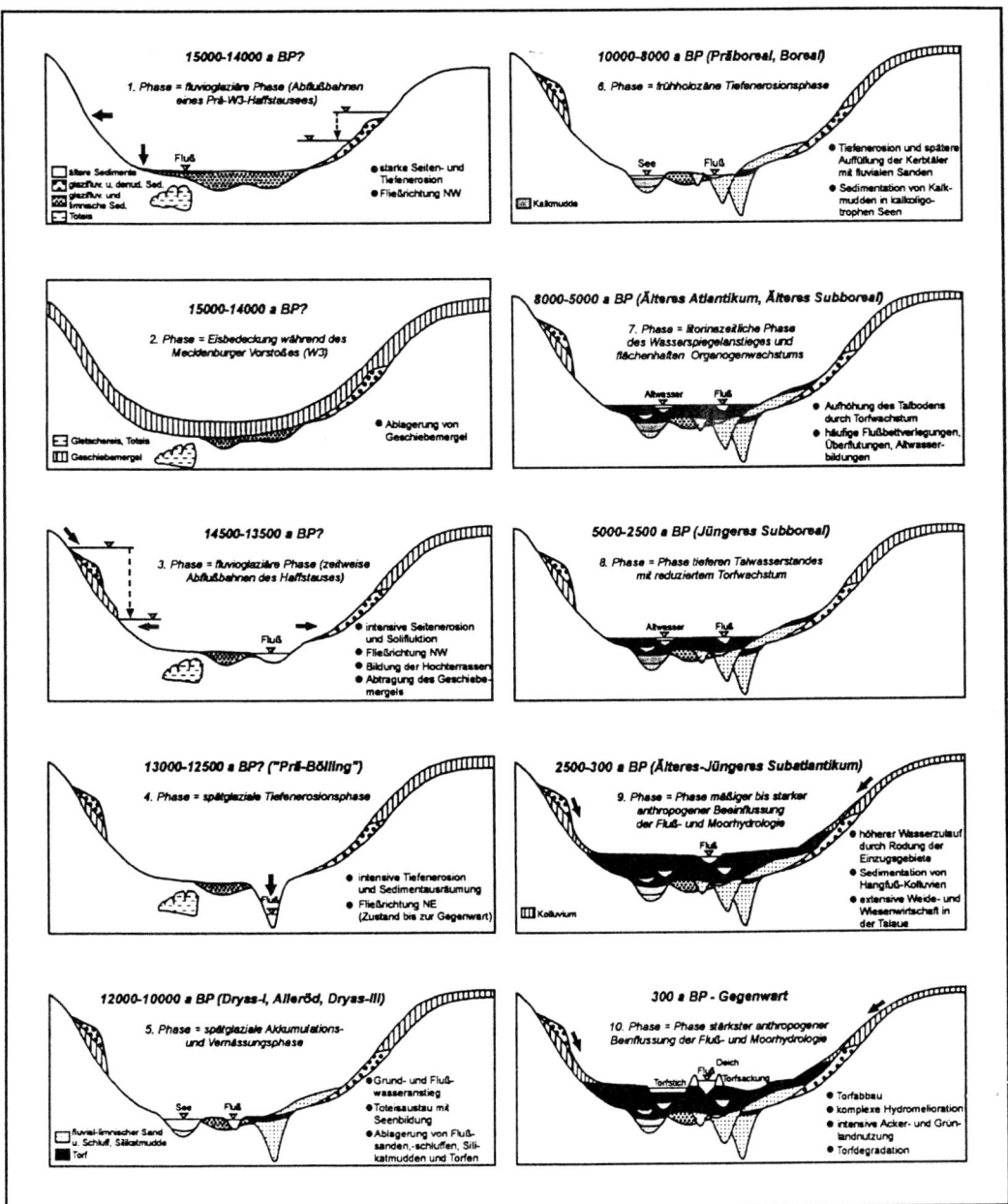

Abb. 11: Modell zur Entwicklung von Flußtälern im Nordosten von Mecklenburg-Vorpommmern (Quelle: KAISER 2001)

Die vernäßten und häufig schwer zugänglichen Talungen wurden erst im Verlauf der letzten 300 Jahre in intensivere menschliche Nutzung genommen. Durch eine Meliorationsphase in den 1960er-70er Jahren wurden die Talmoore in intensive Grünland- und Ackernutzung überführt. Torfdegradation bis zur vollständigen Moorzehrung und eine Reihe weiterer landeskultureller Probleme waren die Folgen der Kultivierung. Nunmehr wird zunehmend von der intensiven Bewirtschaftung dieser problematischen Standorte Abstand genommen und ein umfangreiches Moorschutzprogramm realisiert (z.B. MINISTERIUM FÜR BAU, LANDESENTWICKLUNG UND UMWELT 1998).

Für den Südosten des Wuchsgebietes zwischen der Müritz und dem Malchiner See wurde durch SCHOKNECHT (1996) eine auf pollenanalytischer Grundlage fußende Untersuchung zur Vegetations-, Siedlungs- und Landschaftsgeschichte vorgelegt. Neben den Arbeiten von MÜLLER (1962) im Serrahner Teil des Müritz-Nationalparks, von LANGE et al. (1986) auf Rügen und von DE KLERK (2001) in Nordvorpommern ist dies eine weitere Arbeit in Mecklenburg-Vorpommern, die mit Hilfe mehrerer Pollendiagramme regionalen Mustern der spätpleistozänen und holozänen Vegetationsentwicklung auf unterschiedlichen Standorten nachgeht. Besondere Aufmerksamkeit wird hier dem Einfluß der ur- und frühgeschichtlichen bis historischen Besiedlung auf die Vegetationsdecke gewidmet.

4.4 Wuchsgebiet "Westmecklenburger Jungmoränenland"

Dieses größte Wuchsgebiet in Mecklenburg-Vorpommern reicht vom Strelasund im Osten bis zum Schaalsee im Westen und umfaßt somit eine Fülle von geologisch-geomorphologischen Einzellandschaften.

Aus dem Endinger Bruch an der oberen Barthe - einem größeren vermoorten Becken in der Grundmoränenlandschaft östlich von Stralsund - liegen umfangreiche Befunde zur spätpleistozänen bis frühholozänen Landschafts- und Besiedlungsgeschichte vor. Anhand geomorphologischer und paläobotanischer Untersuchungen wurde die Sedimentationsgeschichte eines Paläoseebeckens rekonstruiert, eine Kurve der Wasserspiegelentwicklung erstellt sowie die räumliche Gestalt von Paläoseen innerhalb verschiedener Phasen skizziert (KAISER 2001; vgl. Abb. 12).

Während des Inlandeisabbaus sedimentierten in lokalen Becken und begrenzt von Toteiswänden glazilimnische und -fluviale Sedimente. Infolge einer Reliefumkehr durch das Tieftauen von begrabenem Toteis bildeten sich nachfolgend Kuppen und tiefe, wassergefüllte Hohlformen. Während des älteren Spätglazials existierten mehrere Seen im Endinger Bruch, die durch Mudde- und Torfbildung im Alleröd-Interstadial z.T. verlandeten. In diesem Zeitraum fanden auch die letzten Toteis-Tieftauprozesse in diesem Gebiet statt. Durch ein hydrologisches Maximalereignis stieg in der nachfolgenden Jüngeren Dryas der Wasserstand im Becken zeitweise drastisch an und es sedimentierten am Beckenrand großflächig fluviallimnische Sande. Ursache dafür war die plötzliche Entleerung von Wasser aus einem bartheaufwärts gelegenen Becken. Im Frühholozän bildeten sich infolge eines gesunkenen Wasserspiegels erneut mehrere Seen, die im mittleren Holozän schließlich durch flächenhaftes Torfwachstum verlandeten.

In Zusammenarbeit mit der Archäologie gelang im Endinger Bruch und erstmals in Mecklenburg-Vorpommern eine sichere stratigraphische Einbindung spätpaläolithischer Fundschichten, darunter der mit 11.800-11.500 BP älteste archäologische Fundplatz in Nordostdeutschland (TERBERGER 1996, 1997, 1998, STREET 1996, KAISER et al. 1999). Dieser Fundplatz lieferte an Jagdbeutefauna u.a. Reste von Elch, Wildpferd und Riesenhirsch. Noch im Spätglazial starb der Riesenhirsch in Europa aus, der mit einer Geweihauslage von max. 3,7 m (!) dem altsteinzeitlichen Jäger sicherlich einen imposanten Anblick geboten hat. Ein weiterer spätpaläolithischer Fundplatz am Rande des Endinger Bruchs datiert in die Jüngere Dryas (KAISER & TERBERGER 1996).

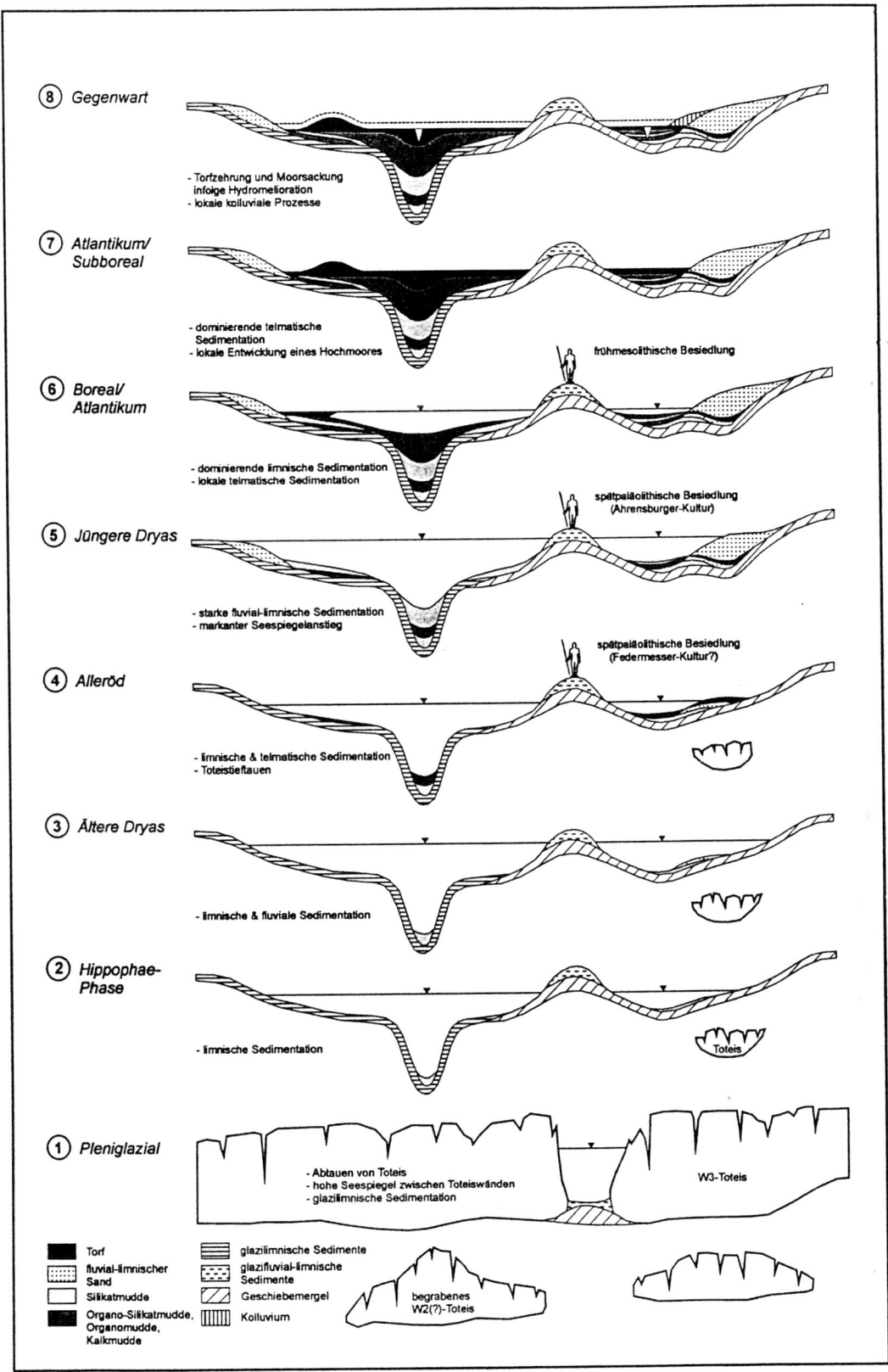

Abb. 12: Modell der geologisch-geomorphologischen und archäologischen Entwicklung im Endinger Bruch, Kr. Nordvorpommern (Quelle: KAISER 2001)

Eine Besonderheit im Endinger Bruch ist der Nachweis eines kleinen und nunmehr entwässerten Hochmoores (Regenmoor). Es gehört zu den kleinsten, jedoch hinsichtlich des Sedimentationsbeginns im Atlantikum auch ältesten Vertretern dieses Moortyps in Mecklenburg-Vorpommern. Die meisten Hochmoore des Landes befinden sich im stärker ozeanisch getönten Westen des Wuchsgebietes. Durch historische Brenntorfgewinnung und Auswirkungen von Meliorationen sind jedoch alle Hochmoore mehr oder weniger anthropogen gestört. Gegenwärtig gibt es nur noch sehr kleine Restflächen wüchsigen Regenmoores innerhalb der gestörten Moore (PRECKER & KRBETSCHEK 1996, PRECKER 2000).

Im Zusammenhang mit dem Bau der Autobahn A20 ließen sich bei geowissenschaftlichen Begleituntersuchungen neue Erkenntnisse zur Entwicklung der sogenannten "Sölle" - niederdeutsch für wassergefüllte Kleinhohlformen - gewinnen. Nach KLAFS et al. (1973) werden die natürlich durch Toteis-Tieftauen entstandenen glazigenen oder "echten" Sölle in typische, ertrunkene und kolluvial verdeckte Sölle differenziert. Desweiteren gibt es durch menschliche Einflußnahme, insbesondere Waldrodung, entstandene Pseudosölle. Hinzu kommen Mergelgruben und Viehtränken. Im Trassenbereich der A20 konnten zwischen Grevesmühlen und Wismar sieben Sölle und drei kleinere Senken geologisch und pollenanalytisch bearbeitet werden (STRAHL 1996). Zwei Sölle konnten danach als Pseudosölle angesprochen werden. Der Sedimentationsbeginn der Pseudosölle datiert in das Mittelalter; die Wasserfüllung vorher trockener Hohlformen mit nachfolgender Muddeablagerung wurde mit der hochmittelalterlichen Waldrodung verbunden. In den glazigenen Söllen dagegen ließ sich als palynologisch faßbarer Sedimentationsbeginn viermal das Spätglazial und einmal das Frühholozän nachweisen. D.h. der überwiegende Teil der untersuchten Sölle ist eindeutig im Spätglazial als Hohlform entstanden. Eine Einbeziehung von weiteren datierten Profilen aus Söllen Mecklenburg-Vorpommerns stützt die grundlegenden Aussagen dieser lokalen Studie. Danach beginnt die Mehrheit der glazigenen Sölle im Spätglazial mit der Sedimentation und weist von Mudden überdeckte Torfe an der Basis auf, wobei später erneut Torfwachstum einsetzt (KAISER 2001, vgl. auch KRIENKE & STRAHL 1999, DE KLERK et al. 2001).

Im Gegensatz zum östlichen Landesteil mit seinen gitterförmig angeordneten und damit regelmäßig erscheinenden großen Talungen, ist das mittlere und südliche Mecklenburg von einem ungeordnet wirkenden "Kleintalnetz" geprägt. In die Fließstrecken sind immer wieder Seen und vermoorte Becken eingeschaltet. Häufig wechseln die Flüsse ihre Fließrichtung. Hierzu zählen Flüsse wie die mittlere und obere Warnow, die Nebel, die Mildenitz und die Elde. Der Talverlauf wird offensichtlich von den übergeordneten glazialen Strukturen, wie z.B. Endmoränen, Kames und Toteishohlformen, bestimmt. Tiefe und gefällestarke Einschnitte kennzeichnen die Fließstrecken durch die Pommersche Hauptendmoräne. Diese Abschnitte werden auch als "Durchbruchstäler" bezeichnet. Nach dem bisherigen Kenntnisstand hat sich der Einschnitt im Spätglazial ereignet, als tiefe Wasserstände im eisfreien Ostseebecken wieder eine nordwärts gerichtete Festlandsentwässerung ermöglichten. Noch laufende geomorphologische Untersuchungen im Nebel-Durchbruchstal bei Kuchelmiß/Kr. Güstrow werden neue Erkenntnisse über die Struktur, Stratigraphie und Genese dieser reliefstarken Talungen erbringen.

Zur Entwicklung einiger größerer Seen in diesem Wuchsgebiet, wie dem Kummerower See, dem Krakower See und dem Schweriner See, liegen ältere Arbeiten vor, die sich u.a. mit dem Phänomen holozäner Wasserspiegelschwankungen beschäftigten (SCHULZ 1963, RICHTER 1968, GRALOW 1988). Die Arbeiten am Kummerower See erbrachten den Nachweis von Fernwirkungen der litorinen Ostseetransgression auf tiefgelegene Täler und Seebecken im Landesinneren. Das phasenhaft beschleunigte Torfwachstum im Peenetal führte hier zu einer ansteigenden Abflußbasis und damit zu phasenhaft ansteigenden Seeniveaus im Kummerower See. Für den Schweriner See muß nach Untersuchungen am mesolithischen Fundplatz "Hohen Viecheln" im Frühholozän ein um mehrere Meter tieferliegender Wasserspiegel gegenüber heute vermutet werden (SCHULDT 1961).

Für die im Sander des Pommerschen Stadiums gelegene Schwinzer Heide bei Goldberg und die bereits einem anderen Wuchsgebiet zugehörende Nossentiner Heide haben ROWINSKY (1999) und WEIDERMANN (1999) beispielhafte Einblicke in die historische Entwicklung großflächiger Forstlandschaften geliefert. Die pollenanalytischen und historischen Befunde zeichnen dabei insbesondere die jüngere Landnutzungsgeschichte von der Waldzerstörung durch übermäßige Holzentnahme und Waldweide im 18. Jh. bis zu den ausgedehnten Kiefernreinbeständen des 20. Jh. nach.

In der Mecklenburger Schweiz fanden in den 1970er Jahren bei Pisede nahe Malchin paläontologische Ausgrabungen in einem Tierbautensystem statt, das vom Spätglazial bis heute von bautengrabenden Tieren und "Gästen" besiedelt war (HEINRICH et al. 1975, 1977, 1983). Dieses auch im europäischen Maßstab einmalige Projekt hat interessante Einblicke in die spät- und nacheiszeitliche Besiedlung der Landschaft durch Wirbeltiere und Wirbellose ermöglicht. Neben Raubsäugern, wie Fuchs, Dachs und Wildkatze konnten auch Reste anderer Tiere wie Mäuse, Amphibien, Sumpfschildkröte, Auerhuhn, Birkhuhn und Lemming nachgewiesen werden. Geowissenschaftliche Beiträge zur Landschafts- und Bodenentwicklung komplettieren die Untersuchungen im Ausgrabungsbereich (z.B. JANKE et al. 1975, HARTWICH et al. 1975).

4.5 Wuchsgebiet "Mittelmecklenburger Jungmoränenland"

Augenfälliges Merkmal dieses Wuchsgebietes ist der Seenreichtum. Dies führte folgerichtig auch zu entsprechenden Bezeichnungen in der naturräumlichen Gliederung: Neben der "Großseenlandschaft" im Westen mit den sogenannten "Oberen Seen" (Müritz, Kölpinsee, Fleesensee, Malchow-Petersdorfer See, Plauer See) wird die "Neustrelitzer Kleinseenlandschaft" im Süden und die "Feldberger Seenlandschaft" im Osten unterschieden. Allgemein ist der Seenreichtum im Gebiet zwischen Frankfurter und Pommerscher Eisrandlage an das großflächige Begraben von Gletschereis unter glaziale Sedimente während der Eisabbauphase gebunden ("Toteis": vgl. HURTIG 1954/55).

Trotz der Vielzahl größerer und kleinerer Seen gab es bislang nur wenige Untersuchungen, die sich mit ihrer Entwicklung und ihrer Einbettung in das Gewässernetz beschäftigten. Die meisten Erkenntnisse zur jungquartären Seenentwicklung liegen für das Gebiet der "Oberen Seen" vor, hier standen vor allem die Müritz und der Plauer See im Mittelpunkt des Interesses (z.B. SCHULZ 1968, KAISER 1998, RUCHHÖFT 1999, BLEILE 2000).

Neue Untersuchungen an der Müritz (Seespiegel rezent auf 62 m NN) erlauben es, für einige Zeitpunkte im jüngeren Quartär das Seespiegelniveau und die Seegestalt zu rekonstruieren (KAISER 1996, 1998, KAISER et al. im Druck; vgl. Abb. 13). Nach hohen Wasserständen von mehr als 66,5 m NN im Weichselhochglazial zwischen Frankfurter und Pommerscher Phase deutet sich für das Spätglazial (Alleröd, Jüngere Dryas) ein Niveau von unter 62 m NN an. Im Präboreal lag der Seespiegel um 57 m NN und erreichte im endenden Atlantikum ca. 61 m NN. Das heißt, sieht man von den noch weitgehend unbekannten Niveaus des jüngsten Hochglazials und des Spätglazials ab, so hat sich der See erst im Mittelholozän zu etwa den heutigen Flächen- und Volumenverhältnissen entwickelt. Nach Seespiegelschwankungen geringer Amplitude läßt sich im Subatlantikum etwa um 1100 n.Chr. ein Niveau von 61 m

NN belegen. Mit der nachfolgenden mittelalterlich-deutschen Besiedlung sind Seespiegelanstiege auf zunächst ca. 62-63 m NN, später bis auf ca. 65 m NN verbunden. Ende 18./Anfang 19. Jh. wurde schließlich das heutige Niveau von 62 m NN erreicht. Für die vormittelalterlichen Wasserstandsveränderungen sind vor allem klimatische Ursachen, für die mittel- und nachmittelalterlichen Seespiegelveränderungen anthropogene Ursachen verantwortlich.

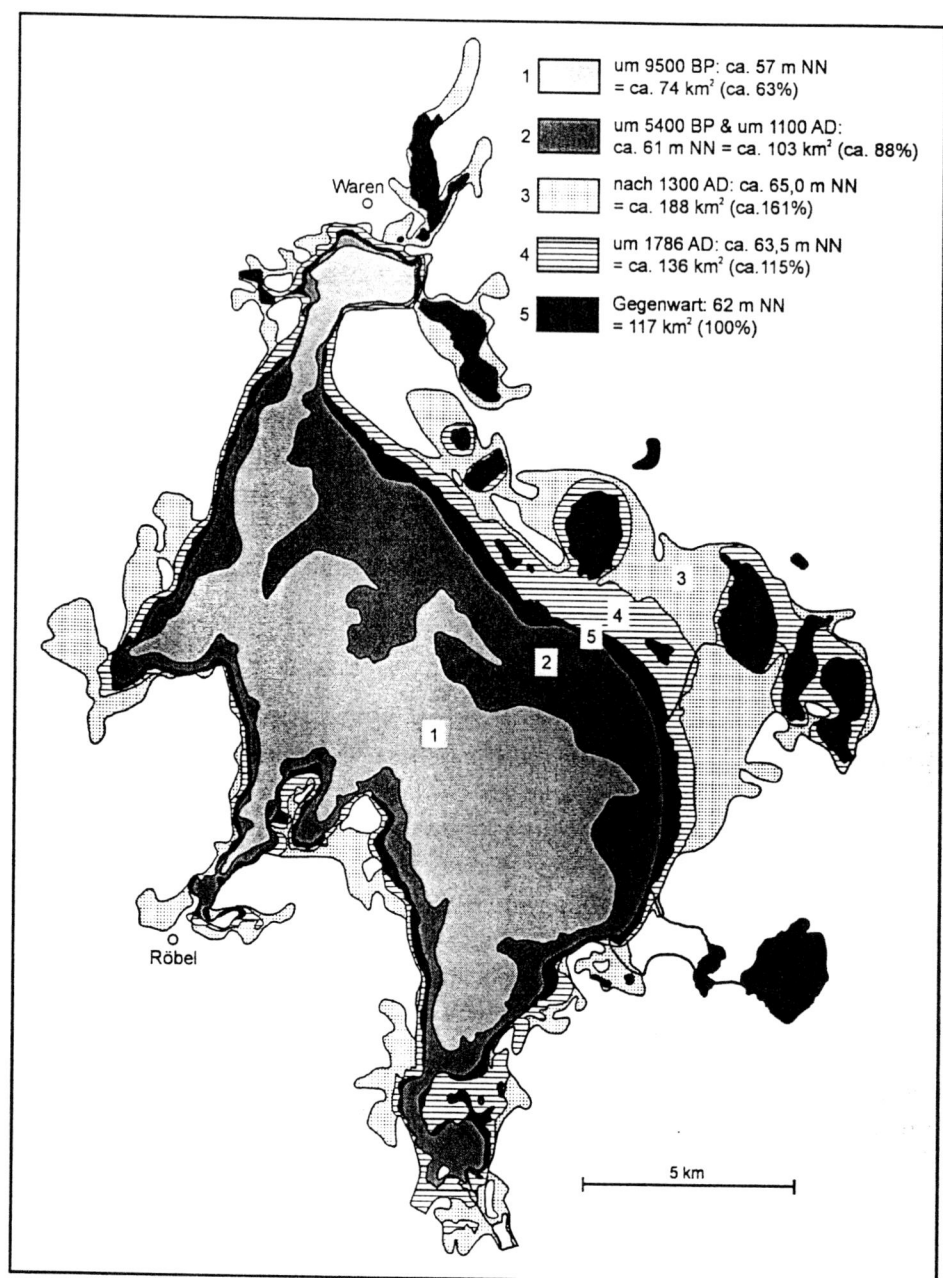

Abb. 13: Holozäne Seespiegel- und Uferlinienentwicklung der Müritz
(Quelle: KAISER et al. im Druck)

Ein Vergleich der Ergebnisse von der Müritz mit den insgesamt aus Mecklenburg-Vorpommern und Nordbrandenburg vorliegenden Ergebnissen zur holozänen Seespiegelentwicklung gestattet folgende allgemeine Aussagen (KAISER 1996): Das Frühholozän ist verbreitet durch tiefliegende Seespiegel gekennzeichnet; gegenüber heute lagen die Seeniveaus z.T. um 5-7 m tiefer! Im mittleren und jüngeren Holozän stiegen die Seespiegel von Schwankungen begleitet an. Im Jungholozän während des Mittelalters sind mehrfach gravierend höhere Seeniveaus nachweisbar. Hinsichtlich der Ursachen der Seespiegelveränderungen sind zwei Hauptphasen zu betrachten. Während bis zum 12./13. Jh. n.Chr. eine weitgehend natürliche Entwicklung der Seen stattfand, wird ab dieser Zeit der Mensch durch Mühlenstau, Hydromelioration und Kanalbau ein bedeutender Faktor in der Seehydrologie (z.B. DRIESCHER 1983, 1986). Weiterhin sind die mecklenburgischen Seen in zwei orohydrographische Gruppen zu trennen. Bei den tiefgelegenen Seen (< 5 m HN) zeigt sich eine Verknüpfung der holozänen Ostseegenese mit der Seespiegelentwicklung. Die Litorina-Transgression bewirkte seit dem jüngeren Atlantikum durch Abflußrückstau und Grundwasseranstieg entsprechende Seespiegelanstiege. Die natürliche Entwicklung der hochgelegenen Seen ist dagegen mit hoher Wahrscheinlichkeit allein an die Veränderung klimatischer und geomorphologischer Parameter gebunden.

Die anthropogenen Eingriffe in den Landschaftswasserhaushalt erreichen ab dem Mittelalter eine großräumige und nachhaltige Dimension. Neben der phasenhaften Veränderung der Abflußverhältnisse durch großräumige Entwaldung und Wiederbewaldung veränderten direkte wasserbauliche Eingriffe die Ausdehnung von Gewässern und Gewässereinzugsgebieten. Ein beeindruckendes Beispiel dafür ist die anthropogene Verkleinerung von Binnenentwässerungsgebieten entlang der mecklenburgischen Hauptwasserscheide (vgl. TREICHEL 1957; vgl. Abb. 14). Als Gründe für den anthropogenen Anschluß der Binnenentwässerungsgebiete an das Flußnetz lassen sich nennen: die Verbindung von Seen unterschiedlicher Höhe zur Anlage von Wassermühlen, die Vergrößerung des Einzugsgebietes von Mühlengewässern, der Bau von Wasserstraßenverbindungen und die Entwässerung zur Schaffung landwirtschaftlicher Nutzflächen.

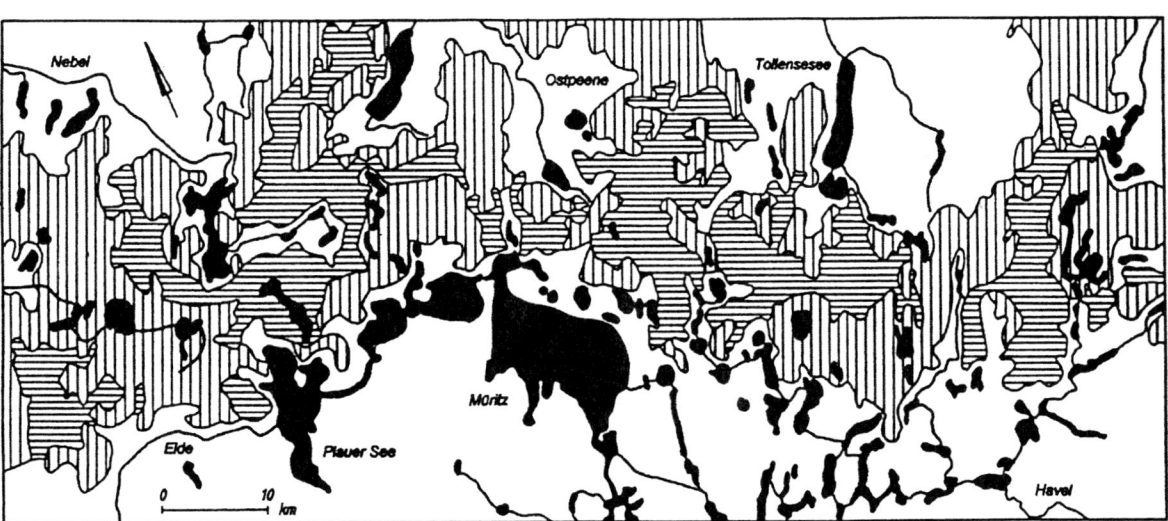

Abb. 14: Anthropogene Verkleinerung von Binnenentwässerungsgebieten entlang der mecklenburgischen Hauptwasserscheide (Quelle: KAISER 1996, nach TREICHEL 1957). Vertikale inklusive horizontale Schraffur: historische Binnenentwässerungsgebiete, horizontale Schraffur: rezente Binnenentwässerungsgebiete, schwarze Flächen: Seen

Im Rahmen landschaftsgeschichtlicher und standortskundlicher Untersuchungen im Müritz-Nationalpark wurden Befunde erbracht, die Auskunft über die Folgen früherer Landnutzung auf Relief und Boden heute bewaldeter Flächen östlich der Müritz geben (DIECKMANN & KAISER 1998, LANDESAMT FÜR FORSTEN UND GROßSCHUTZGEBIETE MECKLENBURG-VORPOMMERN in Vorb.). Auf Grundlage einer Bodenkartierung im Maßstab 1:10.000 konnten entsprechende Bodenerosionsmuster für den gesamten Müritz-Nationalpark dargestellt werden (Abb. 15). Die flächenhafte Verbreitung und die Intensität der Bodenerosion nehmen dabei allgemein von den Sanderwurzeln im Norden mit abnehmender Nährkraft der Böden in Richtung der Sanderebenen und Beckensande im Süden zu. Unmittelbar östlich der Müritz fällt ein ca. 30 km² großes Areal stärkster anthropogener Überformung des ursprünglichen Boden- und Reliefinventars auf. Teile des Sanders sind hier von Dünen und Flugsanddecken bedeckt. Auf der dem Holozän vererbten spätpleistozänen Oberfläche kamen vor Einsetzen jungholozäner Umlagerungen großflächig Sand-Braunerden vor. Daneben existierten in geringerem Umfang Altdünen aus dem Spätglazial und dünenfreie Areale mit Sand-Podsolen sowie Sand-Gley-Podsolen. Heute sind hier als Ausdruck junger Oberflächen ausschließlich Sand-Regosole und gering entwickelte Sand-Podsole, sogenannte Sand-Saumpodsole, verbreitet. Die dominierenden Kupsten- oder Haufendünen von durchschnittlich 2 bis 4 m, maximal 12 m Höhe, lassen bereits morphologisch eine anthropogen ausgelöste Genese der Dünen und Flugsanddecken vermuten. Die Mächtigkeit der Flugsanddecken beträgt 0,5 bis 2 m. Die in der Regel nur schwach entwickelten Böden der rezenten Oberflächen, von äolischen Sanden begrabene stark entwickelte Böden, begrabene Moor- und Seeablagerungen sowie einige mittels Radiokarbondaten, Pollenanalysen und Artefakten datierte Stratigraphien verweisen auf ein mehrphasiges Erosions-Akkumulations-Geschehen von der eisenzeitlichen oder slawischen Besiedlung dieses Raumes bis in das 19. Jh. Die stärksten Eingriffe sind wahrscheinlich auf das Spätmittelalter zurückzuführen. Eine Reihe von Dorfwüstungen sind Zeugen dieser Nutzungsphase.

Für das Teilgebiet Serrahn des Müritz-Nationalparks liegen mit den pollenanalytischen Untersuchungen von MÜLLER (1962) und den waldgeschichtlichen Studien von SCAMONI (1993) umfangreiche Ergebnisse zur Vegetationsgeschichte im südlichen Mecklenburg vor. Sie werden im Müritzgebiet durch die vergleichende Analyse mehrerer Pollendiagramme räumlich ergänzt (SCHOKNECHT 1996, KAISER et al. im Druck).

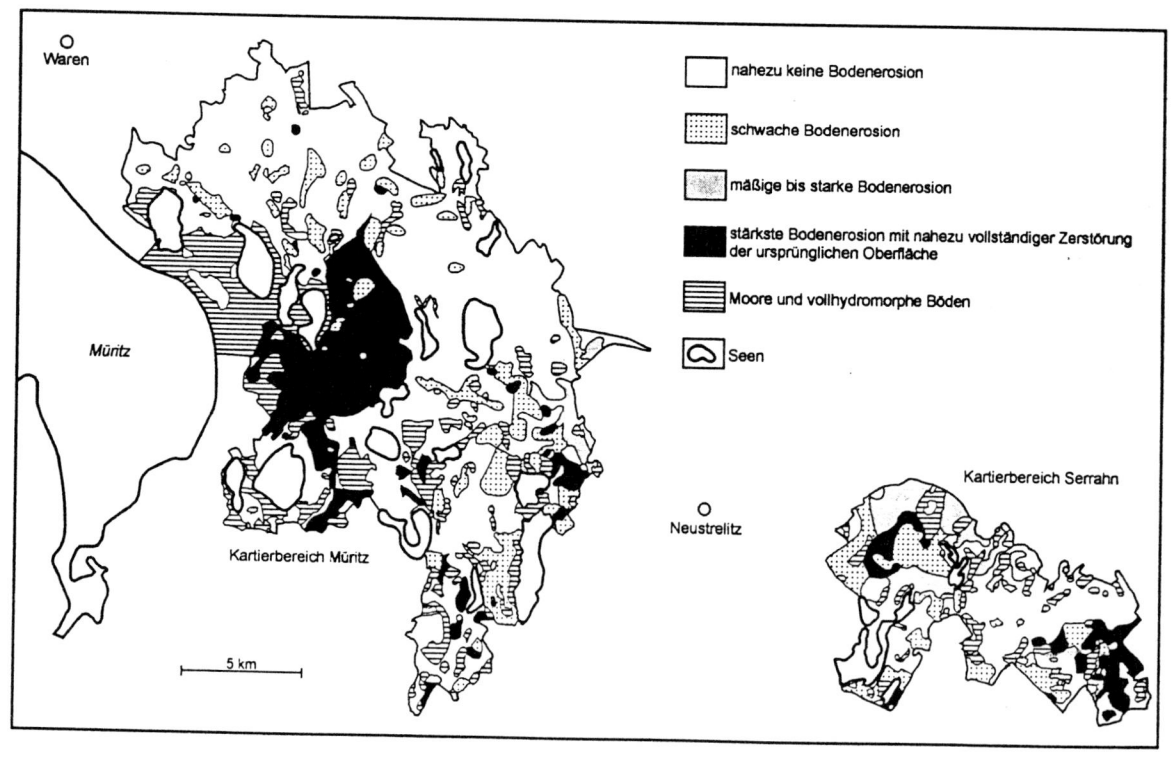

Abb. 15: Erosionsmuster im Müritz-Nationalpark (Qelle: KAISER et al. im Druck)

4.6 Wuchsgebiete "Südwestmecklenburger Altmoränenland" und "Westprignitz-Altmärkisches Altmoränenland"

Dieser Raum weist bezüglich landschaftsgeschichtlicher Erkenntnisse über das Jungquartär eine ausgesprochen dürftige Befundlage auf. Ältere Bearbeitungen z.B. der Lewitz und der ausgedehnten Dünenareale um Ludwigslust datieren i.d.R. in die 1950er und 60er Jahre. Neuere Bearbeitungen widmeten sich vor allem der jungtertiären und frühpleistozänen geologischen Entwicklung (VON BÜLOW 2000).

Auffälliges Merkmal in der Ausprägung des hydrographischen Netzes im Altmoränengebiet ist die regelhaft-hierarchische Anlage der Flußtäler sowie das weitgehende Fehlen von Seen und abflußlosen Hohlformen (Abb. 16). Die geologisch-geomorphologischen Prozesse der Eem-Warmzeit und insbesondere der nachfolgenden Weichsel-Kaltzeit führten hier zu einer "Reifung" des Reliefs gegenüber dem benachbarten Jungmoränengebiet. Das Flußnetz dieses Raumes weist allerdings durch den Bau von Kanälen, Flußverlegungen und -ausbauten eine starke anthropogene Überprägung auf, wobei gravierende Eingriffe bereits in das 16. Jh. datieren (GOLDAMMER 1999).

Die beiden einzigen natürlichen Seen dieses Gebietes, der Probst-Jesarer See bei Lübtheen und der Neustädter See bei Neustadt-Glewe sind möglicherweise als Auslaugungshohlformen bzw. "Erdfälle" zu deuten (HALBFASS 1897). Dies wird durch die pollenanalytische Untersuchung des wenige Kilometer südlich der Landesgrenze gelegenen Rambower Sees bei Lenzen gestützt (STRAHL 1993). Zusammen mit dem Rudower See liegt diese Hohlform unmittelbar über dem Salzstock Rambow, auf dessen Topbereich sich im Spätpleistozän und Holozän infolge von Salzablaugung wassergefüllte Becken bildeten.

Im Nordosten des Wuchsgebietes befindet sich mit der Lewitz eine teilweise noch dem Jungmoränengebiet zuzurechnende große Niederungslandschaft. Nach BENTHIEN (1955, 1956/57) existierte hier bereits im Eem-Interglazial ein größeres Becken. In der Weichselkaltzeit wurde die Hohlform zunächst durch Sanderschüttungen des Frankfurter Stadiums verfüllt und nachfolgend während des Pommerschen Stadiums durch glazifluviale Erosion wieder ausgeräumt. Im Spätglazial kam es am Südrand der Lewitz und entlang der Alten Elde zur Aufwehung von Dünen. Im Frühholozän existierte eine bewaldete Niederungslandschaft, in der durchflossene Seen durch Muddesedimentation verlandeten. Ab dem Atlantikum breiteten sich in der Lewitz ausgedehnte Flachmoore aus. Vom 16. bis zur Mitte des 20. Jh. entwickelte sich durch Kanalbau, Entwässerung und die Anlage von Fischteichen eine extensiv genutzte Moor-Kulturlandschaft. Zwei umfangreiche Meliorationsvorhaben von 1958-62 und 1976-80 erschlossen die Lewitz für eine intensive Nutzung, was u.a. zu einer großräumigen Grundwasserabsenkung und damit zu einer drastischen Mineralisierung der Niedermoorböden führte.

Der Südwesten von Mecklenburg ist SEELER (1962) zufolge auf insgesamt ca. 300 km² von Binnendünen und mächtigeren Flugsanddecken bedeckt. Damit befinden sich ca. 70 % der ca. 450 km² mit äolischen Ablagerungen in Mecklenburg-Vorpommern in diesem Raum. Die Dünengebiete liegen schwerpunktmäßig im Elbetal und entlang der Flüsse Boize, Sude, Elde, Rögnitz und Löcknitz, auf den Plateaus zwischen den Flüssen sowie auf den Sandern. Das beeindruckenste Binnendünengebiet ist zweifelsohne das teilweise vegetationsfreie Naturschutzgebiet "Wanderdüne bei Klein-Schmölen" zwischen der Elbe und der Löcknitz bei Dömitz (vgl. SCHULZ 1999). Einen immer noch lesenswerten Überblick über die Verbreitung von äolischen Sedimenten und Formen in Südwestmecklenburg bietet die Arbeit von SABBAN (1897).

Abb. 16: Das Gewässernetz einer Alt- und Jungmoränenlandschaft im Vergleich. A = Gewässernetz der Altmoränenlandschaft im Südwesten Mecklenburgs. B = Gewässernetz der Jungmoränenlandschaft östlich von Schwerin (Quelle: Topographische Karte 1:200.000)

Für eine Datierung der Dünen stehen bislang kaum stratigraphische Befunde zur Verfügung. Durch einen Vergleich mit anderen Gebieten in Norddeutschland schlußfolgerte SEELER (1962) eine Hauptbildungsphase in den spätglazialen Kaltphasen (Dryas-Zeiten) und zu Beginn des Holozäns (frühes Präboreal). Während des Früh- und Mittelholozäns waren die Dünensande durch Bewaldung festgelegt. Im jüngeren Holozän, d.h. während der Jungsteinzeit und der Bronzezeit, kam es durch Siedlungstätigkeit zu allenfalls lokalen äolischen Umlagerungen. Eine großflächige siedlungsbedingte Reaktivierung der Dünenbildung wird für die letzten ca. 2.000 Jahre postuliert. Dies wird lokal durch pollenanalytische Befunde an begrabenen Böden bei Leussow unweit von Lübtheen (ENGMANN 1937) sowie durch historische Befunde gestützt (SCHULTZ 1940). Umfangreiche geoarchäologische Befunde aus einer Sequenz begrabener Böden liegen von einer Düne bei Lanz knapp südlich der Landesgrenze bei Lenzen vor. Die ausführliche Darstellung der Untersuchungen steht indes aus (vgl. WETZEL 1969). Noch laufende geochronologische Studien an einer bereits beim niedersächsischen Neuhaus a.d.Elbe gelegenen Düne bestätigen die Vermutungen über eine Dünenbildungsphase im Spätglazial (hier: Jüngere Dryas) und deuten eine ungewöhnlich erscheinende, starke äolische Dynamik während großer Teile des Holozäns an (RADTKE 1998).

4.7 Wuchsgebiet "Nordbrandenburger Jungmoränenland"

Aus diesem Raum, das neben dem Stauchendmoränengebiet der Brohmer Berge vor allem südlich und südöstlich gelegene Grundmoränenareale umfaßt, liegt nur ein älterer landschaftsgeschichtlicher Befund zur äolischen Sedimentation vor. Am Südrand der Brohmer Berge ermöglichte die pollenanalytische und archäologische Untersuchung eines begrabenen Bodens die Datierung hangender Dünensande in das jüngere Holozän (Mittelalter oder Neuzeit, vgl. WERTH & KLEMM 1936).

4.8 Wuchsgebiet "Mittelbrandenburger Jungmoränenland"

Dieses bereits zur Uckermark überleitende Wuchsgebiet ist vom vermoorten Tal der Randow und der sie umgebenden Grundmoränenplatten geprägt. Die jungpleistozäne Genese des Tales stand im Mittelpunkt älterer geomorphologischer Untersuchungen (KLOSTERMANN 1968). Danach entstand die fluviale Struktur durch südwärts gerichtete Schmelzwassererosion während des Eisabbaues des Pommerschen Stadiums. Mit dem Eisabbau des Mecklenburger Vorstoßes fand infolge veränderter Gefällsverhältnisse eine Fließrichtungsumkehr statt: Die Schmelzwässer aus dem Netze-Warthe-Urstromtal gabelten sich an einer Bifurkation bei Schwedt und flossen dem Randow- und Odertal folgend nordwärts in den „Haffstausee". Vier unter und über der heutigen Talaue liegende Terrassen sind Zeugen des spätpleistozänen Abflußregimes im Randowtal. Am Ende des Spätglazials fiel das Tal aufgrund starker Tiefenerosion im benachbarten Odertal nahezu trocken. Einige Seen in Kolken und Rinnen verlandeten erst nachfolgend im frühen und mittleren Holozän. Die bis über 6 m mächtigen Torfe im Randowtal entstanden im Zuge des eustatischen Grundwasserspiegelanstieges ab dem mittleren Holozän.

Am östlichen Talrand bei Glasow nördlich von Penkun fanden in den 1990er Jahren im Rahmen des siedlungsarchäologischen "Oder-Projektes" (vgl. GRINGMUTH-DALLMER 1997) umfangreiche archäologische und bodenkundliche Untersuchungen statt. Die archäologischen Siedlungs- und Grabbefunde datieren in die späte Bronzezeit und in die Eisenzeit (SOMMERFELD 1997). Grabungsbegleitende bodenkundliche Studien erbrachten detaillierte Erkenntnisse über die nutzungsabhängige Relief- und Bodenentwicklung von der späten Bronzezeit bis zur Gegenwart (BORK et al. 1998, SCHATZ 2000, BEHM et al. im Druck). Hinzu kommen vegetationsgeschichtliche Untersuchungen (JAHNS et al. im Druck).

Im Grabungsbereich der sogenannten "Randowbucht" wurde eine Stapelung von 7 Kolluvien festgestellt und diese für eine Stoffbilanzierung (Feststoff, Kohlenstoff, Phosphor) während verschiedener Nutzungsperioden herangezogen (Abb. 17). Die Genese von Lessivés und Braunerden unter der Kolluviumssequenz wird in das Jungholozän datiert. Die Bilanzierung ergab z.B. folgende Werte der Feststofferosion im Einzugsgebiet der "Randowbucht": Ackerbau in der Eisenzeit (ca. 100 Jahre) = 1,5 t ha^{-1}a^{-1}; Ackerbau im Hochmittelalter (ca. 1100-1300) = 1,8 t ha^{-1}a^{-1}; Waldweide in Spätmittelalter und Frühneuzeit (ca. 1350-1780) = 0,9 t ha^{-1}a^{-1}; Ackerbau im 19 Jh. bis 1934 = 1,5 t ha^{-1}a^{-1}; Ackerbau von 1935-1995 = 24 t ha^{-1}a^{-1}. Deutlich sichtbar wird eine enorme Steigerung des Bodenabtrags in der jüngsten Vergangenheit!

Südlich der "Randowbucht" wurde im Grabungsbereich ein "stark humoses, schwarzerdeähnliches und vor der späten Bronzezeit gebildetes Bodensediment ..." erfaßt. "Diese Füllmassen belegen eine vor der Spätbronzezeit entstandene (mächtigkeitsabhängig entweder) Pararendzina oder Schwarzerde im Kuppenbereich der Grundmoränenplatte" (BORK et al. 1997). Damit läßt sich lokal offenbar auch für den äußersten Südosten Vorpommerns die (vormalige) Existenz von Schwarzerden auf Geschiebemergel schlußfolgern, wie sie von FISCHER-ZUJKOV (1998) und FISCHER-ZUJKOV et al. (1999) aus der benachbarten Uckermark beschrieben worden ist. Allgemein werden von SCHMIDT & BORK (1999) nach Befunden und Hypothesen aus Südostvorpommern und Nordbrandenburg die bodenkundlichen Prozesse Schwarzerdebildung, Verbraunung, Lessivierung und Podsolierung in das ältere bis jüngere Holozän datiert.

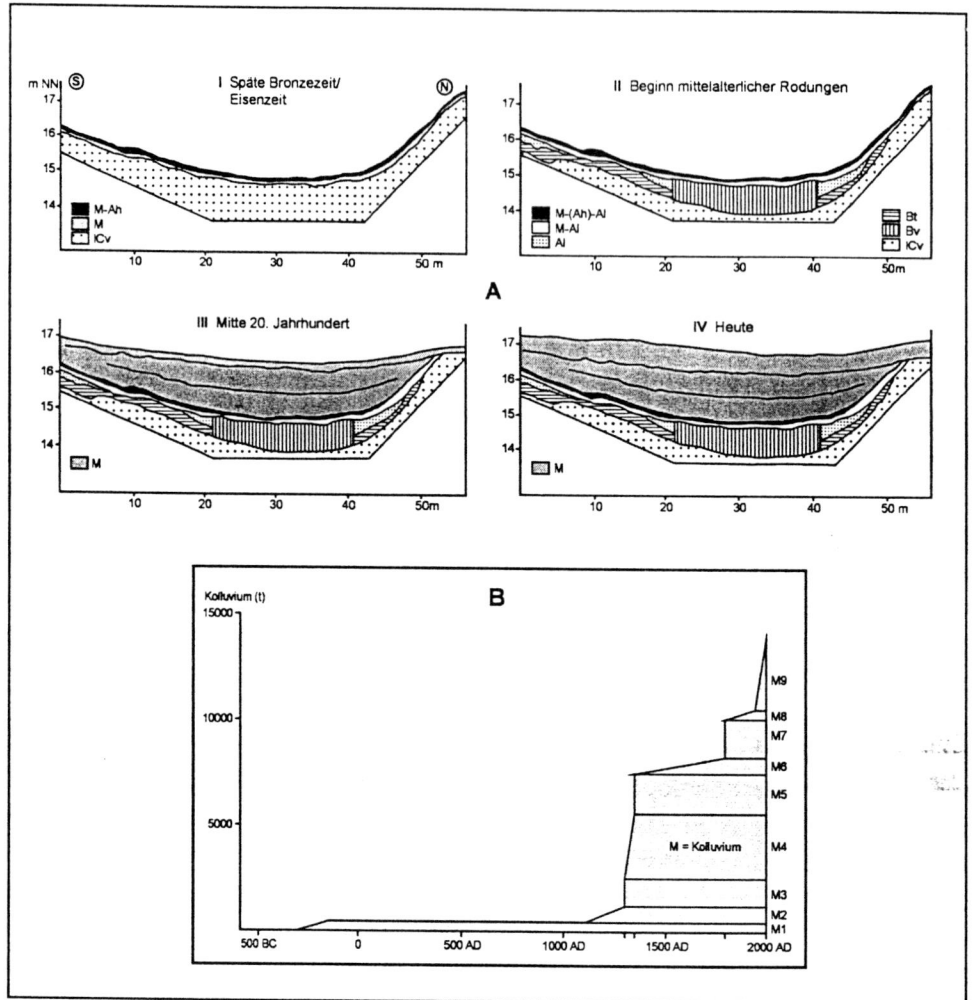

Abb. 17: Befunde zu anthropogenen Bodenumlagerungen im Bereich Glasow an der Randow/Kr. Uecker-Randow. A = Bodengenese im Bereich der sog. „Randowbucht" (Quelle: BORK et al. 1997). B = Dynamik der kolluvialen Akkumulation im Schwemmfächer der „Randowbucht" seit der Eisenzeit (Quelle: BORK et al. 1998)

5 Literatur

AMELANG, K., W. JANKE & H. KLIEWE (1983): Formenveränderungen und Substratumlagerungen an Grenzsäumen zwischen Naturraumeinheiten des Küstengebietes. Wiss. Zeitschr. Univ. Greifswald, Math.-nat. R. 36 (2/3), S. 127-133.

BEHM, H., H.-R. BORK, C. DALCHOW, E. GRINGMUTH-DALLMER, M. FIEDLER, W. KÜNNEMANN, T. SCHATZ, T. SCHULTZE, C. SOMMERFELD, B. SUHR, M. ULLRICH & R. VERGIN (im Druck): Der Raum Schwennenz / Lebehn / Glasow im südöstlichen Vorpommern. In: Gringmuth-Dallmer E. & L. LECIEJEWICZ (Hrsg.): Forschungen zu Mensch und Umwelt im Odergebiet in ur- und frühgeschichtlicher Zeit. Mainz.

BENNECKE, N. (2000): Die jungpleistozäne und holozäne Tierwelt Mecklenburg-Vorpommerns. Beiträge zur Ur- und Frühgeschichte Mitteleuropas 23, 143 S.; Weissbach.

BENTHIEN, B. (1956): Die Lewitz. Physische Geographie einer mecklenburgischen Einzellandschaft. Unveröff. Dissertation, Universität Greifswald, Geographisches Institut, 197 S.

BENTHIEN, B. (1956/57): Bemerkungen zur geomorphologischen Karte der Lewitz und zur Entwicklungsgeschichte dieser südwestmecklenburgischen Niederung. Wiss. Zeitschr. Univ. Greifswald, Math.-nat. R. 6, S. 341-361.

BILLWITZ, K. (1987): Landschaftssystematik und Landschaftsstruktur im Küstenbereich. Wiss. Zeitschr. Univ. Greifswald, Math.-nat. R. 36 (2/3), S. 117-122.

BILLWITZ, K. (1997a): Die Naturraumausstattung von Mecklenburg-Vorpommern vor dem Hintergrund der LAUTENSACHschen Formenwandellehre. Greifswalder Geographische Arbeiten 14, S. 7-18.

BILLWITZ, K. (1997b): Überdünte Strandwälle und Dünen und ihr geoökologisches Inventar an der vorpommerschen Ostseeküste. Z. Geomorph., N.F., Suppl.-Bd. 111, S. 161-173.

BILLWITZ, K., H. HELBIG, K. KAISER, P. DE KLERK, P. KÜHN & T. TERBERGER (2000): Untersuchungen zur spätpleistozänen bis frühholozänen Landschafts- und Besiedlungsgeschichte in Mecklenburg-Vorpommern. Neubrandenb. Geolog. Beiträge 1, S. 24-38.

BLEILE, R. (2000): Gewässernutzung in spätslawischer und frühdeutscher Zeit. Untersuchungen am „castrum cuscin" im Plauer See. Nachrichtenblatt Arbeitskreis Unterwasserarchäologie 7, S. 55-58.

BOGEN, C. (1999): Ein neuer Stielspitzen-Fundplatz bei Hintersee/Kr. Uecker-Randow in Vorpommern - erste Ergebnisse einer Sondage. Festschrift für B. GRAMSCH: S. 81-85; Langenweißbach.

BOGEN, C., A. HILGERS, K. KAISER, P. KÜHN & G. LIDKE (im Druck): Archäologie, Pedologie und Geochronologie spätpaläolithischer Fundplätze in der Ueckermünder Heide (Kr. Uecker-Randow, Mecklenburg-Vorpommern). Archäologisches Korrespondenzblatt.

BORK, H.-R., T. SCHATZ & C. DALCHOW (1997): Bodenkundlich-landschaftsökologischer Forschungsbericht zur archäologischen Grabung Glasow in Mecklenburg-Vorpommern. Beiträge zum Oder-Projekt 2, S. 27-37.

BORK, H.-R. & T. SCHATZ (1998): Mittel- und jungholozäne Landschaftsstoffbilanzen. Beiträge zum Oder-Projekt 5, S. 95-98.

BRAMER, H. (1964): Das Haffstausee-Gebiet: Untersuchungen zur Entwicklungsgeschichte im Spät- und Postglazial. Unveröff. Habilitationsschrift, Universität Greifswald.

BRAMER, H. (1975): Über ein Vorkommen von Alleröd-Torf in Sedimenten der Ueckermünder Heide. Wiss. Zeitschr. Univ. Greifswald, Math.-nat. R. 24 (3/4), S. 11-15.

BRINKMANN, R. (1958): Zur Entstehung der Nordöstlichen Heide Mecklenburgs. Geologie 7, S. 751-756.

VON BÜLOW, W. (Hrsg.) (2000): Geologische Entwicklung Südwest-Mecklenburgs seit dem Ober-Oligozän. Schriftenreihe für Geowissenschaften 11, 413 S.; Berlin.

BUSSEMER, S. (1998): Bodengenetische Untersuchungen an Braunerde- und Lessivéprofilen auf Sandstandorten des brandenburgischen Jungmoränengebiets. Münchener Geogr. Abh., A49, S. 27-93.

DIECKMANN, O. & K. KAISER (1998): Pedologische und geomorphologische Befunde zur historischen Bodenerosion im Müritz-Nationalpark, Mecklenburg-Vorpommern. In: ASMUS, I., H. T. PORADA & D. SCHLEINERT (Hrsg.): Geographische und historische Beiträge zur Landeskunde Pommerns, S. 59-65, Schwerin.

DIETRICH, H. (1958): Untersuchungen zur Morphologie und Genese grundwasserbeeinflußter Sandböden im Gebiet des nordostdeutschen Diluviums. Archiv für Forstwesen 7, S. 577-640.

DÖRFLER, W., D. HOFFMANN & H. JÖNS (1998): Archäologische, geologische und pollenanalytische Untersuchungen in Groß Strömkendorf bei Wismar – Ein Vorbericht. Bodendenkmalpflege in Mecklenburg-Vorpommern 45, Jahrbuch 1997, S. 185-194.

DRIESCHER, E. (1983): Historisch-geographische Veränderungen von Gewässereinzugsgebieten im Jungmoränengebiet der DDR. Geographische Berichte 107, S. 103-118.

DRIESCHER, E. (1986): Historische Schwankungen des Wasserstandes von Seen im Tiefland der DDR. Geographische Berichte 120, S. 159-171.

DUPHORN, K., H. KLIEWE, R.-O. NIEDERMEYER, W. JANKE & F. WERNER (1995): Die deutsche Ostseeküste. Sammlung geologischer Führer 88, 281 S.; Berlin, Stuttgart.

ENDTMANN, E. (1998): Umweltreflexionen eines soligenen Kesselmoores auf Rügen. Unveröffentlichter Forschungsbericht, Universität Greifswald, Institut für Geologische Wissenschaften.

ENGMANN, F. (1937): Pollenanalytische Untersuchungen fossiler Böden im Flugsandgebiet von Leussow (Südwestmecklenburg). Mitteilungen der Mecklenburgischen Geologischen Landesanstalt N.F. 10, S. 1-24.

FISCHER-ZUJKOV, U. (1998): Das „Schwarze Kolluvium" - Auswirkungen der ur- und frühgeschichtlichen Landnutzung auf die Umweltbedingungen in der Uckermark. Beiträge zum Oder-Projekt 5, S. 99-102.

FISCHER-ZUJKOV, U., R. SCHMIDT & A. BRANDE (1999): Die Schwarzerden Nordostdeutschlands und ihre Stellung in der holozänen Landschaftsentwicklung. Journal of Plant Nutrition and Soil Science 162, S. 443-449.

GEINITZ, E. (1913): Die großen Schwankungen der norddeutschen Seen. Die Naturwissenschaften 1, S. 665-670.

GÖRSDORF, J. & K. KAISER (2001): Radiokohlenstoffdaten aus dem Spätpleistozän und Frühholozän von Mecklenburg-Vorpommern. Meyniana 53, S. 91-118.

GOLDAMMER, G. (1999): Stecknitzfahrt und Schaalfahrt – historische Binnenwasserstraßen im Gebiet der Lauenburgischen Seenplatte. Hamburger Geogr. Studien 48, S. 565-578.

GRALOW, K.-D. (1988): Die ur- und frühgeschichtliche Fundplatzverteilung im Bereich des Schweriner Außensees sowie ihre besiedlungs- und landschaftsgeschichtliche Aussagen. Unveröff. Diplomarbeit, Universität Halle-Wittenberg, Institut für Prähistorische Archäologie.

GRAMSCH, B. (1978): Die Lietzow-Kultur Rügens und ihre Beziehungen zur Ostseegeschichte. Peterm. Geogr. Mitt. 123, S. 155-164.

GRINGMUTH-DALLMER, E. (1997): Das Projekt "Mensch und Umwelt im Odergebiet in ur- und frühgeschichtlicher Zeit". Eine Zwischenbilanz. Bericht der Römisch-Germanischen Kommission 78, S. 5-27.

HALBFASS, W. (1897): Ueber einige Seen im Stromgebiet der Elbe. Archiv des Vereins der Freunde der Naturgeschichte in Mecklenburg 50 (1896), S. 154-160.

HARTWICH, R., K.-D. JÄGER & D. KOPP (1975): Bodenkundliche Untersuchungen zur Datierung des fossilen Tierbautensystems von Pisede bei Malchin. Wiss. Z. Humboldt-Universität Berlin, Math.-nat. Reihe 24 (1975), S. 623-639.

HEINRICH, W.-D. (1975, 1977, 1983): Die quartäre Wirbeltierfundstätte Pisede bei Malchin (Bez. Neubrandenburg) - Ein Beitrag zur Erd- und Lebensgeschichte des Jung-Pleistozäns und des Holozäns im nordmitteleuropäischen Tiefland. Teil I-III, Wiss. Z. Humboldt-Universität Berlin, Math.-nat. Reihe 24 (1975), S. 571-716, 26 (1977), S. 225-365, 32 (1983), S. 653-781.

HELBIG, H. (1999): Die spätglaziale und holozäne Überprägung der Grundmoränenplatten in Vorpommern. Greifswalder Geographische Arbeiten 17, 110 S.

HELBIG, H. & P. DE KLERK (im Druck): Befunde zur fluvial-limnischen Morphodynamik kleiner Talungen während des Weichselspätglazials in Vorpommern. Eiszeitalter und Gegenwart.

HELBIG, H., P. DE KLERK, P. KÜHN & J. KWASNIOWSKI (im Druck): Colluvial sequences on till plains in Vorpommern (NE Germany). Z. Geomorph., Suppl.-Bd.

HURTIG, T. (1954): Die mecklenburgische Boddenlandschaft und ihre entwicklungsgeschichtlichen Probleme. Neuere Arbeiten zur meckl. Küstenforschung 1, 148 S.; Berlin.

HURTIG, T. (1954/55): Zur Frage des letztglazialen Eisabbaus auf der mecklenburgischen Seenplatte. Wiss. Z. Univ. Greifswald, Math.-nat. R. 4, S. 659-666.

HURTIG, T. (1957): Physische Geographie von Mecklenburg. Berlin.

JÄGER, K.-D. & KOPP, D. (1969): Zur archäologischen Aussage von Profilaufschlüssen norddeutscher Sandböden. Ausgrabungen und Funde 14, S. 111-121.

JÄGER, K.-D. & KOPP, D. (1999): Buried soils in dunes of Late Vistulian and Holocene age in the northern part of central Europe. GeoArchaeoRhein 3, S. 127-135.

JÄGER, K.-D. & I. LIEBEROTH (1987): Probleme der Genese verbreiteter mitteleuropäischer Böden, sowie periglazialer Decken im Tief- und Hügelland der DDR. Peterm. Geogr. Mitt. 131, S. 98-101.

JAHNS, S., C. HERKING & K. KLOSS (im Druck): Landschaftsrekonstruktion entlang des westlichen unteren Oderlaufs anhand ausgewählter Pollenkurven aus acht Seeprofilen. Greifswalder Geographische Arbeiten.

JANKE, W. (1971): Beitrag zur Entstehung und Alter der Dünen der Lubminer Heide und der Peenemünder-Zinnowitzer Seesandebene. Wiss. Z. Univ. Greifswald, Math.-nat. R., 20 (1-2), S. 39-53.

JANKE, W. (1978a): Untersuchungen zu Aufbau, Genese und Stratigraphie küstennaher Talungen und Niederungen Nordost-Mecklenburgs als Beitrag zu ihrer geoökologischen und landeskulturellen Charakteristik. Unveröff. Dissertation B (Habilschrift), Universität Greifswald, Geographisches Institut, 172 S. u. Anlagen.

JANKE, W. (1978b): Schema der spät- und postglazialen Entwicklung der Talungen der spätglazialen Haffstauseeabflüsse. Wiss. Z. Univ. Greifswald, Math.-nat. R. 27 (1/2), S. 39-41.

JANKE, W. (1996): Landschaftsentwicklung und Formenschatz Mecklenburg-Vorpommerns seit der Weichsel-Eiszeit. Z. Erdkundeunterricht 12, S. 495-505.

JANKE, W. (im Druck): Das Binnenholozän. In: KATZUNG, G. (Hrsg.): Geologie von Mecklenburg-Vorpommern.

JANKE, W., K.-D. JÄGER & W.-D. HEINRICH (1975): Geologische und geomorphologische Untersuchungen zur Datierung der quartärpaläontologischen Fundstätte Pisede bei Malchin. Wiss. Z. Humboldt-Universität Berlin, Math.-nat. Reihe 24, S. 593-616.

JANKE, W. & R. LAMPE (1998): Die Entwicklung der Nehrung Fischland-Darß-Zingst und ihres Umlandes seit der Litorina-Transgression und die Rekonstruktion ihrer subrezenten Dynamik mittels historischer Karten. Z. Geomorph. N.F., Suppl.-Bd. 112, S. 177-194.

JANKE, W. & R. LAMPE (2000a): The sea-level rise on the south Baltic coast over the past 8.000 years - New results and new questions. Beiträge zur Ur- und Frühgeschichte Mecklenburg-Vorpommerns 35, S. 393-398.

JANKE, W. & R. LAMPE (2000b): Zu Veränderungen des Meeresspiegels an der vorpommerschen Küste in den letzten 8000 Jahren. Z. geolog. Wiss. 28, S. 585-600.

JESCHKE, L. & E. LANGE (1992): Zur Genese der Küstenüberflutungsmoore im Bereich der vorpommerschen Boddenküste. In: BILLWITZ, K., K.-D. JÄGER & W. JANKE (Hrsg.): Jungquartäre Landschaftsräume, S. 208-215; Berlin.

KAISER, K. (1996): Zur hydrologischen Entwicklung mecklenburgischer Seen im jüngeren Quartär. Peterm. Geogr. Mitt. 140, S. 323-342.

KAISER, K. (1998): Die hydrologische Entwicklung der Müritz im jüngeren Quartär - Befunde und ihre Interpretation. Z. Geomorph. N.F., Suppl.-Bd. 112, S. 143-176.

KAISER, K. (2001): Die spätpleistozäne bis frühholozäne Beckenentwicklung in Mecklenburg-Vorpommern – Untersuchungen zur Stratigraphie, Geomorphologie und Geoarchäologie. Greifswalder Geographische Arbeiten 24, 208 S.

KAISER, K. & TERBERGER, T. (1996): Archäologisch-geowissenschaftliche Untersuchungen am spätpaläolithischen Fundplatz Nienhagen, Lkr. Nordvorpommern. Bodendenkmalpflege in Mecklenburg-Vorpommern 43, Jahrbuch 1995, S. 7-48.

KAISER, K. & W. JANKE (1998): Bodenkundlich-geomorphologische und paläobotanische Untersuchungen im Ryckbecken bei Greifswald. Bodendenkmalpflege in Mecklenburg-Vorpommern 45, Jahrbuch 1997, S. 69-102.

KAISER, K. & P. KÜHN (1999): Eine spätglaziale Braunerde aus der Ueckermünder Heide. Geoarchäologische Untersuchungen in einem Dünengebiet bei Hintersee/Kr. Uecker-Randow, Mecklenburg-Vorpommern. Mitt. Dt. Bodenkundl. Ges. 91, S. 1037-1040.

KAISER, K., P. DE KLERK & T. TERBERGER (1999): Die „Riesenhirschfundstelle" von Endingen: geowissenschaftliche und archäologische Untersuchungen an einem spätglazialen Fundplatz in Vorpommern. Eiszeitalter und Gegenwart 49, S. 102-123.

KAISER, K., T. TERBERGER & C. JANTZEN (2000a): Rivers, lakes and ancient men: Relationships between the palaeohydrology and the archaeological record in Mecklenburg-Vorpommern (NE-Germany). Beitr. Ur- u. Frühgeschichte Mecklenburg-Vorpommerns 35, S. 405-409.

KAISER, K., E. ENDTMANN & W. JANKE (2000b): Befunde zur Relief-, Vegetations- und Nutzungsgeschichte an Ackersöllen bei Barth, Kr. Nordvorpommern. Bodendenkmalpflege in Mecklenburg-Vorpommern 47, Jahrbuch 1999, S. 151-180.

KAISER, K., E. ENDTMANN, C. BOGEN, S. CZAKÓ-PAP & P. KÜHN (2001): Geoarchäologie und Palynologie spätpaläolithischer und mesolithischer Fundplätze in der Ueckermünder Heide, Vorpommern. Z. geolog. Wiss. 29, S. 233-244.

KAISER, K., T. SCHOKNECHT, B. PREHN, W. JANKE & K. KLOSS (im Druck): Geomorphologische, palynologische und archäologische Beiträge zur holozänen Landschaftsgeschichte im Müritzgebiet (Mecklenburg-Vorpommern). Eiszeitalter und Gegenwart 51.

KALÄHNE, M. (1954): Die Entwicklung des Waldes auf dem Nordkranz der Inselkerne von Rügen. Erg.-Heft Nr. 254 zu Peterm. Geogr. Mitt.

KEILHACK, K. (1899): Die Stillstandslagen des letzten Inlandeises und die hydrographische Entwicklung des Pommerschen Küstengebietes. Jahrb. Preuß. Geolog. Landesanstalt 19, S. 90-152.

KEILING, H. (1982): Archäologische Funde vom Spätpaläolithikum bis zur vorrömischen Eisenzeit. Museum für Ur- und Frühgeschichte Schwerin, Museumskatalog 1, 95 S.; Schwerin.

KEILING, H. (1984): Archäologische Funde von der frührömischen Eisenzeit bis zum Mittelalter. Museum für Ur- und Frühgeschichte Schwerin, Museumskatalog 3, 104 S.; Schwerin.

KLAFS, G., L. JESCHKE & H. SCHMIDT (1973): Genese und Systematik wasserführender Ackerhohlformen in den Nordbezirken der DDR. Archiv für Landschaftsforschung und Naturschutz 13, S. 287-302.

DE KLERK, P. (2001): Vegetation history and palaeoenvironmental development of the Endinger Bruch area and the Reinberg basin (Vorpommern, NE Germany) during the Late Pleniglacial, Lateglacial and Early Holocene (with special emphasis on a widespread stratigraphic confusion). Unveröff. Dissertation, Universität Greifswald, Geographisches Institut, 103 S.

DE KLERK, P., H. HELBIG, S. HELMS, W. JANKE, K. KRÜGEL, P. KÜHN, D. MICHAELIS & S. STOLZE (2001): The Reinberg researches: palaeoecological and geomorphological studies of a kettle hole in Vorpommern (NE-Germany), with special emphasis on a local vegetation during the Weichselian Pleniglacial/Lateglacial transition. Greifswalder Geographische Arbeiten 23, S. 43-131.

KLIEWE, H. (1960): Die Insel Usedom in ihrer spät- und nacheiszeitlichen Formenentwicklung. Neuere Arbeiten zur meckl. Küstenforschung 5, 277 S.; Berlin.

KLIEWE, H. (1979): Zur Wechselwirkung von Natur und Mensch in küstennahen Dünensystemen. Potsdamer Forschungen, Reihe B 15, S. 107-119.

KLIEWE, H. (1989): Zur Entwicklung der Küstenlandschaft im Nordosten der DDR während des Weichsel-Spätglazials. Acta Geographica Debrecina 24/25, 1985/86, S. 99-113.

KLIEWE, H. (2000): Zusammenhänge zwischen Küstenentwicklung und Lietzow-Kultur sowie Slawensiedlung Ralswiek auf Rügen. Rugia Journal 2001, S. 59-65.

KLIEWE, H. (im Druck): Das Weichsel-Spätglazial und Holozän. In: KATZUNG, G. (Hrsg.): Geologie von Mecklenburg-Vorpommern.

KLOSTERMANN, H. (1968): Die Bedeutung der Terrassen im Randowtal (im Abschnitt Schwedt/O.-Löcknitz) für die Rekonstruktion spätglazialer Abflußverhältnisse des „Notec-Oder-Urstromtales". Geographische Berichte 49, S. 292-309.

KOLP, O. (1965): Paläogeographische Ergebnisse der Kartierung des Meeresgrundes der westlichen Ostsee zwischen Fehmarn und Arkona. Beiträge zur Meereskunde 12-14, S. 19-65.

KOPP, D. (1969): Ergebnisse der forstlichen Standortserkundung in der Deutschen Demokratischen Republik. Erster Band. Die Waldstandorte des Tieflandes. Erste Lieferung. VEB Forstprojektierung Potsdam, 141 S.; Potsdam.

KOPP, D. (1970): Periglaziäre Umlagerungs- (Perstruktions-)zonen im nordostdeutschen Tiefland und ihre bodengenetische Bedeutung. Tagungsber. Dt. Akad. Landwirtschaftswissensch. zu Berlin 102, S. 55-81.

KOPP, D. (1973): Ergebnisse der forstlichen Standortserkundung in der Deutschen Demokratischen Republik. Erster Band. Die Waldstandorte des Tieflandes. Zweite Lieferung. Teil III: Standortsmosaike. VEB Forstprojektierung Potsdam, 320 S.; Potsdam.

KOPP, D. & K.-D. JÄGER (1972): Das Perstruktions- und Horizontprofil als Trennmerkmal periglaziärer und extraperiglaziärer Oberflächen im nordmitteleuropäischen Tiefland. Wiss. Zeitschr. Univ. Greifswald, Math.-nat. R. 21 (1), S. 77-84.

KRETSCHMER, H., K. ARNDT & H. M. MÜLLER (1971): Untersuchungen an Dünen im Gebiet des Dänengrundes bei Zempin (Usedom). Peterm. Geogr. Mitt. 115, S. 9-15.

KRIENKE, H.-D. & J. STRAHL (1999): Weichselzeitliche und holozäne Ablagerungen im Bereich der Deponie Tessin bei Rostock (Mecklenburg-Vorpommern) unter besonderer Berücksichtigung des Prä-Alleröd-Komplexes. Meyniana 51, S. 125-151.

KÜHN, P. (2001): Grundlegende Voraussetzungen bodengenetischer Vergleichsuntersuchungen: Theorie und Anwendung. Greifswalder Geographische Arbeiten 23, S. 133-153.

KÜHN, P., P. JANETZKO & D. SCHRÖDER (im Druck): Zur Mikromorphologie und Genese lessivierter Böden im Jungmoränengebiet Schleswig-Holsteins und Mecklenburg-Vorpommerns. Eiszeitalter und Gegenwart 51.

KUHLMANN, N. & C. M. SCHIRREN (2000): Stein-, bronze- und kaiserzeitliche Befunde an einem Soll aus Barth, Kreis Nordvorpommern. Bodendenkmalpflege in Mecklenburg-Vorpommern 47, Jahrbuch 1999, S. 129-149.

KUNDLER, P. (1961): Untersuchungen über die Bodenbildung aus Geschiebemergel und aus Sand unter Wäldern des nordostdeutschen Tieflandes. Unveröff. Habilitationsschrift, Humboldt-Universität Berlin, Institut für forstliche Bodenkunde und Standortslehre Eberswalde.

KWASNIOWSKI, J. (2000): Boden- und Reliefanalyse zur Abschätzung anthropogener Veränderungen im Naturschutzgebiet Eldena (Vorpommern). Unveröff. Diplomarbeit, Universität Greifswald, Geographisches Institut, 109 S.

KWASNIOWSKI, J. (2001): Die Böden im Naturschutzgebiet Eldena (Vorpommern). Greifswalder Geographische Arbeiten 23, S. 155-185.

LANDESAMT FÜR FORSTEN UND GROßSCHUTZGEBIETE MECKLENBURG-VORPOMMERN (im Druck): Forstliche Standortskartierung in Mecklenburg-Vorpommern, Teil A: Wuchsgebiete und Wuchsbezirke. Malchin.

LANDESAMT FÜR FORSTPLANUNG MECKLENBURG-VORPOMMERN (1995): Exkursionsführer zur 57. Jahrestagung der Arbeitsgemeinschaft Forstliche Standorts- und Vegetationskunde in Mecklenburg-Vorpommern. 94 S.; Schwerin.

LANDESAMT FÜR FORSTEN UND GROßSCHUTZGEBIETE MECKLENBURG-VORPOMMERN (in Vorb.): Erläuterungsband zur forstlichen Standortskarte für den Müritz-Nationalpark. Malchin.

LANGE, E., L. JESCHKE & H. D. KNAPP (1985): Ralswiek und Rügen. Die Landschaftsgeschichte der Insel Rügen seit dem Spätglazial. Schriften zur Ur- und Frühgeschichte 38, 174 S.; Berlin.

LEIPE, T., J. EIDAM, R. LAMPE, H. MEYER, T. NEUMANN, A. OSADCZUK, W. JANKE, T. PUFF, T. BLANZ, F. X. GINGELE, D. DANNENBERGER & G. WITT (1998): Das Oderhaff. Beiträge zur Rekonstruktion der holozänen geologischen Entwicklung und anthropogenen Beeinflussung des Oder-Ästuars. Meereswissenschaftliche Berichte 28, 61 S.

LEMKE, W. (1998): Sedimentation und paläogeographische Entwicklung im westlichen Ostseeraum (Mecklenburger Bucht bis Arkonabecken) vom Ende der Weichselvereisung bis zur Litorinatransgression. Meereswissenschaftliche Berichte 31, 156 S.

LUDWIG, A. O. (1964): Stratigraphische Untersuchung des Pleistozäns der Ostseeküste von der Lübecker Bucht bis Rügen. Geologie 13, Beiheft 42, 143 S.; Berlin.

LUDWIG, A. O. (im Druck): Die spätglaziale Entwicklung im östlichen Küstengebiet Mecklenburgs (Rostocker Heide, Fischland). Greifswalder Geographische Arbeiten.

LÜBKE, H. (2000): Timmendorf-Nordmole und Jäckelberg-Nord. Erste Untersuchungsergebnisse zu submarinen Siedlungsplätzen der endmesolithischen Ertebölle-Kultur in der Wismar-Bucht, Mecklenburg-Vorpommern. Nachrichtenblatt Arbeitskreis Unterwasserarchäologie 7, S. 17-35.

MICHAELIS, D. (2000): Die spät- und nacheiszeitliche Entwicklung der natürlichen Vegetation von Durchströmungsmooren in Mecklenburg-Vorpommern am Beispiel der Recknitz. Unveröff. Dissertation, Universität Greifswald, Botanisches Institut, 124 S.

MINISTERIUM FÜR BAU, LANDESENTWICKLUNG UND UMWELT (Hrsg.) (1998): Renaturierung des Flußtalmoores "Mittlere Trebel". Dokumentation eines EU-LIFE-Projektes. 87 S.; Rostock.

MÖBUS, G. (2000): Geologie der Insel Hiddensee (südliche Ostsee) in Vergangenheit und Gegenwart - eine Monographie. Greifswalder Geowissenschaftliche Beiträge 8, 150 S.

MÜLLER, H. M. (1962): Pollenanalytische Untersuchungen im Bereich des Meßtischblattes Thurow/Südostmecklenburg. Unveröff. Dissertation, Universität Halle-Wittenberg, Botanisches Institut.

MÜLLER, H. M., D. KOPP & G. KOHL (1971): Pollenanalytische Untersuchungen zur Altersbestimmung von Humusauflagen einiger Bodenprofile im subkontinentalen Tieflandgebiet der DDR. Peterm. Geogr. Mitt. 115, S. 25-36.

MÜLLER, J. (1997): Anthropogene Einflüsse im Uferbereich eines Soll: Bodenverlagerungen als Indikatoren lokaler Landnahmen. Archäologische Berichte aus Mecklenburg-Vorpommern 4, S. 22-29.

NELLE, O. & J. KWASNIOWSKI (2001): Untersuchungen an Holzkohlenmeilern im Naturschutzgebiet Eldena (Vorpommern). Ein Beitrag zur Erforschung der jüngeren Nutzungsgeschichte. Greifswalder Geographische Arbeiten 23, S. 209-225.

NEUBAUER-SAURER, D. (1997): Mesolithikum, Bronzezeit, römische Kaiserzeit und Mittelalter am Ufer des Ryck bei Wackerow, Lkr. Ostvorpommern. Bodendenkmalpflege in Mecklenburg-Vorpommern 44, Jahrbuch 1996, S. 103-131.

PRECKER, A. & M. KRBETSCHEK (1996): Die Regenmoore Mecklenburg-Vorpommerns - Erste Auswertungen der Untersuchungen zum Regenmoor-Schutzprogramm des Landes Mecklenburg-Vorpommern. Telma 26, S. 205-221.

PRECKER, A. (2000): Das NSG „Ribnitzer Großes Moor" - Restitution und Tourismus in einem norddeutschen, komplexen Moorökosystem. Telma 30, S. 43-75.

RADTKE, U. (1998): Potential und Probleme der Lumineszenzdatierung äolischer Sedimente - Zusammenfassung und Ausblick. Kölner Geographische Arbeiten 70, S. 117-124.

REINHARD, H. (1956): Küstenveränderungen und Küstenschutz der Insel Hiddensee. Neuere Arbeiten zur meckl. Küstenforschung 2, 215 S.; Berlin.

REUTER, G. (1962): Tendenzen der Bodenentwicklung im Küstenbezirk Mecklenburgs. Dt. Akad. Landwirtschaftswiss. zu Berlin, Wiss. Abh. 49, 128 S.; Berlin.

REUTER, G. (1990): Disharmonische Bodenentwicklung auf glaziären Sedimenten unter dem Einfluß der postglazialen Klima- und Vegetationsentwicklung in Mitteleuropa. Ernst-Schlichting-Gedächtniskolloquium, Tagungsband, S. 69-74.

REUTER, G. (1999): Profilmorphologische Studie zur „disharmonischen" Polygenese von Podsolen. Journal of Plant Nutrition and Soil Science 162, S. 97-105.

RICHTER, G. (1968): Fernwirkungen der litorinen Ostseetransgression auf tiefliegende Becken und Flußtäler. Eiszeitalter und Gegenwart 19, S. 48-72.

ROWINSKY, V. (1999): Moor- und pollenanalytische Untersuchungen zur Waldgeschichte des Naturschutzgebietes "Kläden". Aus Kultur und Wissenschaft Heft 1/1999, Schriftenreihe des Landesamtes für Forsten und Großschutzgebiete Mecklenburg-Vorpommern, Naturpark Nossentiner/Schwinzer Heide, S. 59-74.

RUCHHÖFT, F. (1999): Der Wasserstand der „Oberen Seen" in Mecklenburg in Mittelalter und früher Neuzeit. Archäologische Berichte aus Mecklenburg-Vorpommern 6, S. 195-208.

SABBAN, P. (1897): Die Dünen der südwestlichen Heide Mecklenburgs und über die mineralogische Zusammensetzung diluvialer und alluvialer Sande. Dissertation, Universität Rostock, 52 S. (abgedruckt in: Mitteilungen aus der Großherzoglich Mecklenburgischen Geologischen Landesanstalt 8).

SCAMONI, A. (1993): Das Meßtischblatt Thurow. Geschichte der Wälder seit Mitte des 18. Jahrhunderts - Wildpark. Eberswalde-Finow.

SCHACHT, S. (1993): Ausgrabungen auf einem Moorfundplatz und zwei Siedlungsplätzen aus dem Mesolithikum/Neolithikum im nördlichen Randowbruch bei Rothenklempenow, Kr. Pasewalk. Ausgrabungen und Funde 38, S. 111-119.

SCHACHT, S. & C. BOGEN (2001): Neue Ausgrabungen auf dem mesolithisch-neolithischen Fundplatz 17 am Latzig-See bei Rothenklempenow, Lkr. Uecker-Randow. Archäologische Berichte aus Mecklenburg-Vorpommern 8, S. 5-21.

SCHATZ, T. (2000): Untersuchungen zur holozänen Landschaftsentwicklung Nordostdeutschlands. ZALF-Bericht 41, 201 S.; Müncheberg.

SCHLAAK, N. (1998): Der Finowboden - Zeugnis einer begrabenen weichselspätglazialen Oberfläche in den Dünengebieten Nordostbrandenburgs. Münchener Geogr. Abh., A49, S. 143-148.

SCHMIDT, H. (1977): Zur historisch-geographischen Entwicklung des Nordteils der Schmalen Heide auf Rügen. Greifswald-Stralsunder Jahrbuch 11, S. 7-16.

SCHMIDT, R. & H.-R. BORK (1999): Paläoböden – Einführung in das Exkursionsgebiet. ZALF-Bericht 37, S. 5-21.

SCHNEIDER, R. & P. KÜHN (2000): Böden des Karlshofes in Groß Methling, Mecklenburg-Vorpommern (mit Kartenbeilage). Trierer Bodenkundliche Schriften 1, S. 66-71.

SCHOKNECHT, T. (1996): Pollenanalytische Untersuchungen zur Vegetations-, Siedlungs- und Landschaftsgeschichte in Mittelmecklenburg. Beiträge zur Ur- und Frühgeschichte Mecklenburg-Vorpommerns 29, 68 S.; Lübstorf.

SCHULDT, E. (Hrsg.) (1961): Hohen Viecheln. Ein mittelsteinzeitlicher Wohnplatz in Mecklenburg. Schriften der Sektion für Vor- und Frühgeschichte 10; Berlin.

SCHULZ, H. (1961): Entstehung und Werdegang der Nordöstlichen Heide Mecklenburgs. Unveröff. Dissertation, Universität Rostock, Geologisch-Paläontologisches Institut, 136 S.

SCHULZ, W. (1963): Eisrandlagen und Seeterrassen in der Umgebung von Krakow am See in Mecklenburg. Geologie 12, S. 1152-1168.

SCHULZ, W. (1968): Spätglaziale und holozäne Spiegelschwankungen an den westlichen Oberen Seen Mecklenburgs. Archiv der Freunde der Naturgeschichte in Mecklenburg 14, S. 7-43.

SCHULZ, W. (1999): Die geologische Situation im Naturpark Mecklenburgisches Elbetal. Naturschutzarbeit in Mecklenburg-Vorpommern 42 (2), S. 32-35.

SCHULZE, G. (1996): Anleitung für die forstliche Standortserkundung im nordostdeutschen Tiefland (Standortserkundungsanleitung, SEA 95). Teil A Standortsformen. 300 S.; Schwerin.

SCHULTZ, K. H. (1940): Waldbestand und Forstwirtschaft im südwestlichen Mecklenburg vom 16. bis 18. Jahrhundert. Dissertation, Universität Rostock.

SCHUMACHER, W. (2000): Zur geomorphologischen Entwicklung des Darsses – ein Beitrag zur Küstendynamik und zum Küstenschutz an der südlichen Ostseeküste. Z. geolog. Wiss. 28, S. 601-613.

SCHUMACHER, W., R. LAMPE, W. JANKE, K.-A. BAYERL, F. REISCH, A. MÜLLER & R. GUSEN (1998): Klimaänderung und Boddenlandschaft (KLIBO). Holozäne Entwicklungsgeschichte ausgewählter Boddenlandschaften Mecklenburg-Vorpommerns unter besonderer Berücksichtigung von Klima, Eustasie und Isostasie. Unveröff. Forschungsbericht, Universität Greifswald, Institut für Geologische Wissenschaften und Geographisches Institut.

SCHUMACHER, W. & K.-A. BAYERL (1999): The shoreline displacement curve of Rügen Island (Southern Baltic Sea). Quaternary International 56, S. 107-113.

SEELER, A. (1962): Beiträge zur Morphologie norddeutscher Dünengebiete und zur Darstellung des Dünenreliefs in topographischen Karten. Unveröff. Dissertation, Universität Greifswald, Geographisches Institut, 202 S.

SOMMERFELD, C. (1997) Vorbericht über die Ausgrabungen in Glasow, Uecker-Randow-Kreis, Fpl. 14/15. Beiträge zum Oder-Projekt 2, S. 7-14.

STRAHL, J. (1993): Zwischenbericht zur pollenanalytischen Untersuchung von 20 Proben aus einem Profil nordöstlich des Rambower Sees (Mecklenburg/Vorpommern). Unveröff. Bericht, Bundesanstalt für Geowissenschaften und Rohstoffe Hannover, Außenstelle Berlin, 16 S.

STRAHL, J. (1996): Bericht zur pollenanalytischen Untersuchung von 76 Proben aus 10 Senken und Söllen im Trassenbereich der A20, AS Grevesmühlen - Wismar-West (Mecklenburg-Vorpommern). Unveröff. Bericht, Bundesanstalt für Geowissenschaften und Rohstoffe Hannover, Außenstelle Berlin.

STREET, M. (1996): The Late Glacial faunal assemblage from Endingen, Lkr. Nordvorpommern. Archäologisches Korrespondenzblatt 26, S. 33-42.

SUCCOW, M. & H. JOOSTEN (2001): Landschaftsökologische Moorkunde. 622 S.; Stuttgart.

TERBERGER, T. (1996): Die „Riesenhirschfundstelle" von Endingen, Lkr. Nordvorpommern. Spätglaziale Besiedlungsspuren in Nordostdeutschland. Archäologisches Korrespondenzblatt 26, S. 13-32.

TERBERGER, T. (1997): Zur ältesten Besiedlungsgeschichte Mecklenburg-Vorpommerns. Archäologische Berichte aus Mecklenburg-Vorpommern 4, S. 6-22.

TERBERGER, T. (1998): Grundwasserstände und spätpaläolithisch-mesolithische Besiedlung im Endinger Bruch. Urgeschichtliche Materialhefte 12, S. 89-102.

TERBERGER, T. (1999): Aspekte zum Endmesolithikum der Insel Rügen (Mecklenburg-Vorpommern). Beiträge zur Ur- und Frühgeschichte Mitteleuropas 20, S. 221-234.

THIERE, J. & D. LAVES (1968): Untersuchungen zur Entstehung der Fahlerden, Braunerden und Staugleye im nordostdeutschen Jungmoränengebiet. Albrecht-Thaer-Archiv 12, S. 659-677.

TREICHEL, F. (1957): Die Haupt- und Nebenwasserscheiden Mecklenburgs. Unveröff. Dissertation, Universität Greifswald, Geographisches Institut.

VERSE, G., R.-O. NIEDERMEYER, B. W. FLEMMING & J. STRAHL (1998): Seismostratigraphie, Fazies und Sedimentationsgeschichte des Greifswalder Boddens (südliche Ostsee) seit dem Weichsel-Spätglazial. Meyniana 50, S. 213-236.

WEIDERMANN, K. (1999): Zur Wald-, Forst- und Siedlungsgeschichte des Naturparkes Nossentiner/Schwinzer Heide. Aus Kultur und Wissenschaft Heft 1/1999, Schriftenreihe des Landesamtes für Forsten und Großschutzgebiete Mecklenburg-Vorpommern, Naturpark Nossentiner/Schwinzer Heide, S. 6-58.

WERTH, E. & M. KLEMM (1936): Pollenanalytische Untersuchung einiger wichtiger Dünenprofile und submariner Torfe in Norddeutschland. Beihefte zum Botanischen Centralblatt Abt. B 55, S. 95-155.

WETZEL, G. (1969): Ein Dünenwohnplatz bei Lanz, Kreis Ludwigslust. Jahrbuch für Bodendenkmalpflege in Mecklenburg 1967, S. 129-169.

WITTIG, O. (1996): Zur spätpleistozänen und holozänen Entwicklung des Unteren Rycktales bei Greifswald. Unveröff. Diplomarbeit, Universität Greifswald, Institut für Geologische Wissenschaften.

Autor:

Dr. Knut Kaiser
Geographisches Institut der Ernst-Moritz-Arndt-Universität Greifswald
Friedrich-Ludwig-Jahn-Straße 16, D-17487 Greifswald
e-mail: knutkais@uni-greifswald.de

The Reinberg researches: palaeoecological and geomorphological studies of a kettle hole in Vorpommern (NE Germany), with special emphasis on a local vegetation during the Weichselian Pleniglacial/Lateglacial transition

by

Pim de Klerk, Henrik Helbig, Sabine Helms, Wolfgang Janke, Kathrin Krügel,
Peter Kühn, Dierk Michaelis & Susann Stolze

Abstract
This study presents the results of interdisciplinary (pollen, macrofossil, diatom, substrate and micromorphological analyses) of the basin Reinberg (Vorpommern). The top pleniglacial basin sands contain are formed by a humus layer (Reinberg horizon), which palynologically dates at the transition from Weichselian Pleniglacial to Lateglacial. Pollen and macrofossil analyses allowed reconstruction of the local paleoenvironment. Analyses of three cores, covering the complete lake sediments, provide detailed information on the vegetation history and landscape development during the Weichselian Lateglacial. The upper peat layer shows a fragmented picture of the Late Holocene.

Zusammenfassung
In dieser Arbeit werden die Ergebnisse interdisziplinärer Untersuchungen (Pollen-, Großrest-, Diatomeen-, Substratanalyse sowie mikromorphologische Analyse) der Hohlform „Reinberg" (Vorpommern) präsentiert. Im Becken werden die obersten pleniglazialen Beckensande von einer schmalen humosen Schicht, dem sogenannten 'Reinberg-Horizont', durchzogen. Dieser Horizont kann aufgrund palynologischer Befunde dem Übergang vom Weichselpleni- zum Weichselspätglazial zugeordnet werden. Pollen- und Großrestanalysen ermöglichen die Rekonstruktion der lokalen Paläoumwelt. Analyse von drei Kerne, die die vollständigen Seeablagerungen umfassen, liefern detaillierte Informationen über die Vegetationsgeschichte und Landschaftsentwicklung während des Weichselspätglazials. Die oberste Torfschicht zeigt ein fragmentiertes Bild des späten Holozäns.

1 Introduction
Connected with the priority program 'Changes of the geo-biosphere during the last 15,000 years - continental sediments as evidence for changing environmental conditions' (cf. Andres & Litt 1999), recent studies focused on landscape genesis, vegetation development and settlement history during the Weichselian Lateglacial and Early Holocene in Mecklenburg-Vorpommern (cf. Billwitz et al. 1998, 2000). Within this framework, geomorphological investigations concentrated on slope processes of kettle holes within till plains of the Mecklenburgian Stage (Helbig 1999-a/b; Helbig et al., submitted), in which the basin 'Reinberg' (Fig. 1) played an important role. In order to roughly palynologically date its substrates, two course pollen diagrams from cores 'Reinberg 6' (REA) and 'Reinberg 11' (REB) were prepared, of which preliminary interpretations were presented by De Klerk (1998) and Helbig (1999-a).

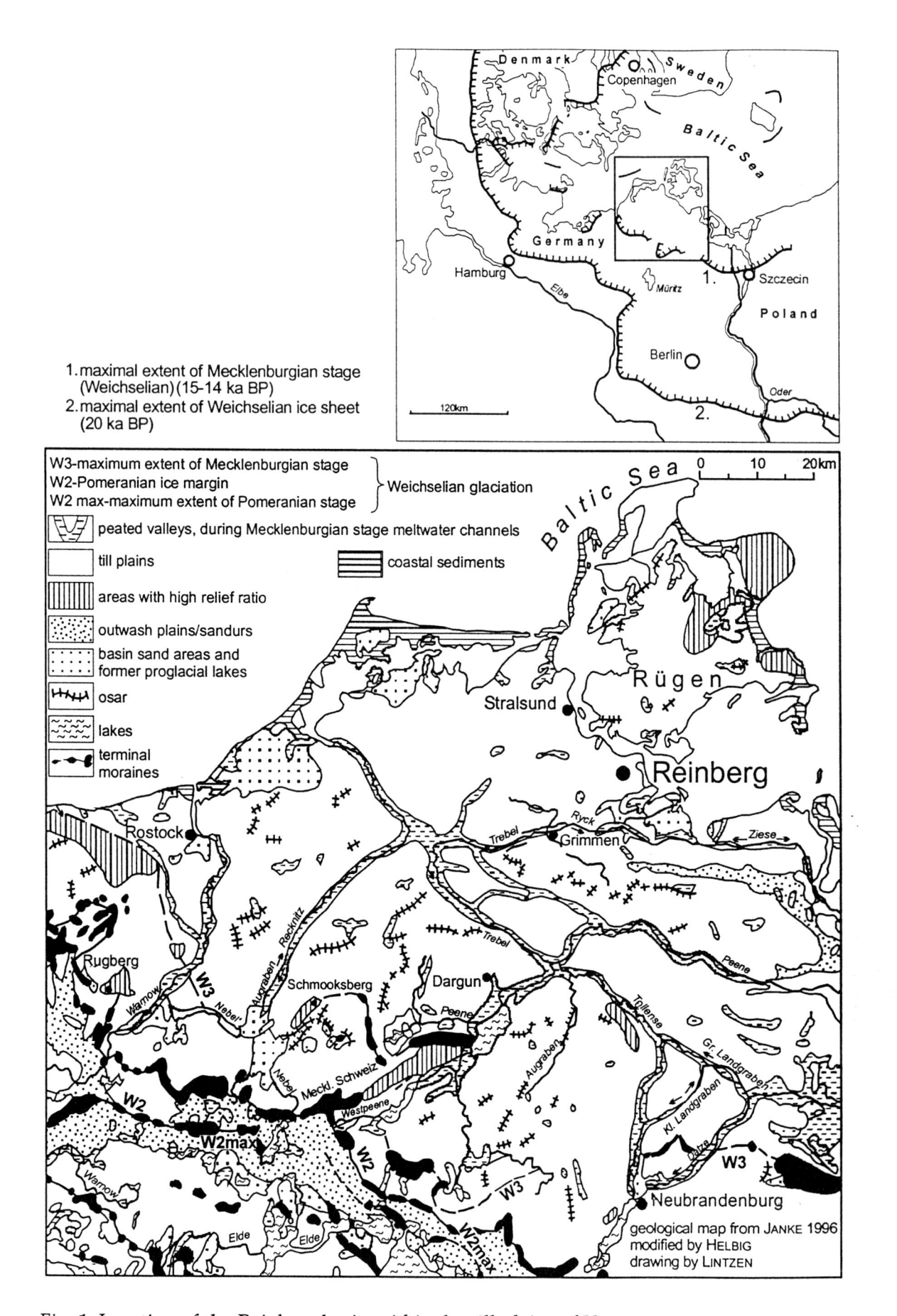

Fig. 1: Location of the Reinberg basin within the till plains of Vorpommern

A humus layer (denoted as 'Reinberg horizon') at the top of basin sands appeared to contain a pollen assemblage with low values of ARTEMISIA pollen and high values of ANTHEMIS TYPE, WILD GRASS GROUP and ARMERIA MARITIMA TYPE A and B pollen. This humus was interpreted to be formed in situ by a local vegetation on the fresh sandy soils. The vegetation phase was provisory (and, as currently can be concluded, unsuitably) referred to as 'Armeria-phase' (DE KLERK 1998; HELBIG 1999-b). The phase was interpreted to represent the Pleniglacial sensu VAN DER HAMMEN (1951), who palynologically defined the boundary between the Weichselian Pleniglacial and Lateglacial by a rise in ARTEMISIA pollen. He assumed that an expansion of *Artemisia* species was caused by a rise in temperature and that, therefore, the rise in ARTEMISIA pollen was synchronous over large distances. He correlated it hypothetically with the melting of the Pomeranian inland ice. Though it was demonstrated later that both events were not synchronous - the rise of ARTEMISIA pollen was dated around 12900 ^{14}C yr B.P. (VAN GEEL et al. 1989) and the melting of the Pomeranian ice-sheet currently is estimated at 14800 U/Th yr B.P. (Janke 1996) - the rise in ARTEMISIA pollen was generally accepted as the palynological boundary between Pleniglacial and Lateglacial (e.g. HOEK 1997-a/b; IVERSEN 1954, 1973; MENKE 1968; USINGER 1985; cf. VAN GEEL et al. 1989).

Until now, only few pollen diagrams have been published from central/northern Europe containing this rise in ARTEMISIA pollen (a.o. BOHNCKE et al. 1987; CLEVERINGA et al. 1977; MENKE 1968; VAN GEEL et al. 1989). With the exception of 'Schollene' (MATHEWS 2000) at the extreme range of the Brandenburgian ice-sheet, none is located within the area glaciated during the Weichselian. Though some other diagrams reach back very far in time, e.g. Håkulls Mosse (BERGLUND 1971; BERGLUND & RALSKA-JASIEWICZOWA 1986) and Lake Mikolajki (RALSKA-JASIEWICZOWA 1966), relative values of ARTEMISIA pollen in these diagrams already are high at their bases.

This stresses the scientific importance of the Reinberg basin, containing valuable new palaeoecological data. In order to further investigate this locality, a new research project was financed by the DFG, of which this paper presents:

1. a characterization of the local vegetation and the palaeoenvironment during the transition from Weichselian Pleniglacial to Lateglacial by means of pollen and macrofossil analyses of small sections from the Reinberg horizon;

2. a reconstruction of vegetation and landscape development during the Weichselian Lateglacial and Early Holocene by means of multidisciplinary investigations (including pollen, substrate, diatom, and coarse macrofossil analyses) of the newly derived core 'Reinberg C' (REC);

3. some additional indications on the palaeoenvironmental development during the Late Holocene.

2 Genesis and substrates of the Reinberg basin

The Reinberg basin (54°12' N, 13°13' E) is surrounded by hummocky till plains which, contrary to the typical slightly undulating till plains of Vorpommern, show great relief variation. The basin surface is positioned at approximately 16 m asl.; the slopes surrounding the basin reach up to 20-28 m asl. These slopes (cf. HELBIG 1999-a/b; HELBIG et al. submitted) consist of (pedologically modified) till material of which the median grain sizes range between loamy sand and sandy loam. The upper part of the soils contain a brown earth horizon, a clay-eluviation horizon and a clay illuviation horizon: the typical soil horizon order is Ap(Ah)/Bw/E/Bt/C (terminology after ISSS-ISRIC-FAO 1998), usually in combination with stagnic features. Decalcification reaches depths of maximal 300 cm. The slopes show clear traces of erosion and subsequent deposition of colluviae along the marginal zones of the basin.

The NW-SE cross-section (Fig. 2) cuts through three subbasins (referred to as northern, middle and southern subbasin), that are separated by mineral ridges reaching up to approximately 15 m asl. These subbasins originate from the melting of buried dead-ice after the final retreat of the inland ice of the Mecklenburgian stage (estimated between 15-14 ka BP). The meltwater was discharged subterranean from the basin, which has neither in- nor outlet. It is unclear when the dead-ice finally thawed: possibly melting processes might have modified the original surface of the basin sands and the covering substrates. Steep inclination of peat layers in the Reinberg basin (cf. Fig. 2) may be due to sinking of original layers caused by post-sedimentary thawing of dead-ice during the Lateglacial (cf. KAISER 2001), but may also originate from a floating vegetation mat that sank to the basin grounds and covered the existing basin floor.

On top of the basal tills in these subbasins, basin sands have been deposited. The greatest thickness in the middle subbasin could not be determined. The sand body locally shows more or less horizontally positioned laminae ranging from a few mm to several cm in thickness and are characterized by an alternation of finer and coarser material. This suggests that the sand was deposited in water. As the sands reach up to 15.5 m asl. (core R26) and possibly even higher (cores R15-13), water tables during the Late Pleniglacial must at least have reached these heights.

At some locations (e.g. core R22) the basin sands contain small bands of humus, which might originate from incidental establishment of vegetation in the basin during phases with lower water tables, or from washing-in from the surrounding slopes. The latter hypothesis is more likely because these layers only incidentally were observed without showing a spatial pattern. These humus bands contain no interpretable pollen record.

The top 5 to 30 cm of the sand in the middle subbasin and part of the northern subbasin contain a humus-layer (the so-called 'Reinberg horizon'). Macroscopically, it shows as a diffuse-stained black colouring. It represents an initial soil formation. It is interpreted (cf. section 5.4) that this layer was formed after water levels had declined.

At short distances considerable microrelief exists in the sand surface (not showing in the cross-sections due to their small differences).

On top of the sands, grey minerogenic sand-silt gyttja and silt-sand gyttja were deposited after water levels had risen again. With the exception of some root fragments and small humus spots (root canals), no plant macroremains occur in these substrates. Along the margins of the northern subbasin, some till-like loams, interpreted as solifluction layers, occur at the transition from sand to the silty-sandy lake sediments.

Over these clastic sediments, a brown layer of alga gyttja (middle subbasin) or a darkgrey layer of detritic mineral gyttja (northern subbasin) is found. These layers contain at a depth of approximately 190 cm the Laacher See Tephra (LST). A brown strongly compacted layer of Cyperaceae-brownmoss peat or brown/darkbrown coloured detritus gyttja covers the alga gyttja. The highest occurrence of the peat is at 16 m asl. in the southern subbasin, where it appears as a strongly humified peaty soil.

The top of the lake sediments is formed by layers of detritus gyttja, sand-silt gyttja and silt-sand gyttja deposited after a renewed rise of the water level. Small, mm-thick organic layers are embedded in these layers. This gyttja reaches heights of maximally 16.5 m asl. along the basin margins. The uppermost substrate layer consist of (brownmoss and Cyperaceae-brownmoss) peat with a maximum thickness of approximately 1 m. The upper reaches of this peat, especially above the mineral ridges, are strongly humified. Though currently an alder carr covers the basin, *Alnus* peat was only incidentally found in the top 10 cm of the peat.

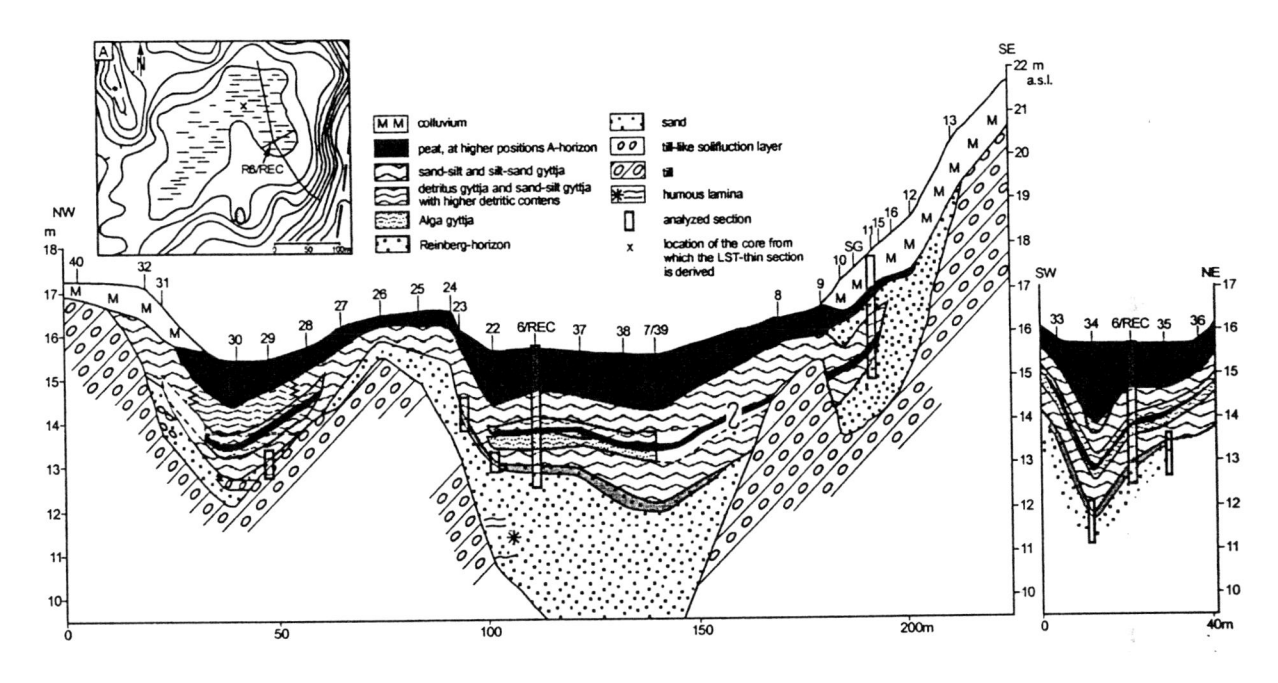

Fig. 2: NW-SE lithological cross-section through the northeastern part of the study area - cutting through the northern, middle and southern subbasin respectively – and SW-NE lithological cross-section through the middle subbasin. Indicated are the locations of the analyzed section.

3 Research methods

From three cores, the complete lake sediments (including the lower peat layers and the basal parts of the upper peat layers) were palynologically studied: Reinberg 11 (REB) in the southern subbasin and Reinberg 6 (REA) and Reinberg C (REC) - located only 1 m apart - in the middle subbasin. From REC also the complete upper peat layer was palynologically studied. Substrate analyses were performed on the upper part of the basal sands and the lake sediments of core REC; diatom analyses were carried out on the complete REC-core. At 5 spots, additionally to REA and REC, the Reinberg horizon was analyzed for pollen and macrofossil content: R22, R23, R34 and R35 in the lower subbasin and R29 in the northern subbasin; another location (R33) did not provide interpretable results. A thin section from the LST was prepared from a test core in the marginal northeastern part of the large subbasin (cf. Fig. 2). The locations of the investigated cores are indicated in Fig. 2.

3.1 Coring methods

Cores REA and REB were cored with a closed 'Rammkernsonde', core REC with a so-called 'USINGER corer' (LIVINGSTONE-corer modified by H. USINGER). Corings for the lithological cross-sections (Fig. 2), as well as the cores from which the sections of the Reinberg horizon were taken, were carried out with a Hiller sampler, and an open 'Rammkernsonde'; the sample for the thin section of the LST also was taken from a Hiller sampler.

3.2 Palynological and macrofossil analysis

3.2.1 Vegetation reconstructions: theoretical background

At different distances to pollen sources, a different amount of pollen is deposited. JANSSEN (1966, 1973, 1981) distinguishes between local pollen deposition with high values in the immediate surroundings of pollen sources, regional pollen deposition at substantial distances to the sources with values that are more or less constant over large distances, and extralocal pollen deposition with values higher than the regional deposition but not as high as the local deposition and which are deposited at intermediate distances to a pollen source. These various deposition trajectories vary between different plant species and possibly even between individuals. Taxa adapted to insect pollination show local pollen deposition not exceeding one or a few m and do not show clear extralocal deposition; extralocal pollen deposition values of wind-pollinated tree taxa might reach up to several 100 m. The heights of the various deposition also greatly depend on pollen production of the pollen sources: relative values of a few percents from pollen types from plants with low pollen production already can be considered local deposition values, while pollen types from taxa with high pollen production might reach high relative values without necessary growing immediately around the sampled location. Pollen from outside the study area (i.e. the long-distance component) form the extraregional pollen deposition.

In the centre of large basins the vegetation on the dry grounds surrounding the basin ('upland') will show only regional pollen deposition; in small or medium-sized basins such as the Reinberg subbasins, (extra)local pollen deposition values of the upland vegetation might be encountered.

Especially in landscapes with sparse open vegetation cover and low regional pollen influxes, the long-distance component might become relatively important and reach high relative values (cf. FIRBAS 1934). Simultaneously in such open landscapes, soil erosion will provide input of redeposited pollen which might reach high relative values due to low regional pollen influxes. In practice, the 'exotic' redeposited and long-distance component hardly can be separated. The palynological data from the Reinberg horizon, therefore, must be interpreted with care: single grains or continuous low values might represent regional deposition or exotic origin and do not give any information about the presence of their producers. Only if pollen types show clear (extra)local pollen deposition values, they can be interpreted as originating from an (extra)local vegetation. In order to identify (extra)local pollen deposition values, the regional deposition values must be known, e.g. by analyses of cores at sufficient distances to the pollen sources (cf. DE KLERK in press). If cores with mainly local pollen deposition values are studied at short distances, the lowest observed relative values might be used as standard for identification of (extra)local deposition values in other cores. Peaks of specific pollen types in some diagrams which do not occur in other diagrams only can be interpreted to originate from local pollen sources if the pollen record is continuous, i.e. if no gaps exist between the samples which might obscure such peaks.

Additional information on the (extra)local vegetation are provided by coherent clumps of pollen, which only are deposited in the immediate surroundings of the parent plant (cf. JANSSEN 1984, 1986).

Pollen concentrations - which are a function of pollen influxes, pollen preservation, sedimentation rates - not only provide information on vegetation development, but also on sedimentary processes (cf. BERGLUND & RALSKA-JASIEWICZOWA 1986; STOCKMARR 1971).

3.2.2 Sample preparation and counting strategy

Palynological samples were taken volumetrically; they are referred to as the actual core depth below surface (cm). The samples from the Reinberg horizon (with the exception of REA) were taken continuously, i.e. the bottom of one samples follow directly the top of the previous sample in order to prevent that important peaks are obscured by a sample interval. A known amount of spores of *Lycopodium clavatum* was added for calculation of concentrations (cf. STOCKMARR 1971). Since too few spores were added to the samples REA 70, 80, 90, 160, 170, 180, 185, 190, 200 and REB 113, 120, 158, 168, 178, 188 and 196, their concentration values must be interpreted with care.

Sample preparation (cf. FÆGRI & IVERSEN 1989) included treatment with HCl, KOH, sieving (120 µm) and acetolysis (7 min); samples rich in silicates additionally were treated with HF. Samples were mounted in glycerine-water. Counting was carried out with a light microscope with 400 x magnification for 'normal' samples and 160 x magnification for samples with only limited amounts of pollen and little organic debris (i.e. the samples from pure sand); larger magnifications were used for identification of problematic grains. Pollen clumps were counted as separate palynomorphs.

It was attempted for REA, REB and REC to count until approximately 400 grains attributable to upland taxa, but especially in clastic samples this was hardly possible within a reasonable time. In the samples from the Reinberg horizon it was aimed to count at least 100 pollen grains of PICEA, PINUS DIPLOXYLON TYPE, PINUS HAPLOXYLON TYPE and PINUS UNDIFF. TYPE, which incidentally (REC: 276, 286; R23: 178, 180; R34: 396; R35: 222, 226, 235) was not possible due to too low pollen contents; as the samples REA: 240, 250, 265 and REC: 268, 269, 270 (in the diagrams of the Reinberg horizon) were analyzed with another research strategy, their sums also are lower.

Macrofossil samples of cores R22, R23, R29, R34 and R35 were taken parallel to the pollen samples, in the Reinberg horizon of core REC one macrofossil sample of 2 cm thickness corresponds with two pollen samples. Macrofossil samples were washed with water and sieved (meshes 0.50 mm); the macrofossil samples from REC were additionally sieved through 1.0 mm meshes. Macrofossils were only qualitatively analyzed.

3.2.3 Identification and nomenclature of pollen types and macrofossils

Pollen and spore types have been identified and named after (f): FÆGRI & IVERSEN (1989); (m): MOORE et al. (1991); (p): the Northwest European Pollen Flora (PUNT 1976; PUNT & BLACKMORE 1991; PUNT & CLARKE 1980, 1981, 1984; PUNT et al. 1988, 1995, in prep.). Single grains (sg) and tetrads of spores of SELAGINELLA SELAGINOIDES (sensu MOORE et al. 1991) were counted separately. Other palynomorphs (g) were identified after PALS et al. (1980), VAN GEEL (1978) and VAN GEEL et al. (1989). Types not described in the mentioned identification literature are marked with (*) and described in Appendix 1. In order to clearly differentiate between plant taxa and palynomorphs, in the text the latter are displayed in SMALL CAPITALS.

Macrofossils were identified after AALTO (1970), BIRKS (1980), FRAHM & FREY (1992), GROSSE-BRAUCKMANN (1972), GROSSE-BRAUCKMANN & STREITZ (1992), KATZ & KATZ (1933) and KÖRBER-GROHNE (1964).

3.2.4 Pollen percentage/concentration calculation and pollen diagram layout

Pollen diagrams were differently prepared for the sections from the Reinberg horizon (R22, R23, R29, R34, R35, REC-Reinberg horizon and REA-Reinberg-horizon), for the sections covering the lake sediments of REA, REB, and REC, and for the upper peat layer of REC. For calculation and presentation of the palynological data the computer programs TILIA 1.12 and TILIA GRAPH 1.18 (GRIMM 1992) were used. The pollen diagrams are described in Appendix 2 and presented in Appendix 4.

Pollen percentage values of cores REA, REB and REC (lake sediments) were calculated relative to a pollen sum including only types which (within the Lateglacial landscape) can be attributed to trees (AP) and upland herbs (NAP); the ratio between AP and NAP indicates the relative openness of the landscape. Pollen types which might be produced by wetland herbs (e.g. WILD GRASS GROUP and CYPERACEAE) were excluded from the pollen sum since they might falsely indicate an open upland vegetation if that pollen stems from a wetland vegetation along the lake shores (cf. JANSSEN & IJZERMANS-LUTGERHORST 1973). Pollen types which are assumed to be of exotic origin (listed below) also are excluded from the pollen sum.

The pollen diagram from the upper peat layer of core REC was calculated relative to a similar sum, but that also includes types assumed to originate from trees which were not exotic in Vorpommern during the Late Holocene.

As the pollen data of the Reinberg horizon did show (extra)local pollen deposition values of types attributable to both upland and wetland taxa, a sum was used which includes only PICEA, PINUS DIPLOXYLON TYPE, PINUS HAPLOXYLON TYPE and PINUS UNDIFF. TYPE pollen. These types were selected under the assumption that they are of exotic origin (redeposited and/or extraregional) during the transition from Pleniglacial to Lateglacial and, therefore, do not show (extra)local overrepresentation. It can not be ruled out, however, that *Pinus cembra* - according to MOORE et al. (1991) producing the PINUS HAPLOXYLON TYPE (under the assumption that their slightly differently described pollen type 'PINUS SUBGENUS STROBUS HAPLOXYLON' is identical with the PINUS HAPLOXYLON TYPE of FÆGRI & IVERSEN (1989), who do not list possible producers) - might have grown in the Pleniglacial and Lateglacial landscape (cf. ELLENBERG et al. 1992; ROTHMALER 1988). The similar relative values of PINUS HAPLOXYLON TYPE pollen in the various samples, however, do not indicate (extra)local presence of *Pinus cembra*.

Within the AP+NAP percentage curve of diagrams REA (lake sediments), REC (lake sediments) and REB, the curves 'Total PINUS pollen' (the sum of PINUS DIPLOXYLON TYPE, PINUS HAPLOXYLON TYPE and PINUS UNDIFF. TYPE) and 'Total BETULA pollen (the sum of BETULA PUBESCENS TYPE, BETULA NANA TYPE and BETULA UNDIFF. TYPE pollen) are plotted as lines. Since the diagrams from the Reinberg horizon were not calculated relative to an AP/NAP pollen sum, no AP/NAP curves are presented. The diagrams REA, REB, REC and the upper peat layer of REC present the AP+NAP concentration (grains per cubic mm). From the sections of the Reinberg horizon, separate concentrations diagrams (grains per 100 cubic mm) were prepared. Relative and concentration values of the various pollen types are presented as actual values (closed curves) and a 5-times exaggeration (open curves with depth bars). The 'sum' histograms or absolute numbers present the absolute figure of the pollen sum. Pollen types are ordered stratigraphically in order to facilitate a successional interpretation.

The 'assumed exotic types' are the sum curves of the following types (though probably a portion of all other types also is exotic): ABIES (m), AESCULUS (m), ACER CAMPESTRE TYPE (p), CARPINUS BETULUS TYPE (p), CARYA CORDIFORMIS TYPE (p), CEDRUS (f), CORYLUS AVELLANA TYPE (p), FAGUS SYLVATICA TYPE (p), FRANGULA ALNUS (m), FRAXINUS EXCELSIOR TYPE (p), HYSTRIX (an alga, cf. IVERSEN 1936), ILEX TYPE (m), JUGLANS REGIA TYPE (p), LIQUIDAMBAR STYRACIFLUA (m), MYRICA (m), NYSSA (m), PICEA (m) (not in the diagrams from the Reinberg horizon), PTEROCARYA FRAXINIFOLIA TYPE (p), QUERCUS ROBUR TYPE (p), RHUS TYPHINA (m), RIBES RUBRUM TYPE (m), TILIA (m), TSUGA (m), ULMUS GLABRA TYPE (p), VISCUM (m), as well as various pollen and spore types which could not be identified with the available european Quaternary pollen/spore identification keys and which are interpreted as being of Pre-Quaternary origin. ALNUS (m) and PINUS HAPLOXYLON TYPE (f), also incidentally interpreted as exotic (e.g. BOS 1998; IVERSEN 1936; POLAK 1962) were not interpreted to be doubtlessly exotic because *Alnus viridis*, *A. incana* and *Pinus cembra* (that produce these types), may have been part of the Late Pleniglacial and Lateglacial vegetation (cf. ELLENBERG et al. 1992; ROTHMALER 1988).

The macrofossils of the Reinberg horizon are presented on the right side of the diagrams. Additional macrofossil observations from REC are listed in Appendix 3.

In order to simplify description and correlation, the pollen diagrams are divided into 'site pollen zones' (SPZ's) which are a combination of informal acme zones and informal interval zones (sensu HEDBERG 1976; cf. DE KLERK in press).

The substrate is presented on the right side of the diagrams (with the exception of the upper peat layer of REC, which hardly showed variation); the LST is indicated as a dashed line bar in the relevant diagrams. A hiatus is indicated by a (solid or striped) bar. Due to different substrate descriptions (cf. section 3.4) in cores R6 and Reinberg C, the substrate collumns of adjacent cores REA and REC are not completely identical. Since core R11, after opening, appeared to have been subject to core-technical disturbances (related to the closed 'Rammkernsonde'), actual field depths of the pollen samples and the related substrate sequences could not be established. The sample depths and corresponding substrates in diagram REB, therefore, are actual core depths and do deviate from the field depths indicated in the cross-section of Fig. 2 and the core description presented by HELBIG (1999-a), which are based on another coring technique at the same location.

3.3 Diatom analysis

Samples for diatom analysis from core REC were dried at 550°C, boiled in 10% HCl and subsequenly washed with distilled water, boiled in 10% H_2O_2 and subsequently washed with distilled water and mounted in 'Kanadabalsam'. Due to the small sample sizes it was not possible to sufficiently relatively enrich the diatom content. Counting was carried out with a light-microscope with magnification up to 1200 x; identification, nomenclature and palaeoecological interpretation are after KRAMMER & LANGE-BERTALOT (1986, 1988, 1991-a/b).

The complete core appeared to have been subject to Si-solution, due to which most samples contained only indeterminable diatom shell remains; in some samples only the most robust species have been preserved. It was, therefore, not possible to perform quantitative analyses. The palaeoecological interpretation of qualitative analyses are presented in Table 4.

3.4 Substrate analysis

Field characterisation of the substrates is after AG BODEN (1994), for which in this text approximate english equivalents were used. For gyttja, the minimum requirement of 5% organic content was neglected due to the impossibility to determine organic contents in the field and to differentiate between sediments with more, or sediments with less than 5% organic content (SUCCOW 1988). Only in core REC, a differentiation was made between sand-silt gyttja (containing more silt than sand) and silt-sand gyttja (containing more sand than silt). In other cases these sediments were classified as sand/silt gyttja without any differentiation.

Grain size frequencies of core REC were determined with the 'Analysette A22' apparatus (FRITSCH GMBH 1994). Samples were sieved through 1000 µm meshes, thus effectively removing the grain size fraction larger than 1000 µm. Of silty sediments 0.5 g, of sandy sediments 2 g material was dispersed in water. An ultrasonic treatment followed; possible aggregates of coherent grains thus were separated. Measurement occured subsequentely with light refraction, with 0.16 µm as the smallest measurable fraction. The grain size fractions are calculated in percentages of the total grain sum (including all grains between 0.16 and 1000 µm). The fractions are named after AG BODEN (1994), for which the following english equivalents are used: clay: < 2.0 µm; fine silt: 2.0 - 6.3 µm; medium silt: 6.3 - 20 µm; coarse silt: 20 - 63 µm; very fine sand: 63 - 125 µm; fine sand: 125-200 µm; medium sand: 200 - 630 µm.

Mean, standard deviation and skewness of the grain size frequencies were calculated after MARSAL (1979).

Mean = $(q_1 x_1 + ... + q_n x_n /100$; x: centre of grain size fraction (measured in $\emptyset$-scale); q: percent frequency of grain size fractions.

Standard deviation σ = ROOT$(q_1(x_1-mean)^2 + ... + q_n(x_n-mean)^2 /100)$.

Skewness = $(q_1(x_1 - mean)^3 + ... + q_n(x_n-mean)^3)/100 \sigma^3$.

Total carbon content and anorganic carbon content were determined with a 'Eltra metalyt CS 500' (cf. BIRKELBACH & OHLS 1995). Total carbon content was determined by measuring the evading CO_2 after glowing at 1350 °C. The anorganic carbon content was determined in a second measurement series after adding phosphorous acid. The difference between both measurements forms the organic carbon content (C_{org}), presented in percentages of total sample volume (including the mineral components). Measurement error lies at 0.5 %.

$CaCO_3$ content is calculated by multiplying the anorganic carbon content with 8.33. (recalculated after BLUME et al. 2000). Loss-on-ignition was determined by heating air-dry samples at 105 °C for one hour and subsequently glowing 2 g material in previously weighted porcelain scales at 550 °C. After cooling, the differences in weight allowed calculation of loss-on-ignition (in percentage of total sample weight).

The following substrate parameter were determined: bulk density: sample weight (g) per sample volume (ml); dry weight: weight of the sample dried at 105°C (g) divided by fresh sample weight (g); dry weight per wet volume: weight of the sample dried at 105 °C divided by volume of the fresh sample (cm³). (Netto) sedimentation rates are calculated as substrate thickness (mm) per year. Subsequently, accumulation rates (presented in kg/cm²a) could be calculated as: sedimentation rate * dry weight per wet volume (cf. DEARING 1986): these calculation allows a comparisson of the accumulation independent of water content.

3.5 Thin section of the Laacher See Tephra

A thin section from the LST of a test core from the marginal parts of the large subbasin was prepared after BECKMANN (1997). Micromorphological analysis was carried out after BULLOCK et al. (1985) and STOOPS (1999).

3.6 AMS ^{14}C dating

In order to absolutely date the Reinberg sections, three samples from REC and one from R23 were prepared for AMS-dating. In order to avoid reservoir effects as well as juvination effects of younger organic material penetrating from a higher level, only supraterrestrial macrofossils from terrestrial plant taxa were selected (cf. TÖRNQVIST et al. 1992).

4 AMS ^{14}C-dates of the Reinberg sections: a methodological error

The following results for the AMS-dates of the Reinberg-sections were communicated by P.M. GROOTES (written communication 10.10.2000):

KIA 10816 (remains of *Betula* and *Pinus* from REC 101-104) contained 208.25 pMC (percent of modern (1950) carbon); it was not possible to date the sample.

KIA 10817 (wood fragments from REC 234-236) contained 105.82 pMC and could not be dated.

KIA 10818 (wood/charcoal particles from REC 271-277) contained 822.41 pMC and could not be dated.

KIA 10819 (wood fragments of probably *Betula nana* from R23 173) contained 45.73 pMC and dates at 6285 ± 35 ^{14}C yr B.P.

Since two samples have a ^{14}C content much higher than the present-day natural content, a third ranges around this level and the fourth sample dated much younger than expected, all samples must have been contaminated with modern ^{14}C. This most likely is due to former ^{14}C tracer experiments in the laboratories where the samples were prepared. According to P.M. GROOTES (pers. com.) such experiments normally cause contamination of the surroundings, which is too low to be detected with commonly used radiation measuring instruments but nevertheless causes catastrophal disturbances in highly sensitive measurements used by AMS dating.

Isotope experiments, including ^{14}C, frequently were carried out in the past at the Botanical Institute of the Greifswald University. Unfortunately, due to substantial changes both in personnel and research priorities in the early 1990-ies related with the political changes in the former GDR, nobody could be traced with a clear overview of the extent of these experiments. It was found out (U. MÖBIUS pers. com.) that part of the furniture used for palaeoecological researches (e.g. laboratory tables and furnaces) temporally were stored in the former isotope laboratory, while the refrigerator used for preservation of the Reinberg cores previously was used for storage of radioactive material, possibly ^{14}C. With available radiation measurement instruments it was not possible to locate the source of contamination. From another series of AMS-dates recently sampled and prepared in the Botanical Institute - partly in other rooms and with other equipment - the results ranged along expected ages or were too old (H. JOOSTEN, pers. com.), indicating no contamination with recent ^{14}C.

5 Palaeoenvironmental interpretation of the records from the Reinberg horizon

5.1 Correlation of the diagrams from the Reinberg horizon

The boundary between the Weichselian Pleniglacial and Lateglacial, i.e. the rise in relative values of ARTEMISIA pollen, is hard to establish since most diagrams (REC, R22, R34, R35) show several rises. For convenience, the SPZ's above the upper rise, which also show continuous presence of HIPPOPHAË RHAMNOIDES pollen, are interpreted to represent Lateglacial. Table 1 presents a tentative correlation of the various diagrams and the corresponding substrates. As the pollen diagrams show mainly (extra)local deposition values, general trends useful for correlation of the individual SPZ's hardly can be identified. The SPZ's below the rise in ARTEMISIA/HIPPOPHAË RHAMNOIDES pollen are considered to represent the end of the Pleniglacial with only provisory synchronisation. The greater diversity in SPZ's in REC and R22, compared to the other diagrams, suggest that these diagrams cover the largest time slice. It is assumed that the upper SPZ's below the ARTEMISIA/HIPPOPHAË RHAMNOIDES rise cover the same time period.

Tab. 1: Tentative correlation of the pollen diagrams from the Reinberg horizon

Period	REC	REA	R22	R23	R34	R35	R29
Weichselian Lateglacial	REC-B	REA-A2		R23-B		R35-B2	?
						R35-B1	?
Weichselian Pleniglacial	REC-A3	REA-A	R22-A4	R23-A2	R34-B	R35-A1	?
			R22-A3	R23-A1	R34-A1		?
			R22-A2				?
	REC-A2	?	R22-A1		?		?
	REC-A1						?
Background pollen record	REC-A0			R23-A0	R34-A0	R35-A0	

Gyttja / Humous sand / Sand

5.2 'Background pollen record'

Prominent in most diagrams (REC, R23, R34, R35) is a basal pollen zone which contains only low relative values or single occurences of all observed pollen types. From these values, no conclusions can be drawn about a local vegetation. The pollen record of these SPZ's, therefore, can be considered as a 'background pollen record' characteristic for the Reinberg basin sand and consisting mainly of exotic types; also regional pollen deposition probably is recorded. Types which are not (or only very rarely) recorded in this background record, e.g. BOTRYOCOCCUS and HIPPOPHAË RHAMNOIDES, probably are not of exotic origin in the other SPZ's and can positively be attributed to presence of their producers.

The absence of a local pollen signal in these pollen zones might be related to several feautures. It is thinkable that at the sampled spots no local vegetation was present, or that sedimentation dynamics prohibited the preservance of a pollen signal. The corresponding macrofossils, however, as far as not transported from longer distances (e.g. transported along with the sediments) points to local presence of *Sphagnum* around R34 and *Juncus* around R35.

5.3 Vegetation during the Pleniglacial/Lateglacial transition
5.3.1 Pleniglacial

A first local vegetation signal around REC is recorded in SPZ REC-A1 by the peak of CERASTIUM FONTANUM GROUP pollen, that is known to be produced by various *Cerastium* and *Stellaria* species (PUNT et al. 1995): producers of the CERASTIUM FONTANUM GROUP must have flourished directly around (i.e. within one or few metres distance from) the core location. Since the known taxa inhabit both wet and dry habitats in a great variety of temperature regimes, and it even is thinkable that during the Pleniglacial taxa grew in the Reinberg area currently not native in the area covered by the Northwest European Pollen Flora, no palaeoecological conclusions can be drawn. Presence of BOTRYOCOCCUS (which probably was not redeposited, cf. section 5.2) indicates that water was present at the cored location. A fruit of possibly *Batrachium* favours this hypothesis: the near absence of RANUNCULUS ACRIS TYPE pollen (produced by *Batrachium* species) at the corresponding depth indicates presence of individuals with poor pollen production and/or dispersal.

The following SPZ (REC-A2) contains a peak of ANTHEMIS TYPE pollen in sample 282, which is known to be produced by the genera *Achillea, Anthemis, Chamaemelum, Chrysanthemum, Cotula, Leucanthemum, Matricaria, Otanthus* and *Tanacetum* (MOORE et al. 1991): one or several members of these genera grew immedeately around the sampled spot. A Poaceae fruit at the corresponding depth indicates that also grases were locally present. (Extra)local presence of *Juniperus* around REC is indicated by occurrences of clumps of JUNIPERUS TYPE pollen in sample 276.

Sample 278 of SPZ REC-A2 contains simultaneous peaks of ARMERIA MARITIMA TYPE A and ARMERIA MARITIMA TYPE B pollen and indicates presence of *Armeria* (sub)species immediately around the core location. *Armeria* (and *Limonium*) taxa are predominantely dimorphic, i.e. two different pollen types (A and B) are produced by different individuals which are self-incompatible, but cross-compatible (cf. BAKER 1948; IVERSEN 1940). Since both the A- and the B-type occur, presence of dimorphic *Armeria* (sub)species can be concluded (i.e. effectively excluding the monomorphic *Armeria maritima* ssp. *sibirica* and dimorphic *Limonium* species: though half the individuals of the latter produce ARMERIA MARITIMA TYPE B pollen, according to MOORE et al. (1991) the other half do not produce pollen of ARMERIA MARITIMA TYPE A). *Armeria* produces only few pollen (cf. PRAGLOWSKI & ERDTMAN 1969; WOODELL et al. 1978) and, in accordance with its large heavy pollen grains normally transported by insects, has bad pollen dispersal capacities (cf. EISIKOWITCH & WOODELL 1975; IVERSEN 1940; WOODELL & DALE 1993). The only low relative pollen values in REC, therefore, already point to presence at extreme short distances. The large differences in relative values of ARMERIA MARITIMA TYPE A and ARMERIA MARITIMA TYPE B pollen between REC and REA, located only 1 m apart (though the peak in the latter diagram does not necessary represent the peak in sample REC 278, but possibly the peak in sample REC 274), indicate that the (extra)local deposition trajectory of pollen of *Armeria* is limited to only 1 or few m. This is also indicated in surface pollen samples transects from coastal areas (e.g. ERNST 1934; MENKE 1969).

Decreasing concentrations of the pollen sum types in SPZ REC-A2, but slightly increasing concentrations of FILIPENDULA, FABACEAE UNDIFF. TYPE, ALNUS, BETULA PUBESCENS TYPE and BETULA UNDIFF. TYPE pollen, indicate that taxa producing these types actually expanded during the time span covered by this SPZ. The low relative values suggest that probably only regional values are recorded.

Relative high values of SPHAGNUM spores in the lowermost sample of R22-A1, compared to its values in REC, indicates local presence of *Sphagnum*; macrofossils of *Sphagnum*, however, were not observed. The peak of CALLUNA VULGARIS pollen in R22 (sample 277), compared to the only scattered occurrences of this type in REC, suggest that *Calluna* might have grown around R22. The observation of epidermis possibly from *Menyanthes* (SPZ R22-A2) indicates that this taxon might have locally grown: the absence of MENYANTHES TRIFOLIATE TYPE pollen suggest vegetative presence only.

The pollen record indicates that SPZ REC-A3 started with renewed presence around REC of dimorphic *Armeria* taxa and producers of the ANTHEMIS TYPE: the latter remained longer present and were succeeded (sample 272) by producers of LACTUCEAE pollen (according to MOORE et al. (1991) and PUNT & CLARKE (1984) produced by all members of the Lactuceae tribe of the Asteraceae with the exception of *Scorzonera humilis*). The probable synchronous) SPZ's R22-A1 and R35-A1, peaks of only ARMERIA MARITIMA TYPE B pollen occur. Though it can not positively be ruled out from the pollen record that around R22 *Limonium auriculae-ursinifolium* - according to MOORE et al. (1991) the only monomorphic species producing ARMERIA MARITIMA TYPE B pollen - had grown, it seems more likely that at this spot only individuals producing the B-type were present, while individuals producing the A-type grew at larger distances to this core outside the range of their deposition.

In SPZ R23-A1, a peak of BETULA NANA TYPE CF. B. HUMILIS pollen in sample 178 suggests possible presence of *Betula humilis* and/or *Betula* hybrids around R23. Clumps of SALIX pollen in sample R23-176 shows that *Salix* was present within not too large distances of R23, either on nearby upland or in shallow water. In SPZ R23-A2, the pollen record indicates that also producers of ANTHEMIS TYPE pollen and *Parnassia palustris* expanded within few metres distance of the core location. *Parnassia palustris*, which can grow in both wet and dry conditions under different temperature regimes, demonstrates lime-rich conditions (cf. ELLENBERG et al. 1992).

Around R34 also producers of PLANTAGO MARITIMA TYPE pollen - according to PUNT & CLARKE (1980) produced by *Plantago maritima*, *P alpina* and/or *P. arenaria* - were present.

A large peak of WILD GRASS GROUP pollen at the top of SPZ REC-A3, from which also clumps were found, demonstrates prominent presence of Poaceae around REC. In the adjacent core REA WILD GRASS GROUP pollen is present with high relative values over a larger depth range than in REC (or two peaks occur which can not be separated due to the large sample distance), showing great differences in (extra)local pollen deposition of grasses at short distances, as can be expected. Local presence of grasses around R22 (SPZ R22-A2) is indicated by high local deposition values and by observation of pollen clumps. Around R34 and R35 local presence of grasses is indicated by finds of Poaceae fruits (SPZ R34-A1 and R35-A1), though relative values of WILD GRASS GROUP pollen are low. In R34, only the top sample contains local deposition values of this pollen type.

The Pleniglacial ends at most spots (REC, R22, R23, R34) with prominent rises in the curves of CYPERACEAE pollen, indicating a shift to a vegetation with prominent presence of Cyperaceae species. The lower relative values of CYPERACEAE pollen in R35 positively demonstrate that at the other sites (extra)local deposition is recorded. Such a peak probably is obscured in REA due to a too large sample distance.

The macrofossil record indicates that towards the end of the Pleniglacial *Juncus* (REC), *Potamogeton* and cf. Mniaceae (R22), and *Catoscopium nigritum* and *Sphagnum palustre* (R34) were present; since only limited amounts of SPHAGNUM spores were observed, *Sphagnum* probably mainly vegetatively occurred. A nut of *Ranunculus sceleratus* (sample R23-177) shows presence of this taxon, which inhabits wet and moist environments. Absence of RANUNCULUS ACRIS TYPE pollen at the same depth indicates low pollen production and/or bad pollen dispersal of *Ranunculus sceleratus*.

From these plant taxa, an environment consisting of wet and dry areas at close distances to each other must be concluded. Wet environments are also indicated by observations of BOTRYOCOCCUS and PEDIASTRUM BORYANUM. in SPZ's REC-A1, REC-A2, REC-A3, REC-A4, R22-A1, R22-A3, R22-A4, R23-A2, R34-A2. The absence of BOTRYOCOCCUS and PEDIASTRUM BORYANUM (or low values of PEDIASTRUM BORYANUM, which can not be excluded to have been redeposited; cf. section 5.2) in some SPZ's (e.g. R22-A2, R23-A1, R34-A1, R35-A1) might suggest that temporarily the wet spots were dry. This seems contradicted by the present deep position of core R34: either the original sand surface was post-sedimentary lowered due to the melting of buried dead-ice lenses, or local environmental factors in the deepest parts of the basin were too unfavourable for these algae. Since already the (sub)species included in the morphologic entities distinguished here have different ecological demands (cf. JANKOVSKA & KOMAREK 2000), it is unknown which factors might have played a role.

Rises in both relative and concentration values, with concentrations of pollen sum types predominantly not changing, indicate actual increase of pollen influxes. Such phenomena can be observed in the curves of HELIANTHEMUM, ARTEMISIA, BETULA UNDIFF. TYPE, BETULA PUBESCENS TYPE, ALNUS and JUNIPERUS TYPE pollen in (one or several of) the SPZ's R22-A3, R22-A4, R23-A1, R34-A1 and R34-A2. This shows that *Helianthemum*, *Artemisia*, *Betula* trees, *Alnus* species (probably *A. viridis* and/or *A. incana*) and *Juniperus* actually expanded. The values of their pollen types, however, remain so low that (extra)local presence can not be positively concluded: their presence somewhere in the landscape, however, is without doubt.

5.3.2 Lateglacial

Around REC, the high relative values of CYPERACEAE pollen (SPZ REC-B), which are higher than the possible regional deposition values in R35, show that Cyperaceae species remained dominant at the sampled location. Also producers of the ANTHEMIS TYPE probably were present within a few m distance.

Around R23, presence of Cyperaceae, *Parnassia palustris* and producers of ANTHEMIS TYPE pollen are indicated by higher relative values of their pollen types than the possible regional values in R35; the macrofossil record adittionally indicates local presence of *Equisetum*, *Catoscopium nigritum*, *Calliergon*, *Dreponocladus* and *Meesia triquetra*.

In SPZ R35-B1, high (extra)local deposition values of many types (compared to the possible regional values in REC) indicate a rich varied vegetation immediately around the core location, probably in both dry and wet habitats, of at least *Equisetum*, Cyperaceae, Poaceae (of which also fruits were found), *Salix* and *Juniperus*. Water was inhabited by *Pediastrum* and *Botryococcus*. High values of BETULA PUBESCENS TYPE pollen demonstrate that also *Betula* trees grew in the immediate surroundings. Since tree birches produce much pollen and have great dispersal capacities (cf. MOORE et al. 1991), the low regional values of BETULA PUBESCENS TYPE pollen in the other analyzed sections, which otherwise would have been higher, indicate that only one or few individuals were present around R35. In SPZ R35-B2, while values of the types dominating the previous SPZ have decreased, high relative values of WILD GRASS GROUP pollen indicate that grasses were (extra)locally present.

Rises in relative and concentration values of HELIANTHEMUM, ARTEMISIA, ALNUS, BETULA NANA TYPE, and HIPPOPHAË RHAMNOIDES pollen in SPZ REC-B and R23-B indicate that influxes of these types had increased, suggesting that taxa producing these pollen types had expanded in the vegetation. Their values, however, are too low to allow the conclusion of (extra)local presence around the cored sites. In REC, rises in concentration of almost all observed types correspond both with the start of the Lateglacial and with a substrate change from sand to gyttja. This concentration increase is related with both lower accumulation rates and better pollen preservation of the gyttja, and with increased pollen influxes of actually expanding plant taxa. The rise of concentrations of almost all types in R22 at the sand/gyttja transition, which does not correspond with the beginning of the Lateglacial, shows that the substrate change is an important factor for concentrations to rise. The rise in concentrations at the beginning of the Lateglacial in R23 within homogenous sand, however, shows that influxes actually have increased at the beginning of the Lateglacial.

5.3.3 Interpretation of diagram R29 from the northern subbasin

Core R29 was derived from the humus layer in the northern subbasin, which is not directly connected with the middle subbasin.

The pollen record of SPZ R29-A shows that within few metres distance producers of CERASTIUM FONTANUM GROUP pollen were present. Leafs of *Dryas octopetala* indicate that this taxon also grew nearby. DRYAS OCTOPETALA pollen first appear at a higher level and with low values only. It is, however, thinkable that the species/individuals involved have low pollen production and dispersal, or were only vegetatively present. It is also thinkable that the macrofossils were transported from larger distances, e.g. winddriven over frozen ice surfaces (cf. GLASER 1981).

During the period covered by SPZ R29-B, producers of CERASTIUM FONTANUM GROUP pollen gradually disappeared. The high values of their pollen types might suggest that *Betula* trees were present immediately around the cored site (probably on the nearby mineral riches, cf. Fig. 2), together with *Betula* shrubs, *Juniperus* and *Hippophaë*. Presence of Poaceae and *Dryas octopetala* is obvious from macrofossils. These, however, not accompanied by high values of their pollen types. High values of PEDIASTRUM BORYANUM and BOTRYOCOCCUS indicate presence of water at the sampled spot, in which these algae flourished.

Correlation of R29 with the other diagrams is not possible, since the recorded pollen values greatly differ from the other sections. Especially the high relative values of BETULA PUBESCENS TYPE and HIPPOPHAË RHAMNOIDES pollen might suggest that this section is younger than the other sections of the Reinberg horizon, but since the covering substrates were not palynologically analyzed, correlation with the lake sediment diagram of REC is not possible.

5.3.4 Vegetation and palaeoenvironment in the middle subbasin

At various spots, presence of water could be demonstrated, inhabited by *Pediastrum*, *Botryococcus*, water Ranunculaceae (*Batrachium* and *Ranunculus sceleratus*) and *Potamogeton*. Water tables during the transition to the Lateglacial must have been rather low, since presence of dry spots at short distances can be interpreted from the reconstructed vegetation. These were at least inhabited by *Armeria* and by producers of PLANTAGO MARITIMA TYPE pollen. In the middle subbasin, therefore, an environment consisting of several shallow ponds and low mineral domes must be assumed. This is in accordance with the considerable variations in the microrelief (e.g. the elevation differences of the sand surface between REA and REC). These small-scaled differences, however, also might be related to post-sedimentary relief modifications due to the melting of buried dead-ice.

Within such a landscape an extensive wetland vegetation can be imagined in the moist transitional reaches between the ponds and the mineral domes. Unfortunately, most taxa reconstructed for the middle subbasin, e.g. *Juncus*, Poaceae, Cyperaceae, *Calluna*, *Equisetum*, *Parnassia palustris*, Lactuceae, producers of ANTHEMIS TYPE pollen, producers of CERASTIUM FONTANUM GROUP pollen, are produced by plants with such different ecological behaviour, that an identification of pure upland and pure wetland taxa can not be made: most of this pollen probably originates from taxa in both the dry and wet habitats. Of the demonstrated trees and shrubs, *Juniperus* most likely inhabited the dry grounds, but *Salix* and *Betula* species may also have grown at moist spots. *Sphagnum* and the other mosses will have inhabited the moist areas together with *Menyanthes*.

5.4 Sedimentation processes, humus formation and water table changes during the Pleniglacial/Lateglacial transition in the middle subbasin

In order for a palaeoenvironment as reconstructed here to exist, a considerable decrease of water tables must be assumed compared to the earlier periods of the late Pleniglacial, for which rather high water tables were reconstructed (cf. section 2).

Within the sand the pollen types show a clear succession, pointing at a synsedimentary origin of the pollen record. The possibility that the pollen signal of post-sedimentary vegetation was mixed with the upper part of the sand (e.g. by bioturbation or percolating water) can be ruled out, since this would have resulted in much more homogeneous pollen spectra (cf. Andersen 1980). The sand, therefore, was transported into the middle subbasin by surface run-off (and/or by wind) and deposited within the local vegetation.

Humus incidentally was found at deeper levels than the lowest local pollen signal (REC, R23); in other cases, however, the first local pollen signal occurs below the lowest humus (R22, R35). This shows that no clear connection exists between the settlement of the local vegetation and humus formation, which must have been mainly along root canals penetrating from a higher level. This is in accordance with the observation of abundant root fragments among the macrofossils.

The grain-size frequencies of the Reinberg horizon in core REC (cf. Fig. 3) show a dominance of medium sand. In general, though many irregular peaks occur, a fining upward tendency is observable, showing a gradual shift to deposition of finer material.

$CaCO_3$ content in the Reinberg horizon in REC ranges between 1.5% and 4%. This may be the result of redeposition of clastic lime particles from the surrounding till, or from precipitation of $CaCO_3$ dissolved in soil- and/or ground-water (CHROBOK 1986). It was not investigated if clastic carbonate is present, which can be expected for the pleniglacial basin sands. The absence of remains of ostracods, Characeae or molluscs indicate that biogenetic carbonate can be ruled out. Loss-on-ignition is extremely low and mainly reflects the low humus content.

The start of registration of a local pollen record varied between the different spots (cf. Table 1). This probably is related with local sedimentational conditions, which must have been stable enough to retain the pollen record: no redeposition of the sediment, which will have resulted in a mixing with the background pollen record, might have occurred.

Incidentally, pollen concentrations of all observed pollen types greatly decrease within single samples (e.g. REC 281, R35 226), indicating increases in sedimentation rates Increases in pollen concentrations of all observed types in single samples (e.g. R23 176) and complete zones (e.g. REC-A1, R22-A2) indicate decreases of sedimentation rates. The concentration flucutations show that a great variation in local sedimentation patterns must have existed within the middle subbasin.

Towards the top of the analyzed sections, a transition from sand to gyttja occurs, indicating that water levels rised and that the exisiting palaeoenvironment was drowned. This transition does not take place simultaneously at all investigated spots (cf. Table 1): in REC in the centre of the subbasin, gyttja deposition started earlier than in more marginally located sections R23 and R35. Especially along the basin margins a longer lasting input of sandy material can be expected, as in general deposits along basin shores are coarser than in their centres (cf. DIGERFELDT 1986). This is, however, not in accordance with the even earlier start of gyttja deposition in R22, which is another indication that substantial short-distance variation existed in sedimentation patterns. The fact that at the beginning of the Lateglacial still a local vegetation signal was recorded at most spots shows that the middle subbasin slowly drowned by only gradually rising water levels.

5.5 Chronological interpretation of the Reinberg horizon

It is difficult to accurately estimate the total time range covered by the Reinberg horizon. Since pollen production and dispersal of most plants greatly fluctuate from year to year (cf. HICKS 1985; SCAMONI 1955; STIX 1978), pollen diagrams with high temporal resolution can be expected to show great irregular fluctuations in pollen values. The absence of such irregular fluctuations in the diagrams from the Reinberg horizon indicates that each sample represents at least several years. The total time covered by the pollen diagrams, therefore, must be at least several decades.

It is also hazardous to give an absolute age for the Reinberg horizon, since no reliable ^{14}C dates are available from the Reinberg basin. Also from other European localities, hardly any reliable dates are available from the rise of ARTEMISIA pollen. In Usselo in the eastern Netherlands the rise was dated at 12840 ± 200 and 12930 ± 210 ^{14}C yr B.P. (VAN GEEL et al. 1989). Though correlation over such large distances is hazardous, for Reinberg, nevertheless, an age of 12900 ^{14}C yr. B.P. is assumed.

5.6 Comparison with other European localities

Several other pollen diagrams from north/central European localities cover the transition from the Pleniglacial to the Lateglacial (e.g. BOHNCKE et al. 1987; CLEVERINGA et al. 1977; DE BEAULIEU & REILLE 1992; LEROY et al. 2000; LITT & STEBICH 1999; MATHEWS 2000; MENKE 1968; SCHIRMER 1999; VAN GEEL et al. 1989), but not all show a clear rise in ARTEMISIA pollen. Though the regional vegetation seems to be more or less similar, most of these diagrams do not show local pollen deposition values and, therefore, do not enable the identification of a local vegetation. It is, therefore, not possible to say whether the local palaeoenvironment reconstructed for the middle subbasin from Reinberg is exceptional, or whether similar environments were widespread.

At Usselo (VAN GEEL et al. 1989), (extra)local peaks of BETULA pollen (encompassing all BETULA types of the present study) together with remains of fungi parasiting on *Betula*, SALIX pollen (macrofossils of *Salix* cf. *reticulata* were found), POACEAE (identical with the WILD GRASS GROUP) CYPERACEAE and ASTERACEAE TUBULIFLORAE (encompassing a.o. the ANTHEMIS TYPE) were found below the rise in ARTEMISIA pollen. This indicates a vegetation that was possibly similar to that of Reinberg around the Usselo-site.

Hopefully, future discoveries of similar records in other areas will enable an overregional comparison.

5.7 Tentative palaeoclimatic interpretation of the Pleniglacial/Lateglacial transition
Characterisation of the climatic changes at the Pleniglacial/Lateglacial boundary still is problematic (cf. discussion in DE KLERK submitted). Several contradicting data are available: British and Dutch Coleoptera data indicate a major temperature rise around 13000/12900 ^{14}C year B.P. (e.g. ATKINSON et al. 1987; COOPE 1986; COOPE & JOACHIM 1980; VAN GEEL et al. 1989), but Swiss and Swedish Coleoptera data, as well as stable oxygen isotope records from Switzerland, The Netherlands and southern Sweden, indicate a major temperature rise to occur not before 12500/12450 ^{14}C yr B.P. (cf. e.g. AMMANN et al. 1994; HAMMARLUND & LEMDAHL 1994; HOEK et al. 1999; LEMDAHL 1988). DE KLERK (submitted) hypothesizes that around 12900 ^{14}C yr B.P. only a minor temperature increase took place, which possibly consisted of only a small increase of summer temperatures or a longer duration of summer warm periods.

The data from the Reinberg middle subbasin allow the posing of some additional hypotheses on climatic changes during the Pleniglacial/Lateglacial transition.

The first major event to have occurred in the middle subbasin is a major lowering of water tables (cf. section 5.4). Such a reduction in a basin without outlet only is possible by a subterranean discharge, which previously was hindered. As cause for this hindering, only soil frost can be imagined. This indicates that already before the palynological Pleniglacial/Lateglacial boundary temperatures started to rise and caused thawing of frozen soils. It must also be taken into account that due to changes in temperature and/or summer length and subsequent changes in the precipitation/evapotranspiration relation, water supply and hydrological conditions probably greatly had changed and influenced the basin.

During a period of at least several decades (cf. section 5.5) a local environment consisting of small ponds and low mineral domes existed, during which water tables possibly periodically slightly changed (cf. section 5.3.1), but in general remained rather low. Though during this period the local vegetation changed at several spots, no vegetation succession caused by rising temperatures seem to be recorded, but probably vegetation internal dynamics, so probably temperatures remained stable.

A final rise in ARTEMISIA pollen marks the start of the Lateglacial. This rise might be the result of an expansion of *Artemisia* species under influence of a further temperature increase (cf. VAN DER HAMMEN 1951). At the same time, suddenly HIPPOPHAË RHAMNOIDES pollen appears and is continuously present with low values. Previous presence of *Hippophaë* in the landscape is very likely since a continuous supply of its seeds by birds can be assumed (cf. GILLHAM 1970). Under cold conditions, however, *Hippophaë* only is vegetatively present, i.e. without giving a pollen signal (cf. GAMS 1943; IVERSEN 1954). The sudden appearance of its pollen, therefore, only can be the result of a temperature increase (cf. FASSL 1996; KOLSTRUP 1979, 1980). Since only low relative values occur, mass expansion of *Hippophaë* shrubs did not yet occur (cf. section 6.2.2). Summer temperatures, therefore, probably ranged around, or were only slightly higher, for the threshold for *Hippophaë*.

Together with the increase of ARTEMISIA and HIPPOPHAË RHAMNOIDES pollen, water levels started to rise, due to which the middle subbasin soon was drowned. The relation between this water level rise and the rising temperatures still is unclear. Enlarged precipitation might be a possible, but is contradicted by the hypothesis that the subsequent phase was rather dry (cf. section 6.2.1). Other causes might be found in changes in water storage in the soils, e.g. groundwater levels had gradually rised above the basin floor.

6 Palaeoenvironmental development during the Weichselian Lateglacial and Early Holocene

6.1 Stratigraphical and chronological interpretation

Presently, a large international confusion exists with respect to the division of the Weichselian Lateglacial into various periods/phases with specific climatic, vegetational and/or chronological implications (cf. BOCK et al. 1985; DE KLERK submitted; KAISER et al. 1999; USINGER 1985, 1998). In order to avoid further confusion, the SPZ's of the Reinberg diagrams are interpreted in terms of the vegetation phases of Vorpommern as introduced by DE KLERK (in press). This scheme partly deviates from the preliminary terminology used by KAISER et al. (1999) and BILLWITZ et al. (2000). Table 2 presents the tentative correlation of these vegetation phases with commonly used periods/phases of the Weichselian Lateglacial. Though originally these periods/phases were (inconsistently and incompatibly) described as (combinations of) vegetation phases, climate periods and/or chronozones, on a time scale they represent more or less identical periods and can, therefore, be correlated.

Table 3 presents the correlation of diagrams REA, REB and REC with the vegetation phases of Vorpommern and their tentative age ranges of ^{14}C-years and calendar years (calibrated with aid of the computer program CALPAL of WENINGER & JÖRIS (1999) using the default INTCAL-98-Tree+U/Th extended calibration set). This preliminary chronological interpretation (cf. DE KLERK in press) is based on comparisson with similar pollen zones in ^{14}C-dated pollen diagrams from elsewhere. The following criteria were used:

- The boundary between the Late Pleniglacial and Open vegetation phase I, as discussed previously, is estimated at 12900 ^{14}C yr B.P. after VAN GEEL et al. (1989).

- The beginning of the Hippophaë phase, of which hardly any reliable ^{14}C dates are available in Europe, is assumed to represent a major temperature rise (cf. section 6.2.2) and estimated at 12450 ^{14}C yr. B.P., corresponding with a temperature rise recorded in various oxygen isotope curves (cf. DE KLERK submitted).

- The end of the Hippophaë phase was AMS ^{14}C dated in the Endinger Bruch area (approximately 25 km west of the Reinberg basin) at 11950 ± 70 and 11930 ± 70 ^{14}C yr. B.P. (DE KLERK 1998, in press; KAISER et al. 1999). In Kolczewo (Wolin, NW Poland) it was dated at 12010 ± 120, as deduced from a combination of the ^{14}C dates presented by LATALOWA (1992, p. 148, Fig. 6) with the summary pollen diagram presented by RALSKA-JASIEWICZOWA & LATALOWA (1996, p. 462, Fig. 13.42); at Niechorze (NW Poland) dates are provided of 11880 ± 110, 11980 ± 130, 12150 ± 100 and 12010 ± 150 ^{14}C yr. B.P. (RALSKA-JASIEWICZOWA & RZETKOWSKA 1987). From the former lake 'Rappin' (NW Rügen) a date of 12101 ± 600 ^{14}C yr. B.P. (KLIEWE & LANGE 1968; LANGE et al. 1986) has such large ±-values that it hardly has chronological relevance. The end of the Hippophaë phase in Vorpommern is estimated at 12000 ^{14}C yr. B.P.

Tab. 2: Tentative correlation of various commonly used vegetation, climatic and chronologic periods/phases of the Weichselian Lateglacial and Early Holocene

Van der Hammen (1957)	Mangerud et al. (1974)		Hoek (1997); cf. Van Geel et al. (1989) [1]		Menke (1968)	Bokelmann et al. (1983) cf. Bock et al. (1985) [1]	Usinger (1985)	Usinger (1998)	Lowe & Gray	Vegetation phases vorpommern
	HOLOCENE	EARLY FLANDRIAN	Late Preboreal	9500	Präboreal (Holozän)					Early Holocene Betula/Pinus forest phase
			Early Preboreal	10000						
Younger Dryas		Preboreal	Late Dryas	10150	Jüngere Tundrenzeit	Jüngere Dryaszeit			Younger Dryas Stadial	Open vegetation phase III
		Younger Dryas		11000						
Allerød interstadial			Allerød		Alleröd-Interstadial	Allerød Interstadial	Bölling-Allerød	Allerød	Lateglacial	Lateglacial Betula/Pinus forest phase
	LATE	Allerød			Mittlere Tundrenzeit	Mittlere Dryaszeit		Interstadial		
				11800	Bölling-Interstadial	Bølling Interstadial			Interstadial	
Older Dryas	WEICHSELIAN	Older Dryas	Earlier Dryas		Grömitz-Oszillation	Ältere Dryaszeit	Helianthemum-Betula nana PAZ			Open vegetation phase II
				12000						
Bølling interstadial (sensu lato)		Bølling	Bølling	12100	Meiendorf-Intervall	Meiendorf-Interval/ Interstadial	Hippophaë-Betula nana PAZ	Meiendorf-Interstadial		Hippophaë phase
				12450						
			Earliest Dryas	12900						Open vegetation phase I
				13000						
PLENIGLACIAL	MIDDLE WEICHSELIAN		Late Pleniglacial		Pleniglazial, Endphase					Late Pleniglacial

[1] ^{14}C years BP

Tab. 3: Correlation of pollen diagrams REC, REA and REB with vegetation phases of Vorpommern

Reinberg C (REC)	Reinberg 6 (REA)	Reinberg 11 (REB)	Vegetation phases Vorpommern	Tentative range in ^{14}C years BP	Tentative range in calendar years BP
REC-G	REA-D	REB-D	Early Holocene Betula/Pinus forest phase	10000-9300	11450-10500
REC-F3	REA-C	REB-C	Open vegetation phase III	11000-10000	13000-11450
REC-F2					
REC-F1					
REC-E4	REA-B	REB-B2	Lateglacial Betula/Pinus forest phase	11800-11000	13800-13000
REC-E3					
REC-E2					
REC-E1	REA-A4	REB-B1		11900-11800	13900-13800
REC-D		REB-A	Open vegetation phase II	12000-11900	14000-13900
REC-C	REA-A3		Hippophaë phase	12450-12000	14750-14000
REC-B	REA-A2		Open vegetation phase I	12900-12450	15200-14750
REC-A	REA-A1		Late Pleniglacial		

No reliable ^{14}C dates are available from NE Germany and NW Poland for the transition from Open vegetation phase II to the Lateglacial Betula/Pinus forest phase. Under the assumption that the decrease in NAP values (boundaries between SPZ's REC-E1/E2, REA-A4/REA-B, REB-B1/REB-B2) represents the beginning of the 'classical' Allerød, this event is assumed to have the 'classical' age of 11800 ^{14}C yr. B.P. (cf. MANGERUD et al. 1974). The first signs of expansion of Betula forest, recorded in Reinberg in SPZ's REC-E1 and REB-B1, probably occurred a little earlier and is, therefore, estimated around 11900 ^{14}C yr. B.P., in accordance with the beginning of the 'Allerød' as dated in numerous Dutch pollen diagrams (cf. HOEK 1997-a). Due to these insecure dates, especially if the large ±-values of most original conventional ^{14}C-dates are taken into consideration, the duration of the very short Open vegetation phase II still is insecure and might be demonstrated to be false if furture researches provide more accurate AMS-dates.

- An important chronostratigraphic marker is the LST, which occurs in the upper part of SPZ's REC-E4 and REA-B. It was dated at the Crednersee (NE Rügen) at 11018 ± 120 ^{14}C yr. B.P. and the adjacent Niedersee at 11338 ± 120 ^{14}C yr. B.P. (KLIEWE 1995). The latter, within its ±-range, corresponds well with the age of 11230 ± 40 ^{14}C yr. B.P. given by HAJDAS et al. (1995); the former is in good accordance with dates ranging between 11037 ± 27 and 11073 ± 33 ^{14}C yr. B.P. presented by BAALES et al. (1999). The actual ^{14}C age of the Laacher See eruption, therefore, still remains uncertain.

- The transition from the Lateglacial Betula/Pinus forest phase to Open vegetation phase III was dated in the Herthamoor (NE Rügen) at 10940 ± 230 ^{14}C yr. B.P. (SCHUMACHER & ENDTMANN 1998; dated level slightly above the palynological transition) and in Kolczewo at 10980 ± 120 ^{14}C yr. B.P. (LATALOWA 1992; cf. RALSKA-JASIEWICZOWA & LATALOWA 1996); for Reinberg, therefore, it is estimated around 11000 ^{14}C yr. B.P.

- The end of Open vegetation phase III and the beginning of the Early Holocene were dated in Kolczewo at 10150 ± 130 ^{14}C yr. B.P. (LATALOWA 1992; cf. RALSKA-JASIWIECZOWA & LATALOWA 1996; dated level slightly below the palynological boundary) and in the Herthamoor at 9930 ± 130 ^{14}C yr. B.P. (SCHUMACHER & ENDTMANN 1998; dated level slightly above the palynological boundary): 10000 ^{14}C yr. B.P. seems a good estimation for the Reinberg basin. In the middle subbasin a hiatus obscures this event.

The total duration of Open vegetation phase III in calibrated (i.e. calendar) years is rather long in comparisson with assumed identical periods/phases in annually laminated records (cf. e.g. BJÖRCK et al. 1998; LITT & STEBICH 1999; RALSKA-JASIEWICZOWA et al. 1995). This is probably due to insecurities in the calibration procedure of Lateglacial dates.

6.2 Palaeoenvironmental reconstruction

Some observed macrofossils of core REC are presented in appendix 3. Appendix 4 presents the pollen diagrams of the lake sediments of REA, REB and REC.. The substrate parameters of core REC are presented in Figure 3. The results and interpretation of diatom analyses are presented in Table 4. Table 5 presents sedimentation and accumulation rates of the substrates of core REC. Summarizing parameter of the pollen analyses of REC, summary of the diatom analyses as well as a summary of the most important palaeoenvironmental conclusions also are presented in Figure 3.

6.2.1 Open vegetation phase I (SPZ's REC-B, REA-A2)

Upland vegetation: after the vegetation in the middle subbasin was drowned by rising water levels, the distance from the core location to the nearest upland was considerably enlarged. Hardly any (extra)local signals from pollen types attributable to upland taxa are therefore recorded (appendix 4. The minor peaks of ARTEMISIA, SALIX, JUNIPERUS TYPE and JUNIPERUS-WITHOUT-GEMMAE pollen at the base of SPZ REC-B might represent initial extralocal deposition from the shores of the still small lake. The pollen record indicates an open upland vegetation consisting mainly of herbs, such as *Artemisia* and *Helianthemum*, in which probably also Ericales, Chenopodiaceae and *Dryas* were present. Also presence of *Salix*, *Juniperus* and probably *Populus* is indicated by their pollen types. Presence of *Betula* trees at the beginning of this vegetation phase already was demonstrated in section 5.3.3. and it can be assumed that they remained present in the landscape. They probably only were incidentally present, not forming closed stands, since otherwise relative pollen values of this taxon with high pollen production and good dispersal capacities (cf. MOORE et al. 1991) would have been much higher. HIPPOPHAË RHAMNOIDES pollen almost continuously is present with low values, indicating that *Hippophaë* was present in the landscape, but also only inciodentally. It seems likely that the local taxa reconstructed for the Pleniglacial/Lateglacial transition remained present in the landscape, but due to the enlarged distance to the core location can not be positively identified from the low regional pollen values. These reconstruction indicates that, though the vegetation certainly had become denser than in the Pleniglacial due to actual expansion of various taxa (cf. section 5.3.3.), in general it still was rather sparse and open.

Wetland vegetation: low amounts of BOTRYOCOCCUS and PEDIASTRUM BORYANUM, though higher than in the sand, indicate that taxa within these morphological entities inhabited the lake. *Botryococcus* had a short-lasting optimum at the beginning of this phase. Presence of *Potamogeton* and/or *Callitriche* can be assumed from values of POTAMOGETON TYPE pollen. The pollen record does not give clear indication about the presence of a lake-shore vegetation.

Fig. 3: Results of substrate analyses of core Reinberg C (C_{org}, loss-on-ignition, $CaCO_3$-content, dry weight, bulk density, grain size frequencies), together with summarizing parameter of the pollen and diatom analyses and a summary of the palaeoenvironmental reconstruction. For matter of convenience, the vegetation phases of Vorpommern also are provided with the terminology of BILLWITZ et al. (2000).

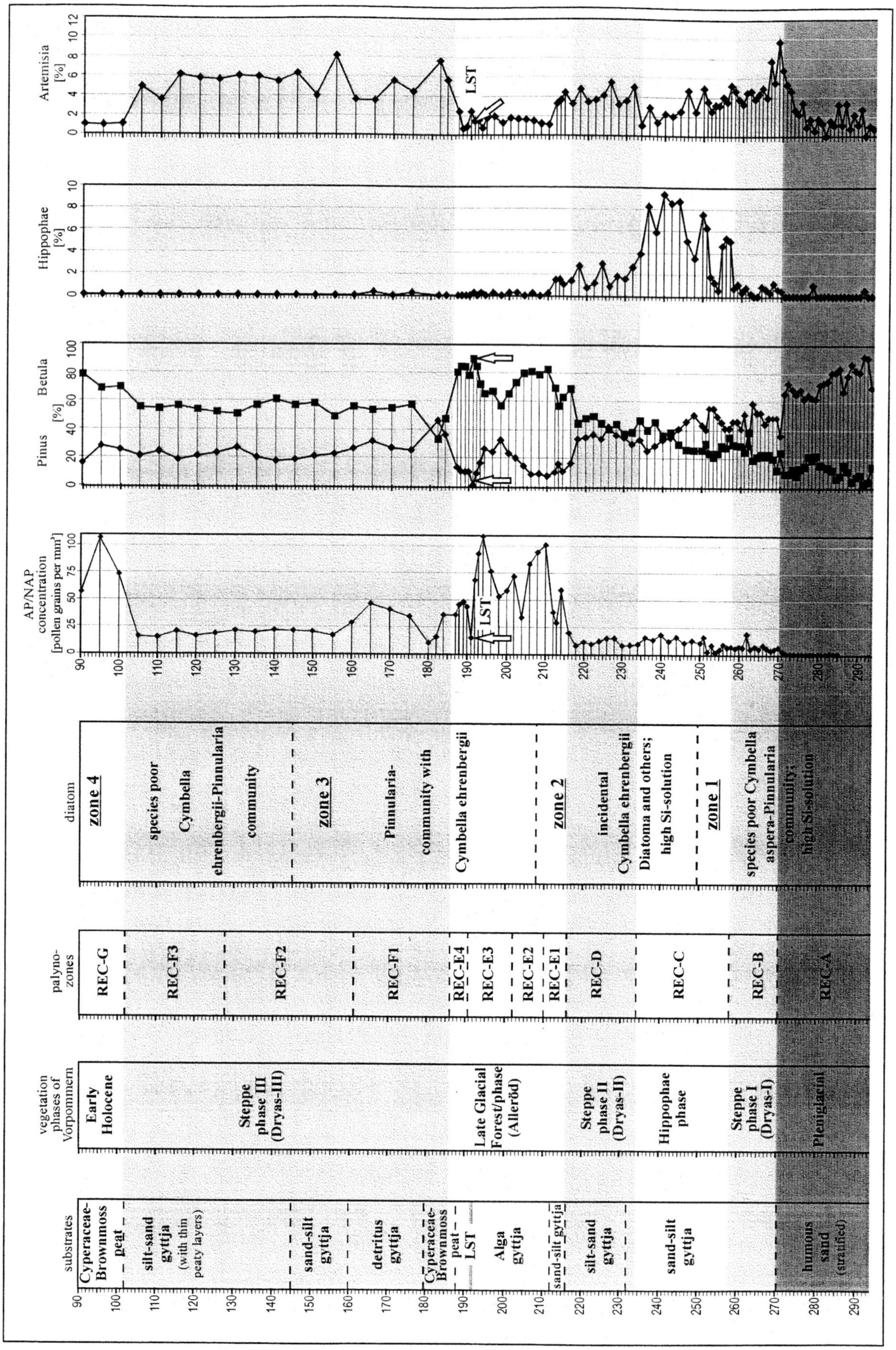
substrates
Cyperaceae-Brownmoss peat
silt-sand gyttja (with thin peaty layers)
sand-silt gyttja
detritus gyttja
Cyperaceae-Brownmoss peat
LST
Alga gyttja
sand-silt gyttja
silt-sand gyttja
sand-silt gyttja
humous sand (stratified)
vegetation phases of Vorpommern
Early Holocene
Steppe phase III (Dryas-III)
Late Glacial Forest/phase (Alleröd)
Steppe phase II (Dryas-II)
Hippophae phase
Steppe phase I (Dryas-I)
Pleniglacial
palyno-zones
REC-G
REC-F3
REC-F2
REC-F1
REC-E4
REC-E3
REC-E2
REC-E1
REC-D
REC-C
REC-B
REC-A
diatom
zone 4
species poor Cymbella ehrenbergii-Pinnularia community
zone 3
Pinnularia-community with Cymbella ehrenbergii
zone 2
incidental Cymbella ehrenbergii Diatoma and others; high Si-solution
zone 1
species poor Cymbella aspera-Pinnularia community; high Si-solution
AP/NAP concentration [pollen grains per mm³]
Pinus Betula [%]
Hippophae [%]
Artemisia [%]
LST

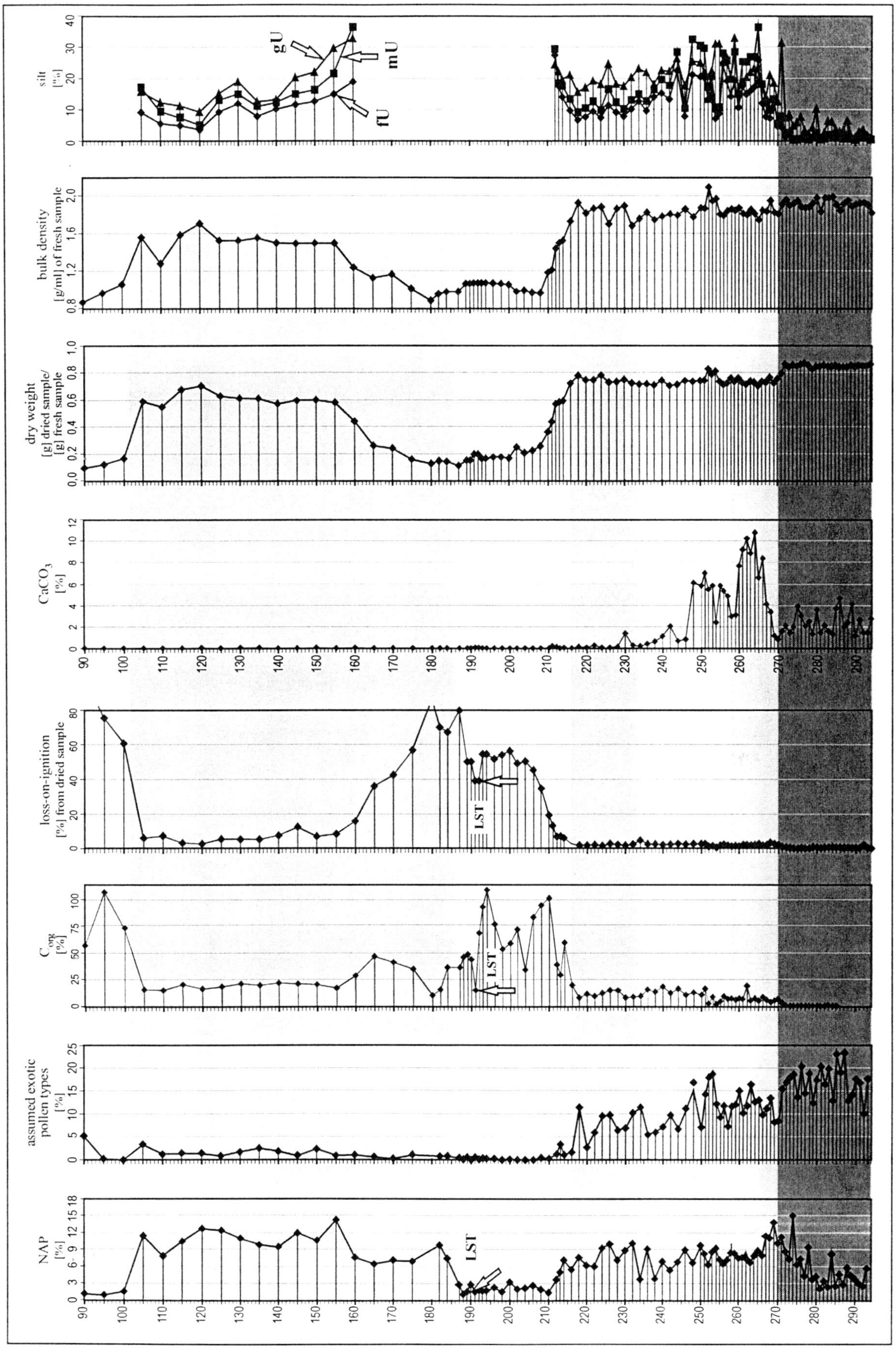

silt [%]
gU
mU
fU
bulk density [g/ml] of fresh sample
dry weight [g] dried sample/ [g] fresh sample
CaCO3 [%]
loss-on-ignition [%] from dried sample
LST
C org [%]
LST
assumed exotic pollen types [%]
NAP [%]
LST

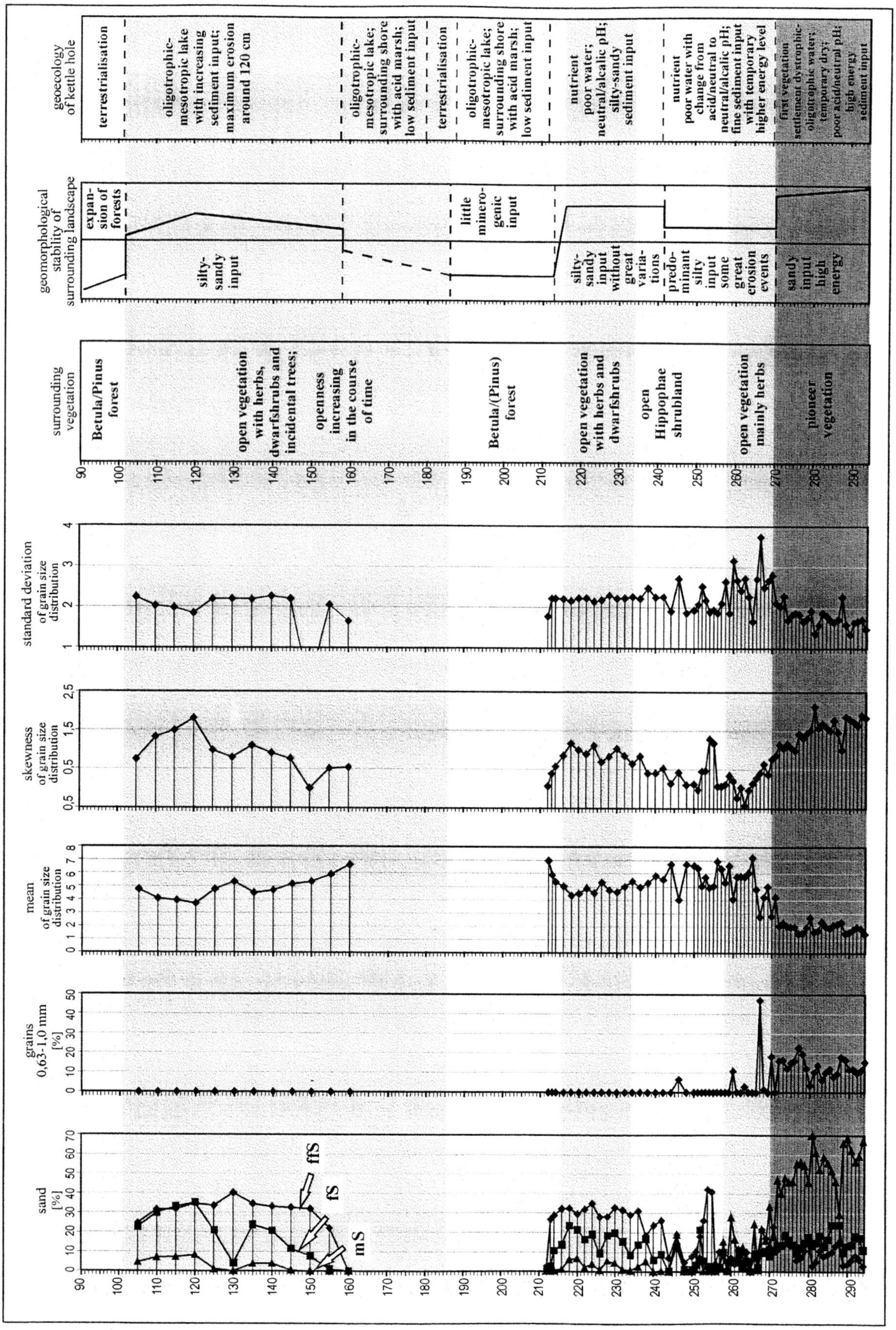
geoecology of kettle hole
terrestrialisation
oligotrophic-mesotrophic lake with increasing sediment input; maximum erosion around 120 cm
oligotrophic-mesotropic lake; surrounding shore with acid marsh; low sediment input
terrestrialisation
oligotrophic-mesotropic lake; surrounding shore with acid marsh; low sediment input
nutrient poor water; neutral/alcalic pH; silty-sandy sediment input
nutrient poor water with change from acid/neutral to neutral/alcalic pH; fine sediment input with temporary higher energy level
first vegetation settlement dystrophic-oligotrophic water; temporary dry; poor acid/neutral pH; high energy sediment input
geomorphological stability of surrounding landscape
expansion of forests
silty-sandy input
little minerogenic input
silty-sandy input without great variations
predominant silty input some great erosion events
sandy input high energy
surrounding vegetation
Betula/Pinus forest
open vegetation with herbs, dwarfshrubs and incidental trees; openness increasing in the course of time
Betula/(Pinus) forest
open vegetation with herbs and dwarfshrubs
open Hippophae shrubland
open vegetation mainly herbs
pioneer vegetation
standard deviation of grain size distribution
skewness of grain size distribution
mean of grain size distribution
grains 0,63-1,0 mm [%]
sand [%]
ffS
fS
mS

Diatom flora: among the rare diatoms observed (table 4), nordic-alpine-subarctic species dominate. These taxa, however, also presently occur in northern German lakes, especially in the deeper colder water. They might have flourished in the Reinberg basin because competing species were absent. Dystrophic/oligotrophic lake water with slight acid to neutral pH-values is indicated; the observation of epiphytic diatoms points to the presence of a marginal lake-shore vegetation.

Substrate: in REC a change occurs from sand to the silt and clay fractions. There are, however, strong fluctuations in the 630-1000 μm and medium sand curves (Fig. 3), which indicate incidental input of coarser material. The strong fluctuations in both mediate grain size and standard deviation show that sedimentation was rather irregular. The skewness indicates a gradual fining-upward tendency. Assumed exotic pollen types, though with still very high percentages, occur in lower amounts than in the sands. Though there are no substantial differences in the bulk density between the basin sands and the basal part of the lake sediments, there is a clear decrease in dry weight. Loss-on-ignition and C_{org} are extremely low. The $CaCO_3$-content of the sediments sharply increases, indicating an enlarged $CaCO_3$-precipitation in the basin.

Palaeoenvironmental integration: in general, the climatic interpretation of this first phase of the Lateglacial is still problematic. Though a minor rise in temperature compared to the Pleniglacial certainly must have occured, its extent still is unclear (cf. section 5.7. Due to this minor temperature rise, vegetation and sedimentation processes changed. Both parameters indicate a dry continental climate with only little precipitation, due to which relatively fine-grained sediments were deposited (compared to later phases). Since the upland vegetation still was very open, precipitation directly affected the predominantly unprotected soils and erosional and sedimentation patterns were extremely irregular. Slight decreasing grain sizes, however, point to slightly more stable sedimentation in the course of time: Open vegetation phase I can, therefore, geomorphologically be considered to be a transitional phase.

Though the pollen record does not give information about a lake-shore vegetation and the low loss-on-ignition and C_{org}-values indicate that organic production in the basin was extremely low, the diatom record seems to indicate presence of a marginal wetland vegetation.

The enlarged $CaCO_3$ content is hard to explain. Higher temperatures will have caused an increased precipitation of $CaCO_3$ in the basin (cf. CHROBOK 1986). Also the supply of $CaCO_3$, however, must be taken into account: the increased biological activity in the soils surrounding the basin as consequence of the slightly denser vegetation will have increased $CaCO_3$-solution, but the higher temperatures also caused $CaCO_3$-solution in the soils to decrease (cf. KUNTZE et al. 1994). The netto effect of these opposite processes can not be estimated. Since $CaCO_3$-values in REC have increased, the enlarged $CaCO_3$ precipitation due to the higher temperatures must have had the largest influence.

6.2.2 Hippophaë phase (SPZ's REC-C, REA-A3)

Upland vegetation: within the open upland vegetation, *Hippophaë* shrubs expanded. Unhindered by competitive shadowcasting trees, as was the case in the early Lateglacial, this taxon obtains a tree-like growth form and forms dense stands (cf. SKOGEN 1972). The relative high NAP values indicate that the vegetation remained open: an expansion of *Helianthemum* and *Salix* at the end of this phase is indicated by a minor peak of their pollen types. The small rise of BETULA PUBESCENS TYPE pollen in sample 244 of REC indicates that also *Betula* trees slightly expanded: it can be assumed that only incidental specimens were present, as otherwise *Hippophaë* would have been outshadowed. The samples 254-252 of REC show lower relative values of HIPPOPHAË RHAMNOIDES pollen; AP+NAP concentrations show a conspicuous dip in the samples 255-252.

Wetland vegetation: the pollen record (appendix 4) indicates that the water was inhabited by some *Pediastrum*, *Botryococcus* and *Potamogeton* and/or *Callitriche*; macrofossils at the base of SPZ REC-C confirm the presence of *Potamogeton* and indicate that also *Chara* and/or *Nitella* were present. No conclusions about a lake-shore vegetation during this phase can be drawn from the pollen record.

Diatom flora: a transition in the diatom record (Table 4) occurs at 250 cm depth, i.e. 7.5 cm above the lower zone boundary of SPZ REC-C. Only incidental diatoms and sponge needles were observed which do not allow detailed palaeoecological conclusions. The lake water was neutral to alkalic with low electrolyte content. The latter fact indicates that there was little input of groundwater. Species tolerant to air exposure indicate the possible presence of a wetland vegetation along the lake shores.

Substrate: the tendency of gradually decreasing grain sizes continues in the lower part of the substrates of this phase (Fig. 3). Grains between 630 and 1000 µm do not occur above 245 cm. Values of assumed exotic pollen types, though showing a prominent peak in the samples 254-252, also gradually decrease. This indicates that soil erosion became less severe. In a transitional trajectory between 242 and 236 cm, the curves of the substrate parameters show a more stable sedimentation (the standard deviation hardly fluctuates). Grain sizes at the same level, however, indicate a shift to more sandy material (mean grain sizes shifts to the coarser fractions, as is also shown by the skewness). The $CaCO_3$-content prominently decreases between 248 and 247 cm; towards the end of this phase precipitation of $CaCO_3$ had almost completely ceased. Bulk density and dry weight have very slightly decreased, though they show a prominent peak in samples 254-252. There are no relevant changes in values of loss-on-ignition and C_{org}, indicating that biomass production within the middle subbasin did not increase; also the accumulation rate is similar to the previous phase.

Palaeoenvironmental integration: the sudden increase in relative values of HIPPOPHAË RHAMNOIDES pollen probably represents a further rise in summer temperatures, due to which *Hippophaë* shrubs were able to expand. Based on this assumption, the beginning of this phase is correlated with the major temperature rise recorded around 12450 ^{14}C yr B.P. (cf. section 5.7). The fact that *Betula* trees were unable to expand considerably and form dense stands indicates that climate was unfavourable for this taxon. Since temperatures sufficiently high for *Hippophaë* to flourish would not have prevented *Betula* to expand, expansion of the latter rather oceanic taxon probably was hindered by a dry continental climate (cf. USINGER 1998).

Both AP+NAP concentrations and sediment parameters indicate an incidental extreme erosional event around 255-252 cm depth. In general, however, soil erosion became less severe during this phase, probably as a result of the expansion of *Hippophaë*, whose extensive root system stabilized the soils (cf. GAMS 1943; LI MIN et al. 1989; LI QUANZHONG et al. 1989; ROUSI 1965). This stabilizing effect also will have caused sedimentation patterns to gradually become more stable. Increasing grain sizes at the end of this phase, though sedimentation patterns remain stable, indicate a gradual transition towards the following phase.

Tab 4: Results and interpretation of the diatom analyses of core Reinberg C

Diatom zone	Depth range (cm)	Diatom community	Main species (dominant; extremely dominant)	Environment and assumed processes
7	15-0	Species poor *Pinnularia viridis* community with *Fragilaria capucina* var. *mesolepta* and *Cymbella aspera*; high amounts of diatom shell remains	*Pinnularia viridis, P. maior + P. cardinalis, Fragilaria capucina* var. *mesolepta*, *Cymbella aspera, Epithemia turgida, Eunotia bilunaris + E. praerupta + E. pectinalis.*	Oligotrophic/mesotrophic acid environment with low/middle electrolyte content. The observed *Eunotia* and *Pinnularia* species tolerate temporal exposure to air; the *Pinnularia* species partly are deformed, possibly related to increasing dry conditions at the core location.
6	30-15	Species poor *Cymbella aspera-Pinnularia viridis-Eunotia* community.	*Cymbella aspera, Pinnularia viridis + P. maior + P. cardinalis, Eunotia bilunaris.*	Increasing oligotrophic/dystrophic conditions with decreasing pH-values, probably hummock/hollow peatland with considerable amounts of water-areals; temporarily drier conditions are indicated by the *Eunotia* species and the deformation of frustules of the *Pinnularia* species.
5	90-30	*Cymbella aspera-Cymbella ehrenbergii-Pinnularia* community, towards the top decreasing amounts of *Cymbella ehrenbergii* and increasing amounts of *Eunotia*.	*Aulacoseira granulata, Cymbella aspera + C. ehrenbergii, Eunotia sp., Pinnularia cardinalis + P. maior + P. viridis.*	Towards the top, there is a tendency to more acid conditions combined with low/middle electrolyte content. An increasing amount of *Pinnularia* species indicates an increase of plant-growth in the basin. Due to Si-solution almost all frustules are strongly reduced, enabling only incidental identification
4	145-90	Species poor *Cymbella ehrenbergii-Pinnularia* community, above 108 cm abundant sponge needles.	*Cymbella aspera + ehrenbergii, Denticula kuetzingi, Eunotia bilunaris, Eunotia* sp. remains, *Fragilaria biceps + F. leptostauron, Gyrosigma attenuatum, Pinnularia cardinalis + P. maior + P. viridis;* various diatom shell remains.	Extremely poor in species and individuals, possibly related to high sedimentation rates and lake dynamics, but possibly also to enlarged Si-solution. Oligotrophic/mesotrophic conditions are indicated. The species between 130 and 100 cm partly are nordic-alpine and presently occur in electrolyte-poor lakes and their marginal peatlands of the pre-alp regions and the northern german plains; clear subarctic/arctic species were not observed. Clear changes in the diatom flora around 90-105 cm depth were not observed.
3c	180-145	Species rich *Pinnularia* community with *Cymbella ehrenbergii* and sponge needles.	Species composition similar as in diatom phase 3a/3b, however very low amounts.	Due to enlarged Si-solution unidentifiable diatom shell remains dominate. Samples are poor in species and individuals. The diatom flora - similar to diatom phases 3a and 3b - is a mixture of pure water species and species which tolerate exposure to air.
3b	187-180	Species rich *Pinnularia* community with *Cymbella ehrenbergii*; sponge needles extremely abundant.	Species composition similar as in diatom phase 3a; extremely high amounts of sponge needles of *Spongilla lacustris* and/or *S. fragilis* and *Trochospongilla horrida* type.	This diatom zone is the richest in both species and individuals and contains extremely abundant sponge needles. Ecological interpretation is similar to diatom phase 3a: both an alkaliphilous water body and drier - more acid - environments are indicated. The large *Pinnularia* species (which tolerate exposure to air and might occur in hollows and floating mats) form more than 50% of all observed diatoms. In contrast to all other diatom phases, solutional weathering is low and the observed individuals are partly well-preserved. The massive occurrences of sponges and extremely large *Pinnularia* species may be caused by a nutrient input resulting from the Laacher See Tephra; simultaneously the enlarged Si-input from this tephra diminished Si-solution of the diatom shells, resulting in a better diatom preservation.
3a	208-187	Species rich *Pinnularia*- community with *Cymbella ehrenbergii*; sponge needles.	*Cymbella aspera + C. ehrenbergii, Eunotia pectinalis + E. praerupta*, remains of other *Eunotia* species, *Fragilaria brevistriata*, cf. *F. construens* var. *venter/elliptica, Fragilaria pseudoconstruens, Gomphonema acuminatum + G. angustatum, Navicula laevissima + N. lanceolata, N. tuscula, Neidium iridis, Pinnularia brevicostata + P. cardinalis + P. dactylus + P. gibba + P. ignobilis + P. lagerstedtii + P. nobilis, Stauroneis phoenicenteron + S. anceps, Surirella robusta* type. Sponge needles of *Spongilla lacustris* and/or *S. fragilis* and *Trochospongilla horrida* type.	Increased species richness compared to phases 1 and 2. Most species - especially the majority of the *Pinnularia* species - occur in nordic-alpine climatic zones. Due to strong solutional weathering, corroded diatom shell remains dominate. There is a bipartition in the diatom flora with alkaliphilous species of open water, and a diatom flora from acid environments that temporarily may dry up. The lake species indicate oligotrophic/mesotrophic water with low/middle electrolyte content. The larger *Pinnularia* species, which are dominant, are water species which tolerate exposure to air and might occur in dystrophic/oligotrophic hummock/hollow peatlands and floating mats. Together with *Eunotia* species, the observed *Pinnularia* species indicate an expansion of plants in the water body and/or along the basin shores.
2	250-208	Extremely poor diatom flora, incidentally *Cymbella ehrenbergii, Diatoma* sp., *Cyclotella distinguenda* type and others; sponge needles continuously present.	*Cyclotella bodanica* type, *Cyclotella distinguenda* type, *Cymbella ehrenbergii, Diatoma anceps + D. tenuis, Hantzschia amphioxys, Meridion circulare, Pinnularia* remains, *Pinnularia maior* (sample 211); incidental sponge needles of *Spongilla lacustris* and/or *S. fragilis* and *Trochospongilla horrida* type.	Due to extremely strong Si-solution only incidental diatom remains were preserved (of all species only 1-3 individuals were observed); the more robust sponge needles occur in slightly higher amounts. The planktonic diatoms and *Cymbella* species prefer neutral to alkalic conditions with low electrolyte content. *Hantzschia amphioxys* and the *Pinnularia* species tolerate temporary exposure to air and might originate from the lake shore.
1	294-250	Extremely poor *Pinnularia-Cymbella aspera* flora, incidental needles of freshwater sponges, only at 288 cm better preservation of robust species.	*Cymbella aspera, Epithemia turgida, Eunotia soleirolii* type, *Navicula jentzschii, Pinnularia cardinalis + P. gibba + P. nobilis + P. rupestris + P. viridis.*	Nordic-alpine-subarctic species dominate. Dystrophic/oligotrophic water with low/middle electrolyte content is indicated with acid/neutral pH-value. Epyphitic taxa occur. Very intensive Si-solution; only sample 288 shows a better preservation of the most robust species with sporadically preserved sponge needles.

Analysis and interpretation: Wolfgang Janke

The gradual sedimentary changes during this and the preceding phase resulted in a better preservational environment for diatoms, due to which above 250 cm more distinctive taxa could be found. In contrast to the pollen record, the diatom record indicates presence of a lake-shore vegetation.

Around 247-244 cm depth in REC, several independent parameter (pollen values of BETULA PUBESCENS TYPE and HIPPOPHAË RHAMNOIDES increase; $CaCO_3$-contents decrease; disappearance of the coarsest grain-size fractions) indicate that environmental conditions changed. Unfortunately, it can not be determined what these conditions might have been.

The low electrolyte content indicated by the diatoms indicates hardly groundwater influence: water input in the basin, therefore, must come from near-surface water flow. Decalcification of the surrounding tills may have progressed to such depths that the near-surface water flow into the basin had become deprived of $CaCO_3$, due to which the substrates became free of $CaCO_3$.

6.2.3 Open vegetation phase II (SPZ's REC-D, REA-A4, REB-A)

Upland vegetation: pollen data (appendix 4) indicate that *Hippophaë* lost importance, while dwarfshrubs (especially *Betula nana/humilis*, or *Betula* hybrids) and herbs (especially *Artemisia*) became more important. The only slightly decrease of BETULA PUBESCENS TYPE pollen values show that *Betula* trees remained an incidental vegetation element. The rather low relative values of JUNIPERUS TYPE and JUNIPERUS-WITHOUT-GEMMAE indicates that *Juniperus* did not greatly expand, in contrast to the Endinger Bruch area (DE KLERK in press).

Wetland vegetation: a minor peak of PEDIASTRUM BORYANUM at the base of SPZ REC-D indicates a minor expansion of *Pediastrum* taxa included in this morphological entity in the middle subbasin. A continuous presence of *Potamogeton* and/or *Callitriche* is plausible from the pollen record. Macrofossils show that at least at the end of this phase *Chara* was present (cf. appendix 3). No conclusions can be drawn about a possible lake-shore vegetation.

Diatom flora: the diatom flora does not differentiate Open vegetation phase II and the Hippophaë phase. Differentiating taxa, however, might not have been preserved.

Substrate: both in the southern and the middle subbasin, a relatively coarse silt-sand gyttja was deposited. In the latter, the deposition of increasingly coarser material, which had started at the end of the preceding phase, continued. Though assumed exotic pollen types still show a tendency to decrease, their values are prominently higher than at the end of the Hippophaë phase. Both factors indicate that upland erosion increased during this phase. This is also indicated by the high accumulation rates (table 5), even if the uncertainty of the dates of the vegetation phases are taken into consideration: if duration of this phase is wrongly estimated with a factor 4, which is an unlikely high error, accumulation rates still are a factor 2 higher than previously. The relatively stable course of the grain sizes, their means and standard deviation indicate that upland erosion occurred much more regular than in the preceding phases. Bulk density and dry weight show a small increase; organic content still is extremely low, indicating low organic production in the basin.

Palaeoenvironmental integration: the vegetation regression most likely reflects a decrease of summer temperatures, which caused a reduction of *Hippophaë* (and/or its pollen productivity). This temperature decrease also indicated in Coleoptera and isotope records from other regions in assumed synchronous periods (cf. AMMANN et al. 1994; BJÖRCK et al. 1998; WALKER et al. 1994).

Other hypotheses state that this phase (denounced as 'Earlier Dryas') in fact was characterized by drought rather than cold (cf. KOLSTRUP 1982; VAN GEEL & KOLSTRUP 1978). This is, however, contradicted by the facts that *Hippophaë* strongly decreased in spite of its resistance against extreme droughts (cf. PEARSON & ROGERS 1962) and that the climate previously already was dry.

The gradually increasing grain sizes within the substrates during this and the previous period even suggest the contrary: that precipitation had gradually increased due to which the coarser fractions were washed into the basin. In the course of time the climate gradually had become more oceanic. Soil erosion was further favoured by the dissapearance of the stabilizing *Hippophaë* roots as well as the reduction of the protecting cannapis of this taxon (cf. LI MIN et al. 1989; LI QUANZHONG et al. 1989). As a consequence, the substrate accumulation rate greatly increased during this phase.

The regularity of the sedimentation patterns, compared to the previous phases, indicate that extreme precipitational events were better balanced by the more developed vegetation in which (dwarf)shrubs and incidental trees played a more important role than in Open vegetation phase I, or that the precipitation itself had become more regular.

Tab. 5: Tentative substrate accumulation rates of core Reinberg C

Vegetation phases Vorpommern	Tentative age range [1]	Tentative duration [2]	Substr. thickness [3]	Netto sed. rate [4]	Dry weight/ wet volume [5]	Accum. rate [6]
Open vegetation phase III	13000-11450	1550	830	0.53	0.74	3.9
Lateglacial Betula/Pinus forest phase	13900-13000	900	315	0.35	0.37	1.3
Open vegetation phase II	14000-13900	100	180	1.8	1.36	24.5
Hippophaë phase	14750-14000	750	225	0.3	1.38	4.1
Open vegetation phase I	15200-14750	450	130	0.29	1.35	3.9

[1] calendar years BP
[2] calendar years
[3] mm
[4] mm/year
[5] kg/m^2 year
[6] kg/m2 year

6.2.4 Lateglacial Betula/Pinus forest phase (SPZ's REC-E1/E2/E3/E4, REA-B, REB-B1/B2)

This phase consists of four subphases, which only in REC clearly can be distinguished due to a sufficient resolution.

6.2.4.1 First subphase (SPZ's REC-E1, REB-B1)

Upland vegetation: the first signs of expansion of *Betula* trees in the Reinberg area are recorded by rises of BETULA PUBESCENS TYPE pollen in REC and REB; the high NAP-values indicate that the upland vegetation remained open. The pollen record shows that *Salix* and *Juniperus* slightly expanded. *Hippophaë* remained present, but probably did not form large dense stands.

Wetland vegetation: rises in the values of BOTRYOCOCCUS and PEDIASTRUM BORYANUM indicate that the environment in the middle subbasin became slightly more favourable for the taxa included in these morphological entities. Since these taxa greatly differ in ecological demands (cf. JANKOVSKA & KOMAREK 2000), it is unclear what these factors might have been.

Diatom flora: the diatom flora of this subphase does not differ from the preceding phases.

Substrate: The sediments in both the middle subbasin and the southern subbasin have become finer (sand-silt gyttja instead of silt-sand gyttja). C_{org} and loss-on-ignition (Fig. 3) show slightly increasing values.

Palaeoenvironmental integration: the increased occurrence of *Betula* trees is a clear indication that climate had become more oceanic (cf. USINGER 1998), possibly in relation with higher temperatures compared to the preceding phase, as recorded in several stable oxygen isotope curves for assumed synchronous periods (cf. AMMANN et al. 1994; HOEK et al. 1999).

The decrease of grain sizes show that upland erosion diminished as the result of the expansion of forests. The only slight increase in organic content o the substrates indicates that organic production within the middle subbasin only gradually increased under the warmer conditions.

6.2.4.2 Second subphase (SPZ's REC-E2, REA-B, REB-B2)

Upland vegetation: the upland vegetation suddenly closed, as is indicated by the sharp decline of NAP-values in REC (appendix 4). *Betula* forests dominated the upland. *Juniperus* and *Hippophaë*, as can be concluded from the low relative values of their pollen types, disappeared due to the competition of *Betula* trees; *Salix* species remained present. AP+NAP concentrations are high, indicating a large pollen influx from a dense upland vegetation (combined with low sedimentation rates and good pollen preservation in the alga gyttja).

Wetland vegetation: in the middle subbasin a wetland vegetation developed consisting of *Equisetum*, while in the southern subbasin Cyperaceae flourished, as can be deduced from the differences in the relative values of their pollen/spore types between REC and REB.

Diatom flora: in sample 208, i.e. 3 cm above the lower subzone boundary and the substrate shift, a change in the diatom flora is recorded (Table 4). Two different environments are indicated: lake species show the presence of an oligotrophic/mesotrophic water body; species which tolerate temporal exposure to air and which normally occur in acid wet peatlands indicate expansion of a lake-shore vegetation. The vegetation within the basin had expandend, as is indicated by a higher amount of diatoms feeding on plants.

Substrate: the sharply enlarged C_{org} and loss-on-ignition values (Fig. 3), as well as the sedimentation of pure alga gyttja, show that organic production in the middle subbasin had greatly increased. Hardly any clastic material was found in the sediments. In the southern subbasin, however, still sand-silt gyttja was deposited.

Palaeoenvironmental integration: the dense upland vegetation caused soils to stabilize. Hardly any upland erosion, therefore, occurred and the clastic component in the substrates of the middle subbasin consequently largely disappeared. In the southern subbasin still a large amount of clastic material was deposited that did not reach the centre of the middle subbasin, as generally occurs along lake margins (cf. DIGERFELDT 1986).

Though preservation conditions for diatoms already changed at the beginning of this phase, only after 3 cm the diatom flora changed: the diatom population apparently needed some time to adapt to the new environmental conditions. Expansion of a lake-shore vegetation caused the increased abundance of diatom taxa which temporarily tolerate exposure to air. This increased plant growth also favoured some epiphytic diatom species to expand.

6.2.4.3 Third subphase (SPZ's REC-E3, REA-B, REB-B2)

Upland vegetation: a very slight opening of the forest might be indicated by a minor increase of SALIX and BETULA NANA TYPE pollen and possibly by the only very slight increases of JUNIPERUS-WITHOUT-GEMMAE and HIPPOPHAË RHAMNOIDES pollen; NAP types hardly show a reaction. An increase of PINUS DIPLOXYLON TYPE and PINUS UNDIFF. TYPE pollen, but not of PINUS HAPLOXYLON TYPE, indicates a minor expansion of *Pinus* trees in the Reinberg area, or that actual pollen influx of BETULA PUBESCENS TYPE had decreased as a consequence of a largely reduced amount of birch trees, thus favouring PINUS DIPLOXYLON TYPE and PINUS UNDIFF. TYPE pollen to relatively increase.

Wetland vegetation: the *Equisetum* populations in the middle subbasin were invaded by *Menyanthes* and *Filipendula*. The presence of *Cicuta*, *Oenanthe* and *Typha latifolia* might be concluded from the pollen record: since assumed exotic types are largely absent, low amounts or single grains can be interpreted to originate from the actual vegetation.

Diatom flora: no changes are observable.

Substrate: the investigated sediment parameters do not indicate major changes. Though in the southern subbasin the various subphases can not be distinguished, the sandy detritus gyttja might correspond to this subphase.

Palaeoenvironmental integration: the possible slightly more open upland vegetation might be the result of a slightly cooler period as recorded in other areas (cf. IVERSEN 1934; USINGER 1985). Since this subphase can not be independently dated, it is unclear whether it represents the slightly cooler 'Gerzensee fluctuation' recorded in oxygen isotope curves (e.g. AMMANN et al. 1994; BJÖRCK et al. 1998; HOEK et al. 1999).The only very slight vegetational differences and the absence of a clear increased upland erosion (though such an increase might be indicated by the coarser substrates in the southern subbasin), indicate that this cooling had no great effects on the landscape.

6.2.4.4 Fourth subphase (SPZ's REC-E4, REA-B, REB-B2)

Upland vegetation: the *Betula* forests closed again and the upland vegetation probably resembled that of the second subphase. A short disturbance is recorded in the sample immediately above the LST in REC, where the pollen spectrum indicates a short vegetation opening with expansion of *Artemisia, Salix, Juniperus* and *Betula nana/humilis*. The (almost) complete absence of PINUS DIPLOXYLON TYPE pollen suggest that the number of *Pinus* trees was drastically reduced, or that *Pinus* lost reproductive capacities. Due to a much shorter recovery time (shorter than the temporal resolution of diagram REC) similar effects are not observable in pollen types produced by other taxa. Similar fluctuations immediately above the LST are recorded in several other pollen diagrams from Mecklenburg-Vorpommern (cf. DE KLERK 1998; HELBIG 1999-a; MÜLLER 1962). The strong reduction of AP+NAP concentrations might be due to a reduction of upland pollen influxes, but also the presence of the (mainly pollen-free) tephra in the analyzed sample caused concentrations to decrease.

Wetland vegetation: the pollen record suggests that in the middle subbasin the wetland vegetation included *Equisetum, Menyanthes* and *Filipendula*. The water was inhabited by *Botryococcus* and *Pediastrum*. At the end of this subphase, the middle subbasin terrestrialized. The peat in the basin was a Cyperaceae-brownmoss peat with a dominance of *Calliergon giganteum* (cf. Appendix 3). Contrary to *Pediastrum*, *Botryococcus* still was present. Spots of open water were inhabited by *Nuphar*. Also the southern subbasin became terrestrialized and was dominated by *Equisetum*, but it is unclear whether terrestrialization in this subbasin started synchronous with that of the middle subbasin, or earlier.

Diatom flora: above 180 cm in core REC (corresponding with the peat layer), *Pinnularia* species and sponges are dominant (Table 4). This indicates that, though the presence of open water still is recorded, locally drier conditions must have dominated, probably in the peatforming vegetation. It is possible that the mass expansion and the extremely large individuals of *Pinnularia* in diatom zone 3b, are related to nutrient input in the water by the deposition of the LST.

Substrate: during the largest part of this subphase, sediment deposition did not change and was only interrupted by the deposition of the LST. The incidental lower values of loss-on-ignition and C_{org} (Fig. 3) are the result of presence of this tephra layer, which hardly contains organic material. The top substrate corresponding with this subphase consists of peat, both in the middle and southern subbasin.

Thin section of the Laacher See Tephra (Fig. 4): next to modifications due to the sampling technique, fabric modification also occurred due to air drying and could not be balanced by Palatal P 80-21. Preparation of thin sections from similar environments, therefore, better are prepared according to MERKT (1971); or water should be exchanged with aceton before the sample dries out and, after impregnation, the sample should be prepared after BECKMANN (1997).

Three different layers can be distinguished (cf. Fig. 4). Voids, with the exception of biochannels, are omitted from the following description of the micromorphological investigations, since they mainly are artificial due to drying.

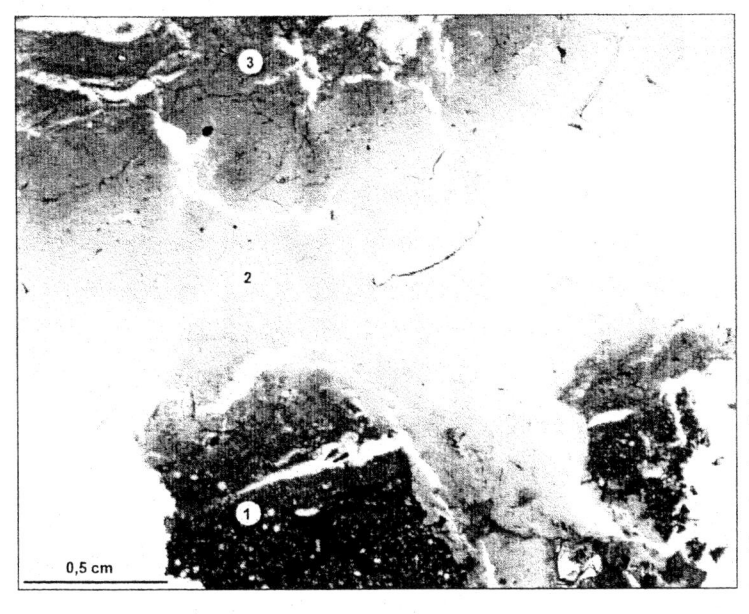

Fig. 4:
Thin section of LST (from a test core in the marginal parts of the large basin). Layers marked by numbers. For further explanation see text

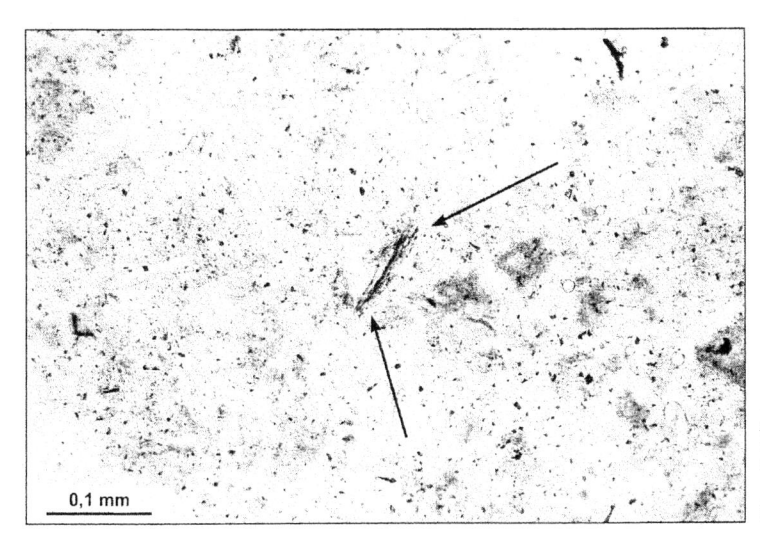

Fig. 5:
Vitric shard (*Faserbims*) in layer 2 (arrows)

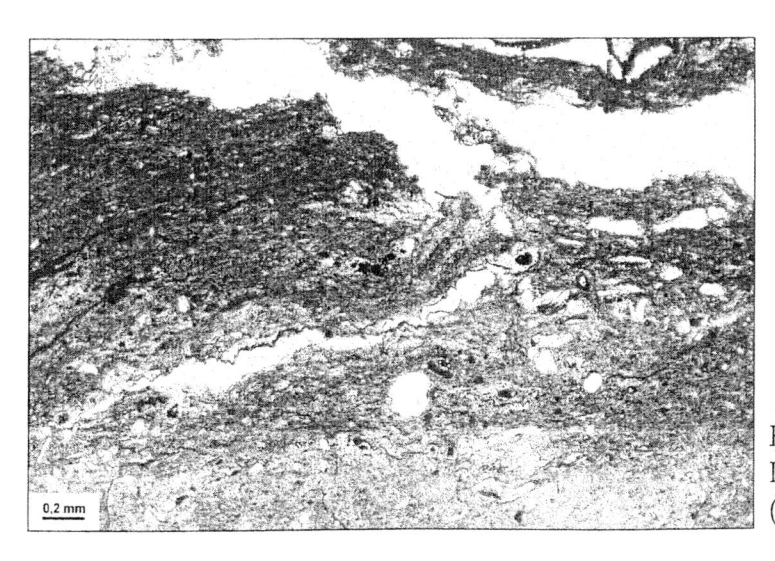

Fig. 6:
Initial micro-layering in layer 3 (upper left corner of Fig. 4)

Layer 1 (below the LST) contains a higher amount of clastic material > 5 µm than the LST; grain sizes reach up to 300 µm. This layer contains glauconite. High amounts of finely distributed amorphic organic material are recognizable as a brown colouring. Abundant larger plant remains, phytoliths and diatoms occur. Incidental horizontal orientation of the coarser components and initial micro-layering are recognizable. Roundish biochannels (up to 250 µm diameter) occur, individually showing as vertically smoothed ellipsoids. Hardly volcanic material is recognizable. A sharp transition separates layers 1 and 2.

Layer 2 (LST, 0.5-1 cm thick) is clearly recognizable in the thin section by its light colouring. The portion of finely distributed organic substance and clastic material > 5 µm is smaller than in layers 1 and 3. Since in general grain sizes are smaller, identification of minerals is complicated; glauconite, however, is absent. Typical is a flaky fabric (50-125 µm diameter of the roundish 'flakes'), with in their centres a darkbrown colouring (organic substance?). No orientation of the individual components is recognizable. High amounts of fine substances show isotropic with crossed polarizers. Abundant plant remains, phytoliths and diatoms occur. Biochannels only were observed in the upper transitional reach to layer 3 (with diameters 125-250 µm). Vitric shards ('faserbims'; Fig. 5) with longitudinal axis normally around 100 µm, regularly containing mineral enclosures, alternating with elongated bubbles, are similar to type b2 of VAN DEN BOGAARD & SCHMINCKE (1985). Layer 2 diffusely grades into layer 3.

Layer 3 (above the LST) contains a higher amount of clastic material > 5 µm (up to 150-300 µm) than the LST. This layer contains glauconite. High amounts of finely distributed organic substance are recognizable as brown colouring in the thin section. Abundant plant remains, phytoliths and diatoms were observed. Partly there is a horizontal orientation of the larger components, showing initial micro-layering (Fig. 6). Vitric shards ('faserbims') with longitudinal axis normally around 100 µm, regularly containing mineral enclosures, alternating with elongated bubbles, resemble type b2 of VAN DEN BOGAARD & SCHMINCKE (1985).

The sharp transition from the basal layer 1 to the LST (layer 2) and the hardly recognizable portion of volcanic material in the former, show that the layers hardly were mixed after deposition of the tephra. This partly is due to the absence of biologic activity (indicated by the absence of biochannels in layer 2).

The tephra is characterized by the flaky appearance of the fabric and the high amount of fine particles < 5 µm. The fine fabric < 5 µm, showing isotropic with crossed polarizers, probably mainly consists of ash particles; this also explains the lower amount of clastic material > 5 µm. The ash particles < 5 µm partly will have been transformed into clay minerals. These, however, mainly are hidden by finely distributed organic substance, due to which the ground mass appears isotropic instead of the stipple speckled b-fabric typical for new formed clay minerals (cf. BULLOCK et al. 1985). The absence of glauconite in the pure tephra layer indicates that the basal part of layer 2 (i.e. the bottom 0.5 cm of the LST) was deposited in situ. Glauconite is ubiquitary in the glacial and glacifluvial sediments of NE Germany and would have been mixed with the volcanic ashes if the LST was washed in from the surrounding slopes (cf. layer 3).

No minerals were found in layer 2 which unequivocally are attributable to the LST (cf. VAN DEN BOGAARD & SCHMINCKE 1985). The low content of mafic minerals is typical for the NE fans of the tephra layers LLST and the MLST-B as described for NW Poland by JUVIGNÉ et al. (1995). The lower sizes of the vitric shards of 100 µm in the Reinberg sample compared to the

180 μm diameter described from NW Poland (measured on grain samples) mainly is due to the fact that in thin sections minerals hardly are cut along their longest axes; grain sizes, therefore, normally are underestimated in thin sections.

The transition from layers 2 to 3 is continuous and mainly characterized by an increase in finely distributed organic substance. Since glauconite and vitric shards occur together in layer 3, a mixing of tephra and the covering sediment must have occurred. This mixing is either of sedimentary origin (tephra and till material from the surrounding slopes washed together), or caused by bioturbation.

Palaeoenvironmental integration: apart from a possible short-lived reaction on the eruption of the Laacher See Volcano, indicated by the short opening of the upland vegetation, climate probably was rather stable. The diatom flora possibly also reacted on deposition of the LST, of which at least the bottom part was deposited in situ.

The beginning of peat formation in the middle subbasin does not correspond with relevant changes in the upland vegetation. Hence, the terrestrialization can not be considered to have been climate-dependent. Probably a floating mat had developed over the water surface. Since in REB the Lateglacial Betula/Pinus forest phase can not be further subdivided and the chronological marker of the LST was not found, it is unclear if a time-lag exists between the start of peat formation in both subbasins. The presence of diatom species tolerant to air exposure in the previous subphases indicate that a peatforming wetland vegetation already might have been present earlier.

6.2.5 Open vegetation phase III (SPZ's REC-F1/F2/F3, REA-C, REB-C)

This phase can be subdivided into three subphases which are well discernable in REC, but less clear in REA and REB due to the larger sample distance. These different subphases could not be dated. It must be taken into account that the calculated accumulation rate (Table 5) is a mean rate for Open vegetation phase III in total (including possible insecurities concerning the calibration into calendar ages). Since, however, the substrates prominently change within this phase, it is unlikely that the accumulation rate remained constant. Also the variations in the AP+NAP concentration, though probably also related to changes in pollen influxes and/or pollen preservation, might also indicate a variable accumulation rate.

6.2.5.1 First subphase (SPZ's REC-F1, REA-C, REB-C)

Upland vegetation: the pollen record indicates that the vegetation suddenly opened and an upland vegetation including Artemisia, Betula nana/humilis, Salix and Juniperus expanded. Other elements of open upland vegetation are less prominently registered in the pollen diagrams. Betula and possibly Pinus trees may also have been present, but did not form closed stands. The higher AP+NAP concentrations compared to the previous open phases and the Hippophaë phase indicate that the upland vegetation in Open vegetation phase III was denser, i.e. producing larger pollen influxes. Since substrate accumulation rates (cf. Table 5) are larger than in these previous phases (and are even higher if the calibration into calendar years resulted in a too large duration), a smaller accumulation rate can be ruled out as cause for these higher concentrations.

Wetland vegetation: at the beginning of this subphase, the floating Cyperaceae-brownmoss mat still inhabited the middle and southern subbasin, but soon drowned. A new lake developed which, as the pollen record suggests, was inhabited by *Nuphar, Pediastrum* and *Botryococcus*; at the lake margins *Equisetum* populations were present.

Diatom flora: above 180 cm (Table 4), i.e. at the transition from peat to lake sediments, the number of diatoms observed conspiciuously decreased. The qualitative composition of the diatom flora, however, indicates that next to oligotrophic/mesotrophic water, still a wetland vegetation along the lake shores enabled species tolerant to air exposure to flourish. Due to enlarged Si-solution in the water, most of the frustiles could not be identified.

Substrate: The basal substrate corresponding with this subphase still consists of Cyperaceae-brownmoss peat, which is covered by peaty detritus gyttja and detritus gyttja. C_{org} and loss-on-ignition (Fig. 3) only slowly decrease. Also the relative values of assumed exotic types remain low. In the southern subbasin, however, in stead of detritus gyttja, silt-sand gyttja was deposited.

Palaeoenvironmental integration: the abrupt opening of the upland vegetation reflects a sudden drop in temperatures corresponding with the beginning of the classical 'Younger Dryas' or 'Late Dryas' stadial (cf. ISARIN 1997).

The wetland vegetation, diatoms and substrates in the middle subbasin did not react similarly rapid to the changed climatic conditions: some time elapsed before the floating mat drowned. The gradual change from peat via peaty detritus gyttja to detritus gyttja in the middle subbasin indicates that water levels only gradually rose. Due to the disappearance of forests, evapotranspiration decreased and, despite a possible drier climate, an enlarged surface runoff caused lake levels to rise. Also soil conditions contributed to the rising water levels: soils were seasonally frozen and thus prevented infiltration of the precipitation; a thawing during the probable short summer season subsequentally caused a sudden larger water supply into the basin. The rising water levels will have connected the different subbasins into one large lake.

The gradual decrease of organic content shows that the decrease of organic production and the increase of sedimentation of eroded upland material happened only gradually. The new lake, as the diatom record indicates, was environmentally similar to the lake which existed during the largest part of the Lateglacial Betula/Pinus forest phase.

6.2.5.2 Second subphase (SPZ's REC-F2, REA-C, REB-C)

Upland vegetation: the pollen record (Appendix 4) indicates expansion of heather species (*Empetrum* and producers of VACCINIUM GROUP pollen) within the upland vegetation. The rise in NAP-values indicates that the vegetation further opened.

Wetland vegetation: the *Equisetum* populations in the middle subbasin seem to have lost importance and were possibly replaced by ferns (as the values of MONOLETE SPORES WITHOUT PERINE indicate). The lake was inhabited by water plants of the Ranunculaceae family (e.g. *Batrachium* species), as can be concluded from the high relative values of RANUNCULUS ACRIS TYPE pollen: in the centre of a lake basin only water plants can be expected to be responsible for such high local pollen deposition values. The water was also inhabited by *Botryococcus* and *Pediastrum* taxa; for unknown reasons, the latter taxon almost completely disappeared twice. In the southern subbasin, *Pediastrum* and *Botryococcus* were much less prominent than in the middle subbasin, indicating that within one connected lake considerable micro-ecological differences existed.

Diatom flora: changes in the diatom content (Table 4) occur around sample 145, i.e. 17.5 cm above the lower SPZ boundary and 15 cm above the transition from detritus to mineral gyttja, but corresponding with a shift from sand-silt gyttja to silt-sand gyttja. The scarceness of diatoms is possibly related to enlarged Si-solution within the basin, attacking the diatoms, or to an enlarged sedimentation rate connected with the substrate change: the lower AP+NAP concentrations in SPZ REC-F2 indicate that substrate accumulation rate actualy might have increased. The palaeoecological value of diatom zone 4 is, due to the scarceness of diatoms, restricted.

Substrate: shortly after the beginning of this subphase, the substrate changed from detritus gyttja to sand-silt gyttja with low C_{org} and loss-on-ignition values (Fig. 3). The number of assumed exotic types has increased, indicating enlarged upland erosion. In the southern subbasin coarser material was deposited than in the middle subbasin.

Palaeoenvironmental integration: the further opening of the upland vegetation caused an increase of upland erosion, resulting in the deposition of clastic substrates. The sediment change was shortly delayed, possibly because the threshold for vegetation the further open was reached earlier than the threshold for enlarged soil erosion. The higher organic content in the sediments, compared to Open vegetation phases I, II and the Hippophaë phase, show that soil erosion during Open vegetation phase III was less severe because of the denser upland vegetation, and/or that organic production in the middle subbasin was higher. The lower relative values of assumed exotic types either are the result of the less soil erosion or due to the fact that the influx of contemporary upland pollen was higher (i.e. the ratio between assumed exotic types and pollen sum types had changed in favour of the latter).

6.2.5.3 Third subphase (SPZ's REC-F3, REA-C. REB-C)

Upland vegetation: the vegetation was similar to the previous subphase, though rises in values of EMPETRUM NIGRUM, JUNIPERUS TYPE, JUNIPERUS-WITHOUT-GEMMAE and BETULA NANA TYPE pollen show that the upland vegetation opened further.

Wetland vegetation: the pollen record (appendix 4) shows that in the middle subbasin water Ranunculaceae, *Botryococcus* and *Pediastrum* flourished. Taxa included in the PEDIASTRUM BORYANUM entity reached a maximum expansion towards the end of the subphase. In the southern subbasin, *Botryococcus* and *Pediastrum* algae were less prominent.

Diatom flora: No substantial changes occurred in the observed diatoms (Table 4). Between 100 and 130 cm (corresponding with SPZ REC-F3) nordic-alpine taxa were observed. Presently, these taxa also occur in lakes in northern Germany in the deeper colder parts and, therefore, their palaeoclimatic significance is restricted. No subarctic taxa were observed.

Substrate: no substantial changes are observable in the sediment record. The largest grain-sizes are recorded around 120 cm depth, corresponding with a maximum in dry-weight and bulk-density. Also loss-on-ignition reaches its lowest values of Open vegetation phase III in this sample. Assumed exotic pollen types remain low at the same level. In the southern subbasin, sand was deposited at the end of Open vegetation phase III.

Palaeoenvironmental integration: the greater openness of the upland vegetation indicates that the lowest temperatures and/or maximum drought occurred at the end of Open vegetation phase III. Indicatiors of maximum coldness, as were found in a section on the peninsula Fischland (W. JANKE, unpubl. data), were not found in the diatom record, though taxa occuring in relative cold environments were observed. This may be due to the failing preservation of the taxa that occur in (sub)arctic temperature regimes. The substrate data indicate maximum upland erosion in sample 120 that is possibly related to climate. In the samples above 120 cm, a gradual transition to geomorphologically more stable conditions is indicated.

Since the highest elevation of gyttja in the Reinberg basin is recorded around 17 m asl., this level represents the minimum height of the water table at the end of Open vegetation phase III. The deposition of coarser material in the southern subbasin than in the middle subbasin is due to its nearer location to the former basin shore (cf. DIGERFELDT 1986).

6.2.6 Early Holocene Betula/Pinus forest-phase (SPZ's REC-G, REA-D, REB-D)

The sharp transition from gyttja to peat in all investigated cores indicates a hiatus, which encompasses the end of Open vegetation phase III and beginning of the Holocene. This hiatus is clearly visible in the pollen curves of REC and REA, but less clear in those of REB.

Upland vegetation: the pollen and macrofossil record (appendices 3, 4) indicate that forests mainly consisting of *Betula* and *Pinus* expanded. A short phase in which Lateglacial relics still were present, as recorded in the Endinger Bruch area (DE KLERK in press), is probably obscured by the hiatus in the Reinberg basin. The rises in assumed exotic types in the upper parts of SPZ's REC-G, REA-D and REB-D are due to rises of CORYLUS AVELLANA Type pollen caused by the immigration of *Corylus* in the Reinberg area, i.e. actually this type is not exotic anymore in these samples.

Wetland vegetation: in the middle subbasin, the pollen record demonstrates a vegetation consisting of *Equisetum, Filipendula* and *Typha latifolia*; the macrofossil record (cf. Appendix 3) also shows the presence of *Drepanocladus* and *Carex*. Since relative values of CYPERACEAE pollen remain low in SPZ REC-G, these *Carex* species must have had low pollen production and/or dispersal capacities. The water was inhabited by *Nymphaea* and *Potamogeton*, the latter is only indicated by macrofossils. *Pediastrum* and *Botryococcus* were only very scarce.

Diatom flora: no clear diffenrences were found in the diatom flora (Table 4) between the lake sediments and the peat, which might be due to failing preservation of differentiating taxa. Abundant sponge needles between 105 and 90 cm depth indicate areas of residual water in the peatland area.

Substrate: the sharp transition from gyttja to Cyperaceae-brownmoss peat is accompanied by conspicuous increases in loss-on-ignition and C_{org} in the middle subbasin. The southern subbasin contains a sand layer with abundant organic material corresponding with this phase.

Palaeoenvironmental integration: The expansion of forests on the upland reflects the rise of temperatures at the beginning of the Holocene.

A sudden lowering of the water table at the transition from Open vegetation phase III to the Early Holocene caused erosion of the upper sediments of the former. Afterwards, water levels rose only slightly and a peatland developed in the middle subbasin. A new lake probably did not develop because the increased evapotranspiration in the upland forests reduced the amount of available water. Also the better infiltration capacity of the soils will have been responsible for decreasing water availability.

7 Some remarks on the Late Holocene palaeoenvironmental development

Interpretation of the pollen diagram from the upper peat layer in REC is complicated. SPZ REC-G (already discussed previously) and SPZ REC-I clearly represent the Early Holocene. The interjacent SPZ REC-H, with high values of FAGUS SYLVATICA TYPE and CARPINUS BETULUS TYPE pollen, as well as various types attributable to cultivated plants and agricultural weeds, dates from the Late Holocene. Especially the occurrence of FAGOPYRUM ESCULENTUM and FAGOPYRUM TATARICUM (the observed grains are not univocally identified at the species level of PUNT et al. 1988, but with certainty belong to the FAGOPYRUM ESCULENTUM TYPE) date this SPZ in the Late Medieval (cf. LATALOWA 1992). Much lower values of FAGUS SYLVATICA TYPE pollen in SPZ's REC-J/K/L/M indicate that these are of post-Medieval age. Both the independently derived loss-on-ignition samples and the fact that the peat of SPZ's REC-G and REC-I is much more compacted than the peat of SPZ's REC-H, indicate that no sample switching occurred in the laboratory. The only explanation is anthropogenic disturbance due to peat extraction, of which no historical data are known to the authors and also can not be deduced from morphological characteristics in the currently exisitng *Alnus* peatland. After the original peat was cut away (in the Late or Post-Medieval), some residual peat was - either intentionally or unintentionally - thrown in the digged peat pit and younger peat was covered with older material (cf. POSCHLOD 1990). The diatom flora between 30 and 90 cm depth is rather homogeneous and does not show this disturbance. Gradually the water became more oligotrophic/mesotrophic with relative low elektrolyte content; the peatland was dystrophic/oligotrophic.

The pollen record of SPZ REC-J, derived from regeneration peat, indicates that trees including *Pinus* were dominant around the basin. In the middle subbasin, brownmosses grew. The diatom flora shows that spots of open water were present in the peatland.

SPZ's REC-K and REC-L show increasing agricultural activity in the region. Taking the low pollen production of *Acer* into account (cf. MOORE et al. 1991), the relative values of ACER CAMPESTRE TYPE are sufficiently high to show that *Acer* grew immediately around the middle subbasin during the formation of SPZ REC-L. Regional deposition values of CALLUNA VULGARIS pollen and VACCINIUM GROUP pollen point to the presence of heathlands in the region. These pollen spectra are in good accordance with the Swedish register map from ca. 1700 AD (SCHMIDT et al. 2000), which indicates a small deciduous forest immediately around the Reinberg basin, agricultural fields to the north, east and south, and a heathland immediately to the west. Within the middle subbasin, the pollen record indicates that the brownmoss peatland was invaded by *Menyanthes* and, during formation of SPZ REC-L, by Cyperaceae and probably *Potentilla*. Other pollen types occur with too low values to definitely conclude local presence of their producers. The change from a brownmoss peatland to a Cyperaceae-brownmoss peatland recorded in SPZ REC-L corresponds with a drastic decrease of AP+NAP concentrations, which probably reflects increasing peat accumulation rates. At 30 cm depth, simultaneous with the rise in CYPERACEAE pollen, the diatom flora changes to a *Cymbella aspera-Pinnularia viridis-Eunotia* community. This indicates an increase of acid-oligotrophic conditions. The diatom record further shows that spots of open water also were present.

During formation of SPZ REC-M, the pollen record shows that the trees around the basin had completely disappeared and agricultural fields covered the slopes. The peak of PINUS HAPLOXYLON TYPE pollen probably is due to plantation of exotic *Pinus* species e.g. in parks (cf. SCHUSTER 1989; VETVICKA 1985). As a consequence of intensive agricultural activity, slope erosion buried the southern subbasin with a colluvium (cf. HELBIG et al. submitted). In the middle subbasin, the pollen record indicates subsequent expansion of *Filipendula*,

Sparganium erectum, Typha latifolia and finally ferns. In the top 15 cm, i.e. after the relative values of CYPERACEAE pollen had started to decline, the diatom flora changed to a *Pinnularia viridis* community, which points to a shift to more acid conditions. Indications that the sampled spot became drier are probably related to later peat mineralization.

The present vegetation within the subbasins, consisting of *Alnus* carrs, is not registered in the pollen record. *Alnus* peat only incidentally occurs in the top of the peat profile. Combined with the observation that the upper peat layers are strongly mineralized, a lowering of the groundwater levels (due to digging of the ditches which partly surround the basin) can be assumed. This caused compaction of the original peat cushion, peat mineralisation and a loss of the most recent records.

8 Summary

This study presents the results from interdisciplinary researches (palynological, macrofossil, diatom, substrate, and micromorphological analyses) of the kettle hole 'Reinberg', located within the till plains of Vorpommern (NE Germany). The kettle hole consists of several subbasins, originating from the thawing of buried dead ice. The researches concentrated on the 'middle subbasin' and include additional observations from the 'northern' and 'southern subbasin' in the northeastern part of the study area.

In the middle subbasin and the NE part of the northern subbasin, the top of the Pleniglacial basin sands, which were deposited during a limnic phase after the melting of the Weichselian inland ice, is formed by a small humus horizon, denounced as the 'Reinberg horizon'. Palynologically, it dates from the transition from Weichselian Pleniglacial to Lateglacial and was formed during a period with low water tables.

Pollen analyses and supplemental macrofossil analyses of seven spots of this horizon characterize the local palaeoenvironment in the middle subbasin. Several small ponds and low dry mineral domes existed next to each other. The wet spots, which possibly temporarily dried out, were inhabited by algae (*Pediastrum* and *Botryococcus*), water Ranunculaceae (*Batrachium* and *Ranunculus sceleratus*) and possibly *Potamogeton*; a wetland vegetation at the shallower transitional places between domes and ponds consisted of *Sphagnum* and other mosses and possibly *Menyanthes*. The dry spots were inhabited by *Armeria* and producers of the PLANTAGO MARITIMA TYPE. Various pollen types were found which might originate from both upland and wetland taxa. They indicate the local presence probably both within the upland vegetation on the mineral domes and the wetland vegetation at the moist transitional spots, or in the ponds, of *Juncus*, Poaceae, Cyperaceae, *Equisetum, Parnassia palustris,* Lactuceae, producers of ANTHEMIS TYPE and CERASTIUM FONTANUM GROUP pollen, and *Salix, Juniperus* and *Betula* trees and shrubs.

Though the pollen record is synsedimentary with the deposition of the upper part of the sand, humus formation was postsedimentary along root canals.

The study of the pollen and macrofossil record of a local vegetation of the transition from Pleniglacial to Lateglacial in such a detail is without equivalent. It forms the first palaeoecological study of this transition within the area glaciated during the Weichselian.

As a consequence of rising water levels at the beginning of the Weichselian Lateglacial, the local vegetation drowned and a lake developed. Three cores from the middle and southern subbasin cover the complete lake sequence and give detailed information on the vegetation history and palaeoenvironmental development during the Weichselian Lateglacial. The palynological data are interpreted in terms of 'vegetation phases of Vorpommern', introduced by DE KLERK (in press).

The Lateglacial upland vegetation development started with the Open vegetation phase I, during which a vegetation consisting mainly of upland herbs dominated. Grain size parameters indicate irregular sedimentation processes, probably as a result of extreme precipitation events which directly affected the soils due to the bad protection capacities of the open vegetation. A maximum of $CaCO_3$-precipitation during this phase might be related to slightly higher summer temperatures.

During the following relatively warm Hippophaë phase, *Hippophaë* shrubs greatly expanded and formed large, dense stands. Soil erosion decreased, probably as the consequence of the stabilizing effect of the extensive root systems of *Hippophaë*. Sedimentation gradually became more stable. $CaCO_3$-precipitation ceased, indicating the possibility that decalcification on the slopes had reached such depths that the near-surface water flow had become deprived of $CaCO_3$. The diatom record points at the presence of a neutral/alkalic lake with low elektrolyte content.

Open vegetation phase II represents a short cooler phase during which coarser grain sized substrates and high accumulation rates indicate increased upland erosion. This is possibly related to a gradual shift to more oceanic climates and increased precipitation. In the upland vegetation, *Hippophaë* largely disappeared, while upland herbs and dwarfshrubs flourished.

The Lateglacial Betula/Pinus forest phase ('Allerød') (though in the Reinberg area *Pinus* only played a minor role), characterized by an oceanic climate, is divided into four subphases. The first represents the expansion of *Betula* trees in a still open upland vegetation. Though grain sizes conspicuously decrease, clastic sediments still were deposited. During the second subphase, the upland vegetation suddenly closed. A decrease of upland erosion and increased organic production in the middle subbasin led to the deposition of organic sediments (alga gyttja). Along the basin margins a wetland vegetation of *Equisetum* and Cyperaceae was present; the diatom record indicates the simultaneous existence of oligotrophic/mesotrophic alkalic open water and acid dystrophic/oligotrophic peatland. A third subphase represents an only minor opening of the landscape, which is not accompanied by increased upland erosion. During the fourth subphase, the vegetation was disturbed by the eruption of the Laacher See Volcano: a short opening of the vegetation is recorded, while *Pinus* died or lost its reproductive capacities. Investigation of a thin section proves that the lower part of the Laacher See Tephra is deposited in situ and not washed-in from the surrounding slopes. At the end of the Lateglacial Betula/Pinus forest phase a floating mat probably expanded over the lake.

During the Open vegetation phase III, the last open phase of the Lateglacial ('Younger' or 'Late Dryas'), rising water levels drowned this floating mat. These rising water levels probably were the result of a combination of a reduction of evapotranspiration due to the disappearance of upland forest and to decreasing water storage capacities of the freezing soils. The upland vegetation of Open vegetation phase III was denser than the upland vegetation of the open phases prior to the Lateglacial Betula/Pinus forest phase. Heather species must have played an important role, especially during the later parts of this phase. Towards its end, the vegetation became even more open, combined with increased upland erosion and a shift to deposition of clastic substrates. This indicates that the most extreme climatic conditions occurred at the end of Open vegetation phase III. A maximum of upland erosion is recorded in sample 120 of core REC. Within the lake, a vegetation consisting of water Ranunculaceae was present. *Botryococcus* and *Pediastrum* were prominent in the middle subbasin, of which the latter almost completely disappeared twice, but less prominent in the southern subbasin.

A sudden lowering of water levels at the transition from the Weichselian Lateglacial to the Early Holocene is the cause for a small hiatus.

During the Early Holocene Betula/Pinus forest phase, birch and pine forests dominated the upland. Water levels rose again, but instead of a lake, a peatland developed, consisting of brownmosses, sedges and some water plants. The diatom flora did not substantially change.

The upper peat layer in the middle subbasin shows a fragmented picture of the Late Holocene. Due to peat extraction the original peat sequence was disturbed. In the upper regeneration peat the pollen record of a recent open cultural landscape is recorded, as well as a terrestrialization sequence. As a consequence of intensive agricultural activity, intensive slope erosion caused the deposition of a colluvium which completely buried the southern subbasin. Due to artificial lowering of the groundwater and subsequent mineralisation of the upper peat, the most recent vegetation history, i.e. the development of the present alder carr, is not registered.

9 Zusammenfassung

In dieser Arbeit werden die Ergebnisse interdiszipünärer Untersuchungen (Pollen-, Großrest-, Diatomeen-, Substratanalyse sowie mikromorphologische Analyse) der Hohlform „Reinberg" innerhalb der Grundmoränenplatten Vorpommerns (Nordostdeutschland) präsentiert. Diese Hohlform setzt sich aus verschiedenen Subbecken zusammen, die durch das Austauen von begrabenem Toteis entstanden sind. Die Untersuchungen konzentrieren sich auf das mittlere Subbecken, werden aber von Beobachtungen aus dem nördlichen und südlichen Subbecken im nordöstlichen Teil des Untersuchungsgebietes ergänzt.

Im mittleren Subbecken und dem nordöstlichen Teil des nördlichen Subbeckens werden die obersten pleniglazialen Beckensande, die während einer limnischen Phase nach dem Abschmelzen des Weichselinlandeises abgelagert wurden, von einer schmalen humosen Schicht, dem sogenannten 'Reinberg-Horizont', durchzogen. Dieser Horizont, dessen Entstehung in einer Periode mit niedrigem Grundwasserspiegel erfolgte, kann aufgrund palynologischer Befunde dem Übergang vom Weichselpleni- zum Weichselspätglazial zugeordnet werden.

Pollen- und ergänzende Großrestanalysen an sieben Punkten des mittleren Subbeckens ermöglichen die Rekonstruktion der lokalen Paläoumwelt. Das gleichzeitige Vorkommen kleiner wassergefüllter Senken sowie niedriger trockener Mineralkuppen kennzeichnet das Becken. Die nassen Senken, die möglicherweise temporär austrockneten, wurden von Algen (*Pediastrum, Bottryococcus*), Wasser-Ranunculaceae (*Batrachium, Ranunculus sceleratus*) sowie vermutlich *Potamogeton* besiedelt. Die wetland-Vegetation der feuchten Übergangsbereiche zwischen den den Kuppen und Senken wird durch *Sphagnum* und andere Moose und wahrscheinlich *Menyanthes* gebildet. *Armeria* und Produzenten des Pollentypes PLANTAGO MARITIMA TYPE besiedeln die trockenen Bereiche. Überdies wurden zahlreiche Pollentypen nachgewiesen, die sowohl von wetland- als auch upland-Taxa produziert werden. Sie weisen auf die lokale Präsenz folgender Taxa auf den trockenen Mineralkuppen und/oder den feuchten Bereichen hin: *Juncus*, Poaceae, Cyperaceae, *Equisetum, Parnassia palustris*, Lactucae und Produzenten der Pollentypen ANTHEMIS TYPE und CERASTIM FONTANUM GROUP.

Obwohl die Pollenablagerung gleichzeitig mit der Ablagerung der obersten Sandschicht erfolgte, bildete sich der Humus nachträglich entlang von Wurzelkanälen aus.

Diese detaillierte Untersuchung von Pollen und Großresten einer lokalen Vegetation am Übergang vom Pleni- zum Spätglazial findet bisher nichts Vergleichbares. Sie stellt die erste paläoökologische Arbeit dar, die diesen Übergang innerhalb des Gebietes der Weichselvereisung eingehend beschreibt.

Ein steigender Wasserspiegel zu Beginn des Weichselspätglazials führte zum Ertrinken der lokalen Vegetation und der Bildung eines Gewässers. Drei Kerne vom mittleren und südlichen Subbecken, die die vollständigen Seeablagerungen umfassen, liefern detaillierte Informationen über die Vegetationsgeschichte und Landschaftsentwicklung während des Weichselspätglazials. Die palynologischen Daten wurden auf Basis der 'Vegetationsphasen von Vorpommern' (De Klerk im Druck) interpretiert.

Die Entwicklung der upland-Vegetation im Spätglazial begann mit der <u>Offenen Vegetationsphase I</u>, die durch eine krautreiche Vegetation gekennzeichnet ist. Die Korngrößenverteilung zeugt von ungleichmäßigen Sedimentationsprozessen, die wahrscheinlich auf extreme Niederschlagsereignisse zurückzuführen sind. Diese erosiven Kräfte wirkten direkt auf den gering bedeckten Boden ein, so daß der Abtrag silikatischen Materials gefördert wurde. In dieser Phase trat die höchste $CaCO_3$-Ausfällung auf, die möglicherweise auf den leicht angestiegene Sommertemperatur zurückzuführen ist.

Während der folgenden relativ warmen <u>Hippophaë Phase</u> breiteten sich Sanddornsträucher stark aus und formten große, dichte Bestände. Der Bodenabtrag nahm wahrscheinlich aufgrund der stabilisierenden Wirkung des ausgedehnten Wurzelsystems des Sanddorns ab. Die Sedimentation wurde allmählich stabiler. Die Kalkausfällung setzte sich nicht fort. Aufgrund der zunehmenden Entkalkungstiefe in den umliegenden Hängen gelangt nun kalkarmes oberflächennahes Zulaufwasser in die Becken. Die nachgewiesenen Diatomeen weisen auf das Vorhandensein eines neutralen/alkalischen Gewässers mit geringem Elektrolytgehalt hin.

Die <u>Offene Vegetationsphase II</u> stellt eine kurze kühlere Phase dar. Die Ablagerung grobkörnigeren Materials sowie eine hohe Akkumulationsrate weisen auf eine verstärkte upland-Erosion hin. Sie ist vermutlich Ergebnis des allmählichen Überganges zu einem mehr ozeanisch geprägtem Klima mit erhöhten Niederschlagswerten. In der upland-Vegetation ist der Sanddorn größtenteils verschwunden, während upland-Kräutern und Zwergsträuchern dominieren.

Die <u>spätglaziale Betula/Pinus Waldphase</u> ('Allerød') (die Kiefer spielt in diesem Gebiet nur eine untergeordnete Rolle) wird durch ozeanische Klimaverhältnisse gekennzeichnet. Diese Phase wird in vier Unterphasen gegliedert. Die erste repräsentiert die Ausbreitung von Baumbirken in einer noch offenen Vegetation. Obwohl die Korngröße auffallend abnimmt, wird dennoch weiterhin klastisches Material abgelagert. Während der zweiten Subphase schließt sich die upland-Vegetation plötzlich. Abnehmende upland-Erosion sowie erhöhte Primärproduktion führen im mittleren Subbecken zur Sedimentation organischen Materials (Lebermudde). Entlang der Beckenränder kamen in der wetland-Vegetation *Equisetum* und Cyperaceae vor. Der Diatomeen-Nachweis zeugt von einem gleichzeitigen Vorkommen eines oligotroph/mesotroph alkalischen Offengewässers sowie dystroph/oligotroph saurer Sumpf/Moorbereiche. Die dritte Subphase wird durch eine nur geringe Öffnung der

Landschaft charakterisiert, die nicht von erhöhter upland-Erosion begleitet wird. Während der vierten Subphase wurde die Vegetation durch den Ausbruch des Laacher See Vulkans stark beeinflußt. Eine kurzzeitige Öffnung der Vegetation konnte nachgewiesen werden, wobei die Kiefern abstarben bzw. ihre Reproduktionsfähigkeit verloren. Die Untersuchung eines Dünnschliffes der Laacher Seetephra zeigt, daß die unteren Aschelagen in situ abgelagert und nicht von den umliegenden Hängen eingetragen wurden. Zum Ende der spätglazialen Betula/Pinus Phase breitete sich vermutlich ein Schwingrasen über dem Gewässer aus.

Während der Offenen Vegetationsphase III, der letzten offenen Phase des Spätglazials ('Jüngere' oder 'Spätere Dryas') führt ein ansteigender Wasserspiegel zur Überstauung des Schwingrasens. Dieser Wasseranstieg ist vermutlich Ergebnis der abnehmenden Evapotranspiration, die mit dem Verschwinden der upland-Wälder einhergeht, sowie des geringeren Wasserrückhaltevermögens des gefrorenen Bodens. Die upland-Vegetation dieser Offenphase war dennoch dichter als die der spätglazialen Betula/Pinus Waldphase vorhergehenden Offenphasen. Heidearten müssen eine wichtige Rolle gespielt haben, besonders während der späteren Abschnitte dieser Phase. Zum Ende lichtete sich die Vegetation noch weiter auf, was von einer Erhöhung der upland-Erosion und somit einem Wechsel der Ablagerungen im Richtung stärker klastischen Materials begleitet wurde. Dies zeigt das Höhepunkt der kalt-trockene Offene Vegetationsphase III gegen Ende dieser Phase. Die höchste upland-Erosion konnte in Probe 120 der Bohrung REC nachgewiesen werden. Im Gewässer bildeten Wasser-Ranunculaceae die Vegetation. Die Algengattungen *Bottryococcus* und *Pediastrum* traten gehäuft im mittleren Subbecken auf, wobei *Pediastrum* zweimal vollständig verschwindet. Weniger stark sind die beiden Gattungen im südlichen Subbecken vertreten.

Eine plötzliche Erniedrigung des Wasserspiegels verursacht einen kleinen Hiatus am Übergang vom Weichselspätglazial zum frühen Holozän. Während der frühholozänen Betula/Pinus Waldphase dominieren Birken und Kiefern die Landschaft. Obwohl ein erneuter Anstieg des Wasserspiegels auftritt, führt dieser zur Entwicklung eines Moores, welches durch Braunmoose, Seggen und einige Wasserspflanzen besiedelt wird. Die Diatomeenflora erfährt keine auffällige Änderung.

Die oberste Torfschicht im mittleren Subbecken zeigt ein fragmentiertes Bild des späten Holozäns. Durch Torfabbau wurde die Ablagerungsfolge gestört. In den oberen regenerierten Torfschichten konnten palynologisch sowohl eine rezente offene Kulturlandschaft als auch eine Verlandungssequenz nachgewiesen werden. Im Ergebnis der intensiven landwirtschaftlichen Nutzung tritt eine verstärkte Hangerosion auf, welche die kolluviale Überdeckung des südlichen Subbeckens bedingt. Aufgrund der Mineralisation der obersten Torflagen, die mit der anthropogen bedingten Erniedrigung des Grundwasserspiels einhergeht, ist die rezente Vegetationsgeschichte, d.h. die Entwicklung des Erlenbruchwaldes, nicht erhalten.

10 Acknowledgements

The researches of the Reinberg basin were financed by the Federal State Mecklenburg-Vorpommern (project EMAU-13-(95, 96)1997 "Pollen and Macrofossil analysis") and the Deutsche Forschungsgemeinschaft (projects Bi 560/1-3 "Chronostratigraphy of NE Germany" and Bi 560/1-5 "Specification of the earliest vegetation development at the site Reinberg (time slice I)") under supervision of Prof. Dr. K. BILLWITZ. H. RABE kindly prepared the pollen samples; P. HOEN helped with the determination of a problematic pollen type. M. WALTHER (Berlin) and his colleagues assisted by the coring of REC; J. BECKER, E. ENDTMANN and C. WÜNSCHE assisted during geomorphological field researches. The radiocarbon dates were carried out by the "Leibniz Labor für Altersbestimmung und Isotopenforschung" (University of Kiel). B. LINTZEN and P. WIESE assisted by the preparation of the figures. H. JOOSTEN gave valuable comments on the manuscript.

11 References

AALTO, M. (1970): Potamogetonaceae fruits. I. Recent and subfossil endocarps of the Fennoscandian species. Acta Botanica Fennica 88, pp 1-85.

AG BODEN (1994): Bodenkundliche Kartieranleitung. 4. verbesserte Auflage. E. Schweizerbart'sche Verlagsbuchhandlung: Stuttgart, 392 pp.

AMMANN, B., LOTTER, A.F., EICHER, U., GAILLARD, M.-J., WOHLFARTH, B., HAEBERLI, W., LISTER, G., MAISCH, M., NIESSEN, F. & SCHLÜCHTER, C. (1994): The Würmian Lateglacial in lowland Switzerland. Journal of Quaternary Science 9, pp. 119-125.

ANDERSEN, S.T. (1986): Palaeoecologicl studies of terrestrial soils. In: BERGLUND, B.E. (ed.): Handbook of Holocene palaeoecology and palaeohydrology. John Wiley & Sons Ltd.: Chichester, pp. 165-177.

ANDRES, W. & LITT, T. (1999): Termination I in Central Europe. Quaternary International 61, pp. 1-4.

ATKINSON, T.C., BRIFFA, K.R. & COOPE, G.R. (1987): Seasonal temperatures in Britain during the past 22,000 years, reconstructed using beetle remains. Nature 325, pp. 587-592.

BAALES, M., BITTMAN, F. & KROMER, B. (1999): Verkohlte Bäume im Trass der Laacher See-Tephra bei Kruft (Neuwieder Becken): Ein Beitrag zur Datierung des Laacher See-Ereignisses und zur Vegetation der Allerød-Zeit am Mittelrhein. Archäologisches Korrespondenzblatt 28, pp. 191-204.

BAKER, H.G. (1948): Significance of pollen dimorphism in Late-Glacial Armeria. Nature 161, pp. 770-771.

BECKMANN, T. (1997): Präparation bodenkundlicher Dünnschliffe für mikromorphologische Untersuchungen. Hohenheimer Bodenkundliche Hefte 40, pp. 89-103.

BERGLUND, B.E. (1971): Late-Glacial stratigraphy and chronology in South Sweden in the light of biostratigraphic studies on Mt. Kullen, Scania. Geologiska Föreningens i Stockholm Förhandlingar 93, pp. 11-45.

BERGLUND, B.E. & RALSKA-JASIEWICZOWA, M. (1986): Pollen analysis and pollen diagrams. In: BERGLUND, B.E. (ed.): Handbook of Holocene Palaeoecology and Palaeohydrology. John Wiley & Sons Ltd.: Chichester, pp. 455-484.

BILLWITZ, K., HELBIG, H., KAISER, K. & TERBERGER, T. (1998): Geländebefunde zur spätglazialen Naturraumgenese und Besiedlungsgeschichte von Becken und Platten in Vorpommern. Z. Geomorph. N.F. Suppl.-Nd. 112, pp. 123-142.

BILLWITZ, K., HELBIG, H., KAISER, K., DE KLERK, P., KÜHN, P. & TERBERGER, T. (2000): Untersuchungen zur spätpleistozänen bis frühholozänen Landschafts- und Besiedlungsgeschichte in Mecklenburg-Vorpommern. Neubrandenburger Geologische Beiträge 1, pp. 24-38.

BIRKELBACH, M. & OHLS, K. (1995): Schnellbestimmung von tic und toc in Bodenproben. GIT, Fachz. Lab. 12/95, pp. 1125-1128.

BIRKS, H.H. (1980): Plant macrofossils in Quaternary lake sediments. Arch. Hydrobiol. Beih. Ergebn. Limnol. 15, pp. 1-60.

BJÖRCK, S., WALKER, M.J.C., CWYNAR, L.C., JOHNSEN, S., KNUDSEN, K.-L., LOWE, J.J., WOHLFARTH, B. & INTIMATE MEMBERS (1998): An event stratigraphy for the Last Termination in the North Atlantic region based on the Greenland ice-core record: a proposal by the INTIMATE group. Journal of Quaternary Science 13, pp. 283-292.

BLUME, H.-P., DELLER, B., LESCHBER, R., PAETZ, A., SCHMIDT, S. & WILKE, B.-M. (eds.) (2000): Handbuch der Bodenuntersunchung Band 2. Wiley-VCH: Weinheim/Beuth: Berlin.

BOCK, W., MENKE, B., STREHL, E. & ZIEMUS, H. (1985): Neuere Funde des Weichselspätglazials in Schleswig-Holstein. Eiszeitalter und Gegenwart 35, pp. 161-180.

BOHNCKE, S., VANDENBERGHE, J. COOPE, R. & REILING, R. (1987): Geomorphology and palaeoecology of the Mark valley (southern Netherlands): palaeoecology, palaeohydrology and climate during the Weichselian Late Glacial. Boreas 16, pp. 69-85.

BOKELMANN, K., HEINRICH, D. & MENKE, B. (1983): Fundplätze des Spätglazials am Hainholz-Esinger Moor, Kreis Pinneberg. Offa 40, pp. 199-239.

BOS, J.A.A. (1998): Aspects of the Lateglacial-Early Holocene vegetation development in Western Europe. Palynological and palaeobotanical investigations in Brabant (The Netherlands) and Hessen (Germany). LPP Contributions Series 10, pp. 1-240.

BULLOCK, P., FEDOROFF, N., JONGERIUS, A., STOOPS, G. & TURSINA, T. (eds.) (1985): Handbook for soil thin section description. Waine Research Publications: Albrighton, Wolverhampton, 152 pp.

CHROBOK, S.M. (1986): Ursachen und genetische Typen festländischer Kalkbildung periglaziärer und glaziär überformter Räume. Z. geol. Wiss. Berlin 14, pp. 277-284.

CLEVERINGA, P., DE GANS, W., KOLSTRUP, E. & PARIS, F.P. (1977): Vegetational and climatic developments during the Late Glacial and the Early Holocene and aeolian sedimentation as recorded in the Uteringsveen (Drente, The Netherlands). Geologie en Mijnbouw 56, pp. 234-242.

COOPE, G.R. (1986): Coleoptera analysis. In: BERGLUND, B.E. (ed.): Handbook of Holocene Palaeoecology and Palaeohydrology. John Wiley & Sons Ltd.: Chichester, pp. 703-713.

COOPE, G.R. & JOACHIM, J. (1980): Lateglacial environmental changes interpreted from fossil Coleoptera from St. Bees, Cumbria, NW England. In: LOWE, J.J., GRAY, J.M. & ROBINSON, J.E. (eds.): Studies in the lateglacial of North-west Europe. Including papers presented at a symposium of the Quaternary Research Association held at University College London, January 1979. Pergamon Press: Oxford, New York, Toronto, Sydney, Paris, Frankfurt, pp. 55-68.

DE BEAULIEU, J.-L. & REILLE, M. (1992): The last climatic cycle at La Grande Pile (Vosges, France) a new pollen profile. Quaternary Science Reviews 11, pp. 431-438.

DEARING, J.A. (1986): Core correlation and total sediment influx. In: BERGLUND, B.E. (ed.): Handbook of Holocene Palaeoecology and Palaeohydrology. John Wiley & Sons Ltd.: Chichester, pp. 247-270.

DE KLERK, P. (1998): Late Glacial and Early Holocene vegetation history in northern Vorpommern: a preliminary review of available pollen diagrams. Unpublished Report EMAU Greifswald, 34 pp.

DE KLERK, P. (in press): Changing vegetation patterns in the Endinger Bruch area (Vorpommern, NE Germany) during the Weichselian Lateglacial and Early Holocene. Review of Palaeobotany and Palynology.

DE KLERK, P. (submitted): Confusing concepts in Lateglacial stratigraphy: origin, consequences, conclusions (with special emphasis on the type locality Bøllingsø). Submitted to: Quaternary Science Reviews.

DIGERFELDT, G. (1986): Studies on past lake levels fluctuations. In: BERGLUND, B.E. (ed.): Handbook of Holocene Palaeoecology and Palaeohydrology. John Wiley & Sons Ltd.: Chichester, pp. 127-143.

EISIKOWITCH, D. & WOODELL, R.J. (1975): Some aspects of pollination ecology of Armeria maritima (Mill.) Willd. in Britain. New Phytologist 74, pp. 307-322.

ELLENBERG, H., WEBER, H.E., DÜLL, R., WIRTH, V., WERNER, W. & PAULIßEN, D. (1992): Zeigerwerte von Pflanzen in Mitteleuropa. 2. verbesserte und erweiterte Auflage. Scripta Geobotanica 18, pp. 1-258.

ERNST, O. (1934): Zur Geschichte der Moore, Marschen und Wälder Nordwestdeutschlands IV: Untersuchungen in Nordfriesland. Scr. Naturwiss. Ver. Schleswig-Holstein 20, pp. 209-433.

FÆGRI, K. & IVERSEN, J. (1989): Textbook of Pollen Analysis (revised by FÆGRI, K., KALAND, P.E. & KRZYWINSKI, K.), John Wiley & Sons: Chichester, 328 pp.

FASSL, K. (1996): Die Bewertung von Zeigerarten in europäischen Pollendiagrammen für die Rekonstruktion des Klimas im Holozän. Paläoklimaforschung Band 22. Gustav Fischer Verlag: Stuttgart, 371 pp.

FIRBAS, F. (1934): Über die Bestimmung der Walddichte und der Vegetation waldloser Gebiete mit Hilfde der Pollenanalyse. Planta 22, pp. 109-145.

FRAHM, J.-P. & FREY, W. (1992): Moosflora, 3^{thd} revised edition. Verlag Eugen Ulmer: Stuttgart, 528 pp.

FRITSCH GmbH (1994): Benutzrerhandbuch Laser Partikel Sizer "Analysette 22". Fritsch GmbH Laborgerätebau: Idar-Oberstein, 225 pp.

GAMS, H. (1943): Der Sanddorn (Hippophae rhamnoides L.) im Alpengebiet. Beih. Bot. Centralblatt Abt. B, pp. 68-96.

GILLHAM, M.E. (1970): Seed dispersal by birds. In: PERRING, F. (ed.): The flora of a changing Britain. E.W. Classey, ltd.: Hampton, pp. 90-98.

GLASER, P.H. (1981): Transport and deposition of leaves and seeds on tundra: a late-glacial analog. Arctic Alpine Research 13, pp. 173-182.

GRIMM, E.C. (1992): TILIA (software). Illinois State Museum, Springfield, Illinois, USA.

GROSSE-BRAUCKMANN, G. (1972): Über pflanzliche Makrofossilien mitteleuropäischer Torfe. I. Gewebereste krautiger Pflanzen und ihre Merkmale. Telma 2, pp. 19-55.

GROSSE-BRAUCKMANN, G. & STREITZ, B. (1992): Pflanzliche Makrofossilien mitteleuropäischer Torfe. III. Früchte, Samen und einige Gewebe (Fotos von fossilen Pflanzenresten). Telma 22, pp. 53-102.

HAJDAS, I., IVY-OCHS, S.D., BONANI, G., LOTTER, A.F., ZOLITSCHKA, B. & SCHLÜCHTER, C. (1995): Radiocarbon age of the Laacher See Tephra: 11,230 ± 40 BP. Radiocarbon 37, pp. 149-154.

HAMMARLUND, D. & LEMDAHL, G. (1994): A Late Weichselian stable isotope stratigraphy compared with biostratigraphical data: a case study from southern Sweden. Journal of Quaternary Science 9, pp. 13-31.

HEDBERG, H.D. (ed.) (1976): International stratigraphic guide: a guide to stratigraphic classification, terminology, and procedure. John Wiley and sons: New York, London, Sydney, Toronto, 200 pp.

HELBIG, H. (1999-a): Die spätglaziale und holozäne Überprägung der Grundmoränenplatten in Vorpommern. Greifswalder Geographische Arbeiten 17, pp. 1-110.

HELBIG, H. (1999-b): Die periglaziäre Überprägung der Grundmoränenplatten in Vorpommern. Petermanns Geographische Mitteilungen 143, pp. 373-386.

HELBIG, H., DE KLERK, P., KÜHN, P. & KWASNIOWSKI, J. (submitted): Colluvial sequences on till plains in Vorpommern (NE Germany). Submitted to: Zeitschrift für Geomorphologie N.F.

HICKS, S. (1985): Modern pollen deposition records from Kuusamo, Finland. I. Seasonal and annual variation. Grana 24, pp. 167-184.

HOEK, W.Z. (1997-a): Palaeogeography of Lateglacial vegetations. Aspects of Lateglacial and Early Holocene vegetation, abiotic landscape, and climate in The Netherlands. KNAG, Utrecht: Nederlandse Geografische studies 230, pp. 1-147.

HOEK, W.Z. (1997-b): Atlas to Palaeogeography of Lateglacial Vegetations. Maps of Lateglacial and Early Holocene landscape and vegetation in The Netherlands, with an extensive review of available palynological data. KNAG, Utrecht: Nederlandse Geografische studies 231, pp. 1-165.

HOEK, W.Z., BOHNCKE, S.J.P., GANSSEN, G.M. & MEIJER, T. (1999): Lateglacial environmental changes recorded in calcareous gyttja deposits at Gulickshof, southern Netherlands. Boreas 28, pp. 416-432.

ISARIN, R.F.B. (1997): The climate in north-western Europe during the Younger Dryas: A comparison of multi-proxy climate reconstructions with simulation experiments. KNAG, Utrecht: Nederlandse Geografische studies 229, pp. 1-160.

ISSS-ISRIC-FAO (1998): World reference base for soil resources. FAO World soil Resources Report 84. Food and Agriculture organization of the UN: Rome, 88 pp.

IVERSEN 1934: Fund af Vildhest (Eqvus caballus) fra Overgangen mellem Sen- og Postglacialtid i Danmark. Meddelelser fra Dansk Geologisk Forening 2, pp. 327-340.

IVERSEN, J. (1936): Sekundäres Pollen als Fehlerquelle. Eine Korrektionsmethode zur Pollenanalyse minerogener Sedimente. Danmarks Geologiske Undersøgelse IV. Række 2, pp. 3-24.

IVERSEN, J. (1940): Blütenbiologische Studien. I. Dimorphie und Monomorphie bei Armeria. Det Kgl. Danske Videnskabernes Selskab. Biologiske Meddelelser 15,8, pp. 1-39.

IVERSEN, J. (1954): The late-glacial flora of Denmark and its relation to climate and soil. Danmarks Geologiske Undersøgelse II. Række 80, pp. 87-119.

IVERSEN, J. (1973): The development of Denmark's nature since the Last Glacial. Danmarks Geologiske Undersøgelse, V. Række nr. 7-C, pp. 1-126.

JANKE, W. (1996): Landschaftsentwicklung und Formenschatz Mecklenburg-Vorpommerns seit der Weichsel-Eiszeit. Erdkundeunterricht 12, pp. 495-505.

JANKOVSKA, V. & KOMAREK, J. (2000): Indicative value of Pediastrum and other coccal green algae in palaeoecology. Folia Geobotanica 35, pp. 59-82.

JANSSEN, C.R. (1966): Recent pollen spectra from the deciduous and coniferous-deciduous forest of northeastern Minnesota: a study in pollen dispersal. Ecology 47, pp. 804-825.

JANSSEN, C.R. (1973): Local and regional pollen deposition. In: BIRKS, H.J.B. & WEST, R.G. (eds.) (1973): Quaternary plant ecology. 14th Symposium of the Britisch Ecological Society, pp. 31-42.

JANSSEN, C.R. (1981): On the reconstruction of past vegetation by pollen analysis: a review. Proc. IV. int. palynol. conf., Lucknow (1976-77) 3, pp. 163-172.

JANSSEN, C.R. (1984): Modern pollen assemblages and vegetation in the Myrtle lake peatland, Minnesota. Ecological Monographs 54, pp. 213-252.

JANSSEN, C.R. (1986): The use of local pollen indicators and of the contrast between regional and local pollen values in the assessment of the human impact on vegetation. In: BEHRE, K.-E. (ed): Anthropogenic indicators in pollen diagrams. A.A. Balkema: Rotterdam/Boston, pp. 203-208.

JANSSEN, C.R. & IJZERMANS-LUTGERHORST, W. (1973): A "local" Late-Glacial pollen diagram from Limburg, Netherlands. Acta Botanica Neerlandica 22, pp. 213-220.

JUVIGNÉ, E., KOZARSKI, S. & NOWACYK, B. (1995): The occurrence of Laacher See Tephra in Pomerania, NW Poland. Boreas 24, pp. 225-231.

KAISER, K. (2001): Geomorphologische und geoarchäologische Untersuchungen zur spätpleistozänen bis frühholozänen Beckenentwicklung in Mecklenburg-Vorpommern. Unpublished Dissertation Greifswald University, 190 pp.

KAISER, K., DE KLERK, P. & TERBERGER, T. (1999): Die "Riesenhirschfundstelle" von Endingen: geowissenschaftliche und archäologische Untersuchungen an einem spätglazialen Fundplatz in Vorpommern. Eiszeitalter und Gegenwart 49, pp. 102-123.

KATZ, N. & KATZ, S. (1933): Atlas der Pflanzenreste im Torf. Staatsverlag für landwirtschaftliche Literatur, Moskau, "Selhosgis": Leningrad, 30 pp.

KLIEWE, H. (1995): Vulkanasche aus der Eifel in Nordrügen: Ein erdgeschichtlicher Rückblick. Rugia Journal 1996, pp. 52-55.

KLIEWE, H. & LANGE, E. (1968): Ergebnisse geomorphologischer, stratigraphischer und vegetationsgeschichtlicher Untersuchungen zur Spät- und Postglazialzeit auf Rügen. Petermanns Geographische Mitteilungen 112, pp. 241-255.

KOLSTRUP, E. (1979): Herbs as july temperature indicators for parts of the pleniglacial and late-glacial in the Netherlands. Geologie en Mijnbouw 58, pp. 377-380.

KOLSTRUP, E. (1980): Climate and Stratigraphy in Northwestern Europe between 30,000 B.P. and 13,000 B.P., with special reference to The Netherlands. Mededelingen Rijks Geologische Dienst 32, pp. 181-253.

KOLSTRUP, E. (1982): Late-glacial pollen diagrams from Hjelm and Draved Mose (Denmark) with a suggestion of the possibility of drought during the Earlier Dryas. Review of Palaeobotany and Palynology 36, pp. 35-63.

KÖRBER-GROHNE, U. (1964): Bestimmungsschlüssel für subfossile Juncus-Samen und Gramineen-Früchte. Probleme der Küstenforschung im südlichen Nordseegebiet 7, pp. 1-47.

KRAMMER, K. & LANGE-BERTALOT, H. (1986): Süßwasserflora von Mitteleuropa 2/1: Bacillariophyceae 1. Teil: Naviculaceae. VEB Gustav Fischer Verlag: Jena, 876 pp.

KRAMMER, K. & LANGE-BERTALOT, H. (1988): Süßwasserflora von Mitteleuropa 2/2: Bacillariophyceae 2. Teil: Bacillariaceae, Epitlemiaceae, Surirellaceae. VEB Gustav Fischer Verlag Jena: 596 pp.

KRAMMER, K. & LANGE-BERTALOT, H. (1991-a): Süßwasserflora von Mitteleuropa 2/3: Bacillariophyceae 3. Teil: Centrales, Fragilariaceae, Eunotiaceae. Gustav Fischer Verlag: Stuttgart, 576 pp.

KRAMMER, K. & LANGE-BERTALOT, H. (1991-b): Süßwasserflora von Mitteleuropa 2/4: Bacillariophyceae 4. Teil: Achnanthaceae, kritische Ergänzung zu Navicula (Lineolatae) und Gomphonema. Gustav Fischer Verlag: Stuttgart, 437 pp.

KUNTZE, H., ROESCHMANN, G. & SCHWERDTFEGER, G. (1994): Bodenkunde. Ulmer Verlag: Stuttgart, 424 pp.

LANGE, E., JESCHKE, L. & KNAPP, H.D. (1986): Ralswiek und Rügen. Landschaftsentwicklung und Siedlungsgeschichte der Ostseeinsel. Teil I: Die Landschaftsgeschichte der Insel Rügen seit dem Spätglazial. Akademie Verlag, Berlin: Schriften zur Ur- und Frühgeschichte 38, pp. 1-175 + appendices.

LATALOWA, M. (1992): Man and vegetation in the pollen diagrams from Wolin island (NW Poland). Acta Palaeobotanica 32, pp. 123-249.

LEMDAHL, G. (1988): Palaeoclimatic and palaeoecological studies based on subfossil insects from Late Weichselian sediments in southern Sweden. Lundqua Thesis 22, pp. 1-12 + appendices.

LEROY, S.A.G., ZOLITSCHKA, B., NEGENDANK, J.F.W. & SERET, G. (2000): Palynological analyses in the laminated sediment of Lake Holzmaar (Eifel, Germany): duration of Lateglacial and Preboreal biozones. Boreas 29, pp. 52-71.

LI MIN, WU SHUCHEN & ZHANG LI (1989): The position of Hippophae in soil and water conservation on the loess plateau. In: MA YINGCAI, PAN RUILIN, ZHANG ZHEMIN & ZHENG AN (eds.): Proceedings of international symposium on sea buckthorn (H. rhamnoides L.) october 19-23, 1989, Xian, China. Xian, pp. 263-268.

LI QUANZHONG, LI PEIYUN, CHEN SHAOZHOU, BAI YUZHEN, PU LIXIN & KONG QINJIE (1989): Multiple effects of artificial common seabuckthorn (Hippophae rhamnoides) forests in western Liaoning. In: MA YINGCAI, PAN RUILIN, ZHANG ZHEMIN & ZHENG AN (eds.): Proceedings of international symposium on sea buckthorn (H. rhamnoides L.) october 19-23, 1989, Xian, China. Xian, pp. 288-297.

LITT, T. & STEBICH, M. (1999): Bio- and chronostratigraphy of the lateglacial in the Eifel region, Germany. Quaternary International 61, pp. 5-16.

LOWE, J.J. & GRAY, J.M. (1980): The stratigraphic subdivision of the Lateglacial of NW Europe: a discussion. In: LOWE, J.J., GRAY, J.M. & ROBINSON, J.E. (eds.): Studies in the lateglacial of North-west Europe. Including papers presented at a symposium of the Quaternary Research Association held at University College London, January 1979. Pergamon Press: Oxford, New York, Toronto, Sydney, Paris, Frankfurt, pp. 157-175.

MANGERUD, J., ANDERSEN, S.T., BERGLUND, B.E. & DONNER, J.J. (1974): Quaternary stratigraphy of Norden, a proposal for terminology and classification. Boreas 3, pp. 109-128.

MARSAL, D. (1979): Statistische Methoden für Erdwissenschaftler. Schweizbart'sche Verlagsbuchhandlung: Stuttgart, 192 pp.

MATHEWS, A. (2000): Palynologische Untersuchungen zur Vegetationsentwicklung im Mittelelbegebiet. TELMA 30, pp. 9-42.

MENKE, B. (1968): Das Spätglazial von Glüsing. Ein Beitrag zur Kenntnis der spätglazialen Vegetationsgeschichte in Westholstein. Eiszeitalter und Gegenwart 19, pp. 73-84.

MENKE, B. (1969): Vegetationskundliche und vegetationsgeschichtliche Untersuchungen an Strandwällen (mit Beiträgen zur Vegetationsgeschichte sowie zur Erd- und Siedlungsgeschichte West-Eiderstedts). Mitteilungen der Floristisch-soziologischen Arbeitsgemeinschaft N.F. 14, pp. 95-120.

MERKT, J. (1971): Zuverlässige Auszählung von Jahresschichten mit Hilfe von Großdünnschliffen. Archiv für Hydrobiologie 69, pp. 145-154.

MOORE, P.D. (1980): The reconstruction of the Lateglacial environment: some problems associated with the interpretation of pollen data. In: LOWE, J.J., GRAY, J.M. & ROBINSON, J.E. (eds.): Studies in the lateglacial of North-west Europe. Including papers presented at a symposium of the Quaternary Research Association held at University College London, January 1979. Pergamon Press: Oxford, New York, Toronto, Sydney, Paris, Frankfurt, pp. 151-155.

MOORE, P.D., WEBB, J.A. & COLLINSON, M.E. (1991): Pollen analysis, Blackwell Scientific Publications. Oxford, 216 p.

MÜLLER, H.M. (1962): Pollenanalytische Untersuchungen im Bereich des Meßtischblattes Thurow/Südostmecklenburg. Unpublished Dissertation Halle University, 204 pp.

PALS, J.P., VAN GEEL, B. & DELFOS, A.. (1980): Paleoecological studies in the Klokkeweel bog near Hoogkarspel (Noord Holland). Review of Palaeobotany and Palynology 30, pp. 371-418.

PEARSON, M.C. & ROGERS, J.A. (1962): Hippophaë rhamnoides L. Journal of Ecology 50, pp. 501-513.

POLAK, B. (1962): The sub-soil of the Bleeke Meer, compared to the fluvio-glacial deposit of Speulde. A contribution to the problem of the thermophilous and exotic pollen in Late-Glacial sediments. Mededelingen van de Geologische Stichting, nieuwe Serie 16, pp. 39-47.

POSCHLOD, P. (1990): Vegetationsentwicklung in abgetorften Hochmooren des bayerischen Alpenvorlandes unter besonderer Berücksichtigung standortkundlicher und populationsbiologischer Faktoren. Dissertationes Botanicae 152, pp. 1-331.

PRAGLOWSKI, J. & ERDTMANN, G. (1969): On the morphology of the pollen grains in 'Armeria sibirica' in specimens from between longitude 30° W and 60° E. Grana Palynologica 9, pp. 72-91.

PUNT, W. (ed.) (1976): The Northwest European Pollen Flora I. Elsevier: Amsterdam, 145 pp.

PUNT, W. & BLACKMORE, S. (eds.) (1991): The Northwest European Pollen Flora VI. Elsevier: Amsterdam, 275 pp.

PUNT, W. & CLARKE, G.C.S. (eds.) (1980): The Northwest European Pollen Flora II. Elsevier: Amsterdam, 265 pp.

PUNT, W. & CLARKE, G.C.S. (eds.) (1981): The Northwest European Pollen Flora III. Elsevier: Amsterdam, 138 pp.

PUNT, W. & CLARKE, G.C.S. (eds.) (1984): The Northwest European Pollen Flora IV. Elsevier: Amsterdam, 369 pp.

PUNT, W., BLACKMORE, S. & CLARKE, G.C.S. (eds.) (1988): The Northwest European Pollen Flora V. Elsevier: Amsterdam, 154 pp.

PUNT, W., BLACKMORE, S., HOEN, P.P. & STAFFORD, P.J. (eds.) (in prep.): The Northwest European Pollen Flora, VIII. Preliminary version in internet: http://www.bio.uu.nl/~palaeo/research/NEPF/volume8.htm

PUNT, W., HOEN, P.P. & BLACKMORE, S. (eds.) (1995): The Northwest European Pollen Flora VII. Elsevier: Amsterdam, 154 pp.

RALSKA-JASIEWICZOWA, M. (1966): Osady denne jeziora mikolajskiego na pojezierzu mazurskim w swietle badan paleobotanicznych. Acta palaeobotanica 7 (2), pp. 1-118.

RALSKA-JASIEWICZOWA, M. & LATALOWA, M. (1996): Poland. In: BERGLUND, B.E., BIRKS, H.J.B., RALSKA-JASIEWICZOWA, M. & WRIGHT, H.E. (eds): Palaeoecological events during the last 15000 years: Regional syntheses of palaeoecological studies of lakes and mires in Europe. John Wiley & Sons: Chichester, New York, Brisbane, Toronto, Singapore, pp. 403-472.

RALSKA-JASIEWICZOWA, M. & RZETKOWSKA, A. (1987): Pollen and macrofossil stratigraphy of fossil lake sediments at Niechorze I, W. Baltic coast. Acta Palaeobotanica 27, pp. 153-178.

RALSKA-JASIEWICZOWA, M., VAN GEEL, B., GOSLAR, T. & KUC, T. (1995): The Younger Dryas - its start, development and the transition to the Holocene as recorded in the laminated sediments of Lake Gosciaz, Central Poland. In: TROELSTRA, S.R., VAN HINTE, J.E. & GANSSEN, G.M. (eds).: The Younger Dryas. Proceedings of a workshop at the Royal Netherlands Academy of Arts and Sciences on 11-13 April 1994. Koninklijke Akademie van Wetenschappen Verhandelingen, afd. Natuurkunde, Eerste Reeks 44, pp. 183-187.

ROTHMALER, W. (1988): Exkursionsflora für die Gebiete der DDR und der BRD, Band 4, Kritischer Band. (revised by SCHUBERT, R. & VENT, W.). Volk und Wissen Volkseigener Verlag: Berlin, 812 pp.

ROUSI, A. (1965): Observations on the cytology and variation of European and Asiatic populations of Hippophaë rhamnoides. Annales Botanici Fennici 2, pp. 1-18.

SCAMONI, A. (1955): Beobachtungen über den Pollenflug der Waldbäume in Eberswalde. Zeitschrift für Forstgenetik und Forstpflanzenzüchtung 4, pp. 113-122.

SCHIRMER, U. (1999): Pollenstratigraphische Gliederung des Spätglazials im Rheinland. Eiszeitalter und Gegenwart 49, pp. 132-143.

SCHMIDT, R., SCHOEBEL, M., WEGNER, E., WARTENBERG, H. & WÄCHTER, J. (eds.) (2000): Die schwedische Landsaufnahme von Vorpommern 1692-1709. Ortsbeschreibungen Band 4: Die Dörfer der Stadt Greifswald. Steinbecker Verlag Dr. Ulrich Rose: Greifswald, 222 pp.

SCHUMACHER, W. & ENDTMANN, E. (1998): Umweltreflexionen eines soligenen Kesselmoores auf Rügen. Unpublished report Greifswald University.

SCHUSTER, R. (1989): Bäume und Sträucher von Abies bis Zelkova. Wissenswertes über Freilandgehölze des Botanischen Gartens der Ernst-Moritz-Arndt-Universität Greifswald. Ernst-Moritz-Arndt-Universität Greifswald, Sektion Biologie, 152 pp.

SKOGEN, A. (1972): The Hippophaë rhamnoides alluvial forest at Leinöra, central Norway. A phytosociological and ecological study. Det Kongelige Norske Videnskabers Selskab Skrifter 4, pp. 1-115.

STIX, E. (1978): Jahreszeitliche Veränderungen des Pollengehalts der Luft in München 1971-1976. Grana 17, pp. 29-39.

STOCKMARR, J. (1971): Tablets with spores used in absolute pollen analysis. Pollen et Spores 13, pp. 615-621.

STOOPS, G. (1999): Guidelines for soil thin descriptions. Lecture notes prepared for intensive course on soil micromorphology 22.3.-2.4.1999. ITC: Gent, 120 pp.

SUCCOW, M. (1988): Landschaftsökologische Moorkunde. VEB Gustav Fischer Verlag: Jena, 340 pp.

TÖRNQVIST, T.E., DE JONG, A.F.M., OOSTERBAAN, W.A. & VAN DER BORG, K. (1992): Accurate dating of organic deposits by AMS ^{14}C measurement of macrofossils. Radiocarbon 34, pp. 566-577.

USINGER, H. (1985): Pollenstratigraphische, vegetations- und klimageschichtliche Gliederung des "Bölling-Alleröd Komplexes" in Schleswig-Holstein und ihre Bedeutung für die Spätglazial-Stratigraphie in benachbarten Gebieten. Flora 177, pp. 1-43.

USINGER, H. (1998): Pollenanalytische Datierung spätpaläolitischer Fundschichten bei Ahrenshöft, Kr. Nordfriesland. Archäologische Nachrichten aus Schleswig-Holstein. Mitteilungen der Archäologischen Gesellschaft Schleswig-Holstein e.V. und des Archäologischen Landesamtes Schleswig-Holstein 8, pp. 50-73.

VAN DEN BOGAARD, P. & SCHMINCKE, H.-U. (1985): Laacher See Tephra: a widespread isochronous late Quaternary tephra layer in central and northern Europe. Geological Society of America Bulletin 96, pp. 1554-1571.

VAN DER HAMMEN, T. (1951): Late-glacial flora and periglacial phenomena in the Netherlands. Leidse Geologische Mededelingen 17, pp. 71-183.

VAN DER HAMMEN, T. (1957): The stratigraphy of the Late-Glacial. Geologie en Mijnbouw 19, pp. 250-254.

VAN GEEL, B. (1978): A palaeoecological study of Holocene peat bog sections in Germany and the Netherlands, based on the analysis of pollen, spores and macro- and microscopic remains of fungi, algae, cormophytes and animals. Review of Palaeobotany and Palynology 25, pp. 1-120.

VAN GEEL, B. & KOLSTRUP, E. (1978): Tentative explanation of the Late Glacial and Early Holocene climatic changes in north-western Europe. Geologie en Mijnbouw 57, pp. 87-89.

VAN GEEL, B., COOPE, G.R. & VAN DER HAMMEN, T. (1989): Palaeoecology and stratigraphy of the lateglacial type section at Usselo (The Netherlands). Review of Palaeobotany and Palynology 60, pp. 25-129.

VETVICKA, V. (1985): Bäume und Sträucher. Translated by OSTMEYER, J. Artia-Verlag: Praha, 308 pp.

WALKER, M.J.C., BOHNCKE, S.J.P., COOPE, G.R., O'CONNELL, M., USINGER, H. & VERBRUGGEN, C. (1994): The Devensian/Weichselian Late-glacial in northwest Europe (Ireland, Britain, north Belgium, The Netherlands, northwest Germany). Journal of Quaternary Science 9, pp. 109-118.

WENINGER, B. & JÖRIS, O. (1999): CALPAL version August 1999 (software). Köln University, Germany.

WOODELL, S.R.J. & DALE, A. (1993): Armeria maritima (Mill.) Willd. (Statice armeria L.; S. maritima Mill.) Journal of Ecology 81, pp. 573-588.

WOODELL, S.R.J., MATTSON, O. & PHILIPP, M. (1978): A study in the seasonal reproductive and morphological variation in five danish populations of Armeria maritima. Botanisk Tidsskrift 72, pp. 15-29.

Authors:

Dr. Pim de Klerk
Geographisches Institut der Ernst-Moritz-Arndt-Universität Greifswald
Friedrich-Ludwig-Jahnstraße 16, D-17487 Greifswald
e-mail: deklerk@uni-greifswald.de

Dr. Henrik Helbig
Landesamt für Geologie und Bergwesen Sachsen-Anhalt
Köthener Straße 34, D- 06118 Halle (Saale)
e-mail: helbig@glahal.mw.lsa-net.de

Dipl. Geogr. Sabine Helms
Gützkower Straße 59, D-17489 Greifswald
e-mail: sabine@sfmd.de

Prof. Dr. Wolfgang Janke
Geographisches Institut der Ernst-Moritz-Arndt-Universität Greifswald
Friedrich-Ludwig-Jahn-Straße 16, D-17487 Greifswald

Kathrin Krügel
Franz-Mehring-Str. 49, D-17489 Greifswald
e-mail: kathrinkruegel@hotmail.com

Dipl. Geogr. Peter Kühn
Geographisches Institut der Ernst-Moritz-Arndt-Universität Greifswald
Friedrich-Ludwig-Jahnstraße 16, D-17487 Greifswald
e-mail: pkuehn@uni-greifswald.de

Dr. Dierk Michaelis
Botanisches Institut der Ernst-Moritz-Arndt-Universität Greifswald
Grimmer Straße 88, D-17487 Greifswald
e-mail: dierkm@uni-greifswald.de

Dipl.-Biol. Susann Stolze
Botanisches Institut Ernst-Moritz-Arndt-Universität Greifswald
Grimmer Straße 88, D-17487 Greifswald
e-mail: susann.stolze@gmx.de

12 Appendix 1: Description of palynomorphs not mentioned in the used identification keys

BETULA UNDIFF. TYPE: grains which, due to folds or damages, could not be attributed to the BETULA NANA TYPE (p) or the BETULA PUBESCENS TYPE (p); in REA BETULA PUBESCENS TYPE and BETULA UNDIFF. TYPE were not counted separately.

BETULA NANA TYPE (P) CF. B. HUMILIS is a morphological entity which, within the BETULA NANA TYPE of PUNT et al. (in prep.), shows more resemblance to the description of BETULA HUMILIS pollen than to the description of BETULA NANA pollen, but of which identification at species level is uncertain. It is possible that this pollen category is produced by *Betula* hybrids.

BOTRYOCOCCUS: algal coenobia including several *Botryococcus* species (cf. JANKOVSKA & KOMAREK 2000).

CEREALIA UNDIFF. TYPE: grains which, due to folds and/or damages could not be attributed to the AVENA/TRITICUM GROUP (m) or to SECALE CEREALE (m); grains of the HORDEUM GROUP are not included in this type.

FERN SPORANGIA: sporangia of ferns.

JUNIPERUS-WITHOUT-GEMMAE (in REC): similar to JUNIPERUS TYPE of MOORE et al. (1991), but without clear gemmae. This type may represent certain algal or bryophyte spores (cf. MOORE 1980). Since the curves of JUNIPERUS TYPE (m) and JUNIPERUS-WITHOUT-GEMMAE are rather similar in diagram REC, it is assumed in this study that mainly JUNIPERUS pollen without clear visible gemmae are included in this type.

Juniperus type (in REA/REB): includes both the Juniperus type (m) and the Juniperus-without-gemmae (*).

MONOLETE SPORES WITHOUT PERINE: all psilate monolete spores.

PEDIASTRUM BORYANUM: algal coenobia, includes Pediastrum boryanum var. boryanum, Pediastrum boryanum var. forcipatum, Pediastrum boryanum var. longicorne, Pediastrum integrum and Pediastrum patagonicum (cf. JANKOVSKA & KOMAREK 2000), and possibly more.

PEDIASTRUM DUPLEX: algal coenobia, includes *Pediastrum boryanum* var. *cornutum*, *Pediastrum duplex* var. *duplex* and *Pediastrum duplex* var. *rugulosum* (cf. JANKOVSKA & KOMAREK 2000), and possibly more.

PINUS UNDIFF. TYPE: grains of the PINUS HAPLOXYLON TYPE (f) and the PINUS DIPLOXYLON TYPE (f).which could not be - or were not (in REA and REB) - counted separately.

POTAMOGETON TYPE: all inaperturate reticulate grains without thick grain wall; includes CALLITRICHE (m), POTAMOGETON SUBGENUS COLEOGETON TYPE (m), POTAMOGETON SUBGENUS POTAMOGETON TYPE (m), and possibly other reticulate grains from which, due to damages and/or folds, no aperture could be seen and/or wall grain thickness could not accurately be estimated.

SPARGANIUM EMERSUM EXCL. TYPHA ANG(USTIFOLIA): the SPARGANIUM EMERSUM TYPE of PUNT (1976) with a clear regular, not labyrinth-like reticulum, thus effectively excluding TYPHA ANGUSTIFOLIA grains.

The Apiaceae undiff. type, Caryophyllaceae undiff. type, Ericales undiff. type, Fabaceae undiff. type and Plantaginaceae undiff. type include all grains which show close morphological resemblance with most pollen types produced by Apiaceae (cf. Punt & Clarke 1984), Caryophyllaceae (cf. Punt et al. 1995), Ericales (cf. Fægri & Iversen 1989), Fabaceae (cf. Moore et al. 1991) and Plantaginaceae (cf. Punt & Clarke 1980) respectively, but which were not - or could not be - further morphologically identified: the morphological characteristics were not systematically noted to allow for univocal morphological descriptions.

13 Appendix 2: Description of the pollen diagrams

From the sections covering the Reinberg horizon, relative and concentration diagrams are described in an integrated way.

13.1 Reinberg C (REC) - Reinberg horizon

Assumed exotic types continuously are present with considerable, but hardly varying values. All subzones within SPZ REC-A correspond with the humus layer. The boundary between REC-A and REC-B corresponds with the transition from sand to gyttja. Macrofossil analysis only was carried out in the sandy part of the section. Root fragments occur continuously, charcoal particles were regularly found, while unidentified tissue fragments and wood fragments were incidentally observed.

Zone REC-A (293.0-270.5) can be divided into four subzones.

Subzone REC-A0 (293.0-285.5) is characterized by the absence of clear differentiating peaks. All observed types occur with low values or as single grains. Concentrations of all types are extremely low.

Subzone REC-A1 (285.5-282.5) is characterized by a rise in relative and concentration values of CERASTIUM FONTANUM GROUP pollen, resulting in a conspicuous peak in the samples 284 and 283; also pollen clumps of this palynomorph were observed. At the base of this zone, the curve of BOTRYOCOCCUS starts with very low values. A single observation of RANUNCULUS ACRIS TYPE pollen (sample 284) corresponds with a find of cf. *Batrachium* fruits (samples 284 and 283). Concentrations of almost all types slightly rise within this subzone.

Subzone REC-A2 (282.5-275.5) starts with a decrease of values of CERASTIUM FONTANUM GROUP pollen. The following types are present with higher relative and concentration values than in the preceding subzone: SPHAGNUM, WILD GRASS GROUP, CYPERACEAE, FILIPENDULA, FABACEAE UNDIFF. TYPE, ALNUS, BETULA PUBESCENS TYPE and BETULA UNDIFF. TYPE. In sample 282 a peak of ANTHEMIS TYPE pollen (relative and concentration values) occurs. Sample 278 contains a peak of ARMERIA MARITIMA TYPE B and of ARMERIA MARITIMA TYPE A pollen, which is also weakly visible in the concentration diagram. In sample 276 of both the relative and the concentration diagrams JUNIPERUS TYPE and JUNIPERUS-WITHOUT-GEMMAE peak; also JUNIPERUS TYPE clumps occur. POTAMOGETON TYPE pollen is continuously present with exception of sample 276. Small decreases in concentrations of many types occur in sample 281. Samples 282 and 281 contained a fruit of Poaceae; in samples 280 and 279 an unidentified calyx was found.

Subzone REC-A3 (275.5-270.5) starts with a slight rise of ARTEMISIA pollen, which gradually rises further. Also HELIANTHEMUM pollen values rise within this subzone. ANTHEMIS TYPE pollen values show a conspicuous peak in samples 274 and 273, were also clumps of this type occur. Sample 274 also contains a peak of ARMERIA MARITIMA TYPE A and ARMERIA MARITIMA TYPE B pollen. LACTUCEAE and PARNASSIA PALUSTRIS TYPE pollen peak in sample 272. Sample 271 contains a prominent peak of WILD GRASS GROUP pollen, of which also clumps were found. Simultaneously, relative values of CYPERACEAE pollen start to rise. Pollen concentrations are similar to those in the previous subzone or even are slightly lower, with the exception of incidental peaks corresponding with peaks in the relative values. Seeds of *Juncus*, as well as some unidentified seeds, were found in the upper samples of this subzone.

Zone REC-B (only bottom part of this SPZ: 270.5-265.0; complete description is in the section of the lake sediments diagram of this core) is distinguished from the previous zone by prominent rises in relative values of PEDIASTRUM BORYANUM and BOTRYOCOCCUS coenobia and EQUISETUM, FILIPENDULA, FABACEAE UNDIFF., ARTEMISIA, SALIX, BETULA PUBESCENS TYPE, BETULA UNDIFF. TYPE, BETULA NANA TYPE, JUNIPERUS TYPE/JUNIPERUS-WITHOUT-GEMMAE and HIPPOPHAË RHAMNOIDES pollen and spores. High relative values of CYPERACEAE pollen occur in the samples 270 and 269 correspond with minor peaks of ANTHEMIS TYPE, GALIUM TYPE and ARMERIA MARITIMA TYPE A pollen. Concentration values of all types, with the exception of WILD GRASS GROUP, prominently rise at the lower zone boundary.

13.2   Reinberg 6 (REA) - Reinberg horizon

Zone REA-A can be divided into four subzones, of which the first two are described here; the other are intergrated in the description of the lake-sediment diagram of this core.

Subzone REA-A1 (265-245) is characterized, especially sample 250, by high relative values of ANTHEMIS type, ARMERIA MARITIMA TYPE A and ARMERIA MARITIMA TYPE B pollen. WILD GRASS GROUP pollen values are continuously high. Sample 250 also contains minor peaks of CERASTIUM FONTANUM GROUP, FILIPENDULA, GALIUM TYPE, SINAPIS TYPE and HELIANTHEMUM pollen; CYPERACEAE pollen is continuously present with low values. Concentration values of all pollen types are low: conspicuous concentration peaks correspond with peaks in relative values.

Subzone REA-A2 (245-235) is characterized by decreased values of ANTHEMIS type, ARMERIA MARITIMA TYPE A, ARMERIA MARITIMA TYPE B and WILD GRASS GROUP pollen and by rised values of ARTEMISIA, VACCINIUM GROUP and SALIX pollen. Concentration values of all pollen types rise at the lower subzone boundary, with the exception of e.g. ANTHEMIS TYPE, WILD GRASS GROUP, ARMERIA MARITIMA TYPE A, ARMERIA MARITIMA TYPE B, FILIPENDULA, GALIUM TYPE and SINAPIS TYPE pollen.

13.3   Reinberg 22 (R22)

Assumed exotic types are continuously present with the highest values found in the upper part of the diagram; root fragments indet. occur continuously.

Zone R22-A (279.0-268.0) consists of four subzones.

Subzone R22-A1 (279.0-276.5) is characterized by high, gradually increasing relative values of WILD GRASS GROUP pollen. Sample 279 contains high relative values of of SPHAGNUM spores, sample 278 of MONOLETE SPORES WITHOUT PERINE, CARYOPHYLLACEAE UNDIFF. TYPE and ARMERIA MARITIMA TYPE B pollen. Sample 277 contains (minor) peaks of PEDIASTRUM BORYANUM and BOTRYOCOCCUS, of EQUISETUM spores and of THALICTRUM FLAVUM TYPE, HORDEUM GROUP, ARMERIA MARITIMA TYPE A, CALLUNA VULGARIS, SALIX, BETULA UNDIFF. TYPE, BETULA PUBESCENS TYPE, BETULA NANA TYPE and JUNIPERUS TYPE pollen. Concentration values of all pollen types are low; minor peaks correspond with previously mentioned peaks in relative values. Sample 279 originates from pure sand, the upper samples are derived from the Reinberg horizon.

Subzone R22-A2 (276.5-274.5) is characterized by a prominent peak OF WILD GRASS GROUP pollen, of which also clumps were found. Sample 275 contains minor peaks of SPHAGNUM spores and ANTHEMIS TYPE and EMPETRUM NIGRUM pollen. Concentration values of almost all pollen types have risen; conspicuous peaks correspond with previously discussed relative peaks. The macrofossil record contains epidermis possibly originiating from *Menyanthes*.

Subzone R22-A3 (274.5-272.5) starts with a prominent decrease in values of WILD GRASS GROUP, ANTHEMIS TYPE and SPHAGNUM spores. Sample 274 contains peaks of CYPERACEAE, ARMERIA MARITIMA TYPE A, CHENOPODIACEAE AND AMARANTHACEAE and JUNIPERUS TYPE pollen, which correspond with peaks in the concentration diagram. ARTEMISIA, BETULA UNDIFF. TYPE, BETULA PUBESCENS TYPE and BETULA NANA TYPE CF. B. HUMILIS pollen occurs with higher relative and concentration values as in the previous subzone; PINUS DIPLOXYLON TYPE, PINUS HAPLOXYLON TYPE and PINUS UNDIFF. TYPE pollen occur with lower concentration values than in the previous subzone. Relative and concentration values of SALIX pollen rise in sample 273.

Zone R22-A4 (272.5-268.0) starts with increases in values of Pediastrum boryanum and Botryococcus coenobia, Sphagnum, Equisetum spores and Monolete spores without perine, and of Cyperaceae, Helianthemum, Artemisia, Alnus, Betula undiff. type, Betula pubescens type and Betula nana type pollen. Assumed exotic types occur with higher values than in the previous SPZ. Samples 271 and 270 contain simultaneous peaks of Pediastrum boryanum and Botryococcus and of Anthemis type, Wild grass group, Cyperaceae and Parnassia palustris type pollen. In sample 270 macrofossils of *Potamogeton natans* and of cf. Mniaceae were found. At this level, the substrate changes from sand to gyttja and also contains higher concentration values of all types.

13.4 Reinberg 23 (R23)

Throughout (almost) the whole analyzed section, indeterminable root fragments and *Equisetum* roots were found.

Zone R23-A (184.0-175.5) consists of three subzones.

Subzone R23-A0 (184.0-180.5) is characterized by the absence of clear differentiating peaks: all observed pollen types occur with low relative values or as single grains. Concentration values are low. The lower substrates are classified as sand with humus, the upper part as sand with humus spots.

Subzone R23-A1 (180.5-177.5) is defined on only minor peaks of Cyperaceae, Lotus type, Wild grass group, Helianthemum, Chenopodiaceae and Amaranthaceae, Betula undiff. type, Betula pubescens type, Salix and Juniperus-without-gemmae pollen in sample 180 and of Betula nana type cf. B. humilis pollen in sample 178. The corresponding substrates are classified as sand with humus.

Subzone R23-A2 (177.5-175.5) is distinguished from the previous subzone by prominent gradual rises of relative values of CYPERACEAE, PARNASSIA PALUSTRIS TYPE, and SALIX pollen; of the latter type, also clumps were found. BOTRYOCOCCUS occurs continuously with low values. *Ranunculus sceleratus* nuts occur at a level without RANUNCULUS ACRIS TYPE pollen. Concentrations of (almost) all pollen types rise in sample 176.

Zone R23-B (175.5-172.0) starts with sharp rises in the curves of Anthemis type, Helianthemum, Artemisia, Chenopodiaceae and Amaranthaceae, Juniperus-without-gemmae, Hippophaë rhamnoides and Sambucus nigra type pollen. Cyperaceae and

Parnassia palustris type pollen are present with high relative values. Values of Salix pollen rise in sample 174. Concentration values remain at similar levels as in the preceding subzone. Some peaks correspond with peaks in relative values of the same types. Macrofossils of *Equisetum* occur in sample 175. Sample 173 contained wood fragments of possibly *Betula* and remains of *Catoscopium nigritum*. Remains of *Calliergon*, *Drepanocladus* and *Meesia triquetra* occur in sample 172. At the base of this zone the substrate changes from sand to gyttja.

13.5 Reinberg 29 (R29)

The whole section, with exception of the top sample, is derived from the Reinberg horizon. Two zones, without any subzones, are distinguished.

Zone R29-A (238.0-236.5) is characterized by low relative values of almost all types, with the exception of CERASTIUM FONTANUM GROUP, BETULA PUBESCENS TYPE pollen and EQUISETUM spores. Except for leafs of *Dryas octopetala*, no determinable macrofossils occur.

Zone R29-B (236.5-230.0) is distinguished from the preceding zone by higher relative and concentration values (which even tend to rise slightly in almost the total remaining part of the zone) of PEDIASTRUM BORYANUM and BOTRYOCOCCUS coenobia, EQUISETUM spores and MENYANTHES TRIFOLIATA TYPE, CYPERACEAE, WILD GRASS GROUP, ARTEMISIA, HELIANTHEMUM, SALIX, BETULA PUBESCENS TYPE, BETULA NANA TYPE, JUNIPERUS TYPE and HIPPOPHAË RHAMNOIDES pollen. Relative decreases occur in the curves of SPHAGNUM spores and of assumed exotic types. Relative values of CERASTIUM FONTANUM GROUP and CARYOPHYLLACEAE UNDIFF. TYPE pollen decrease in the lower part of the zone. DRYAS OCTOPETALA pollen occurs in the upper part; leafs of *Dryas octopetala* are almost continuously present. Fruits of cf. Poaceae were found in sample 233.

13.6 Reinberg 34 (R34)

The whole section, which only is derived from sand, contains indeterminable root fragments.

Zone R34-A (397.0-391.0) contains three subzones.

Subzone R34-A0 (397.0-394.5) is characterized by low relative values or single observations of almost all types, which also show very low concentrations. PEDIASTRUM BORYANUM coenobia peak in sample 396. The same sample contains remains of *Sphagnum* sect. *Cuspidata*.

Subzone R34-A1 (394.5-392.5) is characterized by slight rises in the relative values of CYPERACEAE and ARTEMISIA pollen, assumed exotic types occur with lower values as in the preceding zone. Sample 394 contains minor peaks OF ARMERIA MARITIMA TYPE A and ARMERIA MARITIMA TYPE B pollen. Most pollen types show slight rises in concentration values. Fruits of cf. Poaceae were found in sample 394; wood fragments occur in the whole subzone. Sample 394 is derived from pure sand, sample 393 from the Reinberg horizon.

Zone R34-A2 (392.5-391.0) starts with prominent rises of ANTHEMIS TYPE, ARTEMISIA and JUNIPERUS TYPE pollen. Rises occur in the curves of CYPERACEAE, WILD GRASS GROUP, PLANTAGO MARITIMA TYPE and SALIX pollen. Concentrations of almost all types have increased, with the exception of the types included in the pollen sum and of assumed exotic types. This zone contained macrofossils of cf. Poaceae, *Catoscopium nigritum* and *Sphagnum palustre*.

13.7 Reinberg 35 (R35)

Indeterminable root fragments occur in the total analyzed section.

Zone R35-A (325.0-227.5) is subdivided into two subzones.

Subzone R35-A0 (235.0-229.5) is characterized by low relative values or only single occurrence of all observed pollen types. Assumed exotic types continuously are present with low relative values. Sample 234 contains a slight peak of CYPERACEAE pollen. Pollen concentrations are extremely low. Sample 234 contained seeds of the *Juncus effusus* group. The whole subzone corresponds with pure sand.

Subzone R35-A1 (229.5-227.5) differentiates from the previous subzone by a slight rise in values of CYPERACEAE pollen and of assumed exotic types. ARTEMISIA pollen occurs with low relative values. Sample 228 contains minor peaks of PARNASSIA PALUSTRIS TYPE and ARMERIA MARITIMA TYPE B pollen. Concentrations remain low: incidental minor peaks correspond with similar peaks in the relative diagram. Sample 228 containes Poaceae fruits.

Zone R35-B (227.5-221.0) consists of two subzones.

Subzone R35-B1 (227.5-224.5) is dominated by two peaks of relative and concentration values of PEDIASTRUM BORYANUM and BOTRYOCOCCUS coenobia, of EQUISETUM and SELAGINELLA SELAGINOIDES (sg.) spores and of FABACEAE UNDIFF. TYPE, LOTUS TYPE, GALIUM TYPE, CARYOPHYLLACEAE UNDIFF. TYPE, THALICTRUM FLAVUM TYPE, BETULA PUBESCENS TYPE, BETULA UNDIFF. TYPE, SALIX and HIPPOPHAË RHAMNOIDES pollen. Sample 227 also contains peaks of HORDEUM GROUP, FILIPENDULA, HELIANTHEMUM, CALLUNA VULGARIS and PLANTAGINACEAE UNDIFF. TYPE; in sample 225 also NYMPHAEA ALBA TYPE and JUNIPERUS TYPE pollen peak. Sample 226 contains low relative and concentration values of almost all types. Sample 227 contained Poaceae fruits and remains of cf. *Catoscopium nigritum*. This subzone is derived from sand with some humus.

Subzone R35-B2 (224.5-221.0) is characterized by low relative values of all types which are characteristic for the previous subzone. High relative values occur of CYPERACEAE and WILD GRASS GROUP pollen; of the latter type also clumps were observed. Concentrations of most types rise in the upper part of this subzone. Samples 222 and 221 contained remains of cf. *Bryum*. This subzone is derived from the Reinberg horizon.

13.8 Reinberg C (REC) - lake sediments

Zone REC-A and its subzones already were described previously.

Zone REC-B (270.5-257.5) starts with decreasing relative values of PINUS DIPLOXYLON TYPE and PINUS HAPLOXYLON TYPE pollen, which gradually further decrease within this zone. Values of BETULA PUBESCENS TYPE pollen gradually rise. Values of EQUISETUM spores and PEDIASTRUM BORYANUM coenobia gradually rise. At the lower zone boundary, CYPERACEAE pollen peak, together with BOTRYOCOCCUS coenobia. Assumed exotic types are continuously present, but with lower values than in SPZ REC-A. AP+NAP concentrations rise at the lower zone boundary; the substrates consist of a sand-silt gyttja.

Zone REC-C (257.5-235.0) is distinguished from the preceding zone by higher relative values of HIPPOPHAË RHAMNOIDES pollen. Values of BETULA PUBESCENS TYPE pollen rise gradually within this zone, while those of PINUS DIPLOXYLON TYPE and PINUS UNDIFF. TYPE pollen decrease. Immediately below the upper zone boundary HELIANTHEMUM and SALIX pollen slightly peak. Values of CYPERACEAE pollen sharply decrease in the lower part. Assumed exotic types gradually decrease towards the top of the zone. AP+NAP concentrations, after an initial peak and subsequent decrease, are higher than in the preceding zone. The samples forming this zone are derived from sand-silt gyttja.

Zone REC-D (235.0-217.0) starts with a decrease of relative values of HIPPOPHAË RHAMNOIDES pollen, with two minor peaks occur within this zone. NAP-values (especially those of ARTEMISIA pollen) and of BETULA NANA TYPE pollen have increased. Also the relative values of PINUS DIPLOXYLON TYPE pollen have slightly increased. Values of SALIX and JUNIPERUS TYPE pollen decrease after an initial peak. Minor peaks occur in the values of EQUISETUM spores and BOTRYOCOCCUS and PEDIASTRUM BORYANUM coenobia. Values of assumed exotic typesshow a gradual decline after an initial peak. AP+NAP concentrations have decreased. In the lower part of this zone, the substrate changes from sand-silt gyttja to silt-sand gyttja.

Zone REC-E (217.0-211.0) contains high, but fluctuating, relative values of BETULA PUBESCENS TYPE pollen. Four subzones are distinguishable.

Subzone REC-E1 (217.0-211.0) is characterized by an increase in relative values of BETULA PUBESCENS TYPE pollen, while those of PINUS DIPLOXYLON TYPE, PINUS HAPLOXYLON TYPE and PINUS UNDIFF. TYPE decrease. NAP-values remain high. Minor peaks occur in the curves of SALIX and JUNIPERUS TYPE pollen; HIPPOPHAË RHAMNOIDES pollen is continuously present. A peak in values of BOTRYOCOCCUS is followed by a peak of PEDIASTRUM BORYANUM. Values of assumed exotic types decrease. AP+NAP concentrations gradually rise. This subzone corresponds with a sand-silt gyttja.

Subzone REC-E2 (211.0-203.0) starts with sharply decreasing values of NAP-types and of JUNIPERUS TYPE and HIPPOPHAË RHAMNOIDES pollen; relative values of BETULA PUBESCENS TYPE pollen are slightly higher. A rise and subsequent peak is visible in the curve of EQUISETUM spores. AP+NAP concentrations are high. This zone corresponds with the lower part of the alga gyttja.

Subzone REC-E3 (203.0-193.5) is distinguished from the previous subzone by lower relative values of BETULA PUBESCENS TYPE and SALIX pollen and higher values of PINUS DIPLOXYLON TYPE and PINUS UNDIFF. TYPE pollen. Relative values of EQUISETUM spores, though still prominent, decrease within this subzone. Minor rises occur in the values of BOTRYOCOCCUS and PEDIASTRUM BORYANUM. MENYANTHES TRIFOLIATA TYPE pollen is continuously present. At the top of the subzone, a minor peak of FILIPENDULA pollen occurs. CICUTA VIROSA TYPE, OENANTHE FISTULOSA TYPE and TYPHA LATIFOLIA TYPE pollen occur incidentally.

Subzone REC-E4 (193.5-185.5) is characterized by a rise in BETULA PUBESCENS TYPE pollen and a decrease in the relative values of PINUS DIPLOXYLON TYPE, PINUS UNDIFF. TYPE and SALIX pollen. In the upper part of this subzone, decreases occur in the curves of BOTRYOCOCCUS and PEDIASTRUM BORYANUM coenobia, while NUPHAR LUTEA TYPE pollen peaks. In the substrate, a transition from gyttja to peat occurs. Within the alga gyttja, the LST is embedded; the sample immediately above the LST contains peaks of JUNIPERUS TYPE, ARTEMISIA, BETULA NANA TYPE and BETULA UNDIFF. TYPE pollen; PINUS DIPLOXYLON TYPE pollen is almost completely absent.

Zone REC-F (185.5-102.5) is characterized by relatively high NAP-values. Three subzones are distinguished.

Subzone REC-F1 (185.5-162.5) starts with sharply increasing NAP-values and of PINUS DIPLOXYLON TYPE, PINUS UNDIFF. TYPE and SALIX pollen; relative values of BETULA PUBESCENS TYPE pollen decrease. At the top of this subzone, EMPETRUM NIGRUM and VACCINIUM GROUP pollen appear. Relative values of CYPERACEAE pollen rise. In the upper part of the subzone relative values of RANUNCULUS ACRIS TYPE pollen rise. Relative values of PEDIASTRUM BORYANUM coenobia rise within this zone, but show a conspicuous dip in the upper sample. AP+NAP concentrations have decreased compared with the previous SPZ. The substrates corresponding with this subzone consist of Cyperaceae-brownmoss peat at the base, followed by a transition to detritus gyttja.

Subzone REC-F2 (162.5-127.5) differs from the previous subzone by higher relative values of EMPETRUM NIGRUM pollen; VACCINIUM GROUP pollen peaks in the bottom part of the subzone. Relative values of EQUISETUM spores decrease; values of RANUNCULUS ACRIS TYPE pollen increase in the upper part of the subzone. Values of PEDIASTRUM BORYANUM coenobia fluctuate. MONOLETE SPORES WITHOUT PERINE are present with higher values than previously. AP+NAP concentrations have decreased. Assumed exotic types increase. The substrates change from detritus to sand-silt gyttja and on a higher level to silt-sand gyttja.

Subzone REC-F3 (127.5-102.5) is characterized by an increase of EMPETRUM NIGRUM pollen. Values of PEDIASTRUM BORYANUM rise and peak at the top of this subzone. RANUNCULUS ACRIS TYPE pollen is prominently present.

Zone REC-G (102.5-87.5) starts with a sharp decrease of NAP-values, while relative values of BETULA PUBESCENS TYPE pollen rise. Relative values of BOTRYOCOCCUS and PEDIASTRUM BORYANUM coenobia and of RANUNCULUS ACRIS TYPE pollen are lower than previously. TYPHA LATIFOLIA TYPE pollen is continuously present and peaks in the lowest sample together with EQUISETUM spores and FILIPENDULA pollen. Sample 95 contains a peak of NYMPHAEA ALBA TYPE pollen. AP+NAP concentrations have sharply risen. The substrate shows a sharp transition from silt-sand gyttja to peat.

13.9 Reinberg 6 (REA) - lake sediments
SPZ's REA-A1 and REA-A2 already were described previously.

Subzone REA-A3 (235.0-215.0) is characterized by a peak of HIPPOPHAË RHAMNOIDES pollen. Relative values of SALIX and JUNIPERUS TYPE pollen have slightly decreased. Values of BETULA PUBESCENS/UNDIFF. TYPE pollen slightly rise, while those of PINUS UNDIFF. TYPE pollen decrease within this subzone. Values of assumed exotic types have decreased. The subzone corresponds with a sand/silt gyttja.

Subzone REA-A4 (215.0-205.0) shows lower values of HIPPOPHAË RHAMNOIDES pollen, while values of pollen of BETULA PUBESCENS/UNDIFF. are higher, values of assumed exotic types slightly higher than previously.

Zone REA-B (205.0-187.5) starts with a decrease in NAP-values and a prominent increase in BETULA PUBESCENS/UNDIFF. TYPE pollen. Assumed exotic types do not occur. Relative values of PEDIASTRUM BORYANUM and BOTRYOCOCCUS coenobia and of EQUISETUM spores have increased, those of CYPERACEAE pollen have decreased. AP+NAP concentrations are high.

This zone corresponds with the layer of alga gyttja (encompassing the LST) and the lower part of the lower peat layer.

Zone REA-C (187.5-94.0) starts with a rise of NAP values (which further increase in the middle part of the zone) and of PINUS UNDIFF. TYPE pollen; values of BETULA PUBESCENS/UNDIFF. TYPE pollen have decreased. Relative values OF PEDIASTRUM BORYANUM coenobia are prominently high in the complete zone, those of CYPERACEAE and RANUNCULUS ACRIS TYPE pollen only in its upper part. MONOLETE SPORES WITHOUT PERINE peak in sample 150. Assumed exotic types are present in the upper part of the zone with more or less constant low values. AP+NAP concentrations are high in the bottom samples of this zone and subsequently decrease strongly. This zone corresponds with the upper part of the lowest peat layer, the detritus gyttja and the upper layer of sand/silt gyttja.

Zone REA-D (94.0-70.0) contains lower NAP values than previously and higher relative values of BETULA PUBESCENS/UNDIFF. TYPE pollen. Values of BOTRYOCOCCUS and PEDIASTRUM BORYANUM coenobia and of RANUNCULUS ACRIS TYPE pollen have decreased. EQUISETUM spores and FILIPENDULA pollen peak simultaneously in the lowest sample. TYPHA LATIFOLIA TYPE and NYMPHAEA ALBA TYPE pollen continuously is present. AP+NAP concentrations is higher than previously. The substrate sharply changes from sand/silt gyttja to peat at the lower zone boundary.

13.10 Reinberg 11 (REB)

Zone REB-A (244.0-230.5) is characterized by high NAP-values. Relative values of BETULA PUBESCENS TYPE pollen increase within this zone, while those of PINUS UNDIFF. TYPE pollen decrease. Also values of assumed exotic types decrease. AP+NAP concentrations are low. This SPZ corresponds with silt-sand gyttja.

Zone REB-B (230.5-163.0) is characterized by its higher values of BETULA PUBESCENS TYPE pollen than in zone REB-A.

Subzone REB-B1 (230.5-219.5) contains high NAP-values. NAP-values are high. This SPZ is derived from sand-silt gyttja.

Subzone REB-B2 (219.5-163.0) starts with a strong decrease in NAP-values. The lower part of this subzone contains a conspicuous peak of CYPERACEAE pollen, the upper part of EQUISETUM spores. AP+NAP concentrations are high and prominently peak in the upper part of the subzone. The samples from this subzone are derived from sand-silt gyttja, sandy detritus gyttja and peat.

Zone REB-C (163.0-135.0) starts with a rise in NAP-values, especially of ARTEMISIA and VACCINIUM GROUP pollen. Relative values of EQUISETUM spores sharply decrease; values of PEDIASTRUM BORYANUM coenobia are slightly higher than previously. RANUNCULUS ACRIS TYPE pollen peak in the upper part of the zone. AP+NAP concentrations are low. The lowermost sample corresponds with peat, the upper samples with silt-sand gyttja and fine sand.

Zone REB-D (135.0-113.0) starts with a decrease of NAP values. BOTRYOCOCCUS, PEDIASTRUM BORYANUM coenobia and RANUNCULUS ACRIS TYPE pollen are absent. The samples from this SPZ originate from a layer of silty sand with humus.

13.11 Reinberg C (REC) - upper peat layer

The whole section is derived from brownmoss peat and Cyperaceae-brownmoss peat, which only shows differentiation in compaction.

Zone REC-G (100.0-87.5) already is described previously.

Zone REC-H (87.5-77.5) is characterized by high relative values of Alnus, Corylus avellana type, Quercus robur type, Carpinus betulus type, Fagus sylvatica type and Calluna vulgaris pollen. Present with low relative values is Ulmus glabra type, Tilia, Fagopyrum cf.esculentum, Fagopyrum cf tataricum, Rumex acetosella, Avena/Triticum group, Secale cereale, Chenopodiaceae and Amaranthaceae and Plantago lanceolata type pollen. AP+NAP concentrations are high; loss-on-ignition values are slightly lower than in the previous SPZ. This section corresponds with hardly compacted peat.

Zone REC-I (77.5-62.5) is characterized by high values of BETULA PUBESCENS TYPE and substantial values of PINUS DIPLOXYLON TYPE pollen. Prominent are the values of SPHAGNUM spores and of HELICOON PLURISEPTATUM, AMPHITREMA FLAVUM and ASSULINA; CYPERACEAE, WILD GRASS GROUP and FILIPENDULA pollen, as well as MONOLETE SPORES WITHOUT PERINE, continuously is present. AP+NAP concentrations are low; loss-on-ignition values are slightly higher than in the previous zone. The samples from this SPZ are derived from highly compacted peat.

Zone REC-J (62.5-52.5) is characterized by high values of Pinus diploxylon type and substantial values of Betula pubescens type pollen. Present with low values are Alnus, Corylus avellana type, Quercus robur type, Carpinus betulus type, Fagus sylvatica type, Tilia, Artemisia, Calluna vulgaris and Rumex acetosella pollen. AP+NAP concentrations prominently rise within this SPZ, while loss-on-ignition is slightly higher than previously. This (and the following) SPZ's are derived from hardly compacted peat.

Zone REC-K (52.5-37.5) is distinguished from the previous zone by a prominent decrease in the relative values of PINUS DIPLOXYLON TYPE pollen and rises in the relative values of ULMUS GLABRA TYPE, ALNUS, CORYLUS AVELLANA, QUERCUS ROBUR TYPE, FAGUS SYLVATICA TYPE and TILIA pollen. NAP values are higher, mainly due to a rise of CALLUNA VULGARIS pollen. Present with low values is AVENA/TRITICUM GROUP, SECALE CEREALE, CENTAUREA CYANUS TYPE and PLANTAGO LANCEOLATA TYPE pollen. AP+NAP concentrations prominently decrease within this zone, while loss-on-ignition values slightly decrease.

Zone REC-L (37.5-22.5) is distinguished from the previous zone by a conspicuous peak of ACER CAMPESTRE TYPE pollen. NAP values slightly rise towards the top of this zone. A prominent rise occurs in the curve of CYPERACEAE pollen; values of WILD GRASS GROUP, SINAPIS TYPE and POTENTILLA TYPE pollen slightly are higher. AP+NAP concentrations are prominently lower than previuosly.

Zone REC-M (22.5-5.0) is characterized by high NAP values, especially of Avena/Triticum group, Secale cereale, Centaurea cyanus type, Cerealia undiff. type, Chenopodiaceae and Amaranthaceae and Plantago lanceolata type pollen. Relative values of Alnus, Corylus avellana type, Tilia, Acer campestre type and Calluna vulgaris pollen slightly have decreased. Pinus haploxylon type pollen minory peaks in sample 15. Relative values of Cyperaceae pollen decrease, those of Wild grass group pollen have increased. Sample 20 contains minor peaks of Sparganium emersum excl. Typha ang., Apiaceae undiff. type,

Mentha type pollen and of Diporotheca spores, followed by high values of Sparganium erectum type pollen in sample 15 and of Monolete spores without perine in sample 5. Present with substantial values in the whole SPZ are Filipendula, Anthemis type and Typha latifolia type pollen.

14 Appendix 3: Some macrofossils observed in core REC

Searching for AMS-datable macrofossils at selected levels, the following macrofossils were observed:

256-259: *Potamogeton* leafs, remains of *Chara* and/or *Nitella*, moss fragments (a.o. *Drepanocladus*), insect fragments and few charcoal particles;

234-236: wood fragments and charcoal particles;

216-218: *Chara*-oospores, stem fragments, charcoal particles and waterflea eggs;

180-186: moss remains (mainly *Calliergon giganteum*);

101-104: *Betula pubescens* nuts, leafs and bud/fruit scales, fragments of *Pinus* seeds, *Carex* nuts, *Nymphaea* seeds, *Potamogeton* leaf fragments and leafs of the "wet variety" of *Drepanocladus*.

15 Appendix 4: Pollen diagrams from the Reinberg basin

Reinberg C - Reinberg horizon: relative values (selected curves)
Reinberg C - Reinberg horizon: concentrations (selected curves)
Reinberg 6 - Reinberg horizon: relative values (selected curves)
Reinberg 6 - Reinberg horizon: concentrations (selected curves)
Reinberg 22: relative values (selected curves)
Reinberg 22: concentrations (selected curves)
Reinberg 23: relative values (selected curves)
Reinberg 23: concentrations (selected curves)
Reinberg 29: relative values (selected curves)
Reinberg 29: concentrations (selected curves)
Reinberg 34: relative values (selected curves)
Reinberg 34: concentrations (selected curves)
Reinberg 35: relative values (selected curves)
Reinberg 35: concentrations (selected curves)
Reinberg C - lake sediments: pollen sum types (selected curves)
Reinberg C - lake sediments: types excluded from the pollen sum (selected curves)
Reinberg 6 - lake sediments (selected curves)
Reinberg 11 (selected curves)
Reinberg C - upper peat layer: pollen sum types (selected curves)
Reinberg C - upper peat layer: types excluded from the pollen sum (selected curves)

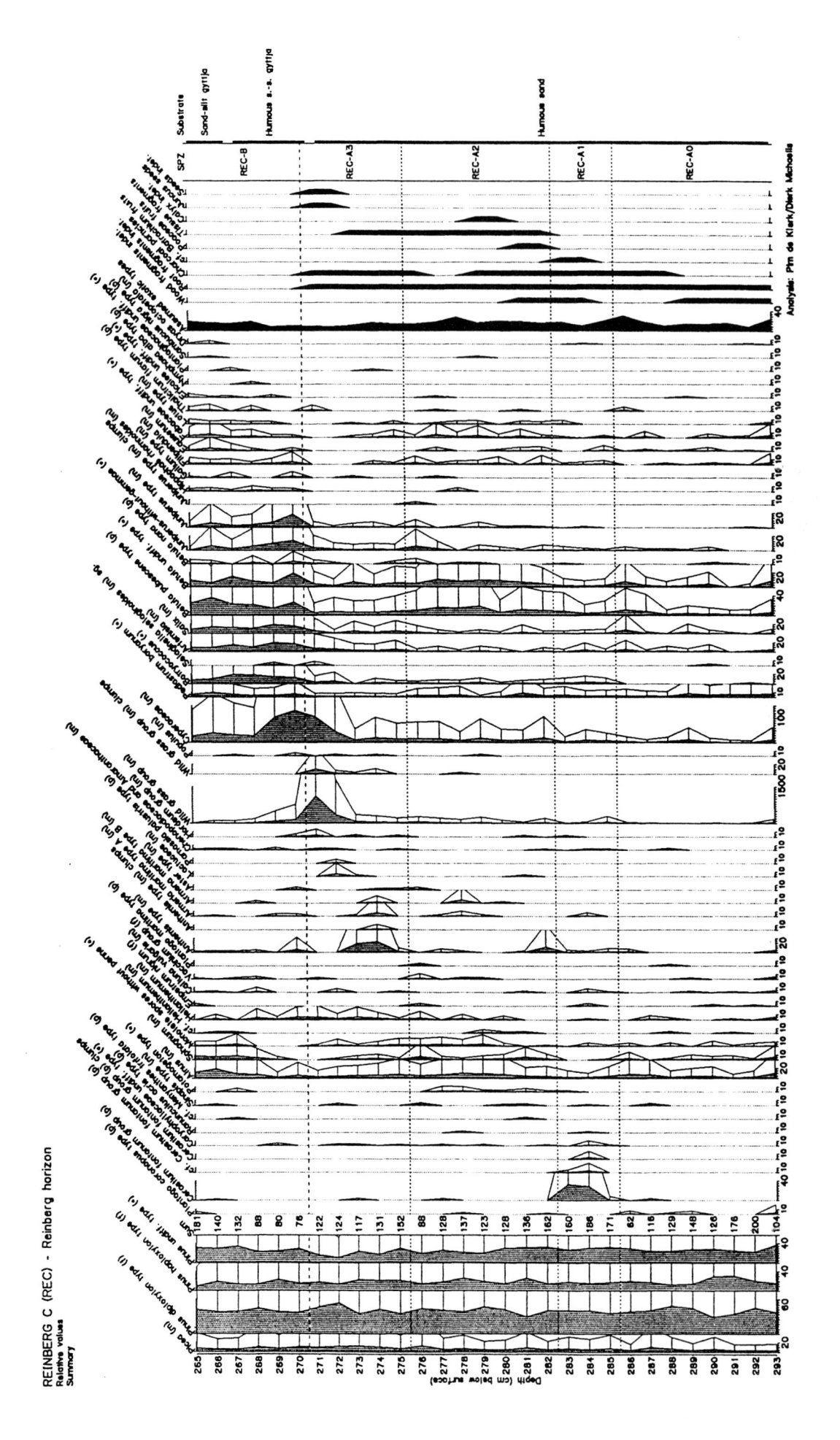

REINBERG C (REC) – Reinberg horizon
Relative values
Summary

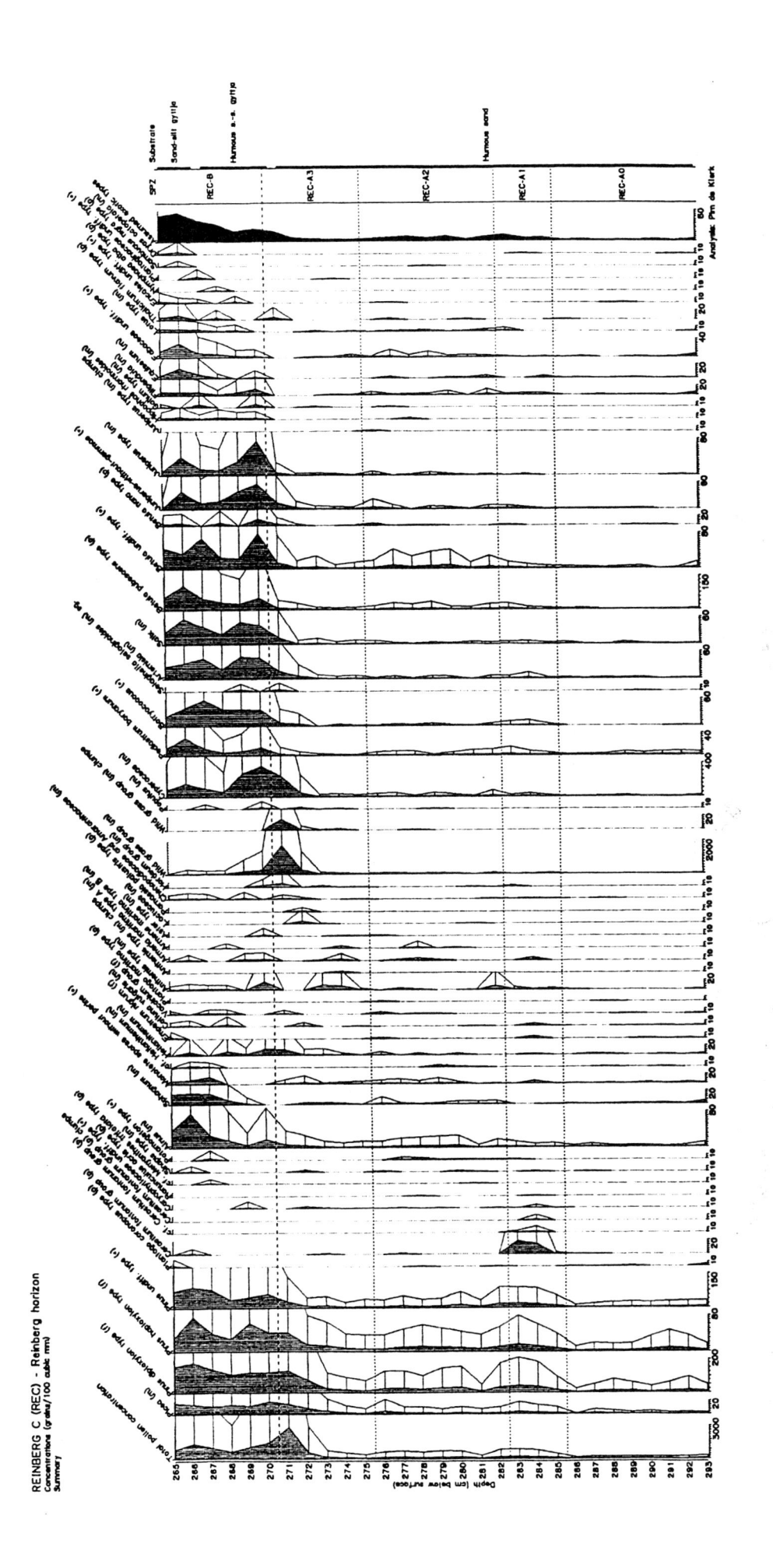

REINBERG C (REC) - Reinberg horizon
Concentrations (grains/100 cubic mm)
Summary

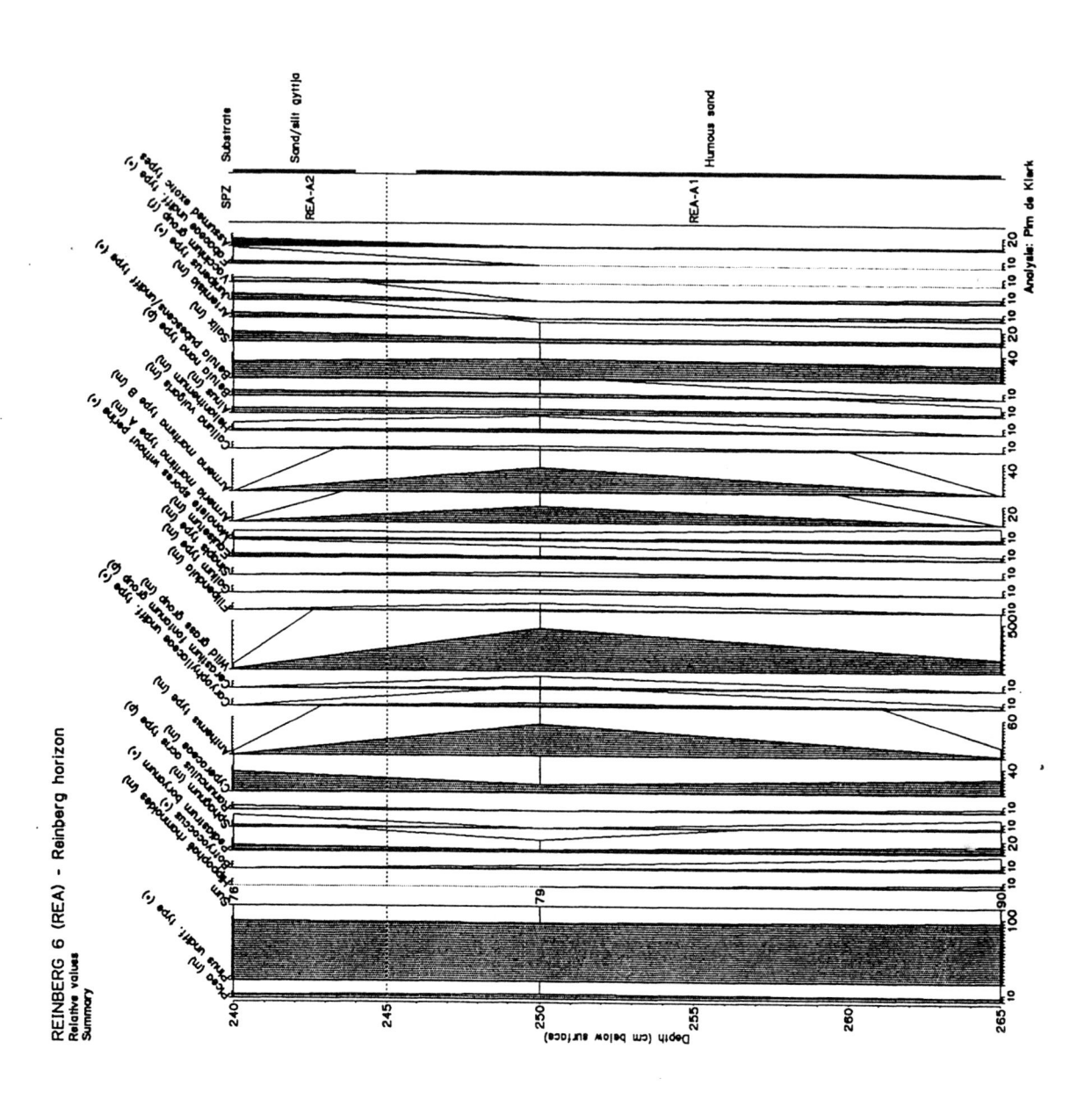

REINBERG 6 (REA) - Reinberg horizon
Relative values
Summary

Analysis: Pim de Klerk

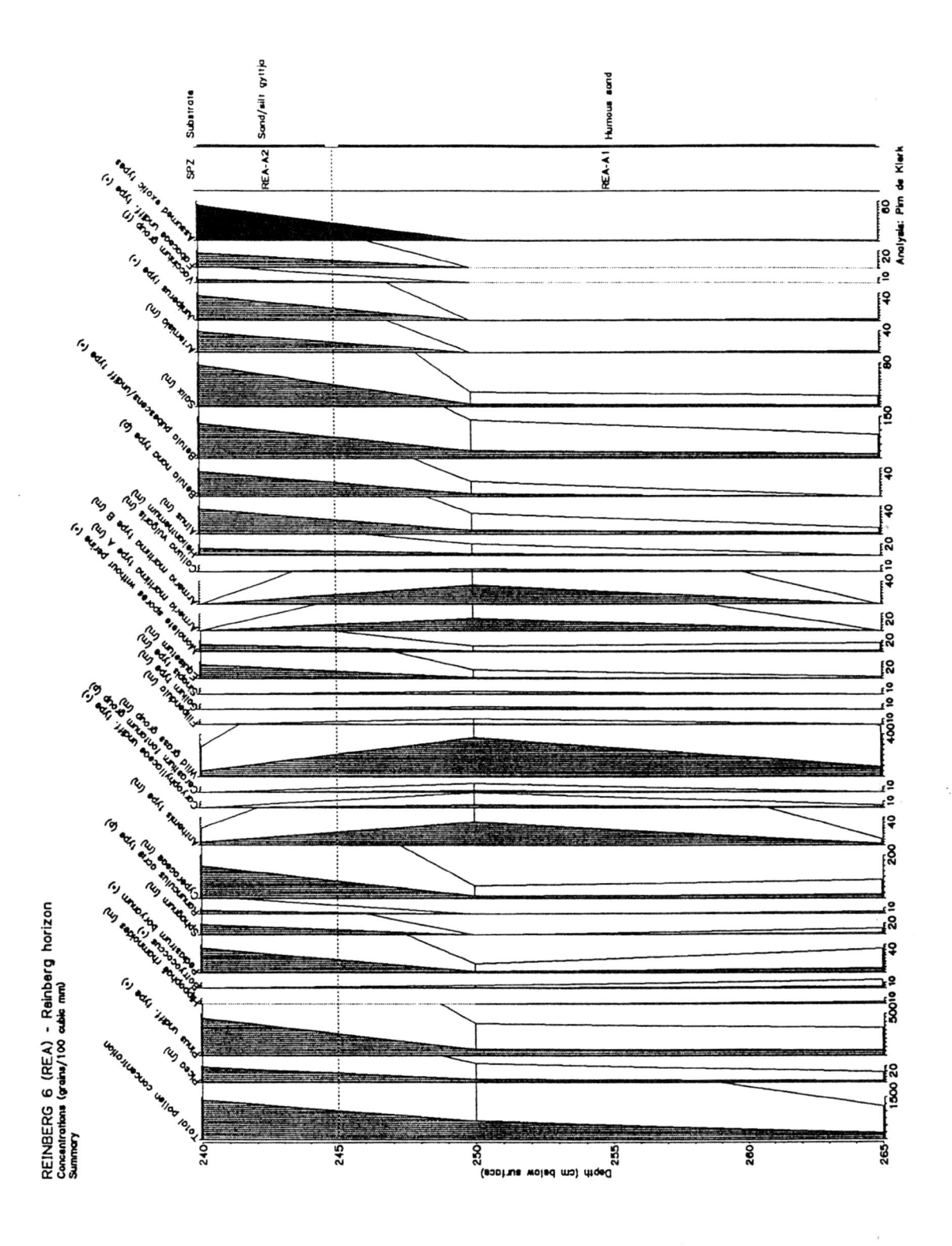

REINBERG 6 (REA) - Reinberg horizon
Concentrations (grains/100 cubic mm)
Summary

Analysis: Pim de Klerk

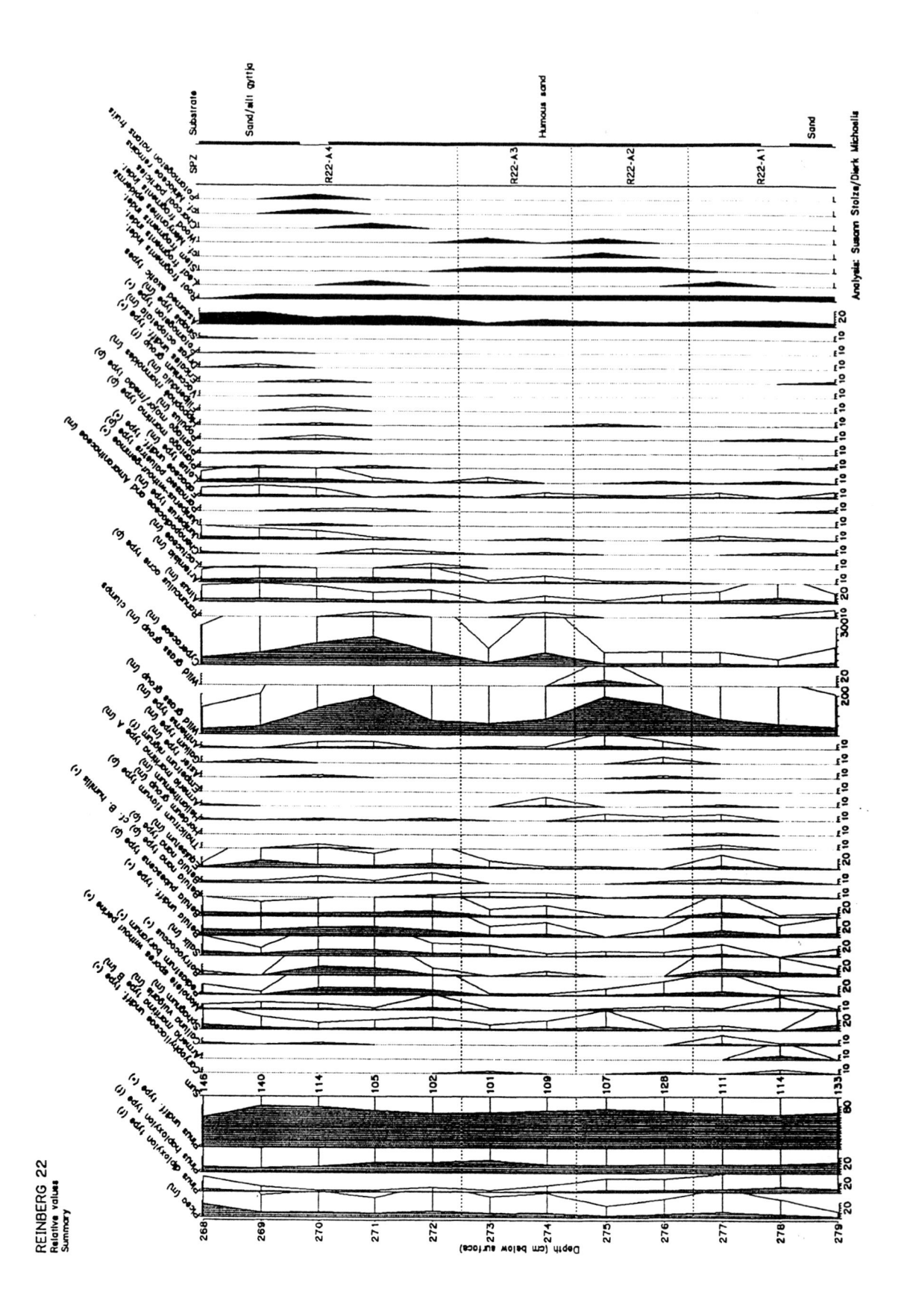

REINBERG 22
Relative values
Summary

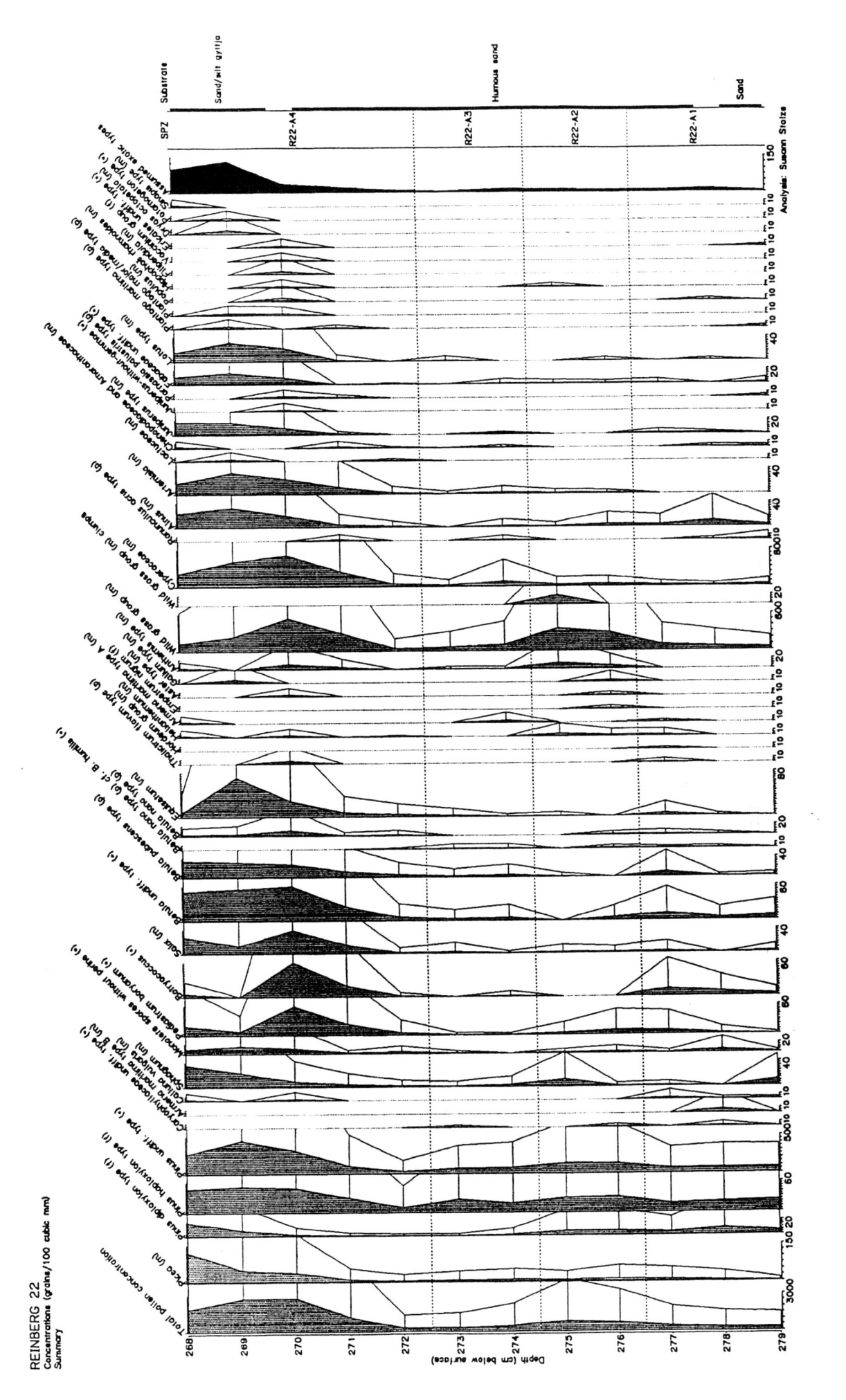

REINBERG 22
Concentrations (grains/100 cubic mm)
Summary

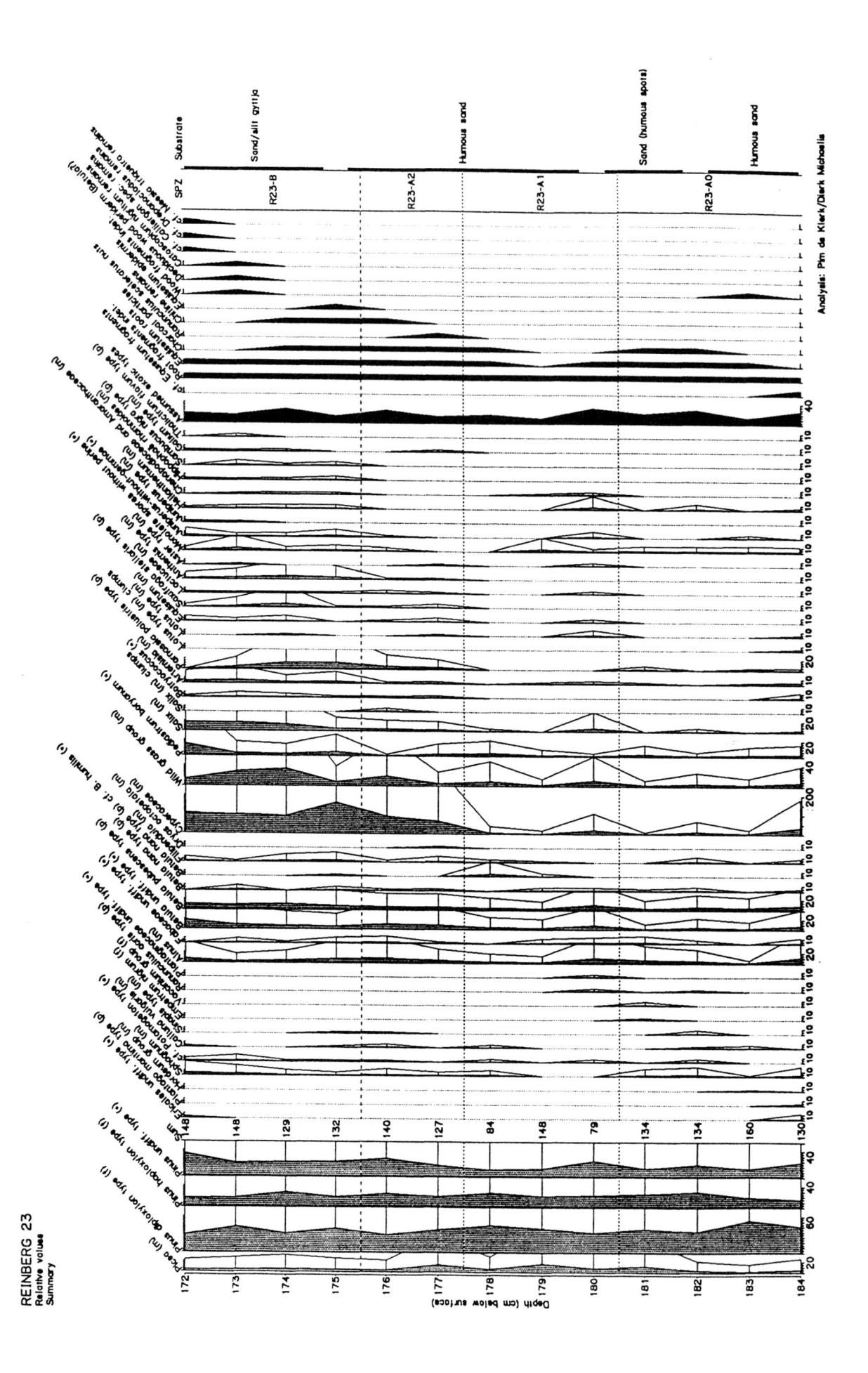

REINBERG 23
Relative values
Summary

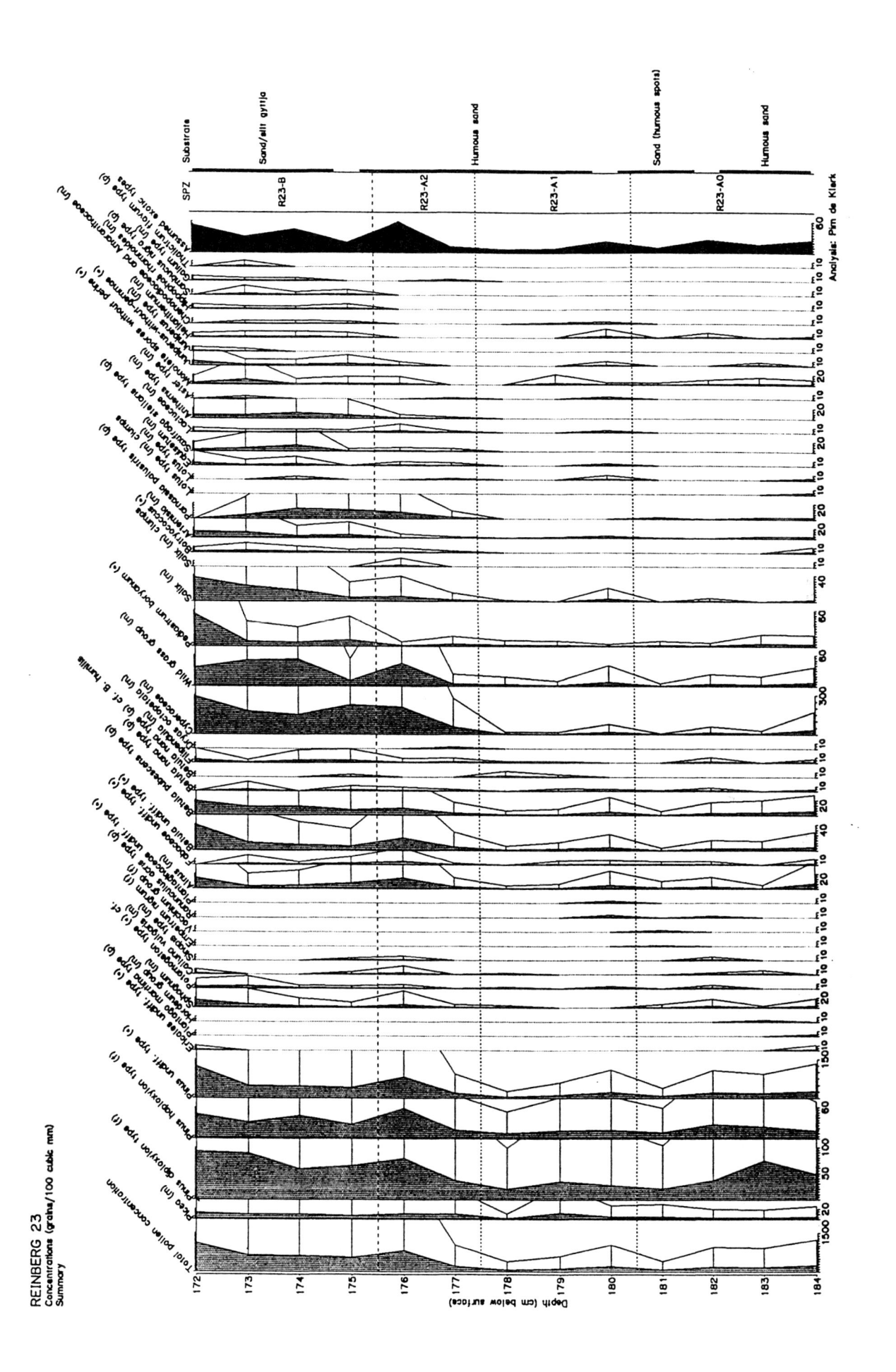

REINBERG 23
Concentrations (grains/100 cubic mm)
Summary

119

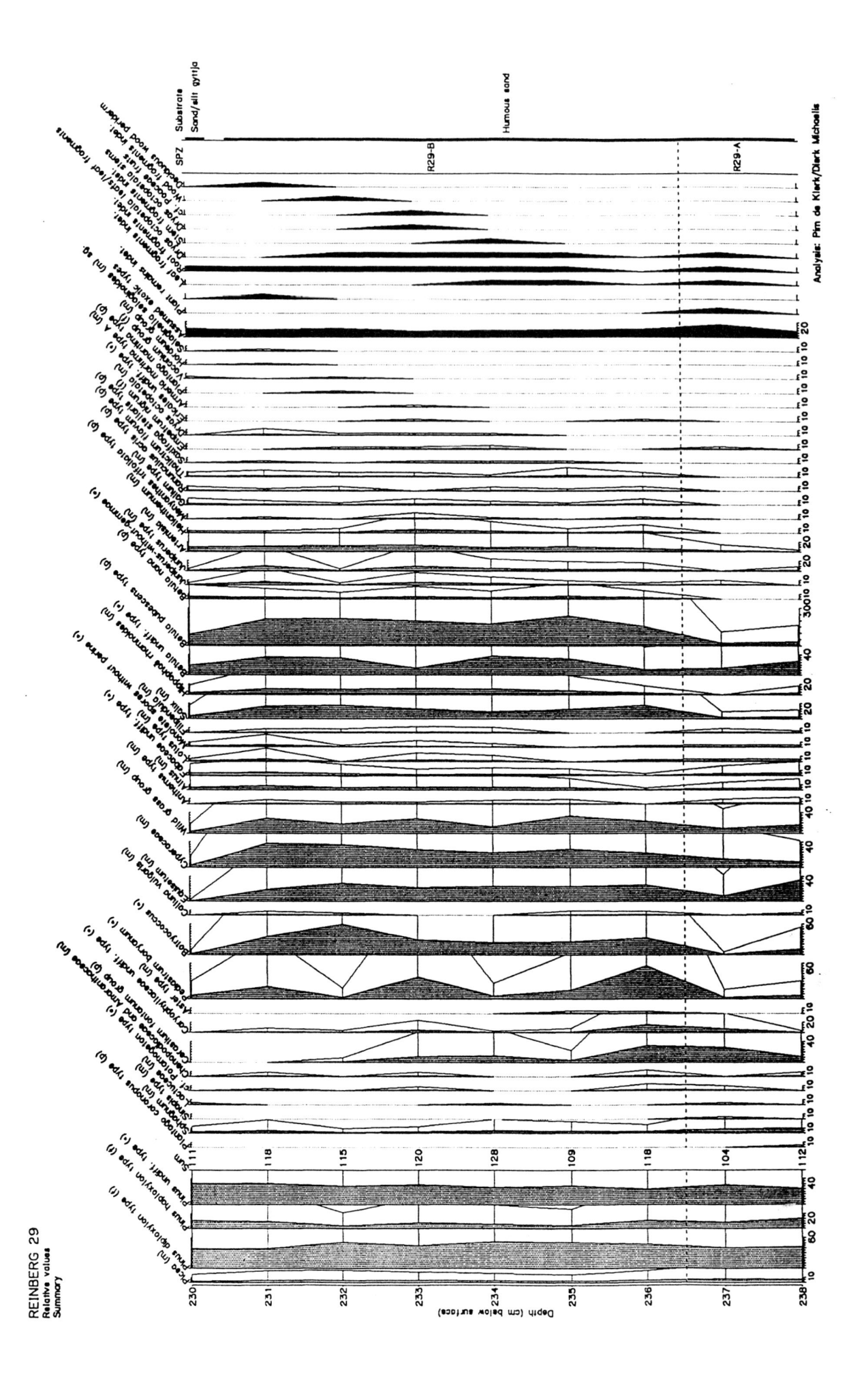

REINBERG 29
Relative values
Summary

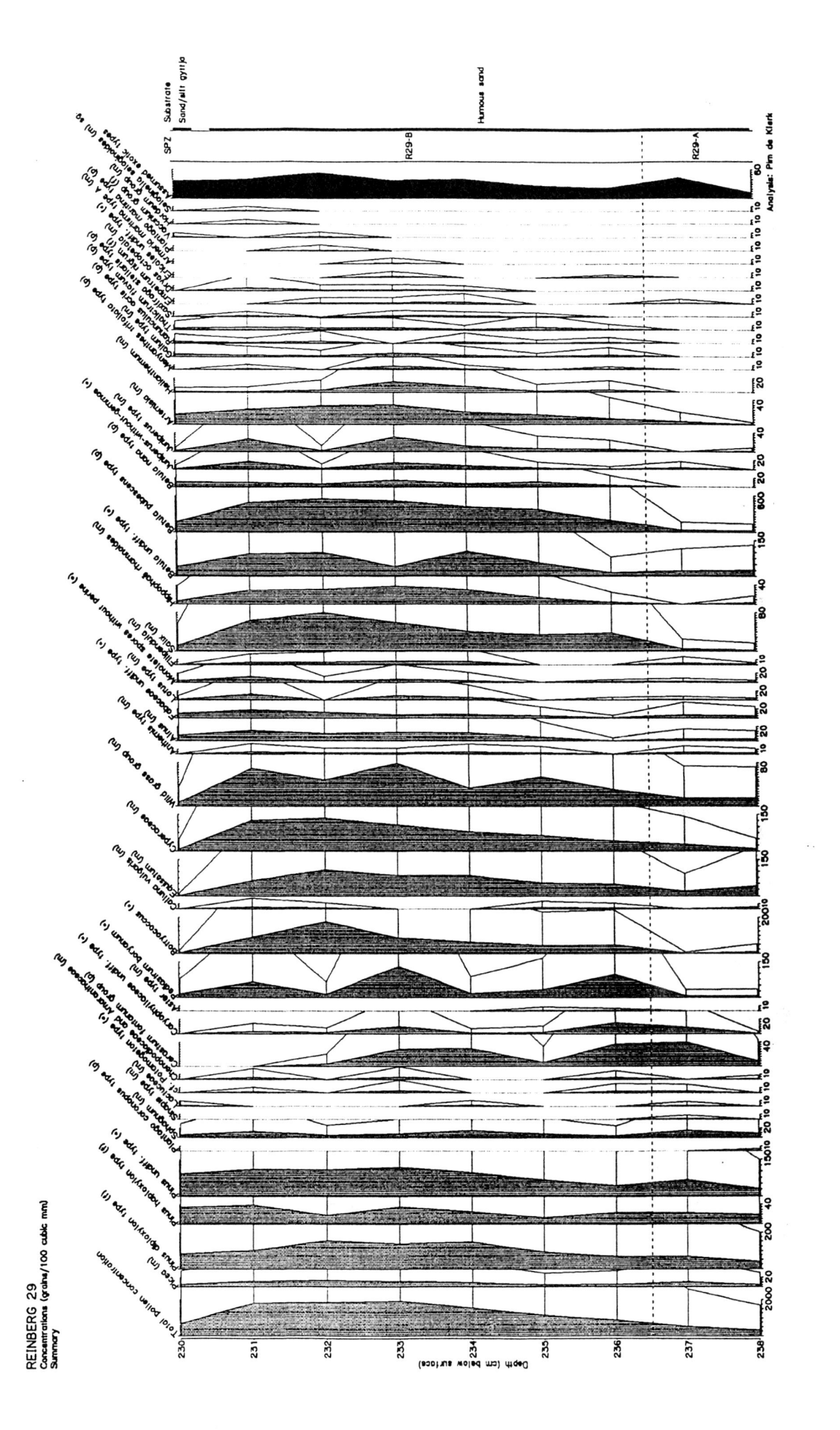

REINBERG 29
Concentrations (grains/100 cubic mm)
Summary

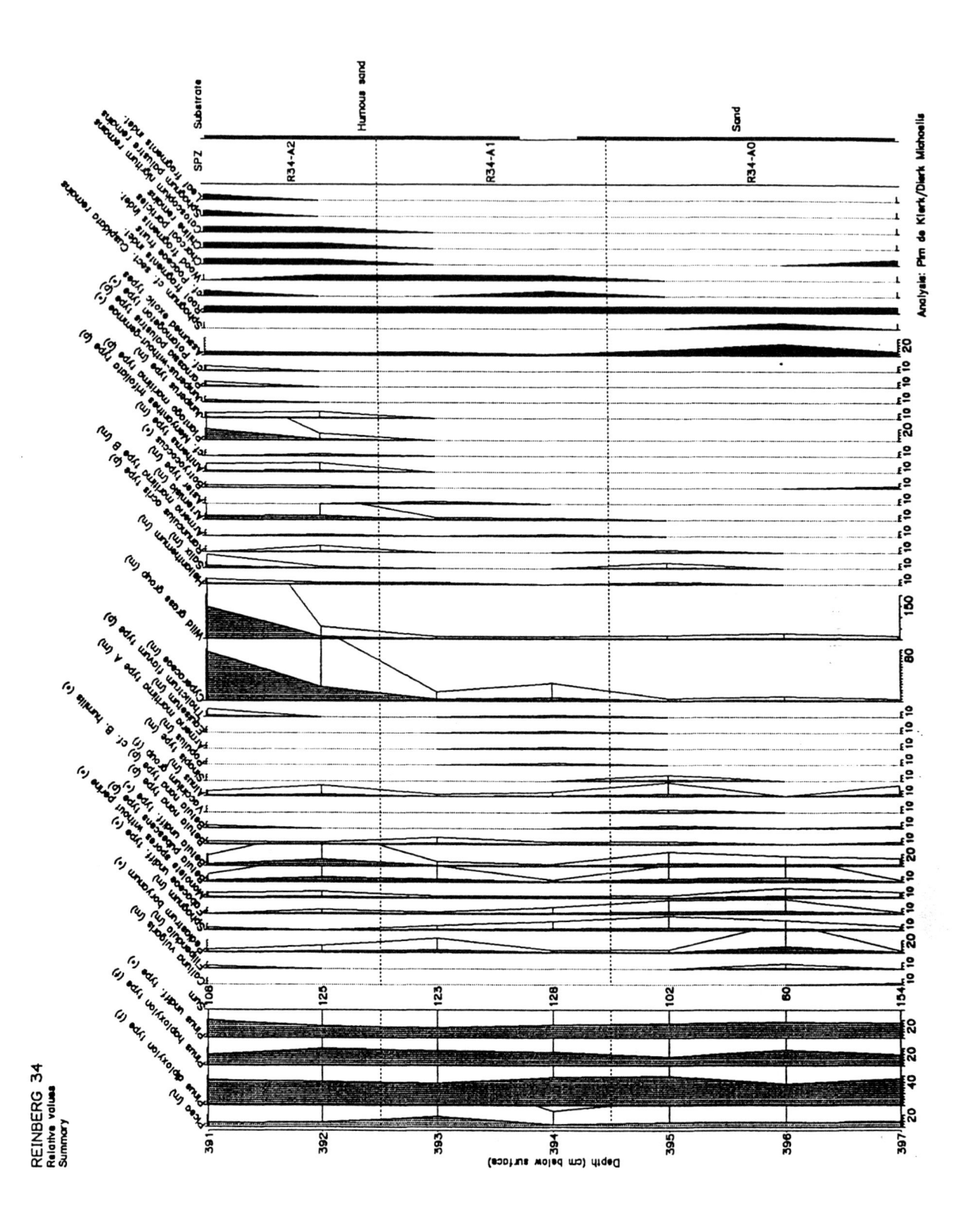

REINBERG 34
Relative values
Summary

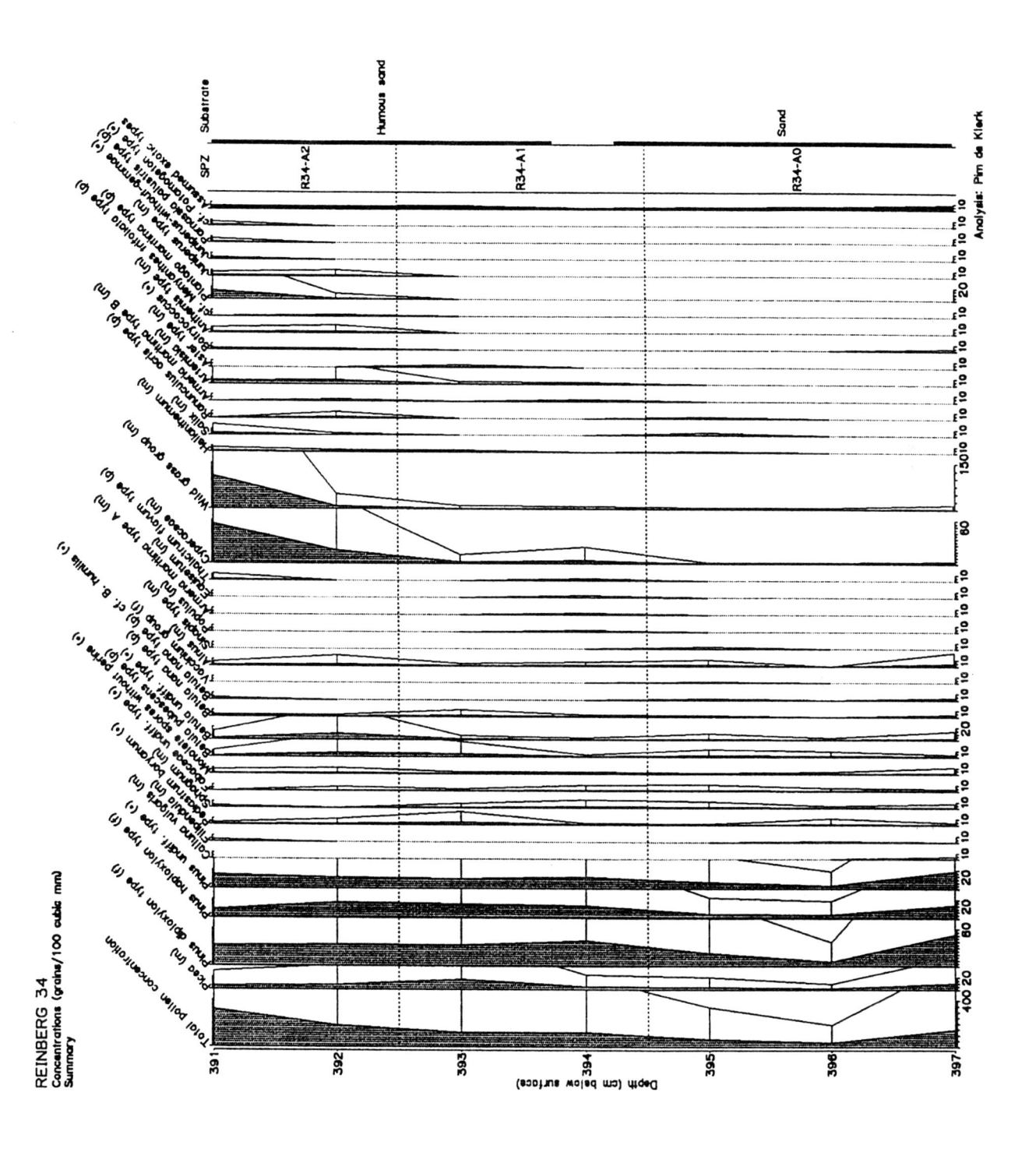

REINBERG 34
Concentrations (grains/100 cubic mm)
Summary

123

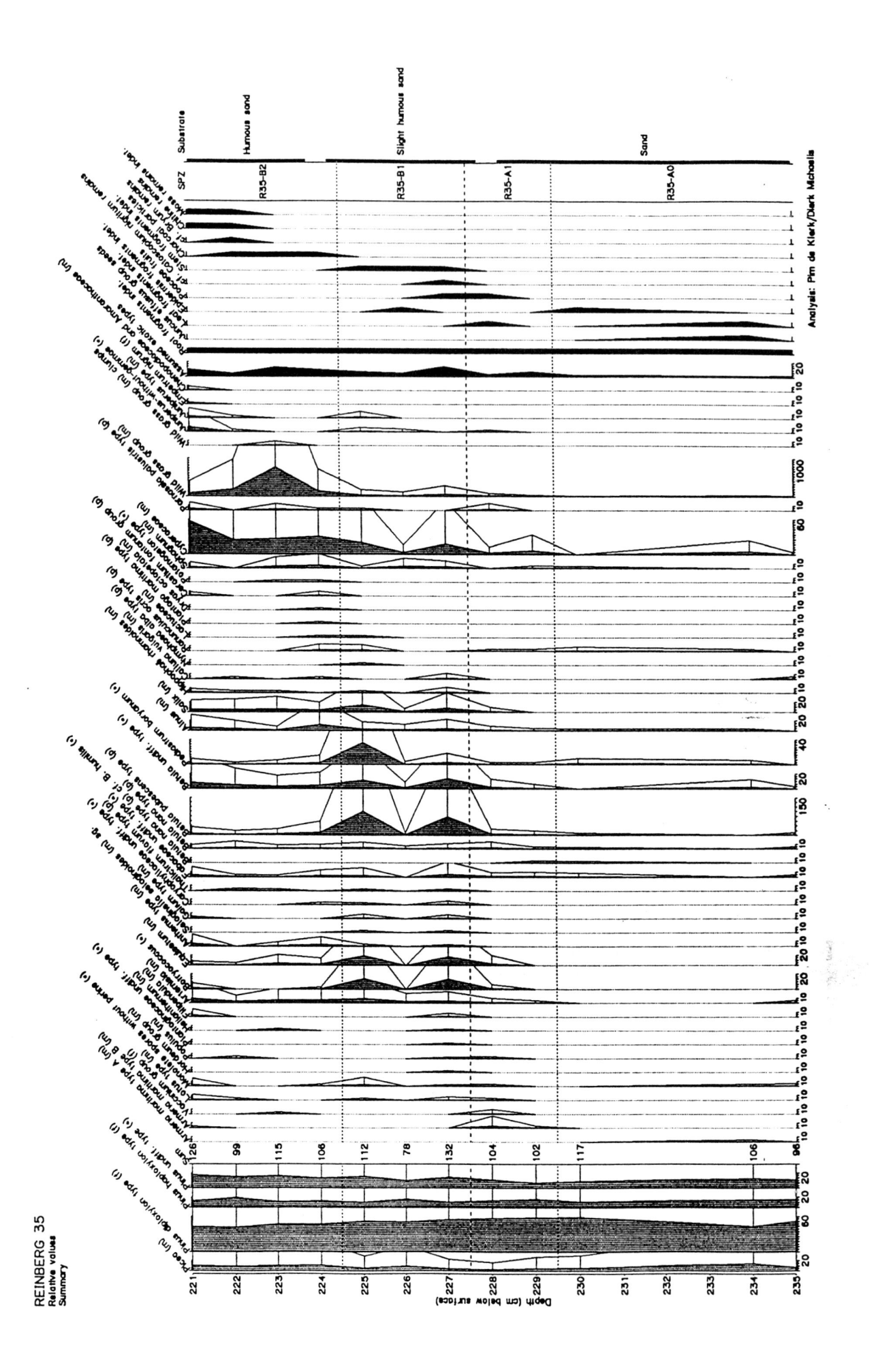

REINBERG 35
Relative values
Summary

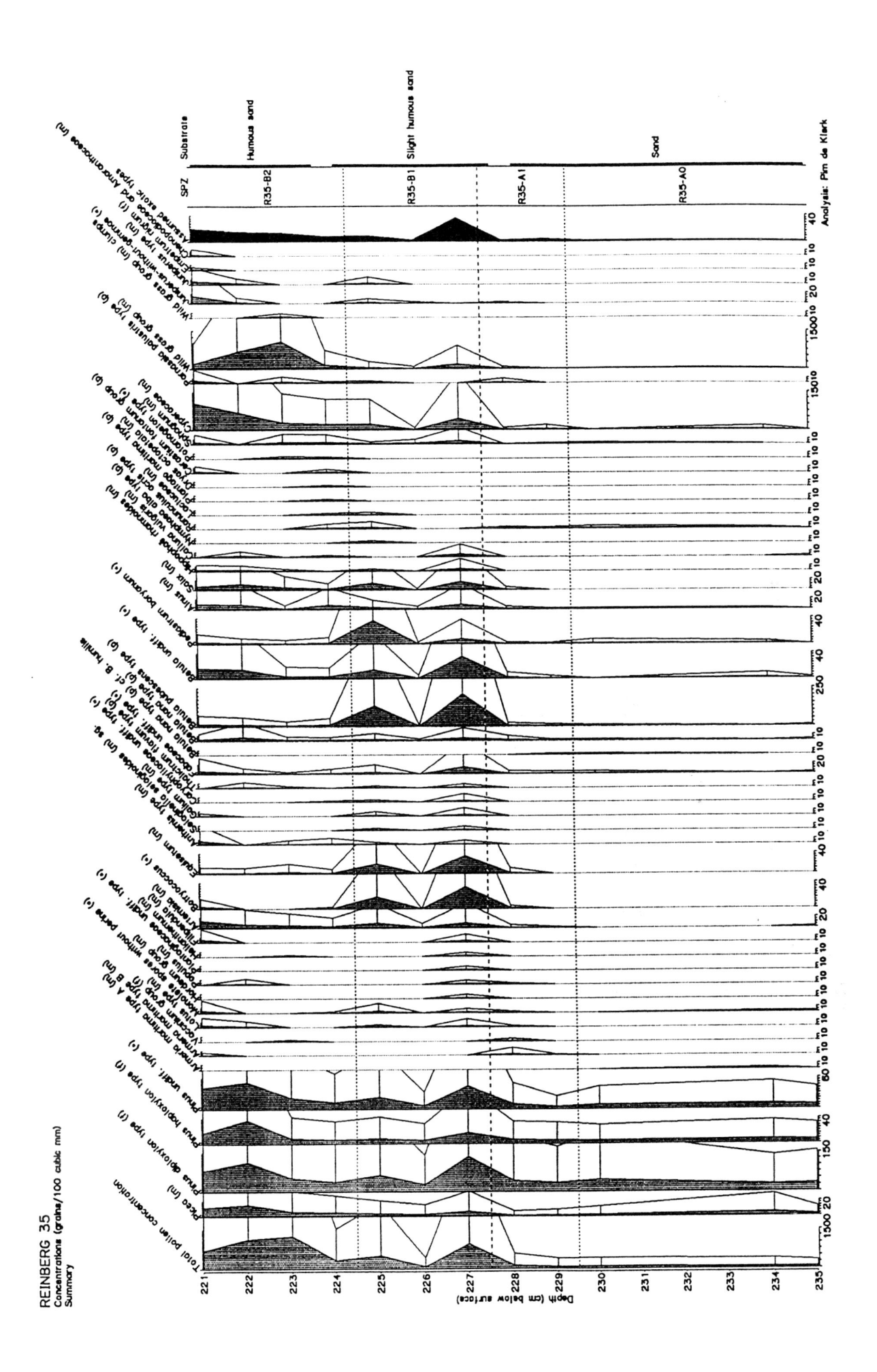

REINBERG 35
Concentrations (grains/100 cubic mm)
Summary

Analysis: Pim de Klerk

REINBERG C (REC) - Lake sediments
Pollen sum types - selected curves

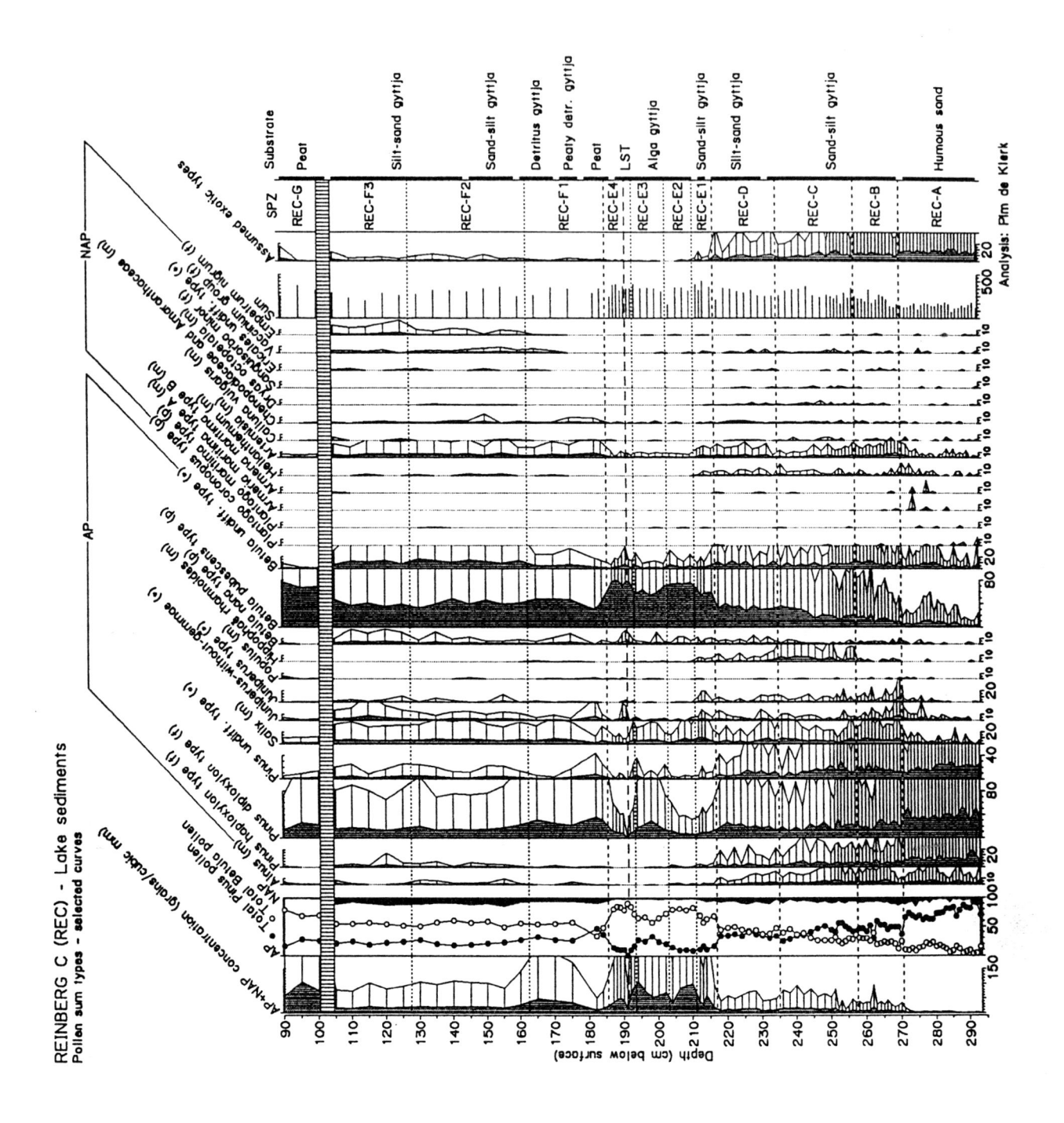

126

REINBERG C (REC) - Lake sediments
Types excluded from the pollen sum - selected curves

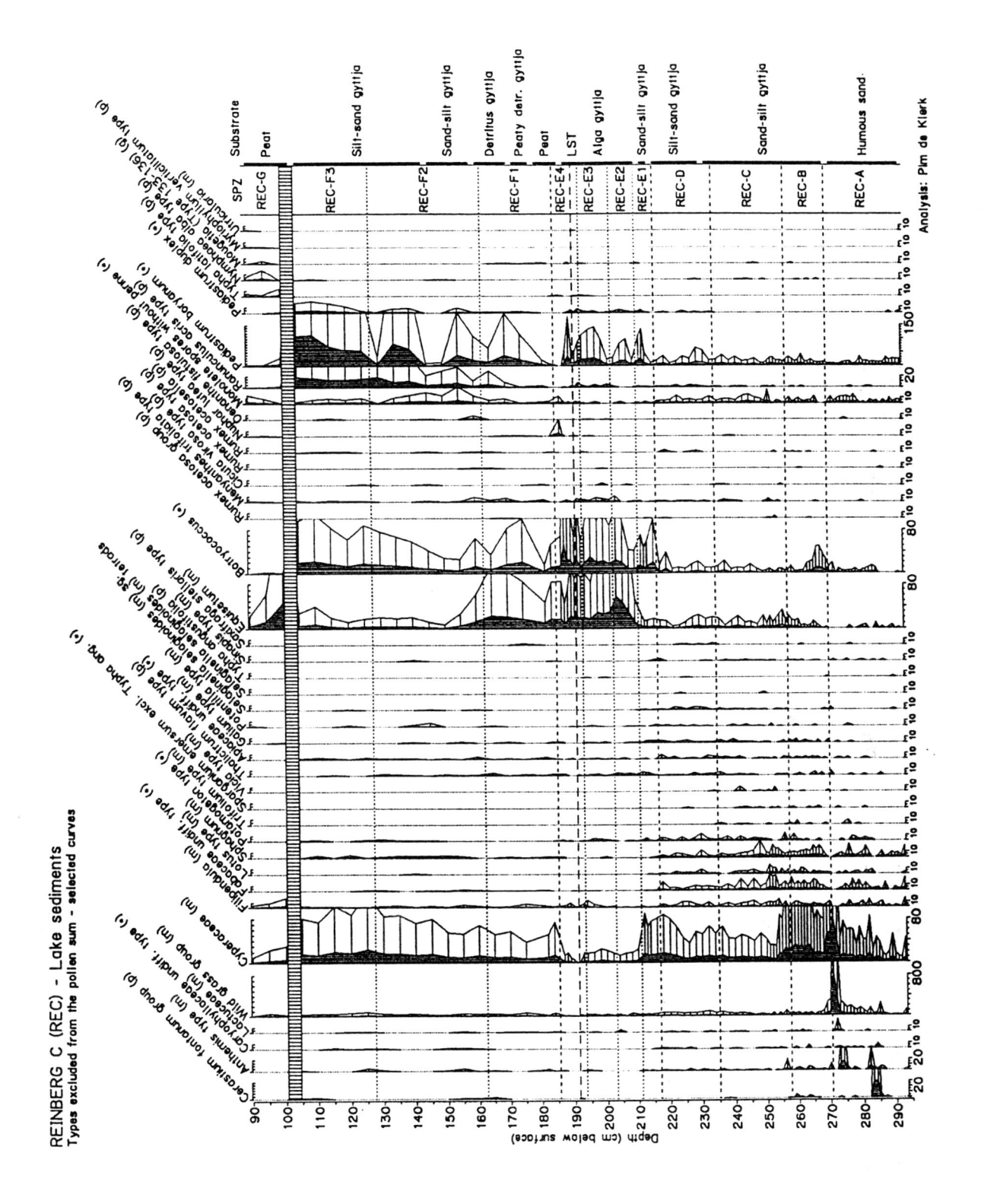

REINBERG 6 (REA) - Lake sediments
Selected curves

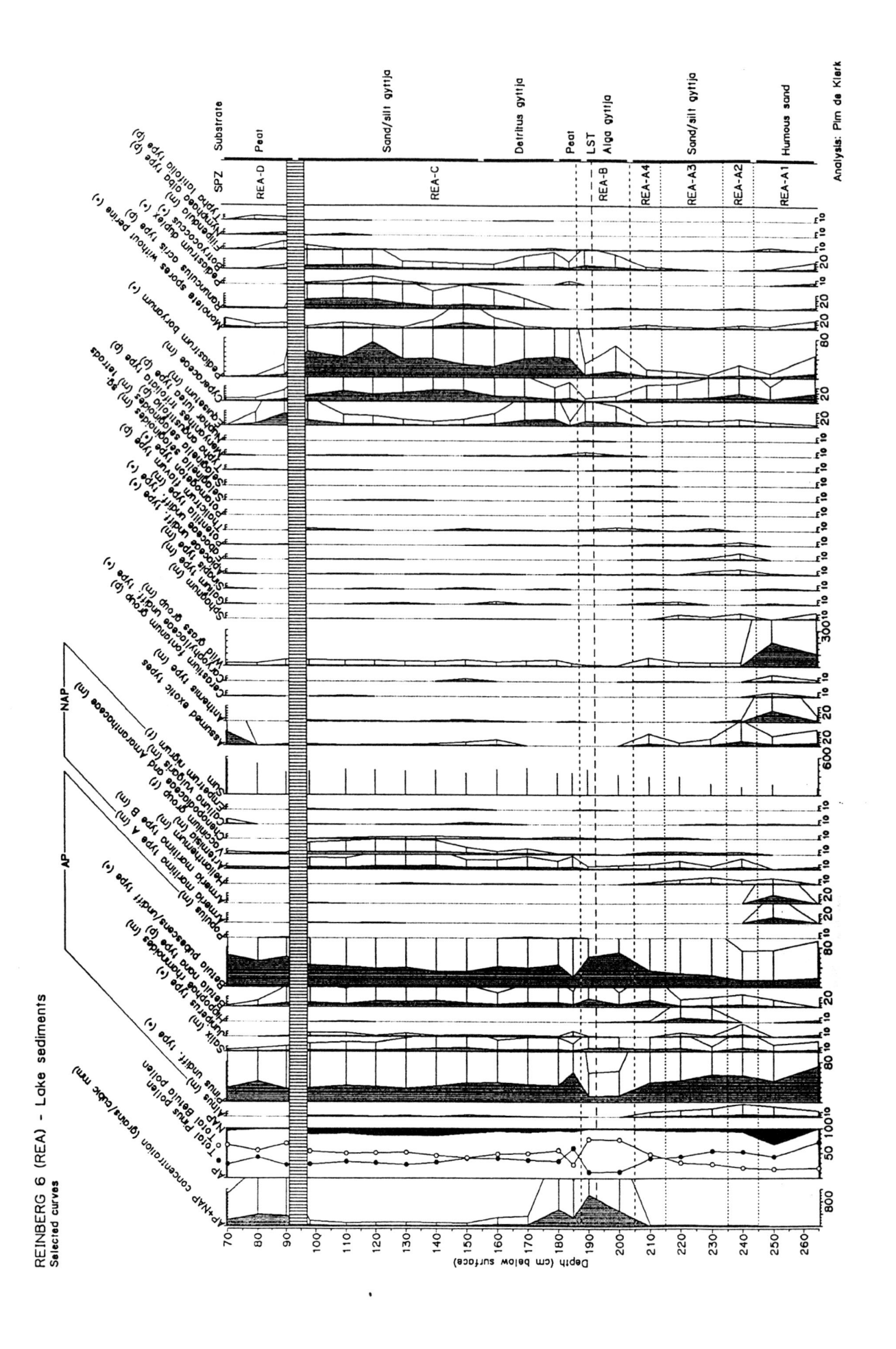

Analysis: Pim de Klerk

REINBERG 11 (REB)
Selected curves

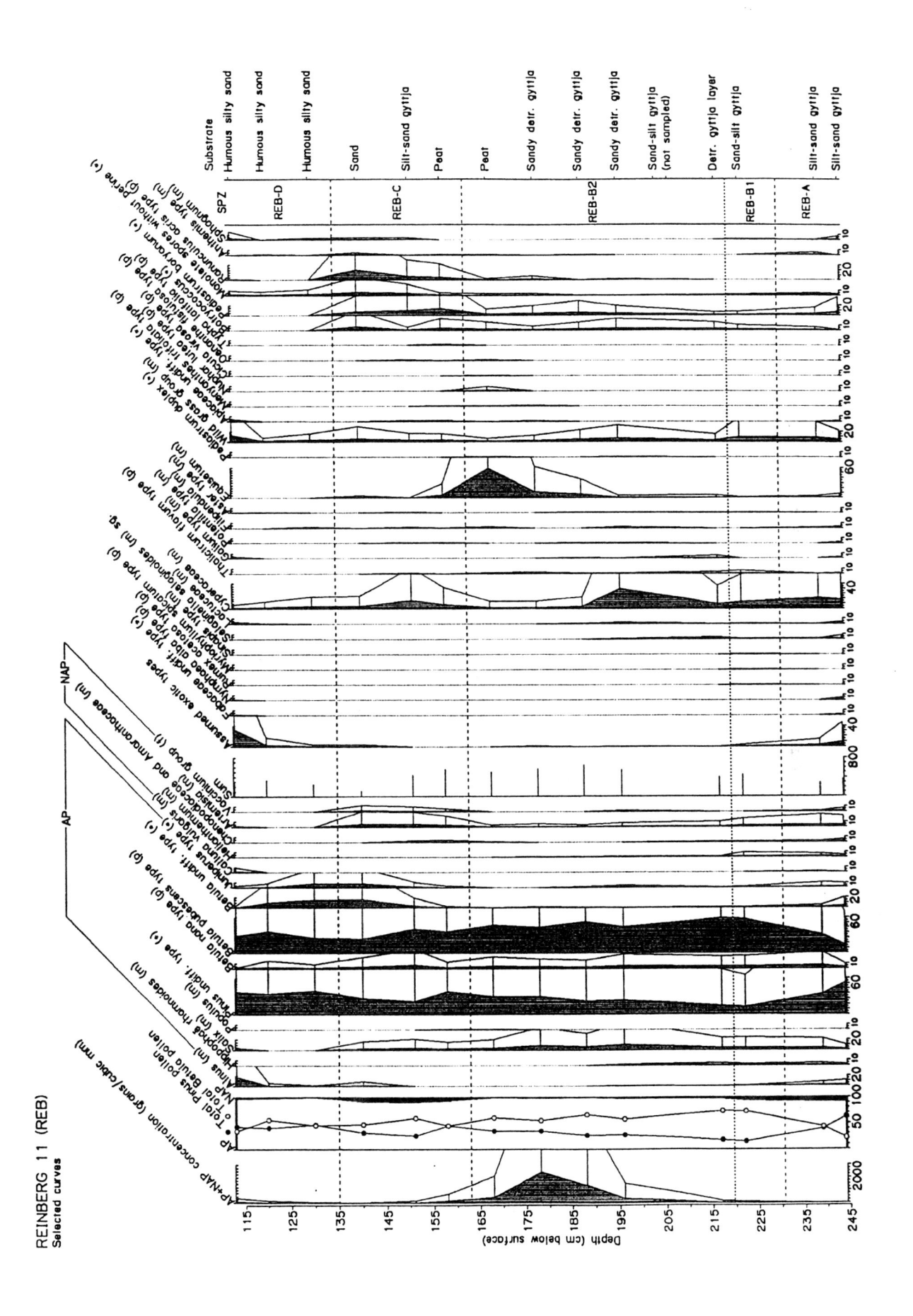

REINBERG C (REC) - Upper peat layer
Pollen sum types - selected curves

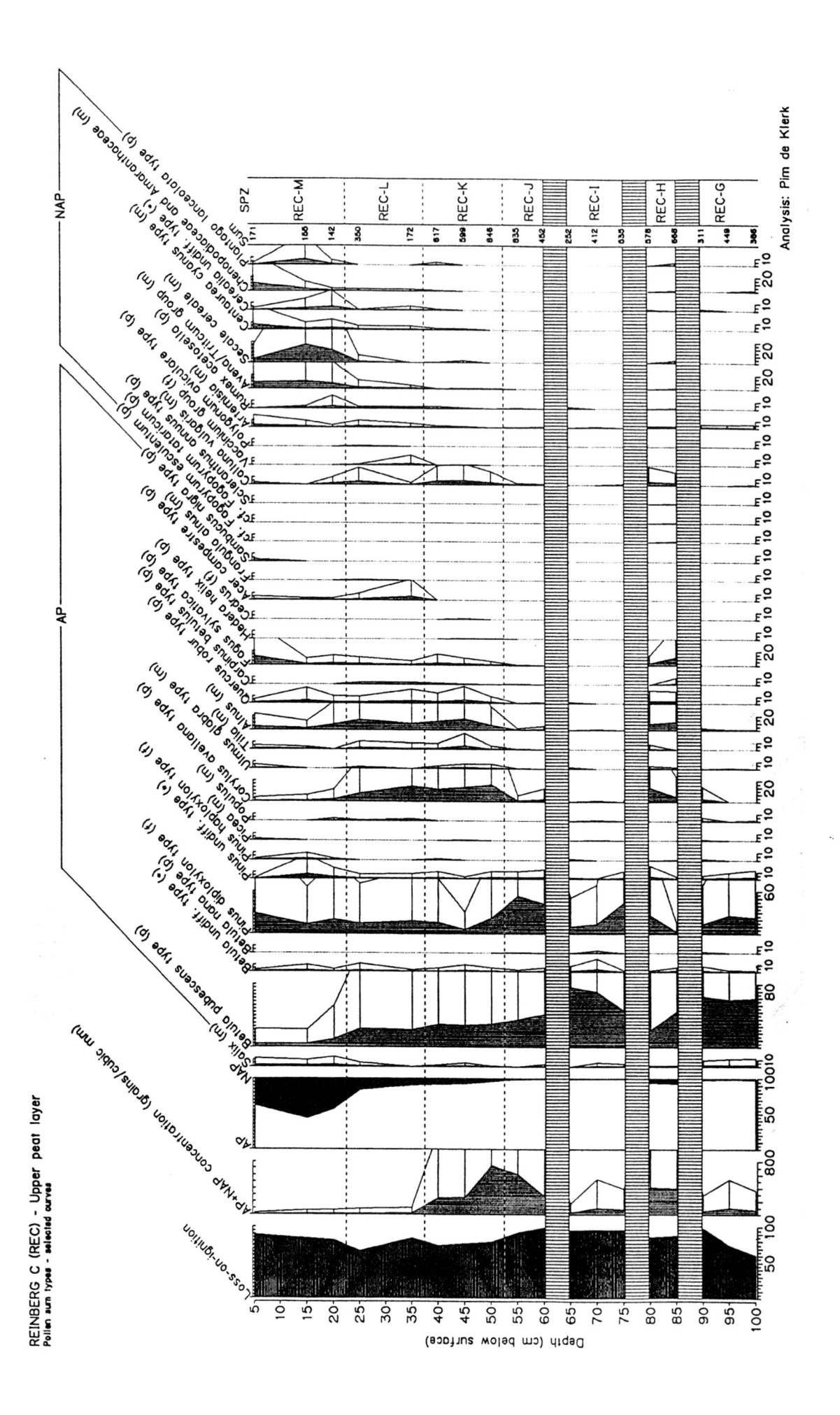

Analysis: Pim de Klerk

REINBERG C (REC) - Upper peat layer
Types excluded from the pollen sum - selected curves

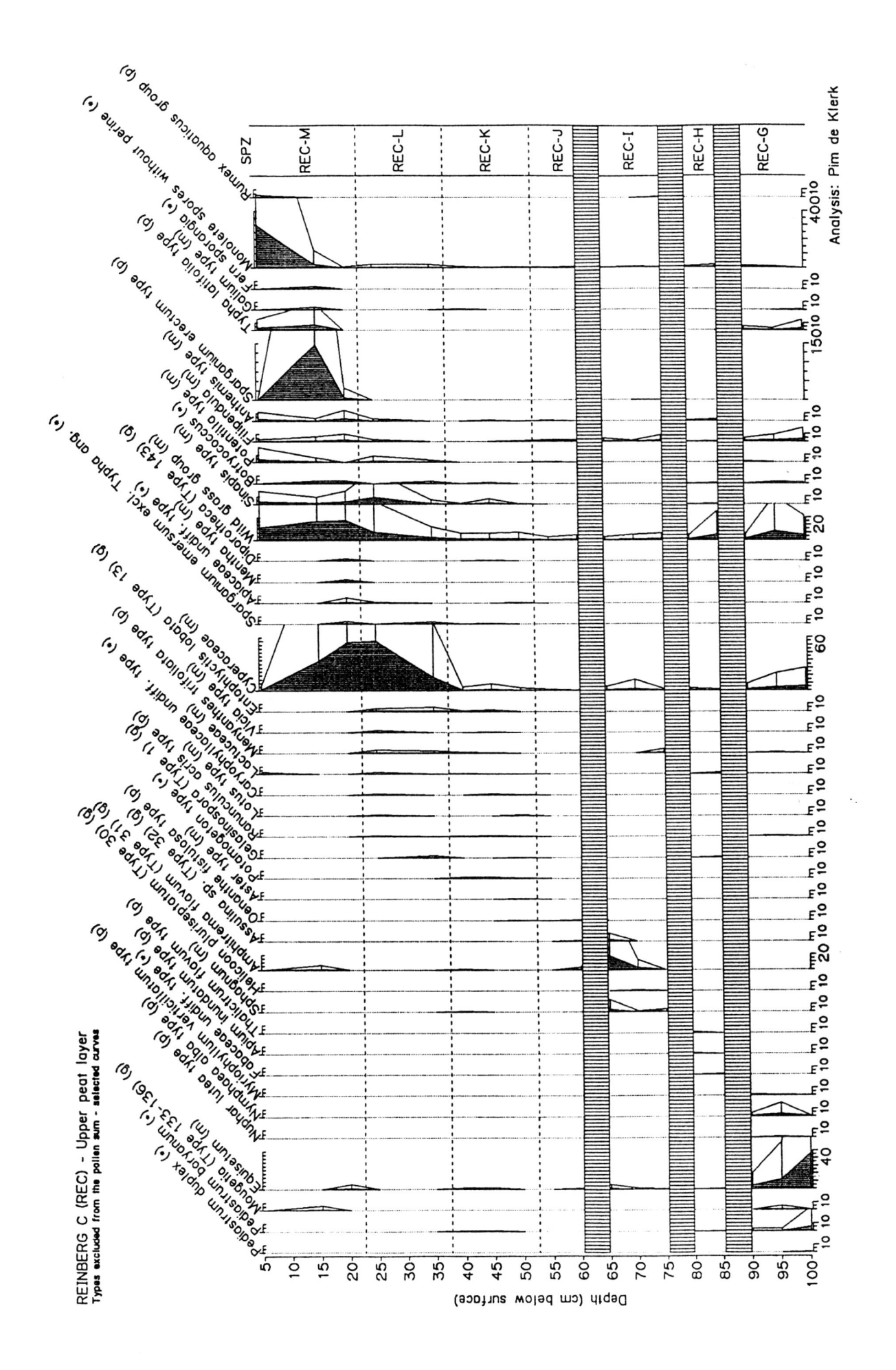

Analysis: Pim de Klerk

Grundlegende Voraussetzungen bodengenetischer Vergleichsuntersuchungen: Theorie und Anwendung

von

PETER KÜHN

„Wenn die Bodenbildungsbedingungen von Anfang an bis heute gleich geblieben wären, so würde die ganze Bodenmasse durch die gleichen Merkmale charakterisiert. Wenn sie aber eine Veränderung erlitten haben, so werden die Baumerkmale der unteren Horizonte von denjenigen der oberen ganz verschieden sein..."
(GLINKA 1914: 223)

Kurzfassung:
Grundlagen für bodengenetische Untersuchungen wie die Vergleichbarkeit des Substrates, der Bildungsdauer, des Verlaufs der Bodenbildung und der Reliefposition/Reliefeinheit werden in ihrer Theorie kurz vorgestellt und am Beispiel der spätglazialen Bodengenese diskutiert. Während das Substrat und die Reliefposition/die Reliefeinheit sich mit großer Genauigkeit charakterisieren lassen, ist die Bildungsdauer durch die ungenaue Kenntnis des Bildungsbeginns meist mit einer großen Unschärfe behaftet. Die größten Schwierigkeiten ergeben sich bei der Einschätzung des tatsächlichen Verlaufs der Pedogenese, sowie der genauen Einordnung des pedogenetischen *status quo* einzelner Bodenprofile. Es wird gezeigt, dass das spätglaziale Bodenmosaik um den terrestrischen Bodentyp der Braunerde erweitert werden kann. Auf geomorphodynamisch stabilen Standorten fand im Spätglazial sogar Lessivierung statt.

Abstract:
Fundamental prerequisites for soil-genetic comparative studies such as the comparability of parent material, time, trend of the soil formation and relief are briefly presented in their theory and discussed by the example of late glacial soil genesis. While parent material and relief can be compared with accuracy, the comparison of the trend of the soil formation is afflicted with uncertainty due to the inaccurate knowledge of the beginning of soil formation. Difficulties result in the case of the estimate of an actual run of pedogenesis, as well as the exact classification of the *pedogenetic status quo* of individual soil profiles. It is demonstrated that the *Late Glacial soil mosaic* can be extended by the type of Cambisols. Even Late Glacial clay illuviation is found on sites with geomorphodynamic stability.

1 Einleitung
Die Mehrzahl der an der Oberfläche anstehenden Böden weisen Merkmale verschiedenen Alters auf. Diese pedogenen Merkmale sind durch unterschiedliche Stabilität und Reaktionsbereitschaft gekennzeichnet. Diese Böden sind polygenetisch und durch Merkmalskombinationen charakterisiert, die in der jeweiligen Bodengeschichte begründet liegen.

Um die in den Böden enthaltenen Informationen folgerichtig interpretieren zu können, sollten deshalb rezente von reliktischen pedogenen Merkmalen getrennt werden, denn gerade auch für geoökologische Aussagen ist die rezente Natur der untersuchten Böden entscheidend. Die gemeinsame Anwendung paläopedologischer und bodengenetischer Arbeitsmethoden besitzen nicht nur eine lange Tradition (FLOROV 1927, KRAUS 1922, LAATSCH, 1934), sondern versprechen für die Lösung dieser Fragestellung den größten Erfolg.

Die Chronologie pedogener Prozesse kann einerseits durch einen Vergleich von Paläoböden mit rezenten Böden festgestellt werden, indem sich fossile Bodenbildungen bzw. deren Reste einzelnen Zeitscheiben zuordnen lassen und diese mit dem *Gesamtprofil* des rezenten Bodens verglichen werden (z.B. HALL 1990). Andererseits ist es aber auch möglich reliktische von rezenten pedogenen Merkmalen in den jeweils untersuchten Böden zu trennen (z.B. EHWALD 1970).

Für die Durchführung bodengenetischer Vergleichsuntersuchungen sollten einige Voraussetzungen beachtet werden, ohne die eine tatsächliche Vergleichbarkeit nur schwerlich zu gewährleisten wäre. Diese Voraussetzungen ergeben sich aus den bodenbildenden Faktoren, die von DOKUČAEV (1883) schon zum großen Teil genannt wurden: Ausgangsgestein, Organismen, Relief, Zeit, Klima und Mensch (bei mittel- bis jungholozänen Böden).

Im folgenden wird beispielhaft die Theorie einiger dieser grundlegenden Voraussetzungen für bodengenetische Vergleichsuntersuchungen vorgestellt und anhand zweier Fallbeispiele diskutiert. Das Hauptaugenmerk liegt hierbei auf der Pedogenese seit dem beginnenden Spätglazial.

2 Methoden
Die Korngrößenanalyse erfolgte nach kombinierter Sieb-Pipettmethode nach KÖHN (SCHLICHTING et al. 1995).

Für die mikromorphologischen Untersuchungen wurden mit umgebauten Kubiena-Kästchen (4,5 x 2,5 x 2,5 cm) ungestörte orientierte Proben entnommen und nach Lufttrocknung in Kunstharz eingebettet (ALTEMÜLLER 1974, ALTEMÜLLER & BECKMANN 1991). Die Dünnschliffe wurden im Mikromorphologie-Labor der Universität Trier und teilweise von der Firma. T. Beckmann hergestellt. Die Analyse der Bodendünnschliffe erfolgte vor allem nach BULLOCK et al. (1985) und STOOPS (1999).

3 Grundlagen vergleichender bodengenetischer Untersuchungen
3.1 Vergleichbarkeit des Ausgangssubstrates
Um die Auswirkung raum-zeitlich klimatischer Varianzen auf die Bodenbildung und auch auf die Bodenbildungsintensität zu beurteilen, ist die Vergleichbarkeit des Ausgangssubstrates erforderlich (ROHDENBURG 1978). Nicht immer wird dieser Forderung ausreichende Beachtung geschenkt.

REUTER et al. (1995) zum Beispiel stellen anhand ihrer bodenkundlichen Untersuchung in den Hochlagen von vier Regionen der bolivianischen Anden fest, dass dort im Holozän keine Lessivierung stattfand: „*Damit wird die These von den spezifischen (warm-humiden) klimatischen Voraussetzung für den Tonverlagerungsprozess (REUTER 1990) gestützt.*" (REUTER et al. 1995: 280).

Da in keinem der von REUTER et al. (1995) vorgestellten Standorte im C-Horizont (Moränenmaterial v.a. aus Granit, Gneis, Schiefer) Carbonat nachgewiesen werden konnte und die pH-Werte (CaCl$_2$) meist im mäßig bis stark sauren Bereich liegen, ist die Verwendung der vorgestellten Ergebnisse für die Stützung der o.g. These zur Lessivierung fraglich. Es ist anzunehmen, dass auf Grund der geringen Pufferkapazität das primär carbonatfreie Ausgangsmaterial schnell versauert (ZECH & WILKE 1977) und der für die Lessivierung erforderliche pH-Bereich von 6,5-5,0 in kristallinem Material relativ zügig durchschritten wird (SCHACHTSCHABEL et al. 1998: 388).

Die von REUTER (1990) formulierte These wurde jedoch an Böden im Jungmoränengebiet Mecklenburg-Vorpommerns aus ehemals carbonathaltigem Ausgangsmaterial (Geschiebemergel) entwickelt. Die relativ hohe Pufferkapazität des Geschiebemergels läßt eine für die Lessivierung förderliche lange Verweildauer im pH-Bereich 6,5-5,0 zu.

In beiden Untersuchungsgebieten sind, bedingt durch das verschiedenartige Ausgangssubstrat, unterschiedliche Bodenentwicklungstendenzen zu erwarten, die nicht auf klimatisch differierende Bedingungen zurückzuführen sind Damit ist in diesem Fall der Vergleich der Böden in den bolivianischen Anden mit denen der Norddeutschen Tiefebene in Bezug auf klimatisch beeinflusste Pedogenese nicht sinnvoll.

Auf mit Geschiebemergel vergleichbarem Ausgangssubstrat fanden HÜTTL (1999) in den nördlichen Alpen in einer Höhe von ~1980 m NN und BOCKHEIM & KOERNER (1997) in den Uinta Mountains in einer Höhe >3300 m NN eindeutige Hinweise auf Lessivierung. In diesem Zusammenhang sei auch auf mitteltiefe Parabraunerden hingewiesen, die in der Auftauzone des Permafrostes in Ostsibirien entwickelt sind (SEMMEL 1993: 88). Dies zeigt, dass Lessivierung auch unter kaltklimatischen Bedingungen prinzipiell möglich ist.

3.2 Vergleichbarkeit der Bildungsdauer

Vielfach ist das Ende der Bodenbildung gut bekannt, nicht jedoch deren Beginn. So lässt sich das Ende der Bodenbildung bei Sedimentüberdeckung durch physikalische Datierung des überdeckenden oder archäologische Datierung des überdeckten Sedimentes relativ genau fassen. Da es für den Beginn der Pedogenese bisher noch keine direkte Datierungsmethode gibt, wird dieser meist indirekt aus geomorphologisch-stratigraphischen Sachverhalten wie dem Alter des Geschiebemergels, des Primärlösses, der Flussterrassen etc. geschlossen (FITZE 1982).

Wird beispielsweise die Bodenbildung des Allerøds untersucht, so ist deren Ende an Standorten mit begrabenen Böden meist gut bekannt.

Im Mittelrheinischen Becken wurde die *allerødzeitliche* Bodenbildung (v.a. fAh) aus Löß unter Laacher-See-Tephra begraben. Die Angaben über das Alter der Laacher See-Tephra schwanken zwischen 11230 ± 40 ^{14}C Jahren B.P. (HAJDAS et al. 1995) und 11037 ± 27 bzw. 11073 ± 33 ^{14}C Jahren B.P. (BAALES et al. 1998). So ist zwar das tatsächliche Alter der Laacher-See-Eruption noch unsicher, doch für die überwiegende Zahl bodengenetischer Fragestellungen ausreichend genau. Wann jedoch begann sich der unter Laacher See Tephra begrabene Boden zu bilden? Im Allerød, im Bølling oder gar noch früher?

IKINGER (1996) nimmt aufgrund des geomorphologisch-stratigraphischen Zusammenhangs im Mittelrheinischen Becken ein Ende der Lößanwehung zwischen Älterer Dryas und Allerød an. Exakte Daten liegen jedoch nicht vor.

In Brandenburg und Mecklenburg-Vorpommern wurde die *allerødzeitliche* Bodenbildung (fBv) in äolischen bzw. glazifluvialen Sanden unter Flugsand begraben (SCHLAAK 1998). Nach dem Vergleich archäologisch, ^{14}C-, TL- und OSL-datierter Profile, ist mit großer Sicherheit davon auszugehen, dass die Flugsandüberdeckung in einem späteren Abschnitt der Jüngeren Dryas stattfand, und dadurch die Bodenentwicklung an unter Flugsand begrabenen Böden je nach Mächtigkeit des Flugsandes nur noch schwach beeinflusst wurde (BOGEN et al. einger.). Der Beginn der Pedogenese ist auch hier nicht so genau einzugrenzen wie deren Ende (KUHN 2000).

Nach ROHDENBURG & MEYER (1968) können bei unterschiedlicher Bildungsdauer der Böden bei gleichen anderen Voraussetzungen verschiedene Bodentypen nebeneinander vorkommen. Diese gleichen Voraussetzungen sind auch bei geologisch kürzeren Zeitabschnitten (einige tausend Jahre) nur bedingt gegeben, da *Klimafluktuationen* wie im Holozän und Spätglazial geschehen, sich verändernd auf die Standortbedingungen auswirken bzw. auswirken können.

3.3 Verlauf der Bodenbildung

In welchem Maße und mit welcher Geschwindigkeit bilden und ändern sich bestimmte pedogene Merkmale im Laufe der Zeit? Dies ist eine der zentralen Fragestellungen, die bei allen bodengenetischen Untersuchungen immer im Vordergrund steht.

Da Bodenentwicklung vom Menschen nicht direkt beobachtet werden kann, wurde versucht, anhand von Boden-Chronosequenzen relative Entwicklungsstufen für Böden in Zeitreihen festzulegen und pedogene Merkmale altersbezogen zu quantifizieren (z.B. BOCKHEIM, 1980, EGLI et al. 2001, SCHRÖDER 1979). Um wiederum über quantifizierte pedogen relevante Merkmale auf das Alter der Böden schließen zu können, wurden „Bodenentwicklungsindizes" entwickelt (z.B. HARDEN 1982, LANGLEY-TURNBAUGH & EVANS 1994).

Mit diesen Ergebnissen lässt sich der Verlauf der Pedogenese näherungsweise in Modellen beschreiben (JOHNSON et al. 1990, YAALON 1975). Neben den Chronofunktionen einzelner Merkmale diskutiert BIRKELAND (1999) die Veränderung einzelner Horizonte bzw. Bodentypen in der Zeit anhand schematischer Diagramme. Die Kurven werden mathematisch am besten durch eine in der Ökologie häufig verwendete logistische Funktion beschrieben, die zur Darstellung natürlicher Wachstumsprozesse dient (ODUM 1991).

In Abbildung 1 stellen hypothetische Kurven (A, B) eine jeweils unterschiedlich schnell verlaufende Bodenentwicklung dar (die Zeitabstände zwischen den Ereignissen 1 bis 4 von A und B sind gleich).

Um das Prinzip hervorzuheben, werden bei den durchgezogenen Kurven konstante Klimabedingungen, sowie weder Erosion noch Akkumulation vorausgesetzt. Bei den gestrichelten Kurven werden Klimaveränderungen angenommen. Bei allen Kurven wird die von JOHNSON et al (1990) diskutierte regressive Bodenentwicklung *nicht* mit einbezogen, sondern eine gleichbleibende *Pedogenese-Art* angenommen.

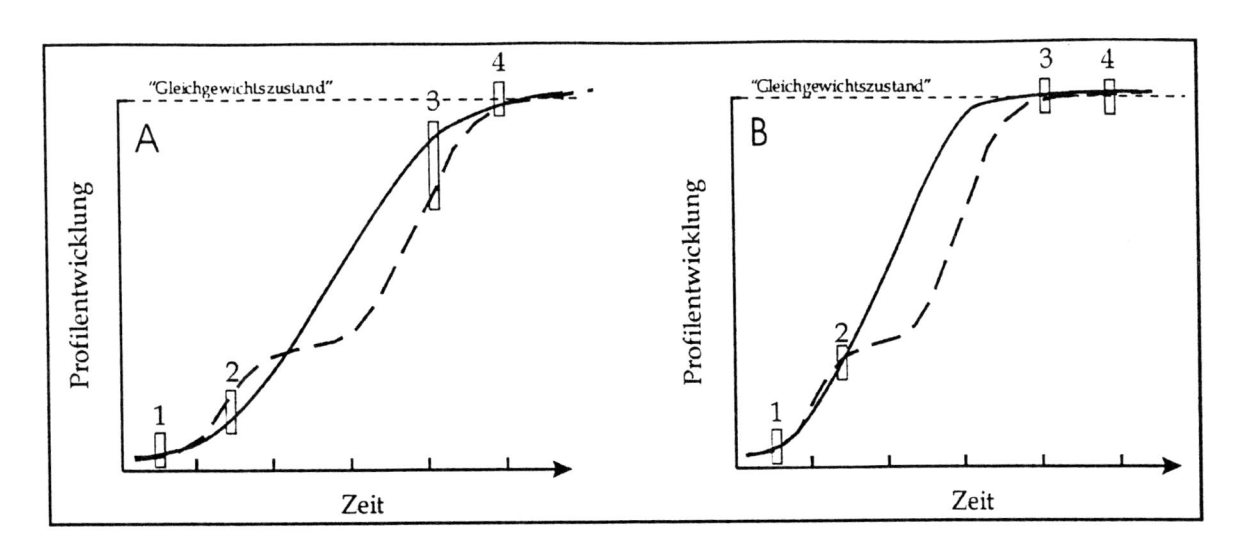

Abb. 1: Schematische Kurven zur Bodenentwicklung mit unterschiedlicher Entwicklungsgeschwindigkeit bei konstanten (durchgezogene Linie) und fluktuierenden (gestrichelte Linie) Klimabedingungen.

Unter Beachtung der o.g. Vereinfachungen zeigt der Kurvenverlauf, dass die Pedogenese zunächst langsam und zwischen den beiden Wendepunkten der durchgezogenen Kurve relativ schnell verläuft. Nach dem letzten Wendepunkt deutet der fast horizontale Verlauf der Kurven einen hypothetischen pedogenetischen Gleichgewichtszustand (*steady state*) an, der äußerst geringe Veränderungen pedogener Merkmale in der Zeit anzeigt (BIRKELAND 1999: 225f).

Da sich die Genese weit entwickelter Böden überwiegend in Zeiträumen mehrerer tausend Jahre abspielt, sind die Bodenbildung beeinflussende Oszillationen des Klimas anzunehmen. Dies zeigt, ohne Berücksichtigung einer möglichen regressiven Pedogenese, der gestrichelte hypothetische Kurvenverlauf.

Wird ein Boden begraben, kann das zu verschiedenen Zeiträumen der Entwicklung eines Bodens geschehen (Zahlen 1 bis 4). Die bis dahin jeweils ausgebildeten pedogenen Merkmale würden durch die Sedimentüberdeckung zu einem gewissen Grade konserviert werden und die Kurve zeigte einen abschließend fast horizontalen bzw. langsam absteigenden Verlauf (wird in Abb. 1 nicht gezeigt). Von einer weiteren langsamen Veränderung bestimmter Merkmale z.B. im Sinne einer regressiven Pedogenese von JOHNSON et al. (1990) ist auszugehen.

Beim Vergleich fossiler Böden, ist es notwendig zu beurteilen, in welchem Entwicklungsstadium diese begraben wurden. Schwierigkeiten liegen dabei oft in der ungenügenden Kenntnis über den Bildungsbeginn und damit die Bildungsdauer der untersuchten Böden (vgl. Kap. 2.3), aber auch über den tatsächlichen charakteristischen Verlauf der Bodengenese in Bezug auf unterschiedliche Bodentypen.

Da in einem Oberflächenboden alle Stadien seiner Entwicklung enthalten sind, stellen Oberflächenböden Archive dar, in denen die Geschichte der bodenbildenden Faktoren seit dem Beginn der jeweiligen Bodenbildung niedergeschrieben steht.

Für teilreliktische Oberflächenböden besteht die Schwierigkeit darin, die Art und Menge der reliktischen Merkmale zu bestimmen, selbst wenn ein offensichtlicher pedostratigraphischer

Zusammenhang mit einem fossilen Boden gegeben ist (z.B. KAISER & KÜHN 1999). Ebenso schwierig ist es, sowohl den Verlauf der bodengenetischen Kurve für einzelne Böden als deren tatsächlichen *pedogenetischen status quo* festzustellen. (Abb. 1: gestrichelte Linien).

3.4 Vergleichbarkeit der Reliefposition/Reliefeinheit

BLEICH (1998) wies auf die Schlüsselstellung der Paläocatena/Paläo-Reliefposition bei der Beantwortung paläopedologischer und damit verbundener pedogenetischer Fragestellungen hin. Zweifellos ist die Paläoreliefposition nicht nur in den von ihm vorgestellten Lößregionen, sondern auch in anderen Landschaftseinheiten von eminenter Bedeutung. Bei vergleichenden Bodenuntersuchungen anhand von Bodenkartierungen ist dies ohnehin eine Selbstverständlichkeit.

Überwiegend durch die Reliefposition im Zusammenhang mit den klimatischen Bedingungen bestimmt, besitzen Standorte einen unterschiedlichen „geomorphodynamischen Aktivitätsgrad", der die Bodengenese oft entscheidend beeinflußt. Wird anhand paläopedologischer Befunde auf die Bodenbildungsintensität und Verbreitung der Böden innerhalb einer Zeitscheibe geschlossen, ist die (Paläo-)Reliefposition im topischen (z.B. Hangfuß, Kuppe) und chorischen Bereich (z.B. Becken, Flusstal) zu berücksichtigen. Dies sollte auch in weiterführende Schlussfolgerungen einbezogen werden, denn Aussagen zur Bodenverbreitung außerhalb der jeweils untersuchten Reliefeinheiten bergen die Gefahr in sich, zu einer monotypischen Betrachtung ganzer Landoberflächen der Vergangenheit zu gelangen (BLEICH 1996).

Vereinfacht können Standorte (bzw. Reliefpositionen und – einheiten) mit geomorphodynamischer Stabilität und solche geomorphodynamischer Aktivität von einander abgegrenzt werden. Die Standorte geomorphodynamischer Aktivität lassen sich weiter in Erosions- und Akkumulationsstandorte untergliedern.

Für bodengenetische Untersuchungen, deren Thema nicht die initiale Bodenbildung ist, sind Erosionsstandorte von Nachteil, da durch Erosion unwiederbringlich Information verloren geht und gegangen ist. Deshalb wird im folgenden nur auf die geomorphodynamisch stabilen und die Akkumulationsstandorte näher eingegangen.

3.4.1 Standorte mit geomorphodynamischer Stabilität

Unter dem Gesichtspunkt, dass im betrachteten Zeitraum an den zu untersuchenden Standorten weder Erosion noch Akkumulation vorherrschen, können diese als Standorte relativer geomorphodynamischer Ruhe bezeichnet werden. Die vorkommende geomorphodynamische Aktivität wirkt sich *in geringem Maße reliefformend* aus.

Es ist davon auszugehen, dass hier, oft bedingt durch eine geringe Reliefenergie, bodengenetische Prozesse kaum oder nur in geringem Maße durch Sedimentakkumulation oder -erosion unterbrochen werden.

3.4.2 Standorte mit geomorphodynamischer Aktivität - Akkumulationsstandorte

Standorte mit bevorzugter Neigung zur Sedimentakkumulation im betrachteten Zeitraum können als Akkumulationsstandorte bezeichnet werden. Die vorkommende geomorphodynamische Aktivität wirkt sich *in hohem Maße reliefformend* aus.

Häufig wird an diesen Standorten die Pedogenese durch erneute Sedimentakkumulation unterbrochen, wodurch (begrabene) fossile Böden entstehen, die ehemalige Landoberflächen und damit Phasen relativer geomorphodynamischer Ruhe repräsentieren. Pedogenetische Prozesse beginnen damit auf mehr oder weniger frischem Ausgangsmaterial erneut einen Boden auszubilden. Synsedimentäre Bodenbildung soll hier nicht Gegenstand der Diskussion sein.

4 Diskussion der genannten Voraussetzungen anhand von Standorten mit unterschiedlichem „geomorphodynamischen Aktivitätsgrad"

Beide Untersuchungsgebiete befinden sich nördlich der Mecklenburger Eisrandlage des Weichselglazials. Das Untersuchungsgebiet *Lessivé* (Kap. 4.1) befindet sich auf flachwelliger bis ebener Grundmoräneplatte nordnordöstlich von Dargun. Untersuchungsgebiet *Finowboden* (Kap. 4.2) liegt am Rande des ehemaligen „Haffstausees" in der Ueckermünder Heide (Abb. 2).

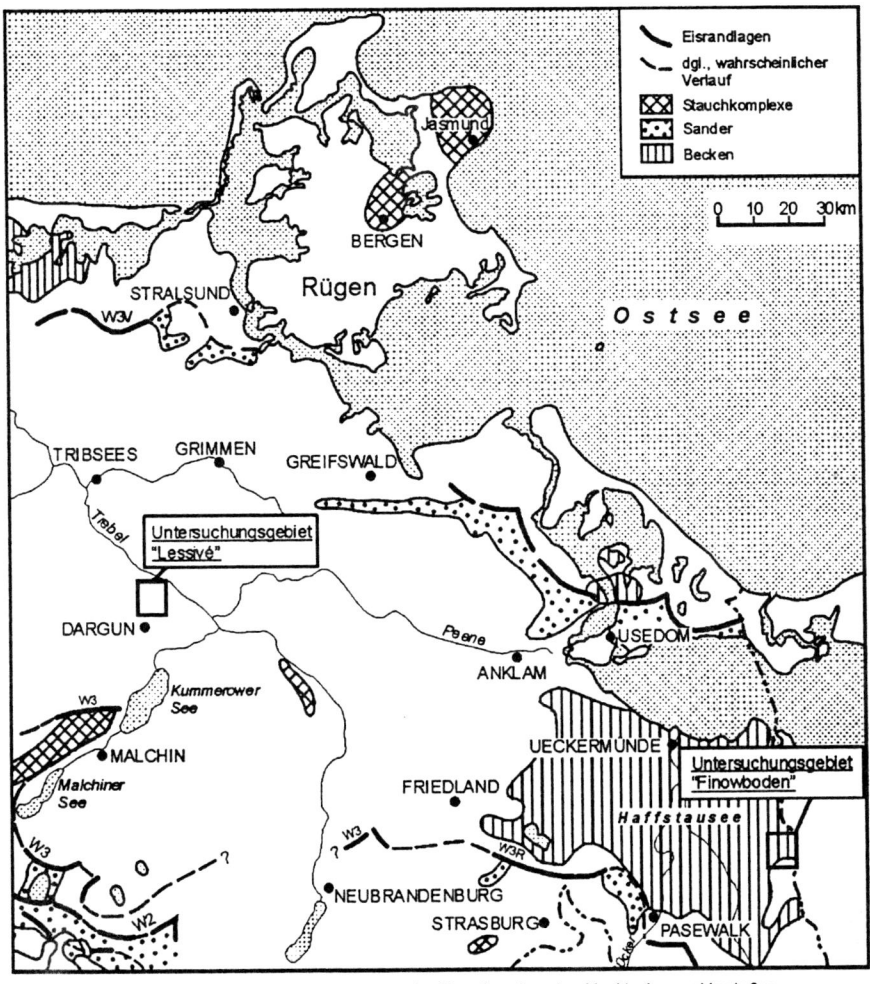

Abb. 2: Lage der Untersuchungsgebiete in Mecklenburg Vorpommern; stark vereinfacht aus RÜHBERG et al. (1995).

Nach GÖRSDORF & KAISER (2001) zeichnet sich eine Eisfreiwerdung der Pommerschen Bucht um 14000 BP ab. Dies kann deshalb als Minimumalter der Enteisung für die Flächen nördlich der Mecklenburger Randlage gelten und ebenso als Minimumalter für den Beginn der Verwitterung und Bodenbildung auf den nicht von Toteis oder Wasser bedeckten Flächen.

4.1 Geomorphodynamisch stabile Standorte: ebene bis flach wellige Grundmoränenplatten in Mecklenburg-Vorpommern

Während in Mecklenburg-Vorpommern die Randbereiche der Grundmoränenplatten und Einzugsgebiete der Sölle geomorphodynamisch aktive Standorte darstellen (HELBIG et al. i. Dr., KAISER et al. 2000), können die Flächen der ebenen Grundmoränenplatten nördlich der Pommerschen Eisrandlage als Standorte *relativer geomorphodynamischer Ruhe* seit dem Niedertauen des Eises des Mecklenburger Vorstoßes betrachtet werden.

Das heißt nicht, dass auf den Grundmoränenplatten geomorphodynamische Inaktivität herrschte: da die Neigung auf den schwach gewellten ebenen Grundmoränenplatten häufig bei <2° liegt, laufen reliefformende Prozesse hier sehr langsam ab. HELBIG (1999) beschrieb Sandkeile mit Verbiegungserscheinungen in Richtung des Hangfallens selbst bei Neigungen <1°. Dies lässt zumindest auf kurze laterale Umlagerungsstrecken unter periglazialen Klimabedingungen schließen, die wohl nur einige Dezimeter betrugen. Aufgrund der geringen Reliefenergie sind die nicht anthropogen beeinflussten reliefnivellierenden Ausgleichsprozesse (Solifluktion, Abspülung, Erosion, Akkumulation, Deflation etc.) im Spätglazial und Holozän insgesamt als gering reliefformend einzustufen.

Bei den unter Acker genommenen Flächen ist auf die Verkürzung der Bodenprofile durch Winderosion hinzuweisen (FRIELINGHAUS 1998). Die Kappung der Böden kann umso stärker sein, je länger der Zeitraum der ackerbaulichen Nutzung ist (EBERMANN 1983). Unter Berücksichtigung einer eventuellen Kappung eignen sich diese Flächen dennoch besonders, um die Entwicklung der darauf vorkommenden Böden ab dem Beginn der Eisfreiwerdung (14000 –15000 a BP) zu untersuchen.

4.1.1 Ergebnisse

Auf den Grundmoränenplatten ist als Leitbodenform die mehr oder weniger hydromorph beeinflusste Lessivé-Braunerde aus Decksand über Geschiebemergel ausgebildet, wie dies auch nördlich von Dargun bei Groß Methling der Fall ist (SCHNEIDER & KÜHN 2000). Bodenphysikalische, bodenchemische und mikromorphologische Daten dieser Profile wurden von HELBIG (1999), SCHRÖDER & SCHNEIDER (1996), SCHRÖDER et al. (1997), KÜHN & SCHRÖDER (2001), KÜHN et al. (i. Dr.) und KÜHN (einger.) vorgestellt.

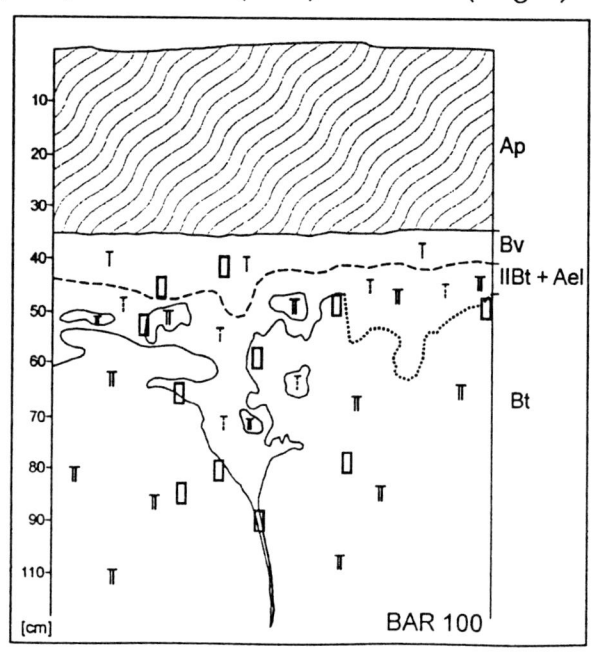

Abb. 3: Lessive-Braunerde (BAR 100) aus Decksand über Geschiebelehm mit Sandkeil. Rechtecke kennzeichnen Entnahmestellen für mikromorphologische Proben. Lage: TK 25 (2043), R: 4557400, H: 5976750. Signaturen nach BILLWITZ (2000).

HELBIG (1999) beschrieb zahlreiche Profile der oben genannten Leitbodenform mit gut ausgebildeten Sandkeilen, die eine relative chronologische Einordnung pedogener Prozesse erleichtern. BAR 100 stellt ein mit einigen von HELBIG (1999) vorgestellten Bodenprofilen vergleichbares Profil dar (Abb. 3).

Die Form des Sandkeils, die kein Umknicken in eine Richtung erkennen lässt, gibt einen weiteren Hinweis auf die relative Stabilität dieser Landoberfläche auch bei periglazialer Überprägung. In der Sandkeilfüllung kommen neben der sandigen Füllung Bt-Schmitzen verschiedener Größe vor. Diese Bt-Schmitzen sind in Profilen ohne Sandkeile typisch für den Übergangsbereich vom Ael- zum Bt-Horizont (KÜHN et al. i. Dr.).

Die Daten der Korngrößenverteilung (Tabelle 1) zeigen typische Bodenarten für den Decksand (Su2, Su3, Sl2) und den Geschiebemergel (Sl3, Sl4, Ls4), wie sie auch in Profilen ohne Sandkeile zu finden sind. Die Sandkeilfüllung zeigt entgegen der Erwartung einen relativ hohen Tongehalt. Dies liegt daran, dass die Bt-Schmitzen bei der Beprobung nicht aussortiert wurden. Bei einem zu BAR 100 benachbarten ebenfalls kurzzeitig offenen Aufschluß BAR 200 wurden bei der Beprobung zweier Sandkeilfüllungen die Bt-Schmitzen aussortiert. Hier blieb in Übereinstimmung mit den Feldbefunden der Ton- und Schluffanteil deutlich unter denen des Decksandes.

Tab. 1: Korngrößenverteilung von BAR 100 und Sandkeilfüllungen von BAR 200.

Tiefe [cm]	Horizont	T	fU	mU	gU	fS [%]	mS	gS	S	U	T	B.-art
35	Ap	7,0	3,2	6,5	17,9	38,4	23,1	4,0	65,5	27,6	7,0	Su3
44	Bv	5,4	3,1	10,4	16,0	30,2	31,3	3,6	65,1	29,5	5,4	Su3
50	Al+Bt	5,3	3,3	7,6	18,1	41,2	21,0	3,4	65,6	29,0	5,3	Su3
-	Sandkeil	6,2	2,4	4,7	8,1	39,5	25,1	13,9	78,5	15,2	6,2	Sl2
100+	Bt	13,2	4,1	6,1	11,5	38,6	23,0	3,5	65,1	21,7	13,2	Sl4
BAR 200	Sandk. 1	3,7	1,9	2,6	9,6	56,7	21,2	4,4	82,3	14,1	3,7	Su2
BAR 200	Sandk. 2	3,5	1,2	1,8	5,6	54,0	29,3	24,6	87,9	8,6	3,5	fSms

Die Auswertung der Dünnschliffe (Tabelle 2) zeigte, dass sich zahlreiche Toncutanfragmente in der Sandkeilfüllung fanden, ebenso Toncutanfragmente neben sehr gut orientierten völlig intakten Toncutanen.

In Tabelle 2 läßt sich dies leicht anhand der Spalten unter der Rubrik *clay coatings* erkennen. Toncutanfragmente (f) finden sich außer im Bv-Horizont der Braunerde immer in der Gemeinschaft von *in-situ*-Toncutanen (vd, d, l, s-c) verschiedener Ausprägung.

Ebenso sind Toncutanfragmente innerhalb eines durch Eislinsenbildung entstandenen Gefüges zu finden (VANVLIET-LANOË 1998). In Abbildung 4 sind die linsenförmigen Platten deutlich zu erkennen.

Tab. 2: Ausgewählte mikromorphologische Hauptmerkmale von BAR 100. Klassifizierung ohne Quantifizierung nach Präsenz (Kreuz) oder Absenz (kein Kreuz). Zahlen in Klammern: mittlere Probenametiefe. Merkmale werden in englischen Fachtermini nach BULLOCK et al. (1985) angegeben, da es keine einheitliche deutsche Definitionen mikromorphologischer Merkmale gibt.

Horizon	Groundmass							Pedofeatures															
	Micromass b-fabric							Hydromorphic features						Translocation features									
								nodule				hypocoating	di di	clay coatings					infillings			cap	st
[depth cm]	u	ms	pms	ss	pss	gs	pgs	s	t	n	a	gm	cc	vd	d	l	s-c	f	c	c-s	s-c		
Bv (43)	x			x				x										x					
Bv (46)	x		x					x										x					
IIBt+Ael (49)	x		x					x	x					x	x	x				x			
IIBt+Ael (52)	x	st			st			x						x								x	x
Bt (51)			x		x	x		x	x					x	x	x	x	x	x				
Bt (60)		x		x				x							x	x	x						
Bt[sw] (64)	x				x			x							x	x				x			
Bt (81)			x	x				x	x						x	x			x				
Bt (83)		x		x				x							x	x	x		x				
Bt-[sw](90)	x		x					x							x	x							

| sw = with sand wedge | partly... mosaic granostriated st = within Bt-Streak only | undifferentiated stipple speckled striated | typical nucleic aggregate | on groundmass on clay coatings diffuse distribution | very dusty dusty limpid | silt-clay fragments | clay clay-silt silt-clay capping | Bt-streak |

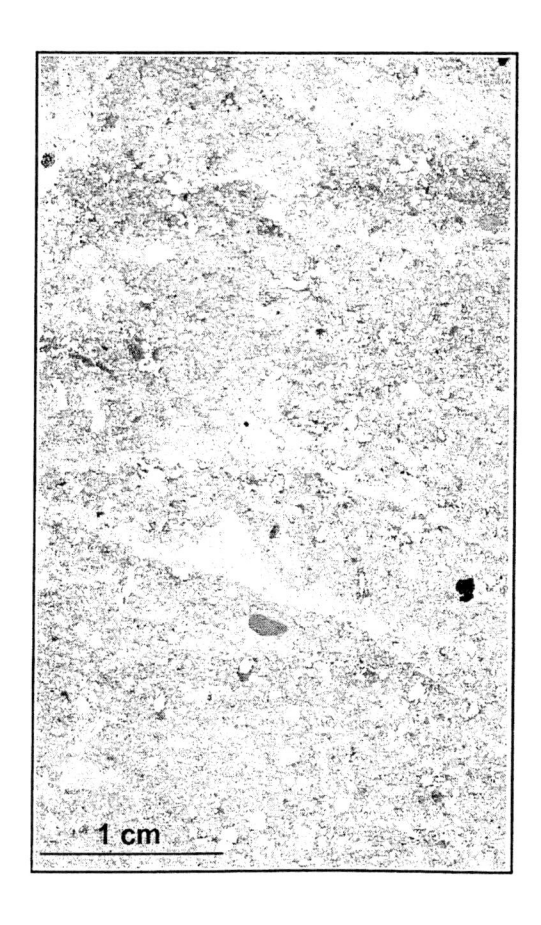

Abb. 4: Schliff Bt[sw] (64). Durch Eislinsenbildung entstanden linsenförmige Platten (*lenticular platy structure* bzw. *banded fabric*).

Ein Teil der Toncutanfragmente repräsentiert damit eine Lessivierungsphase vor Entstehung der Sandkeils und des plattigen Gefüges. Die gut orientierten Toncutane hingegen bildeten sich in Lessivierungsphasen, die nicht periglazial überprägt wurden und damit holozänen Alters sind (KÜHN et al. i. Dr.).

4.1.2 Diskussion

Die Genese des Decksandes und der Sandkeile wird von BLUME & HOFFMANN (1977) und HELBIG (1999) diskutiert. Einige der von HELBIG beschriebenen Sandkeile kommen in rezent noch kalkhaltigen Bodenprofilen vor (Schmedshagen und Medrow 1; HELBIG 1999: S. 59). In den Sandkeilfüllungen sind ebenfalls wie in den carbonatfreien Profilen Schmitzen (hier Geschiebemergel-Schmitzen), als auch Steine zu finden. Eindrucksvoll zeigt die Zeichnung des Profils von Bookhagen 1 (Abb. 5), dass in der Sandkeilfüllung neben Bt-Bändern auch Bt-Schmitzen vorkommen.

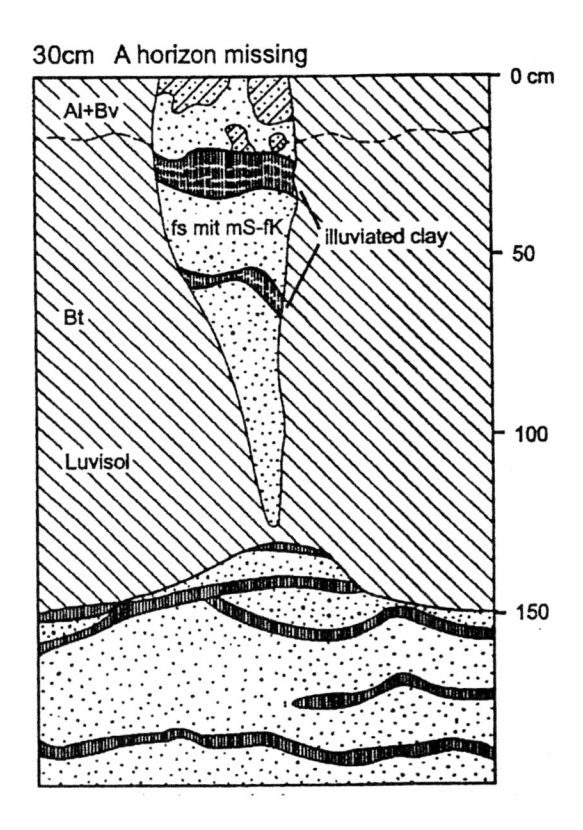

Abb. 5: Sandkeil im Profil Bookhagen1 (aus HELBIG 1999: 59).

Die Bt-Schmitzen sind allerdings älter als die Bt-Bänder, da die Bt-Bänder ungestört sind. Die Bt-Bänder selbst zeigen Lessivierung nach Entstehung des Sandkeils an und damit aller Wahrscheinlichkeit nach holozäne Tonverlagerung. In Bt-Schmitzen vorkommende Toncutanbruchstücke müssen demnach zu einer älteren Lessivierungsphase gehören.

Da außer Zweifel steht, dass die Sandkeile in den kälteren Phasen des Spätglazials unter periglazialen Klimabedingungen entstanden sind und in der Mehrzahl der von HELBIG (1999) beschriebenen Sandkeile, wie in Profil BAR 100, in der Sandkeilfüllung Bt-Schmitzen zu finden sind, stellt sich die Frage wie diese Bt-Schmitzen in den Sandkeil gelangen konnten.
Obwohl die Experimente von COUTARD et al. (1988) Frosthub und –kriechen und nicht Genese von Sandkeilen simulierten, zeigen deren Befunde an künstlich geformten Keilen, dass

durch Frost-Tau-Wechsel Material vom umgebenden Substrat in den keilförmigen Hohlraum fällt. Dies legt eine ähnliche Genese für Bt-Schmitzen der Sandkeilfüllungen nahe.

In Bt-Schmitzen im Ael+Bt-Horizont des unweit von BAR 100 gelegenen Profils M10 (KÜHN et al. i.Dr.) ließen sich in Bt-Schmitzen Toncutanbruchstücke nachweisen. Dieser Befund in Verbindung mit den Toncutanbruchstücken in den linsenförmigen Mikro-Platten und den Toncutanbruchstücken in der Sandkeilfüllung (s.o.) lässt den Schluss zu, dass vor Entstehung der Schmitzen und der Sandkeilgenese Lessivierung stattgefunden hat. Im Dünnschliff sind neben Toncutanbruchstücken meist ungestörte Toncutane auch in Nähe der Sandkeile zu finden, die hier Lessivierung *nach* periglazialer Überprägung belegen.

HELBIG (1999) hat die Sandkeile nicht für seine Schlußfolgerungen zur Lessivierung genauer untersucht und genutzt. Die einzige bodengenetische Aussage in Bezug auf die Sandkeile - *„Die anschließende Tonverlagerung fand offenbar bevorzugt aus der ehemaligen active layer in den darunterliegenden GL statt. Es entwickelten sich Bv-, Al- und Bt-Horizonte."* (HELBIG 1999: 61) - führt zu keiner Klärung im Hinblick auf den chronologischen Ablauf der bodenbildenden Prozesse, da HELBIG (1999: 63) den Bildungszeitraum der Sandkeile im *„Präalleröd"* vermutet. In einer vorsichtigen Formulierung stellt HELBIG (1999: 100) *„...die Tonverlagerung in der Hauptsache in das Holozän."* und begründet dies mit seinen Befunden aus Becken und Hohlformen.

HELBIG (1999: 99) beschreibt als Indiz gegen eine bedeutende Bodenbildung im Spätglazial einen *holozänen Bv-Horizont* in einem Soll bei Reinberg, der über einem allerödzeitlichen Torf sich in jungdryaszeitlich abgespülten Sanden entwickelte und am Hang auf Geschiebelehm dort den normalen Bodentyp der Grundmoräne bilden soll (Abb. 6).

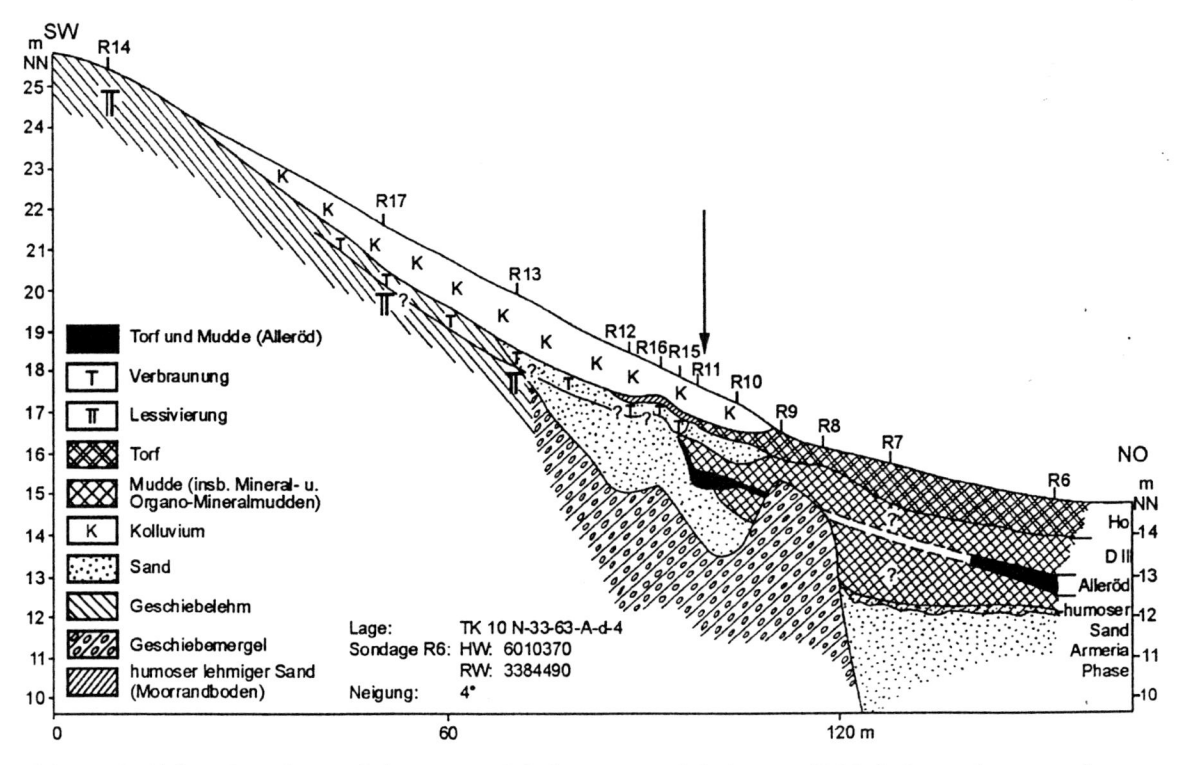

Abb. 6: Soll bei Reinberg. Schwarzer Pfeil zeigt auf Bohrung R11 (schwach verändert aus HELBIG 1999: S. 69, Abb. 11)

Die Ansprache des *Bv-Horizontes* ist jedoch äußerst unsicher (vgl. HELBIG 1999: Anhang 66f.). Zudem liegt am Beckenrand über dem (holozänen) Bv-Horizont ein Moorrandboden (Bohrung R11), der sich im Frühholozän zu bilden begann (siehe Pollendiagramm R11 bei HELBIG 1999: 71 im Anhang: Grenze der Zonen REB-C3 und REB-D). Es erscheint unwahrscheinlich, dass sich unterhalb eines frühholozänen Moorrandbodens ein *holozäner Bv-Horizont* aus jungdryaszeitlichen Sedimenten entwickelt, da nach deren Ablagerung nur kurz terrestrische Bedingungen herrschten.

Weiterhin sind die von HELBIG (1999: 99) angeführten Befunde zum Aufschluß *Bansin*, sowie die von HELBIG (1999: 99) zitierten Befunde von KONECKA-BETLEY (1991) und WALTHER (1990) aufgrund ihrer Reliefposition/Reliefeinheit der untersuchten Standorte zu den in Kap. 4.2 diskutierten Akkumulationsstandorten zu stellen. Auch wegen des sandigen Ausgangssubstrates sind diese kaum mit den diskutierten Grundmoränenstandorten vergleichbar.

Die o.g. Ergebnisse von HELBIG (1999) eignen sich deshalb nicht, einen entscheidenden Beitrag zur Lösung der *Lessivierungsfrage* zu leisten.

Des weiteren stellt sich die Frage, ob o.g. Mikro-Gefügemerkmale nicht auch rezenter Natur bzw. holozänen Alters sein könnten. Trotz rezent sporadisch vorkommender Bodenfrosttiefen von bis zu 80-100 cm, besitzt dies Mikro-Gefüge reliktischen Charakter, da es bisher nur in Tiefen von etwa 60–75 cm nachgewiesen werden konnte. Würde sich rezenter Frosteinfluss auf das Mikrogefüge auswirken, wären entsprechende Merkmale in allen Tiefen des rezenten Frosteinflusses zu erwarten, die keiner starken Bioturbation unterliegen. Darüber hinaus dürften keine ungestörten Toncutane in diesen Tiefen zu finden sein.

Aufgrund der durchschnittlichen Mächtigkeit des Decksandes von etwa 50 cm, ist davon auszugehen, dass diese der Mächtigkeit der spätglazialen Auftauzone (*active layer*) entspricht (HELBIG 1999: 60). Zwischen dem unteren Bereich der Auftauzone und der Permafrosttafel liegt die Zone der stärksten Segregationseisausbildung (SHUR 1988, SOLOMATIN 1994) und damit der deutlichsten Ausbildung entsprechender Gefügemerkmale wie z.B. *linsenförmige Mikroplattigkeit*.

Auch ist vor den anthropogenen Entwaldungsphasen im Holozän nicht mit einem Eindringen des Frostes bis in diese Tiefe unter Wald rechnen. Somit bleibt nur das Spätglazial als Zeitraum für Entstehung dieser Gefügemerkmale (Mikro-Plattigkeit). Die Toncutanfragmente innerhalb der Mikro-Platten und in dem Sandkeil bezeugen eine Tonverlagerung im Spätglazial vor Entstehung dieser Merkmale. Die ungestörten Toncutane weisen keine periglaziale Beeinflussung oder Überprägung auf und sind damit holozänen Alters.

Im Gegensatz zu den Hypothesen einer rein spätglazialen Genese (KOPP 1970) bzw. einer rein holozänen Genese vergleichbarer Leitböden (REUTER 1990), zeigen damit die hier vorgestellten Ergebnisse, dass auf den geomorphodynamisch relativ stabilen, flach welligen Grundmoränenplatten Mecklenburg-Vorpommerns im Spätglazial und im Holozän Lessivierung stattfand. Die Ael- und Bt-Horizonte dieser Lessivés besitzen einen teilreliktischen Charakter, der makroskopisch nicht zu erkennen ist. Die Braunerde kann als holozäne Bildung betrachtet werden. Jedoch ist auch hier eine spätglaziale (Vor-)prägung nicht auszuschließen (KOPP 1970, KOWALKOWSKI 1990).

Die von KUNDLER (1961) getroffene Annahme der Lessivégenese sowohl unter holozänen als auch spätglazialen Milieubedingungen findet damit und auch mit den Ergebnissen von KEMP et al. (1998) ihre Bestätigung.

Über die genaue Bildungsdauer der untersuchten Braunerde-Lessivés lässt sich bisher kaum mehr sagen als, dass das Minimumalter für das Gesamtprofil bei etwa 14000 Jahren liegen muss (s.o.). Das Ende der Braunerdebildung im Norddeutschen Tiefland mag erreicht sein, da kaum eine Braunerde ohne Podsolierungserscheinungen zu finden ist. Der Beginn der Braunerdebildung kann anhand dieser Profile nicht eindeutig geklärt werden. Für den Lessivé ergibt sich dessen teilweise Entwicklung im Spätglazial in einem Zeitraum von etwa 4000 Jahren, sowie dessen Weiterentwicklung im Holozän (bis ?). Ob nur in den Warmphasen oder auch in den Kaltphasen des Spätglazials Ton verlagert wurde, bleibt dahin gestellt. Wann genau die Lessivierung begann, ist ebenso unsicher, wie deren Abschluss.

Die von SCHELLMANN (1998) vertretene Auffassung, dass eine spätglaziale Parabraunerdebildung inzwischen als nicht mehr zutreffend angesehen werden kann, mag unter Beachtung der Vergleichbarkeit der Standorte ihre Richtigkeit für die Flusstäler besitzen und sollte mit BLEICH (1996) über diese Reliefeinheit hinaus nicht ohne weiteres extrapoliert werden. Zudem wurde im Jungmoränengebiet Mecklenburg-Vorpommerns die Lessivierung im Spätglazial begünstigt, da im Vergleich zu den Lößgebieten und Auen geringe Carbonat- und hohe Sandgehalte zu einer schnelleren Entkalkung führten.

4.2 Akkumulationsstandorte: Dünenfelder in der Ueckermünder Heide

In der spätpleistozänen Beckenlandschaft der Ueckermünder Heide befinden sich im Gebiet des ehemaligen „Haffstausees" (KEILHACK 1899) ausgedehnte Dünenfelder. Die genaue Ausdehnung des „Haffstausees" während der einzelnen spätglazialen Chronozonen wird derzeit diskutiert (KAISER et. al 2001, BOGEN et al. einger.). Deshalb lässt sich auch kein genaueres Alter für den Beginn der Bodenbildung an den untersuchten Standorten angeben als Prä-Allerød.

4.2.1 Ergebnisse

Die im Spätglazial unter Dünen begrabenen Standorte können für diesen Zeitraum als Akkumulationsstandorte betrachtet werden, an denen sowohl glazifluviale als auch äolische Sedimente abgelagert wurden.

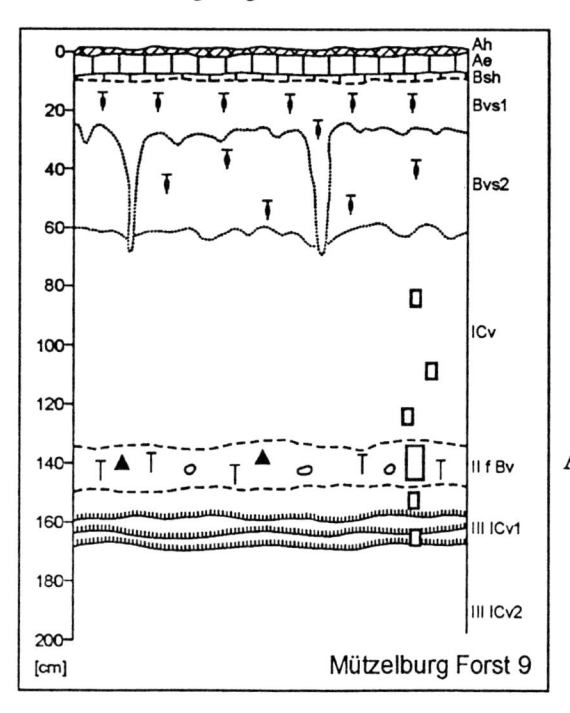

Abb. 7: Bodenprofil am Fundplatz Mützelburg Forst 9. Rechtecke: Entnahmestellen für mikromorphologische Proben. Dreiecke: Artefakte (schematisch). Unterhalb des fBv-Horizontes sind höchstwahrscheinlich sekundär im Holozän ausgebildete Bt-Bänder zu sehen.

Abbildung 7 zeigt einen unter Dünensand begrabenen Bodenhorizont (fBv) aus der Ueckermünder Heide. Dieser Horizont lässt sich mit dem von SCHLAAK (z.B. 1998) in Brandenburg beschriebenen allerødzeitlichen *Finowboden* parallelisieren. Aus Mecklenburg-Vorpommern sind bisher zwei Fundorte bekannt (KAISER & KÜHN 1999, KAISER et al. 2001, BOGEN et al. einger.), von denen einer hier etwas näher vorgestellt wird.

Das Bodenprofil Mützelburg Forst 9 besteht im Liegenden aus glazifluvialem mittelsandigem Feinsand (Median im Mittelsand), in dem ein fossiler artefaktführender Bodenhorizont (II fBv: *Finowboden*) entwickelt ist, der eindeutig eine ehemalige Geländeoberfläche repräsentiert (vgl. Abb. 7, Tab. 3). Im *Finowboden* finden sich zahlreiche Kiese und vereinzelt schwach ausgebildete Windkanter. Der Gesamtschluffgehalt von 5,4 % bzw. die Schluff-Tonsumme von 9,7 % liegt im für den *Finowboden* charakteristischen Bereich (SCHLAAK 1998). Der *Finowboden* ist unter äolischem Sand (mittelsandiger Feinsand mit Median im Feinsand) begraben, der hier als den Beckenrand begleitender Dünenzug ausgebildet ist.

Tab. 3: Korngrößenverteilung des Bodenprofils am Fundplatz Mützelburg Forst 9.

Tiefe [cm]	Horizont	T	fU	mU	gU	fS [%]	mS	gS	S	U	T	B.-art
2	Ah	2,3	0,1	1,5	2,5	68,7	24,0	0,9	93,6	4,0	2,3	fSms
8	Ae	2,1	0,5	1,1	2,3	69,8	23,9	0,3	94,0	3,9	2,1	fSms
10	Bsh	3,5	0,0	0,4	1,8	66,9	27,1	0,2	94,2	2,2	3,5	fSms
30	Bvs1	2,2	0,0	0,0	1,1	64,3	32,2	0,2	96,7	1,1	2,2	fSms
60	Bvs2	1,0	0,3	0,0	0,7	68,4	29,6	0,1	98,1	1,0	1,0	fSms
136	ICv	0,8	0,3	0,1	1,5	70,8	26,5	0,1	97,4	1,8	0,8	fSms
150	II fBv	4,3	1,2	0,9	3,3	49,5	39,8	1,0	90,3	5,4	4,3	fSms
174	III lCv1	1,0	0,4	0,4	2,6	39,1	55,4	1,1	95,6	3,4	1,0	fSms
184+	III lCv2	0,5	0,3	0,9	0,8	40,9	55,0	1,7	97,6	2,0	0,5	fSms

Für eine *in-situ*-Tonneubildung im *Finowboden* sprechen im Dünnschliff in der Feinsubstanz zwischen den Sandkörnern schwach ausgebildete Tondomänen (Durchmesser < 5 µm). Da entsprechendes Merkmal im Hangenden nicht vorhanden ist (also kein Durchgriff von oben!), kann davon ausgegangen werden, dass diese Tondomänen durch Silikatverwitterung vor der äolischen Überdeckung entstanden sind, also im Spätglazial. Zudem finden sich häufig dünne (meist < 10 µm) gut orientierte Tonsäume um einzelne Mineralkörner. Dies ist ein Kennzeichen für Feinsubstanzverlagerung unter periglazialen Klimabedingungen (FOX 1983, KONIŠČEV et al. 1973). Unter nicht periglazialen Bedingungen verlagerter Ton wird in Form von konkaven Tonbrücken zwischen Aggregaten und Körnern abgelagert, wie sie typisch in den Eisenoxid-Tonbändchen ausgebildet sind.

Diese Ergebnisse zeigen in Übereinstimmung mit SCHLAAK (1998), dass es sich um den Rest einer begrabenen Braunerde handelt, die mit großer Wahrscheinlichkeit im Holozän überprägt wurde (Bänderbildung).

4.2.2 Diskussion

Im Gegensatz zu der im Mittelrheinischen Becken entwickelten Auffassung von IKINGER (1996), der eine *großräumig gleich intensive Bodenentwicklung im Allerød* vermutet, die im terrestrischen Bereich *nicht über das Pararendzina-Stadium* hinausgegangen sei, zeigen die vorgestellten Ergebnisse in Übereinstimmung mit BUSSEMER et al. (1998), dass sich im Spätglazial auch Braunerden entwickelten.

Das Mittelrheinische Becken, als Beispiel für die Reliefeinheit Becken, kann mit KURTENACKER & SCHRÖDER (1987) als klimatisch begünstigt betrachtet werden, in dem die Bodenentwicklungstendenz auf Löß als Ausgangssubstrat eher in Richtung Schwarzerde als Braunerde anzunehmen ist. Im Brohltal am Rande des Mittelrheinischen Beckens wies HEINE (1993) auf Hangschutt einen Braunerde-Ranker nach (Substratunterschied!).

Die Sand-Standorte des *Finowbodens* von BUSSEMER et al. (1998) und BOGEN et al. (einger.) liegen in Beckenlagen und in den Randbereichen der Urstromtäler. Deshalb ist zu vermuten, dass hier im Vergleich mit dem Mittelrheinischen Becken neben den klimatischen Bedingungen überwiegend das unterschiedliche Substrat zur Ausbildung eines anderen spätglazialen Bodentyps führte.

Ein weiteres Beispiel für Akkumulationsstandorte können die von KAISER (2001) untersuchten spätglazialen Böden des Altdarß betrachtet werden. Die spätglazialen fAh-Horizonte (podsolierte Regosole) sind hier teilweise unter mehr als 200 cm mächtigen jungdryaszeitlich äolisch umgelagerten Sanden begraben.

Weitere hydromorphe Bodenbildungen aus dem Spätglazial wie Tundren-, Anmoor- und Moorgleye sowie Moore, werden von KAISER (2001) und Jäger & KOPP (1999) in Beckensandarealen beschrieben. Aus mitteleuropäischen Flußtälern werden von SCHELLMANN (1998) vor allem spätglaziale hydromorphe Bodenbildungen wie Torfe, Anmoore und Feuchtschwarzerden beschrieben, die im Gegensatz zu den oben vorgestellten Befunden wohl vorwiegend auf speziellen Auendynamik in den Flusstälern zurückgeführt werden können.

Die Bildungsdauer dieser Profile wurde schon unter Kap. 3.2 diskutiert. es sei hier nur noch einmal darauf hingewiesen, dass der Zeitpunkt der Überdeckung und damit das Ende der Bodenbildung wesentlich genauer eingegrenzt werden kann, als deren Beginn (JÄGER 1970).

Daraus ergeben sich die Schwierigkeiten abzuschätzen, an welchem *Punkt der Bodengenese* sich die Böden zum Zeitpunkt der Überdeckung befanden, wenn ein hypothetischer Kurvenverlauf angenommen wird, wie in Kap. 3.3 vorgestellt. Wird der Bodenentwicklung eine logistische Funktion zugrunde gelegt, ist es von eminenter Bedeutung für Aussagen zur Intensität der Bodenbildung, ob der erste oder zweite Wendepunkt der Kurve schon überschritten wurde.

5 Zusammenfassung

Vergleichenden bodengenetischen Untersuchungen sollten hinreichend genau in bezug auf die weithin bekannten Voraussetzungen für Vergleichbarkeit diskutiert werden (BLEICH, 1998, FITZE 1982, ROHDENBURG 1978).

Einige dieser grundlegenden Voraussetzungen wie Vergleichbarkeit des Substrates, der Bildungsdauer, des Verlaufs der Bodenbildung, der Reliefposition/Reliefeinheit wurden in ihrer Theorie kurz vorgestellt und am Beispiel der spätglazialen Bodengenese diskutiert.

Anhand des Vergleichs von Standorten verschieden reliefformender *geomorphodynamischer Aktivität* wird die Auswirkung auf die Bodengenese durch Unterschiede in den standörtlichen Voraussetzungen gezeigt. Während das Substrat und die Reliefposition/die Reliefeinheit sich mit großer Genauigkeit vergleichen lassen, ist der Vergleich der Bildungsdauer meist durch die ungenaue Kenntnis des Bildungsbeginns mit einer großen Unschärfe behaftet. Die größten Schwierigkeiten ergeben sich bei der Einschätzung des tatsächlichen Verlaufs der Pedogenese, sowie der genauen Einordnung des pedogenetischen *status quo* einzelner Bodenprofile (vgl. Kap. 3.3).

Der Vergleich von Akkumulationsstandorten in Nordostdeutschland mit entsprechenden Standorten im Mittelrheinischen Becken zeigt, dass das spätglaziale Bodenmosaik um den terrestrischen Bodentyp der Braunerde erweitert werden kann. Auf geomorphodynamisch stabilen Standorten ließ sich anhand mikromorphologisch-stratigraphischer Befunde sogar spätglaziale Lessivierung nachweisen (Kap. 4). Das *spätglaziale Bodenmosaik* zeigt damit eine größere Vielfalt, als bisher angenommen.

Danksagung

Für die kritische Durchsicht des Manuskriptes und für wertvolle Anregungen dankt der Autor Prof. Dr. GERHARD ROESCHMANN, Langenhagen, Prof. Dr. DIETMAR SCHRÖDER, Universität Trier und Dr. HENRIK HELBIG, GLA Sachsen-Anhalt. Ebenso sei zahlreichen Diskussionspartnern und -partnerinnen gedankt, die den Autor in der Notwendigkeit bestärkten, diese als bodenkundliches Gemeingut geltenden Grundlagen bodengenetischer Vergleichsuntersuchungen wenigstens ansatzweise erneut zu diskutieren. Für die Herstellung der Zeichnungen gilt der Dank BRIGITTA LINTZEN und PETRA WIESE.

Literaturverzeichnis

ALTEMÜLLER, H.-J. (1974): Mikroskopie der Böden mit Hilfe von Dünnschliffen. In: FREUND, H. [Hrsg.]: Handbuch der Mikroskopie der Technik, Bd. IV, Teil 2: 309-367; Frankfurt a. M.

ALTEMÜLLER, H.-J. & BECKMANN, T. (1991): Verbesserung der Glashaftung von Polyesterharzen bei der Herstellung von Boden-Dünnschliffen. - Zeitschrift f. Pflanzenernährung u. Bodenkunde, 154: 443-444; Weinheim.

BAALES, M., BITTMAN, F. & KROMER, B. (1998): Verkohlte Bäume im Trass der Laacher See-Tephra bei Kruft (Neuwieder Becken): Ein Beitrag zur Datierung des Laacher See-Ereignisses und zur Vegetation der Allerød-Zeit am Mittelrhein. - Archäologisches Korrespondenzblatt, 28: 191-204; Mainz.

BILLWITZ, K. (2000): Substrat- und Bodenaufnahme. In: BARSCH, H., BILLWITZ, K. & BORK, H.-R. [Hrsg.]: Arbeitsmethoden in Physiogeographie und Geoökologie. S. 172-230; Gotha – (Klett-Perthes).

BIRKELAND, P.W. (1999): Soils and Geomorphology. 3rd ed. 430 pp.; New York, Oxford - (Oxford University Press).

BLEICH, K.E. (1996): Der derzeitige Kenntnisstand der boden- und standortskundlichen Entwicklung in den pleistozänen Lößgebieten Süddeutschlands und der Löß/Boden-Abfolge von Attenfeld in der südlichen Frankenalb. – Tübinger Monographien zur Urgeschichte, 11: 1-10; Tübingen.

BLEICH, K.E. (1998): Zur Deutung und Bedeutung von Paläoböden im (süddeutschen) Löß. - Eiszeitalter und Gegenwart, 48: 50-56; Hannover.

BLUME, H.P. & HOFFMANN, R. (1977): Entstehung und pedologische Wirkung glaziärer Frostspalten einer norddeutschen Jungmoränenlandschaft. - Zeitschrift für Pflanzenernährung und Bodenkunde, 140: 719-732; Weinheim.

BOCKHEIM, J.G. (1980): Solution and use of chronofunctions in studying soil development. - Geoderma, 24: 71-85; Amsterdam.

BOCKHEIM, J.G. & KOERNER, D. (1997): Pedogenesis in Alpine Ecosystems of the Eastern Uinta Mountains, Utah. - Arctic and Alpine Research, 29: 164-172; Boulder.

BOGEN, C., HILGERS, A., KAISER, K. KÜHN, P. & LIDKE, G. (einger.): Archäologie, Pedologie und Geochronologie spätpaläolithischer Fundplätze in der Ueckermünder Heide (Mecklenburg-Vorpommern). Archäologisches Korrespondenzblatt.

BULLOCK, P., FEDOROFF, N., JONGERIUS, A., STOOPS, G. & TURSINA, T., [Eds.] (1985): Handbook for soil thin section description. 152 S.; Albrighton - (Waine Research Publications).

BUSSEMER, S., GÄRTNER, P. & SCHLAAK, N. (1998): Stratigraphie, Stoffbestand Reliefwirksamkeit der Flugsande im Brandenburgischen Jungmoränenland. - Petermanns Geographische Mitteilungen, 142: 115-125; Gotha.

COUTARD, J.-P., VAN VLIET-LANOË, B. & AUZET, A.-V. (1988): Frost heaving and frost creep on an experimental slope: Results for soil structures and sorted stripes. - Zeitschrift für Geomorphologie, N.F., Suppl.-Bd. 71: 13-23; Berlin.

DOKUČAEV, V.V. (1883): Russkij Černozem. 376 S.; St. Petersburg (russisch).

EBERMANN, F. (1983): Langzeitwirkungen äolischer Prozesse auf Ackerflächen des nördlichen Kreisgebietes von Eberswalde (Zusammenfassung). – Petermanns Geographische Mitteilungen, Ergänzungsheft 282: 261-262; Gotha.

EGLI, M., FITZE, P. & MIRABELLA, A. (2001): Weathering and evolution of soils formed on granitic, glacial deposits: results from chronosequences of Swiss alpine environments. - Catena, 45: 19-47; Amsterdam.

EHWALD, E. (1970): Zur Systematik der Böden der DDR unter Berücksichtigung rezenter und reliktischer Merkmale. - Tagungsberichte der Deutsche Akademie der Landwirtschaftswissenschaften, 102: 9-32; Berlin.

FITZE, P. (1982): Einige Bemerkungen zum Zeitfaktor bei der Bodenbildung. - Physische Geographie, 1: 73-82; Zürich.

FLOROV, N. (1927): Die Untersuchung der fossilen Böden als Methode zur Erforschung der klimatischen Phasen der Eiszeit. - Zeitschrift für allgemeine Eiszeitforschung, Bd. 4: 1-9; Wien.

FOX, C.A. (1983): Micromorphology of an orthic turbic cryosol - a permafrost soil. In: BULLOCK, P. & MURPHY, C.P. [Eds.]: Soil micromorphology. Vol. 1-2: 699-705; Berkhamsted - (AB Academic Publishers).

FRIELINGHAUS, M. (1998): Bodenschutzproblem in Ostdeutschland. In: RICHTER, G. [Hrsg.]: Bodenerosion. S.204-221; Darmstadt - (Wiss. Buchgesellschaft).

GLINKA, K. (1914): Die Typen der Bodenbildung, ihre Klassifikation und Geographische Verbreitung. 365 S.; Berlin - (Borntraeger).

GÖRSDORF, J. & KAISER, K. (2001): Radiokohlenstoffdaten aus dem Spätpleistozän und Frühholozän von Mecklenburg-Vorpommern. - Meyniana, 53: 91-118; Kiel.

HAJDAS, I., ZOLITSCHKA, B. IVY-OCHS, S.D., BEER, J., BONANI, G., LEROY, S.A.G., NEGENDANK, J.W., RAMRATH, M. & SUTER, M. (1995): AMS radiocarbon dating of annually laminated sediments from Lake Holzmaar, Germany. - Quaternary Science Reviews, 14: 137-143; Oxford.

HALL, R.D (1999): A Comparison of Surface Soils and Buried Soils: Factors of Soil Development. - Soil Science, 164: 264-287; Baltimore.

HARDEN, J.W. (1982): A quantitative index of soil development from field description: Examples from a chronosequence, California. - Geoderma, 28: 1-28; Amsterdam.

HEINE, K. (1993): Warmzeitliche Bodenbildung im Bölling/Alleröd im Mittelrheingebiet. - Decheniana, 146: 315-324; Bonn.

HELBIG, H. (1999): Die spätglaziale und holozäne Überprägung der Grundmoränenplatten in Vorpommern. - Greifswalder Geographische Arbeiten, 17. 110 S. + Anhang; Greifswald.

HELBIG, H., DE KLERK, P., KÜHN, P. & KWASNIOWSKI, J. (i. Dr.): Colluvial sequences on till plains in Vorpommern (NE Germany). – Zeitschrift für Geomorphologie, Suppl. Bd.

HÜTTL, C. (1999): Steuerungsfaktoren und Quantifizierung der chemischen Verwitterung auf dem Zugspitzplatt (Wettersteingebirge, Deutschland). – Münchener Geographische Abhandlungen, Reihe B, Bd. 30. 171 S. München.

JÄGER, K.-D. (1970): Methodische Probleme der Erkennung und Datierung reliktischer Bodenmerkmale am Beispiel der sandigen Böden im nördlichen Mitteleuropa. - Tagungsberichte der Deutsche Akademie der Landwirtschschaftswissenschaften, 102: 109-122; Berlin.

JÄGER, K.-D. & KOPP, D. (1999): Buried soils in dunes of Late Vistulian and Holocene age in the northern part of Central Europe. – GeoArchaeoRhein, 3: 127-135; Münster.

JOHNSON, D.L., KELLER, E.A. & ROCKWELL, T.K. (1990): Dynamic pedogenesis: new views and some key soil concepts and a model for interpreting quaternary soils. - Quaternary Research, 33: 306-319; New York.

IKINGER, A. (1996): Bodentypen unter Laacher See-Tephra im Mittelrheinischen Becken und ihre Deutung. - Mainzer geowissenschaftliche Mitteilungen, 25: 223-284; Mainz.

KAISER, K. (2001): Die spätpleistozäne bis frühholozänen Beckenentwicklung spätpleistozänen in Mecklenburg-Vorpommern. Untersuchungen zur Stratigraphie, Geomorphologische und Geoarchäologie. – Greifswalder Geographische Arbeiten, 24; 204 S.+ Anhang.

KAISER, K. ERDTMANN, E. & JANKE, W. (2000): Befunde zur Relief-, Vegetations- und Nutzungsgeschichte an Ackersöllen bei Barth, Lkr. Nordvorpommern. – Jahrbuch für Bodendenkmalpflege in Mecklenburg-Vorpommern, 1999, Bd. 47: 151-180; Lübstorf.

KAISER, K., ERDTMANN, E., BOGEN, C., CZAKÓ-PAP, S. & KÜHN, P. (2001): Geoarchäologie und Palynologie spätpaläolithischer und mesolithischer Fundplätze in der Ueckermünder Heide, Vorpommern. Zeitschrift für geologische Wissenschaften, 29: 233-244; Berlin.

KAISER, K. & KÜHN, P. (1999): Eine spätglaziale Braunerde aus der Ueckermünder Heide. Geoarchäologische Untersuchungen in einem Dünengebiet bei Hintersee, Kreis Uecker-Randow, Mecklenburg-Vorpommern. - Mitteilungen der Deutschen Bodenkundlichen Gesellschaft, 91: 1037-1040; Göttingen.

KEILHACK, K. (1899): Die Stillstandslagen des letzten Inlandeises und die hydrographische Entwicklung des Pommerschen Küstengebietes. – Jahrbuch der Preußischen Geologischen Landesanstalt zu Berlin, 19: 90-152; Berlin.

KEMP, R.A., MCDANIEL, P.A. & BUSACCA, A.J. (1998): Genesis and relationship of macromorphology and micromorphology to contemporary hydrological conditions of a welded Argixeroll from the Palouse in Idaho. - Geoderma, 83: 309-329; Amsterdam.

KONECKA-BETLEY, K. (1991): Late Vistulian and Holocene fossil soils developed from aeolian and alluvial sediments of the Warsa Basin. – Zeitschrift für Geomorphologie, Suppl. Bd. 90: 99-115; Berlin.

KONIŠČEV, V.N., FAUSTOVA, M.A. & ROGOV, V.V. (1973): Cryogenic processes as reflected in ground microstructure. - Biuletyn Peryglacjalny, 22: 213-219; Lodz.

KOPP, D. (1970): Periglaziale Umlagerungs- (Perstruktions-)zonen im nordmitteleuropäischen Tiefland und ihre bodengenetische Bedeutung. - Tagungsberichte der Deutsche Akademie der Landwirtschschaftswissenschaften, 102: 55-81; Berlin.

KOWALKOWSKI, A. (1990): Evolution of holocene soils in Poland. In: Quaestiones Geographicae, 11/12: 93-120; Poznan.

KRAUS, E.C. (1922): Der Blutlehm auf der süddeutschen Niederterrasse als Rest des postglazialen Klimaoptimums. – Geognostische Jahreshefte, 34: 169-222; München.

KÜHN, P. (einger.): Micromorphology and Late Glacial/Holocene Genesis of Luvisols in Mecklenburg-Vorpommern (NE-Germany). - Catena

KÜHN, P., JANETZKO, P. & SCHRÖDER, D. (i. Druck): Zur Mikromorphologie und Genese lessivierter Böden im Jungmoränengebiet Schleswig-Holsteins und Mecklenburg-Vorpommerns. - Eiszeitalter und Gegenwart, 51: - - ; Hannover.

KÜHN, P. & SCHRÖDER, D. (2001): Mikromorphologisch-stratigraphische Befunde zur spätglazialen Bodengenese in NO-Deutschland. - Mitteilungen der Deutschen Bodenkundlichen Gesellschaft, 96: 523-524.

KUHN, R. (2000): Vergleichende Untersuchungen der Optisch (Grün) Stimulierten Lumineszenz und der Thermolumineszenz von Quarz zum Zwecke der Altersbestimmung. Unveröffentl. Diss., Universität Heidelberg. 176 S.

KUNDLER, P. (1961): Lessivés (Parabraunerden, Fahlerden) aus Geschiebemergel der Würm-Eiszeit im norddeutschen Tiefland. - Zeitschrift für Pflanzenernährung, Düngung, und Bodenkunde, 95: 97-110; Weinheim.

KURTENACKER, M. & SCHRÖDER, D. (1987): Eigenschaften und Genese fossiler Lößböden unter Pyroklastika des Laacher See Gebietes. - Mitteilungen der Deutschen Bodenkundlichen Gesellschaft, 55: 785-790; Göttingen.

LAATSCH, W. (1934): Die Bodentypen um Halle (Saale) und ihre postdiluviale Entwicklung. - Jahrbuch des Halleschen Verbandes für die Erforschung der mitteldeutschen Bodenschätze und ihre Verwertung, Bd. 13, NF: 57-112; Halle (Saale).

LANGLEY-TURNBAUGH, S.J. & EVANS, C.V. (1994): A determinative soil development index for pedo-stratigraphic studies. - Geoderma, 61: 39-59; Amsterdam.

ODUM, E.P. (1991): Prinzipien der Ökologie. 305 S. Heidelberg – (Spektrum).

REUTER, G. (1990): Disharmonische Bodenentwicklung auf glaziären Sedimenten unter dem Einfluß der postglazialen Klima- und Vegetationsentwicklung in Mitteleuropa. - Ernst-Schlichting-Gedächtniskolloquium, Tagungsband. S. 69-74; Hohenheim.

REUTER, G., JORDAN, E., LEINWEBER, P. & CONDO, A. (1995): Eigenschaften, Entwicklungstendenzen und Altersunterschiede von Moränenböden in den bolivianischen Anden. - Petermanns Geographische Miteilungen, 139: 259-282; Gotha.

ROHDENBURG, H. (1978): Zur Problematik der spätglazialen und holozänen Bodenbildung in Mitteleuropa. - Beiträge zur Quartär- und Landschaftsforschung. (Festschrift J. Fink). S. 467-471; Wien.

ROHDENBURG, H. & MEYER, B. (1968): Zur Datierung und Bodengeschichte mitteleuropäischer Oberflächenböden (Schwarzerde, Parabraunerde, Kalksteinbraunlehm): Spätglazial oder Holozän? - Göttinger Bodenkundliche Berichte, 6: 127-212; Göttingen.

RÜHBERG, N., SCHULZ, W., VON BÜLOW, W., MÜLLER, U., KRIENKE, H.-D., BREMER, F. & DANN, T. (1995): Mecklenburg-Vorpommern. In: BENDA, L. [Hrsg.]: Das Quartär Deutschlands. S. 95-115; Berlin – (Borntraeger).

SCHACHTSCHABEL, P., BLUME, H. P., BRÜMMER, G., HARTGE, K. H., SCHWERTMANN, U. (1998): Lehrbuch der Bodenkunde. 14. neubearb. u. erw. Aufl. 520 S. Stuttgart.

SCHELLMANN, G. (1998): Spätglaziale und holozäne Bodenentwicklungen in einigen mitteleuropäischen Tälern unter dem Einfluß sich ändernder Umweltbedingungen. - GeoArchaeoRhein, 2: 153-193; Münster.

SCHLAAK, N. (1998): Der Finowboden - Zeugnis einer begrabenen weichselspätglazialen Oberfläche in den Dünengebieten Nordostbrandenburgs. Münchener Geographische Abhandlungen, A49: 143-148; München.

SCHLICHTING, E., BLUME, H.-P. & STAHR, K. (1995): Bodenkundliches Praktikum. 2. neub. Aufl. 295 S.; Berlin – (Parey).

SCHNEIDER, R. & KÜHN, P. (2000): Böden des Karlshofes in Groß Methling, Mecklenburg-Vorpommern. - Trierer Bodenkundliche Schriften, 1: 66-71; Trier.

SCHRÖDER, D. (1979): Bodenbildung in spätpleistozänen und holozänen Hochflutlehmen des Niederrheins. Habil. Schrift. 296 S. Bonn.

SCHRÖDER, D. & SCHNEIDER, R. (1996): Eigenschaften und spätglaziale/holozäne Entwicklung von Böden unterschiedlicher Nutzung aus Decksand über Geschiebemergel in Nord-Ost-Mecklenburg. In: LANU SCHLESWIG-HOLSTEIN [Hrsg.]: Böden als Zeugen der Landschaftsentwicklung. (STREMME-Festschrift). S. 37-47; Kiel.

SCHRÖDER, D., SCHNEIDER, R. & KÜHN, P. (1997): Entwicklung und Eigenschaften von Böden aus Decksand über Geschiebemergel in NE-Mecklenburg. - Mitteilungen der Deutschen Bodenkundlichen Gesellschaft, 85: 1243-1246; Oldenburg.

SEMMEL, A. (1993): Grundzüge der Bodengeographie. 3. überarb. Aufl. 127 S.; Stuttgart - (Teubner).

SHUR, Y.L. (1988): The Upper Horizon of Permafrost Soils. In: SENNESET, K. [ed.]: Proceedings of 5th International Conference on Permafrost: 867-871; Trondheim - (Tapir Publishers).

SOLOMATIN, V.I. (1994): Water Migration and Ice Segregation in the Transition Zone between Thawed and Frozen Soil. - Permafrost and Periglacial Processes, 5: 185-190; Chichester

STOOPS, G. (1999): Guidelines for Soil Thin Description. Lecture notes prepared for Intensive Course on Soil Micromorphology. 22.3. - 2.4.1999. ITC Gent. 120 pp.

VANVLIET-LANOË, B. (1998): Frost and soils: implications for paleosols, paleoclimates and stratigraphy. - Catena, 34: 157-183; Braunschweig.

WALTHER, M. (1990): Untersuchungsergebnisse zur jungpleistozänen Landschaftsentwicklung Schwansens (Schleswig-Holstein). - Berliner geographische Abhandlungen, 52. 143 S.; Berlin.

YAALON, D. (1975): Conceptual models in pedogenesis: can soil-forming functions be solved? - Geoderma, 14: 189-205; Amsterdam.

ZECH, W. & WILKE, B.-M. (1977): Vorläufige Ergebnisse einer Bodenchronosequenzstudie im Zillertal. - Mitteilungen der Deutschen Bodenkundlichen Gesellschaft, 25: 571-586; Göttingen.

Die Böden im Naturschutzgebiet Eldena (Vorpommern)

von

JANA KWASNIOWSKI

Zusammenfassung

Das Naturschutzgebiet Eldena ist ein alter Laubwaldstandort auf den ebenen bis flachwelligen grund- und staunassen Grundmoränenplatten Vorpommerns. Im folgenden werden die areale Struktur der geologischen Substrate und der Böden im NSG Eldena dargestellt sowie die Eigenschaften und Merkmalsausbildung sechs typischer Bodenprofile (Niedermoorgley-Gley, Gley, Braunerde-Gley-Pseudogley, Lessivé-Pseudogley-Braunerde, Gley-Kolluvisol und Kalkgley-Podsol) näher untersucht. Die Untersuchungen zeigen, dass die Verteilung der Böden und deren Eigenschaften von der Ausprägung der Geokomponenten Wasser, Substrat und Relief abhängen. Dabei spielt besonders das Bodenwasser, deren Erscheinungsform von Substrat und Relief gesteuert wird, eine wesentliche Rolle. Ein Kausalprofil stellt die gesetzmäßigen Zusammenhänge zwischen Substrat, Relief, Wasser und Boden abschließend dar.

Abstract

The nature reserve Eldena is situated on the gentle rolling till plains of Vorpommern, which are often influenced by ground or perched ground water. In the following the spatial distribution of sediments and soils are represented as well as the characteristic properties of six typical soil profiles. The investigations demonstrate that the spatial distribution of soils and their properties depend on the soil water, the parent material and relief. Particularly the soil water controlled by parent material and relief plays an important role. The interdependence of parent material, soils, relief and vegetation is summarized by a *Kausalprofil*.

1 Einleitung

Das Naturschutzgebiet (NSG) Eldena mit einer Fläche von 407,1 ha befindet sich ca. 5 km südöstlich der Stadt Greifswald (Abb. 1). Seit 1961 steht dieses Waldgebiet unter Naturschutz. Eine eingeschränkte forstliche Nutzung blieb jedoch bestehen. Der größte Teil des „NSG Eldena" wird von naturnahen Eschen-Buchenwaldbeständen eingenommen, die teilweise mehrere hundert Jahre alt sind. Die daraus resultierende Bedeutung des „NSG Eldena" für Naturschutz und Forschung als ökologische Vergleichsfläche stellte BOCHNIG (1957, 1959) heraus. Er führte hier erstmals umfangreiche vegetations- und standortkundliche Untersuchungen durch. Bis heute sind die naturwissenschaftlichen Interessen an diesem Gebiet ungebrochen. Das beweisen u.a. die Arbeiten von HERZOG & LANDGRAF (1997), HELBIG (1999), KWASNIOWSKI (2000), DE KLERK et al. (2001), NELLE & KWASNIOWSKI (2001), SPANGENBERG (2001) sowie die zahlreichen bodenkundlich-geoökologischen und landschaftsökologischen Praktika für Studenten, die im „NSG Eldena" durchgeführt wurden und werden. Aber nicht nur für den Naturschutz, die Forschung und die universitäre Ausbildung spielt das NSG Eldena eine große Rolle, sondern auch als Naherholungsgebiet für die Greifswalder Bevölkerung.

Die folgenden Ausführungen stellen einen Auszug aus der Diplomarbeit der Autorin dar, in der die Boden- und Reliefverhältnisse im NSG Eldena untersucht wurden, um anthropogene Landschaftsveränderungen zu erfassen.

2 Regionale Einordnung und naturräumliche Ausstattung des NSG Eldena
2.1 Geologie

Das NSG Eldena befindet sich im Bereich des vorpommerschen Jungmoränengebietes, das seine landschaftliche Prägung hinsichtlich Morphologie und oberflächennah anstehender Sedimente vor allem durch den Pommerschen und den Mecklenburger Vorstoß der Weichselvereisung erhielt. Der mächtigen Grundmoräne des Pommerschen Vorstoßes lagert die geringmächtige W_3-Grundmoräne des Mecklenburger Vorstoßes auf (RÜHBERG 1987). Südlich des Untersuchungsgebietes verläuft in west-östlicher Richtung eine Sanderzone (Abb. 1), die nach JANKE (1992) einen Aufschüttungsmoränen-Sander darstellt. Eine Endmoräne konnte hier aber nicht nachgewiesen werden.

Das Eisfreiwerden des Untersuchungsraumes kann etwa um 14.000 BP angenommen werden (GÖRSDORF & KAISER 2001). Mit dem Eisabbau beherrschte eine Eiszerfallslandschaft das Bild mit Rest- bzw. Toteisfeldern und unterschiedlich breiten Schmelzwasserrinnen, wodurch die Vielfalt der heutigen Landschaftsformen und Sedimente erklärbar ist. Mit dem Eisfreiwerden unterlag der vorpommersche Raum periglaziären Bedingungen. Geomorphologisch wirksame Prozesse, wie Solifluktion, Solimixtion, äolischer Sand- und Schlufftransport, konnten aufgrund der gering entwickelten Vegetationsdecke weitgehend ungehindert wirken. Aus der Auftauzone des Permafrostes (*active layer*) entwickelte sich der Geschiebedecksand heraus, der flächendeckend auf der Grundmoräne zu finden ist. Eine vollständig abgesicherte Theorie der Decksandgenese gibt es allerdings noch nicht. Fest steht aber, dass diese Perstruktionszone (KOPP 1970) maßgebliche Bedeutung für die Herausbildung der heutigen Böden hat.

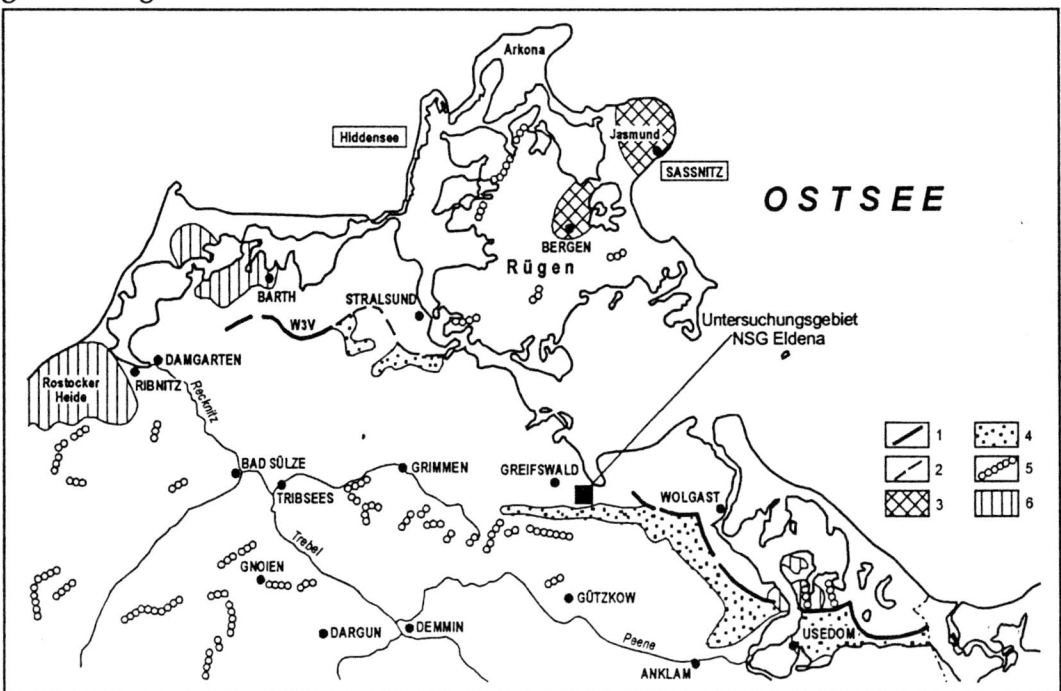

Abb. 1: Ausschnitt der quartärgeologischen Strukturkarte von Mecklenburg-Vorpommern und Lage des Untersuchungsgebietes (1 Eisrandlagen, 2 Eisrandlagen, wahrscheinlicher Verlauf, 3 „Stauchkomplexe", 4 Sander, 5 Oser, 6 Becken, W_{3V} Velgaster Randlage) (Quelle: RÜHBERG et al. 1995)

2.2 Relief und Substratverhältnisse

Die ebenen bis flachwelligen, z.T. kuppigen, glazial geprägten Grundmoränenplatten Vorpommerns zeichnen sich durch typische morphologische Kleinformen, wie Sölle, Oser, kleine flache Tälchen und Niederungen aus (BRAMER et al. 1991). In dem schwach reliefierten, allmählich von 5 m NN im Norden auf 17 bis 18 m NN nach Süden ansteigenden Gelände des NSG Eldena lassen sich zahlreiche Hohlformen und Senken unterschiedlicher Größe, die sich zum Teil rinnenartig aneinander reihen, finden. Die einzige markante Erhebung ist ein von West nach Ost verlaufender Höhenrücken mit dem Ebertberg (29,5 m NN) als höchstem Punkt im Südteil des Waldgebietes.

Die Grundmoräne setzt sich hauptsächlich aus einem sandig-lehmigen Geschiebemergel zusammen, dessen obere entkalkte Verwitterungskruste als Geschiebelehm bezeichnet wird. Auf den terrestrischen Standorten ist eine sandige Deckschicht, der Geschiebedecksand, ausgebildet. Neben dem Geschiebemergel treten im Untersuchungsgebiet auch glazifluviale und glazilimnische Sedimente auf. Diese sind vor allem in Niederungen und Senken zu finden. Auf diesen Ablagerungen haben sich hier bei entsprechendem Grundwasserstand organogene Sedimente, wie Mudden und Torfe, gebildet.

2.3 Klima und Hydrologie

Das Untersuchungsgebiet liegt im Einflussbereich des ostvorpommerschen Küstenklimas (ALBRECHT et al. 1995). In diesem Klimatyp im Übergangsbereich vom ozeanisch zum kontinental geprägten Klima wirkt sich die Nähe der Ostsee ausgleichend auf die kontinentalen Einflüsse aus. Für die Station Greifswald werden folgende klimatologische Kennwerte angegeben: Jahresmitteltemperatur 7,9 °C, Januarmittel -0,7 °C, Julimittel 16,7 °C und durchschnittlicher Jahresniederschlag 552 mm/a (ALBRECHT et al. 1995).

Zwei als Gräben ausgebaute bzw. angelegte Fließgewässer entwässern das NSG Eldena ganzjährig in Richtung Greifswalder Bodden. Sie werden durch die Graben- und Drainagesysteme der an das NSG grenzenden vermoorten Niederungen und die zahlreichen kleineren Gräben im Waldgebiet gespeist. Ganzjährig offene natürliche Wasserflächen im Sinne von Seen existieren nicht. Ein Fließgewässer, der Bierbach wurde teilweise aufgestaut, so dass sich kleine Stauweiher gebildet haben.

Der Grundwasserflurabstand ist bis auf den südlichen Höhenrücken gerin. Die Grundwasseroberfläche ist jedoch starken jahreszeitlichen Schwankungen unterworfen, wobei die höchsten Grundwasserstände im Winter und zeitigen Frühjahr erreicht werden. Das natürliche sommerliche Absinken des Grundwassers wird durch die zahlreichen Entwässerungsgräben verstärkt und beschleunigt. Das Grundwasser zeichnet sich durch seinen Basenreichtum aus (BAUER 1972).

Auf dem oberflächennah anstehenden Geschiebelehm kommt es zur Bildung von Stauwasser, wodurch eine laterale Bewegung des Bodenwassers begünstigt wird (BOCHNIG 1957). Durch den jahreszeitlich bedingten Grundwasserhochstand und durch laterale Zuschusswässer werden im Winter und Frühjahr viele Senken überstaut, von denen aber die meisten im Jahresverlauf wieder austrocknen.

2.4 Böden

Das NSG Eldena befindet sich in der Bodenregion der flachkuppigen bis ebenen Grundmoränenplatten der Jungmoränenlandschaft (GLA 1993). In diesen reliefarmen Grundmoränengebieten tritt Stauwasser als profilprägender Faktor stark in Erscheinung. Die dominierenden Bodentypen sind Pseudogleye, Braunerden, Fahlerden und Parabraunerden und in den Tälchen Niedermoore. Weiterhin treten Gleye und Podsole in Erscheinung. In den küstennahen Bereichen und auf den ebenen vorpommerschen Grundmoränenplatten mit höherem Grundwasserstand haben sich stark hydromorphe Böden entwickelt, die Gley-Pseudogleye (Amphigleye). Diese Böden entstehen durch die Überlagerung von grund- und stauwasserbeeinflussten Bereichen und finden hier flächenhafte Verbreitung.

Die Nutzung der Landschaft durch den Menschen führte zur weiteren Differenzierung der Bodendecke (SCHMIDT 1991). Es bildeten sich Erosions- und Akkumulationsprofile. In den schwach reliefierten Grundmoränengebieten sind diese aber meist nicht so stark entwickelt, wie die der kuppigen Grund- und Endmoräne (HELBIG et al. im Druck).

Die oben genannten Bodentypen herrschen auch im NSG Eldena vor. Dabei treten auf den terrestrischen Standorten meist mehrere Bodenbildungsprozesse profilprägend in Erscheinung: Lessivierung, Pseudovergleyung und Verbraunung. Daher mussten im Gegensatz zur gängigen Praxis nach bodenkundlicher Kartieranleitung (AG BODEN 1994) diese drei Prozesse in die Bezeichnung eingehen. Die forstliche Standortserkundung ergab für das NSG Eldena gut basen- und wasserversorgte Standorte (DIECKMANN et al. 1987). Diese Standorte sind für den Anbau von anspruchsvollen Laubholzarten wie Esche, Eiche, Traubenkirsche und Buche prädestiniert.

2.5 Vegetation

Das NSG Eldena befindet sich im Vegetationsgebiet der baltischen Buchenmischwälder (SCAMONI 1954, in HERZOG & LANDGRAF 1997). Als potentiell natürliche Vegetation werden von LIEDTKE & MARCINEK (1994) für den nordostdeutschen Raum Flattergras- und Perlgrasbuchenwald sowie Sternmieren-Eichen-Hainbuchenwald ausgewiesen. Auf den grundnassen Standorten treten Eschen und Erlen hinzu. Die vorherrschende Waldgesellschaft des „NSG Eldena" wird von BOCHNIG (1959) als eschenreiche Untergruppe des Buchen-Stieleichen-Hainbuchen-Mischwaldes bezeichnet. JESCHKE (1980) spricht dagegen von einem Eschen-Buchenwald, der nach Ansicht anderer Autoren treffender für die Ausprägung der Vegetationsform ist (HERZOG & LANDGRAF 1997, SPANGENBERG 2001). Ausgehend von der relativ geringen Beeinflussung des Gebietes durch anthropogene Eingriffe und der weitgehenden Übereinstimmung der potentiell natürlichen Vegetation mit der aktuellen Vegetation kann man die Vegetation des NSG Eldena als naturnah bezeichnen.

3 Methodik

Zur Erstellung der Bodenkarte und der geologischen Karte wurden zum einen die bereits vorhandenen Informationen herangezogen (DIECKMANN et al. 1987, HELBIG 1999, BILLWITZ et al. 1995-99, BODEN- UND WASSERVERBAND RYCK-ZIESE 1974) und zum anderen eine ergänzende Kartierung durchgeführt. Insgesamt sind ca. 500 Bohrungen und Profilaufnahmen in diese Karten eingeflossen. Mit einer mittleren Aufschlussdichte von etwa einer Aufnahme pro Hektar liegt den Karten somit eine gute Datenbasis zu Grunde.

Sechs für das Untersuchungsgebiet typische Bodentypen wurden als Leitprofile zur weiteren Charakterisierung der Böden ausgewählt, makromorphologisch aufgenommen und laborativ untersucht (Korngrößen nach KÖHN, Kalkgehalt nach SCHEIBLER (DIN 18129, 1996), pH-Wert in $CaCl_2$, Glühverlust nach SCHLICHTING et al. 1995). Die Korngrößen des mineralischen Anteils des Go-Hv-Horizontes wurde durch Lasermessung mit der Analysette 22 bestimmt. Die Leitprofile wurden in Anlehnung an BILLWITZ (2000) skizziert und beschrieben. Zur zusätzlichen Kennzeichnung der Standorteigenschaften wurden an den Leitprofilen die Arten der Bodenvegetation im Sommeraspekt aufgenommen und deren ökologischen Zeigerwerte nach ELLENBERG (1979) ausgewertet.

Die gewonnenen Erkenntnisse über die gesetzmäßige Verknüpfung von Relief, Substrat und Wasserhaushalt, die ihren Ausdruck im Bodentyp finden, wurden anschließend in einem Kausalprofil zusammenfassend dargestellt.

4 Die Struktur der Bodendecke
4.1 Erläuterungen zur geologischen Karte

In der geologischen Karte des „NSG Eldena" (Abb. 2) sind folgende lithologische Einheiten dargestellt, die anhand ihrer Genese und Faziesausbildung ausgehalten worden sind: Geschiebemergel mit sandigen Deckschichten; fluviale Sande; Torf über fluvialen Sanden; Torf über Lehm; lehmige Deckschicht über Wechselfolge fluvialer Sande, Mudden und Torfe; vorwiegend feinkörnige Beckenablagerungen und kolluviale Deckschichten.

Der größte Teil des Untersuchungsgebietes wird von Geschiebemergel mit sandigen Deckschichten eingenommen. Der Geschiebemergel ist in der Regel ein mittel- bis starklehmiger Sand oder stark sandiger Lehm, kann aber auch sehr schluff- und sandreich ausgeprägt sein. Der Geschiebelehm reicht in der Regel bis in eine Tiefe von 120 bis 170 cm (HELBIG 1999). In Senkenlagen bzw. im Einflussbereich des kalkreichen Grundwassers liegt der Kalkspiegel jedoch deutlich höher und kann bis knapp unter die Oberfläche reichen.

Der hangende Geschiebedecksand weist eine durchschnittliche Mächtigkeit von 50 bis 70 cm auf. Da die sandigen Bildungen nicht immer genetisch eindeutig als Geschiebedecksand angesprochen werden konnten, wurde nachfolgend statt „Geschiebedecksand" der Begriff „sandige Deckschichten" bevorzugt. In Senkenlagen mit höherem Grundwasserstand ist der Geschiebedecksand nicht zu finden. Bei sandigen Deckschichten in diesen Senken handelt es sich oft um spätglaziale Abspülmassen (HELBIG 1999).

Eine weitere Fazieseinheit bilden die glazifluvialen Sedimente. Sie sind meist als Feinsande ausgebildet, die auch Lagen gröberer Sande enthalten können. Die Feinsande sind teilweise schluff- und feinstsandreich (schluffig-lehmiger Sand, mittel schluffiger Sand). Vermutlich sind diese Sande Ablagerungen eines ruhigen Fließgewässers oder der Uferzone von Seen (TUCKER 1985: 70). Die glazifluvialen Sedimente befinden sich in der Regel in den tiefsten Reliefpositionen. Sie sind mit sehr feinkörnigen limnischen Ablagerungen (Mudden) vergesellschaftet. Die Abgrenzung des Areals mit z.T. feinkörnigen Beckensedimenten erfolgte im wesentlichen anhand forstlicher Bohrungen, die als Substrat Lehm angeben, der nach KA4 ein Lt2, Lu oder Ls3-4 sein kann. Da der Geschiebemergel auch als Ls4 ausgebildet sein kann, können Fehler bei der Grenzziehung nicht ausgeschlossen werden. Die Areale der fluvialen bzw. glazifluvialen und limnischen Sedimente sind rinnenartig angeordnet und zeichnen die Lage ehemaliger Abfluss- bzw. Entwässerungsbahnen nach. Die heutige Oberflächenentwässerung lehnt sich an diese geologisch-geomorphologischen Elemente an.

Senken und Tiefenlagen werden im Untersuchungsgebiet häufig von Niedermoortorfen eingenommen. Diese Torfe sind meist von Mudden unterlagert und zeigen die Lage ehemaliger Seen bzw. Kleingewässer an. Besonders im Rehbruch kommt es oft zu einer engen Wechsellagerung von Kalkmudden, Organomudden, Torfbändern und Sanden. Diese Sedimentabfolge deutet darauf hin, dass es hier Seen mit schwankenden Wasserständen gegeben hat

engen Wechsellagerung von Kalkmudden, Organomudden, Torfbändern und Sanden. Diese Sedimentabfolge deutet darauf hin, dass es hier Seen mit schwankenden Wasserständen gegeben hat (vgl. Kap. 4.3.1.). Die „Wechselfolgen" von fluvialen Sanden, Mudden und Torfen mit lehmiger Deckschicht am Rande des Rehbruches sind Besonderheiten. Hier setzt sich die oben beschriebene Wechsellagerung fort. Den Abschluss des Profils bildet aber eine lehmige, humose, geschichtete Deckschicht, deren Genese nicht mit Sicherheit geklärt werden konnte.

Im südlichen Teil des NSG Eldena, gekennzeichnet durch stärkere Hangneigungen befinden sich kolluviale Deckschichten bzw. Kolluvien. Das von den Kuppen abgetragene Bodenmaterial wurde im Mittel- bis Unterhangbereich wieder abgelagert.

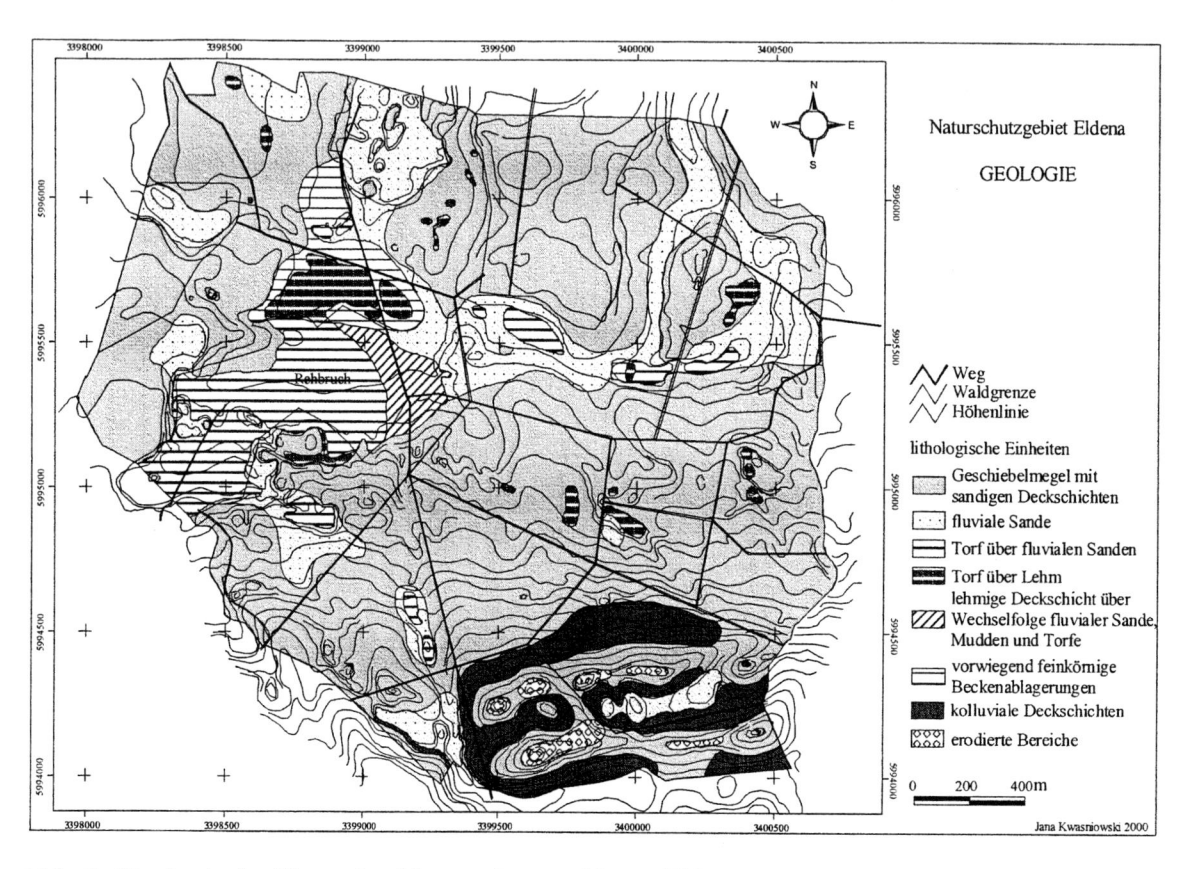

Abb. 2: Geologische Karte des Naturschutzgebietes Eldena

4.2 Erläuterungen zur Karte der Bodentypen

Beim Betrachten der Bodenkarte (Abb. 3) wird die Bedeutung des Bodenwassers für die Ausprägung der Böden im Untersuchungsgebiet deutlich. Das Bodenwasser tritt im NSG Eldena in Form von Grund- und Stauwasser auf (vgl. Kap. 2.3). Große Teile des Untersuchungsgebietes werden von halb- und vollhydromorphen Böden eingenommen. Weiterhin treten terrestrische Böden mit mehr oder weniger starken Stauwassermerkmalen auf. Böden ohne Hydromorphiemerkmale sind auf kleine Areale begrenzt.

In den Senken und Niederungen, mit ganzjährig hohem Grundwasserstand, haben sich Niedermoortorfe bzw. Niedermoorgleye gebildet. Die Rehbruch-Torfe sind verbreitet von mineralischen anthropogen aufgebrachten Bodenmaterialien bedeckt. Entweder sollten dadurch die Standorteigenschaften des Torfes verbessert werden, oder es handelt sich um den Aushub der Drainagen.

oder lehmigen Substraten eingenommen. Die Gleyareale sind in der Regel gürtelartig von Braunerde-Gleyen bzw. Braunerde-Amphigleyen und von Gley-Braunerden bzw. Amphigley-Braunerden umgeben. In den Randbereichen der Senken mit stärkerer Hangneigung, wo der Grundwassereinfluss in den Hintergrund tritt, schließen sich Areale mit Braunerde-Pseudogleyen und Pseudogley-Braunerden an. Diese oft nur schmalen Säume stellen einen Übergangsbereich zu den stauwasserbeinflussten Lessivé-Braunerden dar.

Gleye sind nicht nur als Saum randlich der Niedermoor- und Anmoorstandorte zu finden, sie markieren auch Senken, in denen das Grundwasser zwar oberflächennah ansteht, aber zu keiner stärkeren Humusakkumulation führt. In den ebenen bis sehr schwach geneigten, nur wenig höher gelegenen Bereichen dominieren Braunerde-Gleye und Braunerde-Amphigleye. Auf sandigen Standorten mit tiefer liegendem Geschiebemergel bilden sich Gley-Braunerden oder Amphigley-Braunerden aus.

Auf den nicht grundwasserbeeinflussten Standorten dominieren unterschiedlich stark pseudovergleyte Lessivé-Braunerden. Je nach der Intensität der Pseudovergleyung haben sich Lessivé-Pseudogley-Braunerden auf den schwach geneigten Bereichen und Pseudogley-Lessivé-Braunerden auf den Standorten mit stärkerer Hangneigung (> 2-3°) entwickelt. Lessivé-Braunerden nehmen nur kleine Areale an Stellen ein, wo Hangneigung und Substrat eine Pseudovergleyung nicht zulassen.

Auf reinen Sandstandorten haben sich Braunerden ausgebildet. Sie nehmen ebenfalls nur eine geringe Fläche ein. Die Bv-Horizonte des Untersuchungsgebietes sind meist sehr schwach podsoliert, finden aber auf Grund der schwachen Ausprägung keinen Eingang in die Bodentypbezeichnung.

Ein weiterer nur kleine Areale einnehmender Bodentyp ist der Kalkgley-Podsol. Dieser Bodentyp ist im NSG Eldena nur auf „Hochlagen" fluvialer Sande entwickelt und mit Gleyen vergesellschaftet.

Die Kolluvien im südlichen Bereich des Untersuchungsgebietes korrelieren eng mit stärkeren Hangneigungen (> 2-3°). Sie können Mächtigkeiten bis zu 80 cm erreichen. Die kolluvialen Horizonte sind meist als schwach schluffige, schwach- bis mittelhumose Sande ausgebildet. Diese sind nicht immer mit Sicherheit von autochthonen Bv-Horizonten zu unterscheiden, da meist Bv-Material verlagert worden ist. Der erosive Abtrag auf den Kuppen zeigt sich durch Profilverkürzung oder Abtrag des Bv- bzw. Al-Horizontes. Als Schätzwert für den Abtrag können 20 bis 50 cm angegeben werden.

4.3 Leitprofile

Die im folgenden dargestellten Untersuchungen der Leitprofile sollen deren Eigenschaften und die diesbezüglichen Bodenbildungsprozesse näher beleuchten. Als typische Böden wurden sechs Profile ausgewählt: der Niedermoorgley-Gley (E 21) für die feuchtesten, aber heute entwässerten Standorte, der Gley (K 108) für die grundwasserbeeinflussten Standorte, der Braunerde-Gley-Pseudogley (E 35) für die grund- und stauwassergeprägten Standorte, die Lessivé-Pseudogley-Braunerde (E 106) für die nicht grundwasserbeeinflussten Standorte, der Gley-Kolluvisol (E 84) als Erosionsstandort und als Besonderheit ein Gley-Podsol (E 34) auf fluvialen Sanden. Die Lage der Leitprofile ist in der Bodenkarte dargestellt (Abb. 3).

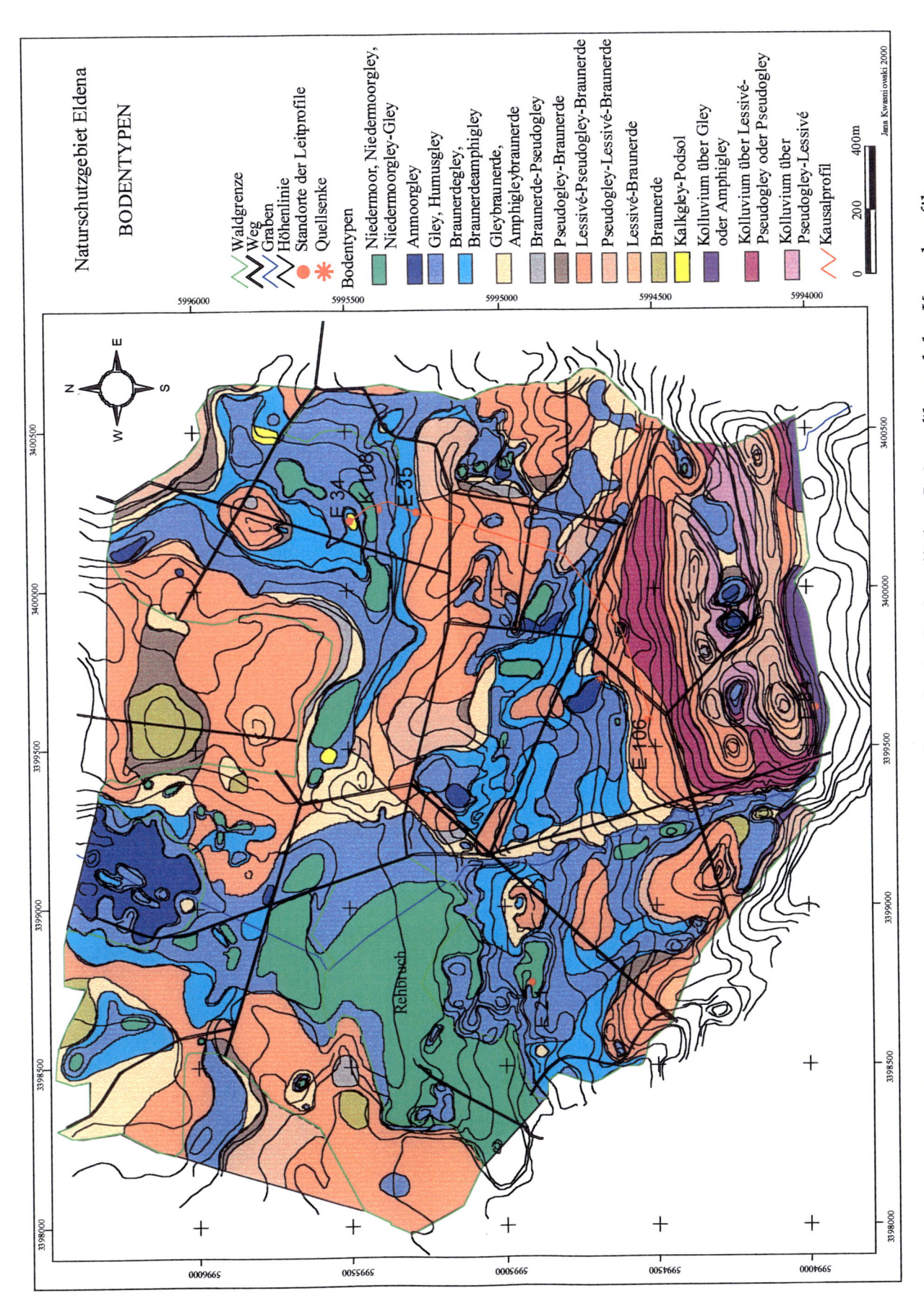

Abb. 3: Bodenkarte des Naturschutzgebietes Eldena mit Lage der bodenkundlichen Leitprofile und des Kausalprofils

4.3.1 Niedermoorgley-Gley E 21
Räumliche Einordnung und Profilbeschreibung

Dieses Profil befindet sich in einer Senke, in der über fluvial-limnischen Sedimenten Torfe lagern. Die Umgebung dieses Standortes ist bestimmt durch den Wechsel von Kleinkuppen mit stauwasser- und Senken mit grundwasserbeeinflussten Böden. Die Senke ist über einen Graben mit dem Rehbruch verbunden, das durch ein gut ausgebautes Drainagesystem von starker Grundwasserabsenkung betroffen ist. Diese Grundwasserabsenkung wirkt sich auch in der Senke durch stark schwankende Wasserstände aus. Im Frühjahr wurde im Profil ein Wasserstand von 8 cm u. Flur und im Herbst 130 cm u. Flur gemessen.

Die Horizontabfolge und eine Kurzbeschreibung des Profils ist in Abbildung 4 dargestellt.

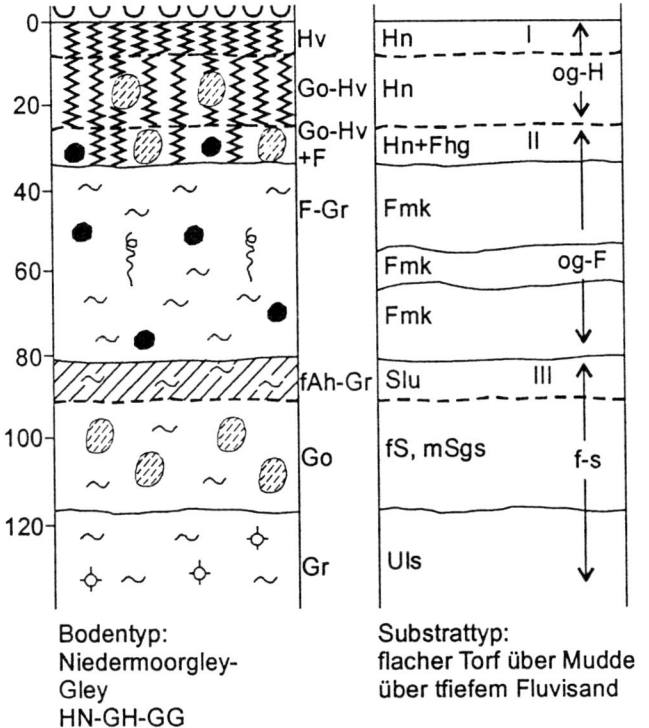

- vererdeter Torf, schwarzgrau, carbonatfrei bis schwach carbonathaltig, Carbonat bioturbat eingemischt, kru
- vererdeter Torf, schwarz, dunkelgrau, mit Ox.-flecken, carbonatfrei bis schwach carbonathaltig, Carbonat bioturbat eingemischt, kru
- Organomudde bioturbat vermischt mit hangendem Horizont, Ox.-flecken, carbonatfrei bis -arm
- Kalkmudde mit dunklerer Lage, bräunliches hellgrau, Molluskenschalen, extrem carbonatreich Grab- und Wurmgänge

- lehmig, schluffiger Sand, dunkelbraun, carbonatfrei bis -arm, Carbonat bioturbat eingemischt, stark humos
- Feinsand, grobsandiger Mittelsand, mit Fein- bis Grobkies, hellolivbraun, mittel carbonathaltig, geschichtet, humusfrei

- sandig-lehmiger Schluff, olivgrau, carbonatreich, humusfrei

Bodentyp: Niedermoorgley-Gley HN-GH-GG

Substrattyp: flacher Torf über Mudde über tfiefem Fluvisand

Abb. 4: Profilbeschreibung

Auf dem Niedermoor der Senke stockt ein Erlen-Eschenwald. In der Krautvegetation erscheinen das kleinblütige Springkraut (*Impatiens parviflaora*), Bingelkraut (*Mercurialis perennis*), Wasserdarm (*Myosoton aquaticum*), Brennessel (*Urtica dioica*), Giersch (*Aegopodium podagraria*), Waldziest (*Stachys silvatica*), Gemeiner Hopfen (*Humulus lupulus*) und das Klebkraut (*Galium aparine*). Diese Arten zeigen vorwiegend feuchte, zeitweise überflutete Verhältnisse an. Durch die Torfmineralisierung ist die Versorgung mit Nährstoffen sehr gut bis übermäßig, was durch Stickstoffzeiger deutlich wird. An diesem Profil wurden durch W. JANKE/Greifswald palynologische Untersuchungen durchgeführt (KWASNIOWSKI 2000).

Korngrößenverteilung und bodenchemische Parameter

Die prozentuale Korngrößenverteilung der einzelnen Kornfraktionen ist in Abbildung 5 dargestellt. Für die Kalkmudden mit einem mineralischen Anteil < 15 % wurden keine Korngrößenanalysen durchgeführt. Die ermittelten Korngrößen (Sl3 mit 57 % gS) für den mineralischen Anteil (ca. 60 %) des Torfes im Go-Hv sind verfahrensbedingt fehlerhaft (siehe KWASNIOWSKI 2000). Es kann aber angenommen werden, dass der mineralische Anteil des Torfes im wesentlichen aus der liegenden Mudde stammt und biogen eingearbeitet wurde. Die Korngrößenzusammensetzung im Go-Hv+F-Horizont zeichnet sich durch sehr hohen Ton- und Schluffgehalt aus. Der Sandanteil dagegen erreicht nur 7,6 %. Der fAh°Gr-Horizont stellt als ehemalige Oberfläche eine Schichtgrenze dar. Die Fraktionen < 0,02 mm und > 0,2 mm sind dagegen nur schwach vertreten. Das Sediment des Go-Horizonts unterscheidet sich von den anderen Horizonten durch die Schichtung und den Kiesgehalt. Ein deutliches Maximum liegt beim Feinsand. Im Gr-Horizont dominieren hingegen wieder die feinkörnigen Fraktionen Ton und Schluff mit insgesamt 77,4 %.

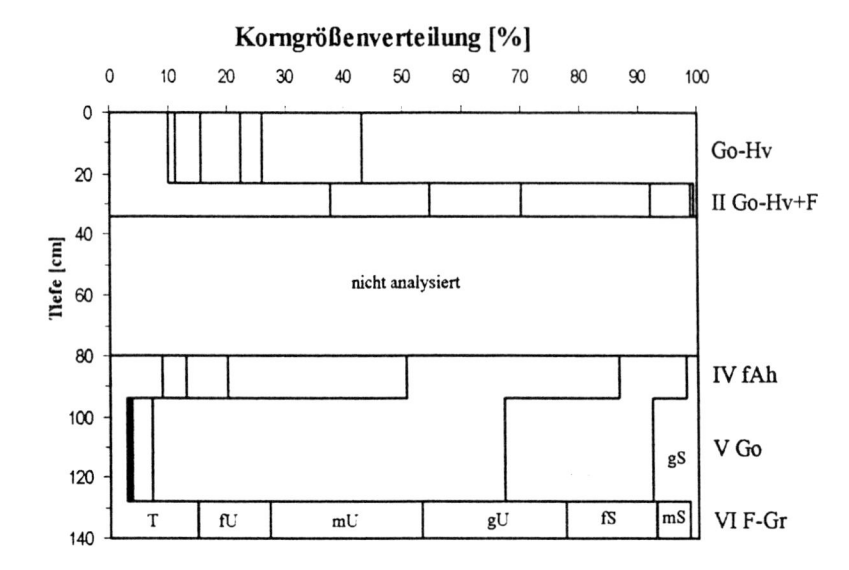

Abb. 5: Korngrößenverteilung

Wie in Abbildung 6 dargestellt, ist der organische Anteil im Torf (ca. 40 %) am höchsten. Die Mudden weisen Gehalte an organischer Substanz zwischen 5 und 22 % auf. Die Laboranalysen zeigen, dass die dunklere Lage in der Kalkmudde auf einen höheren organischen Anteil (22 %) zurückzuführen ist. Der deutlich dunklere fAh°Gr-Horizont hat einen Glühverlust von 5,5 %, und entspricht damit einem durchschnittlichen Ah-Horizont. In der Glühverlustkurve lässt sich der fAh°Gr-Horizont durch einen kleinen Anstieg ausmachen. Die Kalkmudden sind aufgrund ihrer Entstehung extrem carbonatreich (79,4 - 88,6 %). Der Carbonatanteil in den darüber liegenden Horizonten ist bioturbat eingemischt worden. Beim fAh°Gr-Horizont kann davon ausgegangen werden, dass er ursprünglich kein Carbonat enthielt und nur durch das Grundwasser und die hangenden Kalkmudden eine Aufkalkung erfuhr. Der pH-Wert liegt im gesamten Profil > 7, da alle Horizonte Carbonat enthalten. Der fAh°Gr-Horizont hebt sich durch einen geringeren pH-Wert ab.

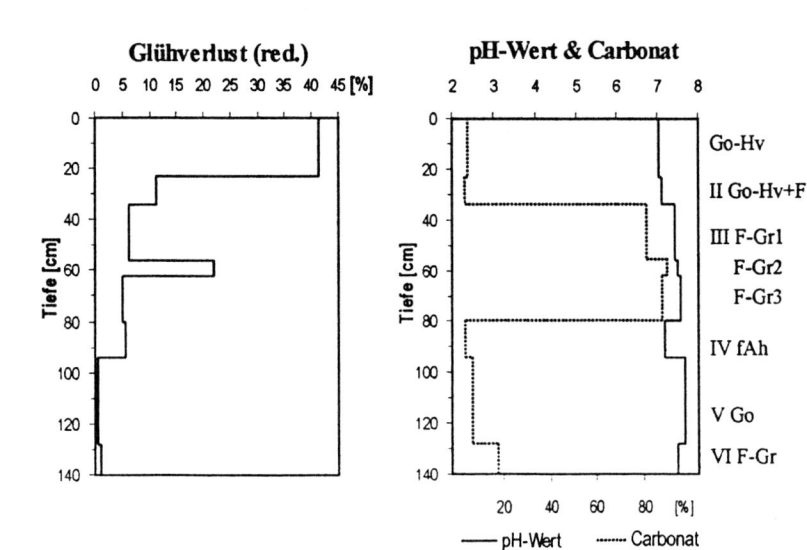

Abb. 6: Glühverlust (reduziert), pH-Wert ($CaCl_2$) und Carbonat

Interpretation des Profils
Das Profil E 21 zeigt in der Sedimentabfolge eine limnisch-telmatische Entwicklung. Die Entstehung des Profils beginnt mit der Sedimentation eines lehmigen sandigen Schluffs in einem nährstoff- und vegetationsarmen See in der Senke. Dieses Seestadium kann aufgrund pollenanalytischer Untersuchungen in die Älteste Dryas und das Bölling gestellt werden. Nach dieser ruhigen Sedimentationsphase kam es durch fluvialen Transport, verbunden mit höheren Fliessgeschwindigkeiten, zur Ablagerung geschichteter gröberer Sedimente. Ob diese Ablagerung kontinuierlich oder durch ein Einzelereignis erfolgte, lässt sich nicht klären. Nach dieser Phase trat wieder eine Beruhigung der Sedimentation ein. Die Korngrößen des fAh°Gr-Horizonts mit den hohen Grobschluff- und Feinsandgehalten weisen auf ein Ablagerungsmilieu im Uferbereich hin (TUCKER 1985: 70). Diese Entwicklungsphase war mit einem niedrigeren Grundwasserstand bei geomorphodynamisch beruhigten Verhältnissen verbunden, so dass sich Humus akkumulieren konnte. Die Bildung des Humushorizontes datiert nach den Pollenanalysen in das Alleröd.

Mit einem starken Grundwasseranstieg in der Jüngeren Dryas wird ein weiteres Seestadium eingeleitet. In dem See bildeten sich zunächst Kalkmudden. Die oberen 5 cm der Kalkmudde lassen sich in das Präboreal datieren. Zur hangenden jungborealen bis altatlantischen Organomudde, die unter nährstoffreicheren Verhältnissen entstand, ist ein Hiatus ausgebildet, der durch die palynologischen Untersuchungen nachgewiesen wurde. Als Ursache kann ein niedrigerer Wasserstand angenommen werden. Den Abschluss des Profils bildet ein Torf, der vermutlich im Atlantikum gebildet wurde und möglicherweise Ausdruck des holozänen Meeresspiegelanstiegs ist.

Der im Ergebnis verschiedener Seephasen mit unterschiedlichen Wasserständen gebildete Niedermoorgley erfuhr in jüngster Zeit durch Eingriffe in den Wasserhaushalt eine anthropogene Überprägung. Mit der Entwässerung des Rehbruchs wird auch der Grundwasserspiegel der angrenzenden Senken stark abgesenkt. Im Frühjahr erhält die Senke von den benachbarten Bereichen Zuschusswasser. Der damit verbundene sehr hohe Grundwasserstand sinkt über den Sommer jedoch um über einen Meter ab. Aus dieser Absenkung resultiert die Bildung eines Oxidationshorizontes im ehemaligen Hn-Horizont. Daher wird das Profil als Niedermoorgley-Gley angesprochen. Dieser Standort ist durch die Grundwassernähe und die anstehenden Sedimente sehr gut mit Basen versorgt. Das hohe Stickstoffangebot ist als negativ einzustufen, da der ursprünglich eine Nährstoffsenke darstellende Standort zu einer Nährstoffquelle wurde. Der hohe Wasserstand bewirkt in der Zeit der Nassphase reduzierende Verhältnisse im Boden. In der Trockenphase herrschen oxische Bedingungen vor.

Dieses Profil ist beispielhaft für die Folgen der Entwässerung in den vermoorten Senken des Untersuchungsgebietes. Es verdeutlicht die Auswirkungen der Grundwasserabsenkungen, deren Folge nicht nur eine sommerliche Trockenphase, sondern auch die Freisetzung von Nährstoffen ist. Dieser Standort ist durch menschliche Eingriffe in seiner Natürlichkeit stark verändert.

4.3.2 Gley K 108
Räumliche Einordnung und Profilbeschreibung
Das Profil K 108 liegt am Unterhang eines kleinen Geländeknicks zu einer vermoorten Senke. Diese Senke gehört zu einem ehemaligen rinnenartigen Abflusssystem, dessen tiefste Bereiche heute Niedermoor tragen. Die Senkenposition bedingt einen hohen Grundwasserstand. Im Frühjahr 2000 lag er bei 25 cm u. Flur. In der sommerlichen Trockenphase kann

der Wasserspiegel bis auf 110 cm u. Flur absinken. Die Senke ist durch einen Graben mit einem Vorfluter verbunden. Das Profil K 108 weist folgende Horizontierung und Merkmale auf:

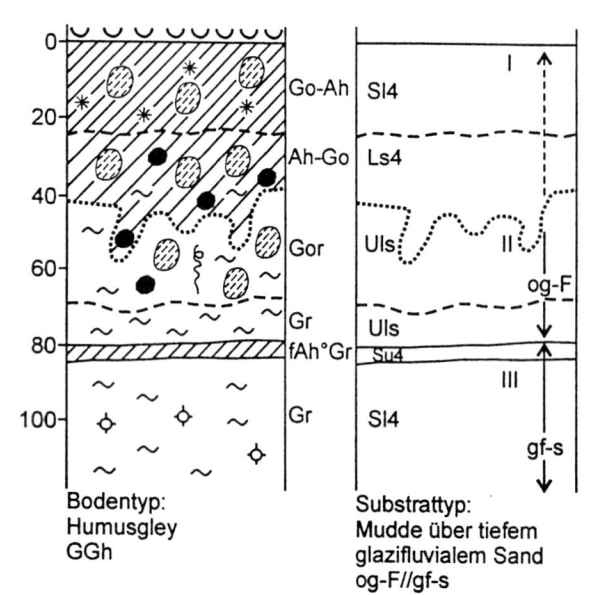

Horizont	Substrat	Beschreibung
Go-Ah	Sl4	stark lehmiger Sand, sehr dunkles grau, schwach carbonathaltig, Carbonat bioturbat eingemischt, stark humos, Ox.-flecken, Fe-Mn-Konkretionen, kru
Ah-Go	Ls4	stark sandiger Lehm, dunkelbraun, helles gelbliches braun, mittel carbonathaltig, schwach humos, Ox.-flecken, Wühlgänge, Molluskenreste
Gor	Uls	sandig-lehmiger Schluff, hellgrau, gelblichbraun, stark carbonathaltig, sehr schwach humos, Ox.- und Red.-flecken, Wurm- und Wühlgänge, Molluskenreste
Gr	Uls	sandig-lehmiger Schluff, helles bräunliches grau, stark carbonathaltig, sehr schwach humos, Molluskenreste
fAh°Gr	Su4	stark schluffiger Sand, dunkelgraubraun, olivbraun, carbonatarm, sehr schwach bis schwach humos
Gr	Sl4	stark lehmiger Sand, grobsandiger Mittelsand, Grobkies, Steine, graubraun, mittel carbonathaltig, humusfrei

Bodentyp: Humusgley GGh

Substrattyp: Mudde über tiefem glazifluvialem Sand og-F//gf-s

Abb. 7: Profilbeschreibung

Die Waldgesellschaft ist der Eschen-Buchenwald. In der Krautschicht dominieren feuchte und frische Verhältnisse anzeigende Arten, wie Hexenkraut (*Circaea intermedia*), Kleinblütiges Springkraut (*Impatiens parviflora*), Wald-Zwenke (*Brachypodium silvaticum*), Knaulgras (*Dactylis glomerata*), Echtes Springkraut (*Impatiens noli-tangere*), Echte Nelkenwurz (*Geum urbanum*), Waldmeister (*Galium odoratum*) und Waldsegge (*Carex sylvatica*).

Korngrößenverteilung und bodenchemische Parameter

Die prozentuale Verteilung der einzelnen Kornfraktionen ist in Abbildung 8 dargestellt. Die Horizonte Go-Ah und Ah-Go zeigen eine ähnliche Korngrößenverteilung: einen hohen Tongehalt (16,9-19,3 %), hohe Grobschluff- (17,2-18,8 %) und Feinsandgehalte (ca. 40 %). In den darunter liegenden Horizonten Gor und II Gr steigt der Schluffgehalt (57,3-59,4 %) stark an, dagegen verringert sich der Sandgehalt (23,2-30,7 %). Insbesondere Mittel- (< 2 %) und Grobsand (< 0,5 %) treten kaum in Erscheinung. Im fAh°Gr-Horizont haben Grobschluff und Feinsand jeweils einen Anteil von 37 %. Der Tongehalt ist deutlich geringer als in den anderen Horizonten. Der Gr-Horizont hat wieder höhere Tongehalte, und die Sandfraktionen dominieren mit 51,5 %.

Der Gehalt organischer Substanz ist im Go-Ah-Horizont mit 12,4 % sehr hoch (ab 15 % Anmoor). In den darunter folgenden Horizonten nimmt der Humusgehalt sprunghaft ab und liegt zwischen > 0,5 und < 2 % (Abb. 9). Der fAh°Gr-Horizont enthält ebenfalls nur wenig organische Substanz. Diese unterscheidet sich jedoch deutlich in der Färbung von den anderen Horizonten. Die pH-Werte korrespondieren eng mit dem Kalkgehalt: je höher der Carbonatgehalt, desto höher der pH-Wert. Da im gesamten Profil Carbonat nachweisbar ist, wird pH 7 nicht unterschritten. Die Kalkgehalte in den Gor-, IIGr- und IVGr-Horizonten liegen zwischen 12 und 59,5 %, während es im fAh°Gr-Horizont zu einem starken Rückgang auf 2,4 % kommt.

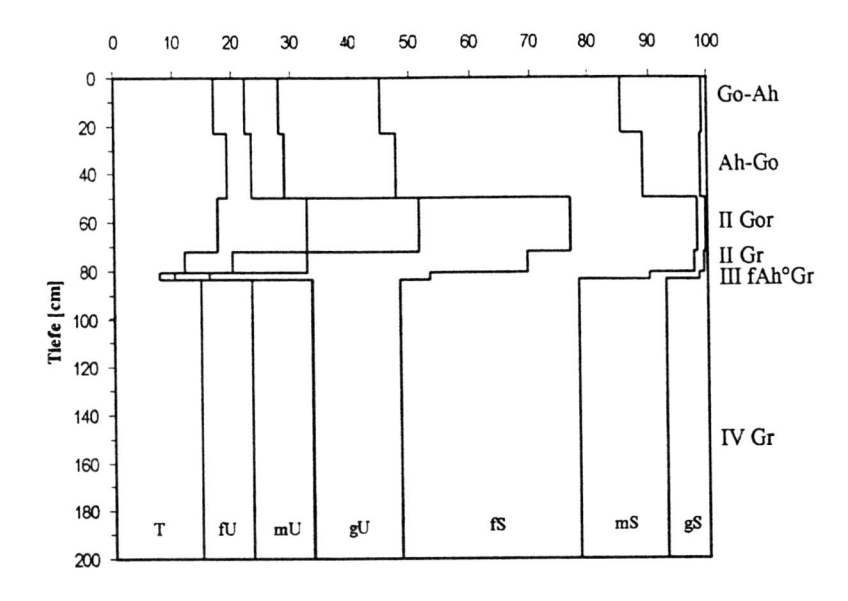

Abb. 8:
Korngrößenverteilung

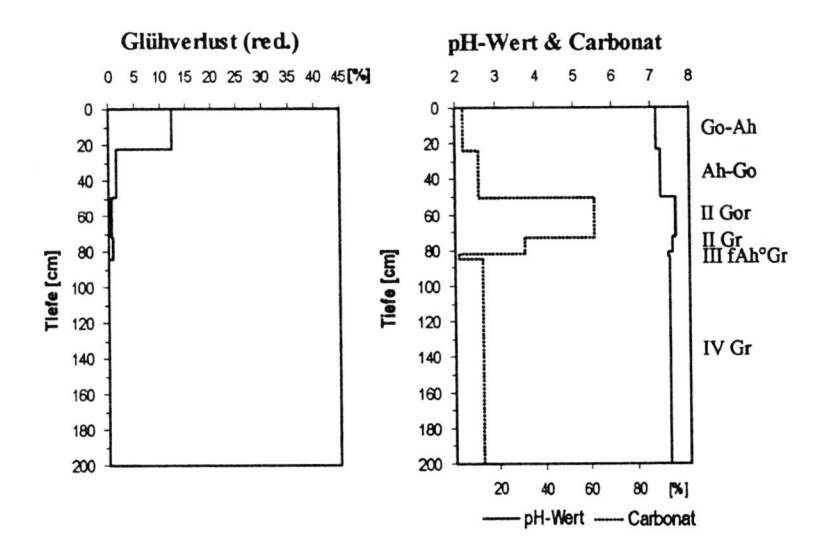

Abb. 9:
Glühverlust (reduziert),
pH-Wert (CaCl$_2$) und
Carbonat

Interpretation des Profils

Im Profil K 108 lassen sich vier Schichten unterscheiden. Die erste Schicht umfasst die beiden oberen Horizonte. Die beiden liegenden Horizonte Gor und II Gr bilden ebenfalls eine Schicht. Nach ihrem Habitus, der Korngrößenverteilung und den Molluskenschalen wurden diese Ablagerungen als Silikatmudden angesprochen, obwohl sie nicht die erforderlichen 5 % Gehalt an organischer Substanz aufweisen. Ein weiteres Argument für die Ansprache der Mudde ist die Tatsache, dass diese Schicht zur Senke hin in eine Kalkmudde übergeht. Die Horizonte Go-Ah und Ah-Go haben sich vermutlich in dieser Silikatmudde entwickelt. Sandeintrag durch gravitative Prozesse am Unterhang und bioturbate Einarbeitung sind die Ursachen für den höheren Sandgehalt in diesen Horizonten. Die dritte Schicht wird durch den fAh°Gr-Horizont als ehemalige Oberfläche nach oben begrenzt. Die hohen Anteile an Grobschluff und Feinsand und die geringen Mittel- und Grobsandgehalte deuten auf ein schwach energetisches Ablagerungsmilieu. Da das Profil K 108 eine ähnliche Schichtung und Horizontierung wie das Profil E 21 hat, kann daraus geschlossen werden, dass es sich auch hier um ein Uferrandsediment mit Humusakkumulation bei niedrigem Wasserstand handelt. Der IVGr-Horizont könnte aufgrund der Korngrößen und des Kalkgehaltes zunächst als Geschiebemergel angesprochen werden. Jedoch haben die einzelnen Fraktionen nicht dessen typische Verteilung. Der Feinsandgehalt ist zu gering, und der Schluffgehalt zu hoch. Der Sl4 des IVGr-Horizonts ist vielmehr ein durch fluvialen Transport veränderter Geschiebemergel und kann somit als eine vierte Schicht angesehen werden.

Die hohen Humusgehalte im Oberboden sind dem gehemmten Abbau des Bestandsabfalls durch die Grundwassernähe geschuldet. Die intensive Bioturbation führt zur Einmischung stark carbonathaltiger Sedimente in den normalerweise kalkfreien humosen Oberboden, so dass hier pH-Werte > 7 anzutreffen sind. Ebenso war der fAh-Horizont ehemals kalkfrei und ist durch die Ablagerung der hangenden Sedimente und das carbonathaltige Grundwasser aufgekalkt worden.

Aus dem Kontext von Sediment- und Horizontabfolge und der Lage im Relief lässt sich die Entstehung dieses Profils gut nachvollziehen. Es befindet sich am Rande einer Rinne, die wahrscheinlich Schmelzwässern als Abflussbahn gedient hat. Dabei kam es zur Umlagerung des Geschiebemergels, deren Korngrößenzusammensetzung sich dabei änderte. Die hangende Schichtfolge kann mit dem Niedermoorgley-Gley E 21 parallelisiert werden. Nach der glazifluvialen Phase trat eine Beruhigung der morphogenetischen Prozesse ein. Bei einem niedrigeren Wasserstand konnte sich im Alleröd der fAh-Horizont ausbilden. Mit einem Grundwasseranstieg zu Beginn der Jüngeren Dryas bildete sich ein See, der allmählich verlandete.

Die Entwässerung der Senke initiierte die nächste Entwicklungsphase. Die Grundwasserabsenkung wirkte sich auf den Gley im Randbereich der Senke v.a. durch eine größere Schwankungsamplitude im Jahresgang der Grundwasseroberfläche aus.

Die Krautvegetation und die Basensättigung weisen den Standort als gut basenversorgt aus. Bezüglich der Nährstoffversorgung kann er als reich eingestuft werden. Die Verlängerung der Phase des Grundwasserniedrigstandes bedeutet zwar bessere Bodenluftverhältnisse, wirkt aber der Natürlichkeit des Standortes entgegen. Das wirkt sich vor allem auf die Bodenvegetation durch den Rückgang feuchteliebender Arten aus.

4.3.3 Braunerde-Gley-Pseudogley E 35
Räumliche Einordnung und Profilbeschreibung
Der Braunerde-Gley-Pseudogley bzw. Braunerde-Amphigley E 35 befindet sich auf den tiefer gelegenen grundwassernahen ebenen Grundmoränenplatten des Untersuchungsgebietes. Diese Bereiche zeichnen sich durch eine Interferenz von Grund- und Stauwasser aus. Die Horizont- und Schichtabfolgen des Profils können der Abbildung 10 entnommen werden.

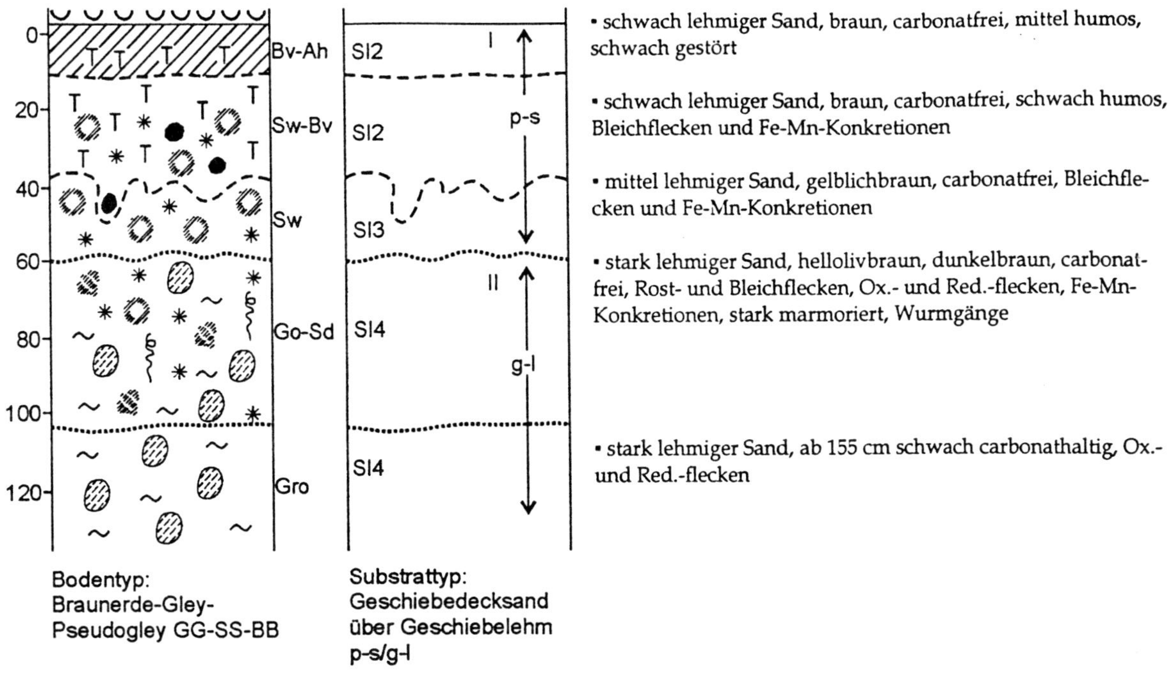

Abb. 10: Profilbeschreibung

Im Profil wurde vom Frühjahr bis zum Herbst ein Absinken des Grundwasserstands von 50 cm auf 200 cm u. Flur beobachtet.

Der Eschen-Buchenwald bestimmt auch hier das Waldbild. In der Krautschicht tauchen Bingelkraut (*Mercurialis perennis*), Sauerklee (*Oxalis acetosella*), Kleinblütiges Springkraut (*Impatiens parviflora*), Goldnessel (*Galeobdolon luteum*), Waldflattergras (*Milium effusum*), Waldmeister (*Galium odoratum*), Echte Sternmiere (*Stellaria holostea*), Weißwurz (*Polygonatum multiflorum*), Hainsternmiere (*Stellaria nemorum*) und Wurmfarn (*Dryopteris filix-mas*) auf. Sie zeigen frische Bodenfeuchteverhältnisse an.

Korngrößenverteilung und bodenchemische Parameter
Die in Abbildung 11 dargestellten Anteile der Korngrößenfraktionen der Horizonte zeigen scheinbar ähnliche Verteilungen, jedoch können bestimmte Unterschiede festgestellt werden. Die Horizonte Bv-Ah, Sw-Bv und Sw haben geringere Ton- (7,4-11,1 %), Fein- (2,6-3,5 %) und Mittelschluffgehalte (ca. 4 %) als die liegenden Horizonte Go-Sd und Gro (T 12,9-15,3 %, fU 4,7-5,2 %, mU 6,6-6,8 %). Hingegen ist der Grobschluffanteil der oberen drei Horizonte (12,6-12,8 %) gegenüber den Go-Sd- und Gro-Horizonten (10,8-11,8 %) erhöht. Der Feinsandgehalt ist im Bv-Ah- (47 %) und im Sw-Bv-Horizont (46,5 %) annähernd gleich, ebenso im Go-Sd- (37,6 %) und Gro-Horizont (39,9 %). Der Sw-Horizont liegt mit 43,7 % Feinsand dazwischen. Für den Mittelsand ist dieser Werteverlauf ebenfalls zu beobachten.

Der Bv-Ah ist mit dem Gehalt organischer Substanz von 2,7 % als mittelhumos einzustufen. Nach unten nimmt der Gehalt organischer Substanz ab (vgl. Abb. 12). Im Sw-Bv beträgt er 1,6 %, und in den darunter liegenden Horizonten ist kein Humus mehr nachzuweisen.

Der pH-Wert steigt mit zunehmender Tiefe an. Bemerkenswert ist, dass der pH-Wert an der Grenze Sw-Bv/Sw sprunghaft ansteigt. Die Reaktion geht von sehr (pH 3,8) bzw. stark sauren (pH 4,9) Verhältnissen im Bv-Ah und Sw-Bv in schwach saure (pH 6,3) im Sw über. Da die Probenahme oberhalb des Auftretens von Carbonat (ab 155 cm) erfolgte, treten pH-Werte über 7 im Diagramm nicht auf.

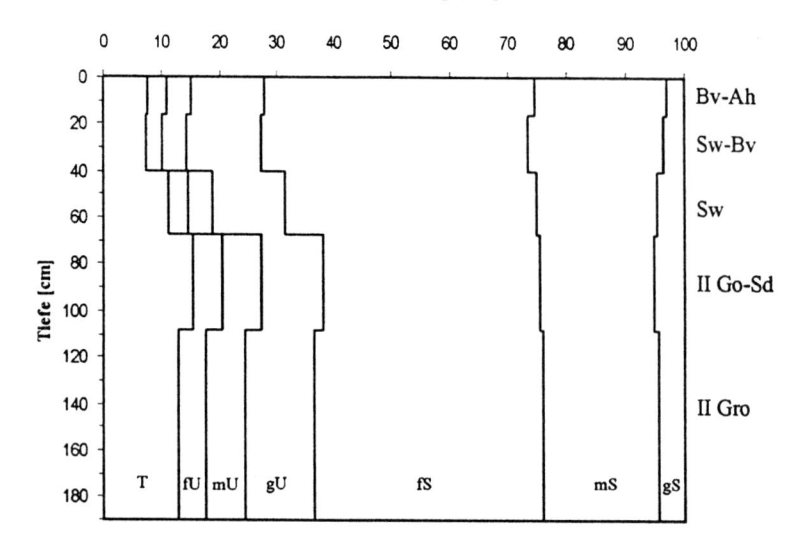

Abb. 11: Korngrößenverteilung

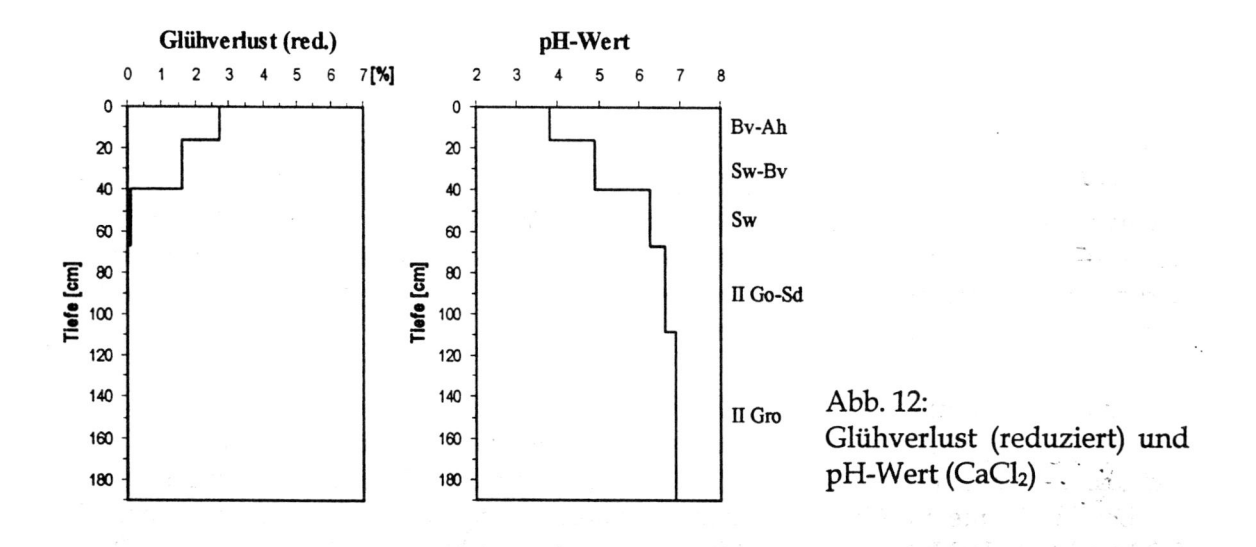

Abb. 12: Glühverlust (reduziert) und pH-Wert (CaCl₂)

Interpretation des Profils

Anhand der existierenden Unterschiede in der Korngrößenverteilung können im Profil zwei Schichten ausgegliedert werden: Geschiebedecksand über Geschiebelehm. Mit der Untergrenze des Sw (66-68 cm) beginnt zugleich der Geschiebelehm. Der Geschiebedecksand liegt damit im Bereich der typischen Mächtigkeiten zwischen 50 und 70 cm (HELBIG 1999).

Über die Genese des Geschiebedecksandes gibt es verschiedene Theorien. Nach HELBIG (1999) kann die hier angetroffene Kornverteilung durch periglaziäre Prozesse an Hängen, die durch Abfuhr der feineren Bestandteile (Ton, Schluff) zu einer relativen Kornvergröberung führen, erklärt werden. Der erhöhte Grobschluffgehalt könnte auf äolischen Eintrag zurückgeführt werden.

Die Verteilung der organischen Substanz ist typisch für Waldböden. Starke Bioturbation und Durchwurzelung bedingen die Einarbeitung organischen Materials bis in eine Tiefe von 40 cm.

Steigende pH-Werte mit zunehmender Tiefe sind ebenfalls für unseren Raum auf nicht gekalkten Standorten typisch. Hervorzuheben ist jedoch der sprunghafte Anstieg des pH-Wertes im Sw, in dem normalerweise keine Werte um den Neutralpunkt erreicht werden (vgl. Lessivé-Pseudogley-Braunerde E 106). Diese Erscheinung ist auf den Einfluss des basenreichen Grundwassers zurückzuführen, wodurch es zur Erhöhung des pH-Wertes im Sw kommt.

Am Profil E 35 lässt sich die Bedeutung von Substrat und Bodenwasser für die Bodenentwicklung gut nachvollziehen.

Die Substratunterschiede zwischen Geschiebedecksand und Geschiebelehm führen zur Ausbildung des Sd und Sw. Die Bodenwasserverhältnisse lassen sich wie folgt skizzieren: In der sommerlichen Trockenphase fällt das Profil bis zum Gr oder Gro in feuchteren Jahren trocken. Mit Beginn der feuchteren Winterperiode steigt das Grundwasser wieder an. Dabei wirkt der Geschiebelehm zunächst als Stauhorizont, bevor das Sickerwasser das Grundwasser erreicht, und es bilden sich die Merkmale eines Sd- und Sw-Horizontes heraus. Der Sw-Bv unterliegt nur selten dem Stauwassereinfluss, so dass hier Verbraunung dominiert.

Die bodenchemischen Parameter und die Krautvegetation weisen den Standort als gut wasser- und basenversorgt und nährstoffreich aus, deren Ursache vor allem die Grundwassernähe ist. Nur in der Stau- und Nassphase herrschen reduzierende Verhältnisse, die die Wachstumsbedingungen einschränken können.

Der schwach gestörte Oberboden hängt mit einer Bodenbearbeitungsphase zusammen. Anhand von Grabenstrukturen und historischer Karten konnte nachgewiesen werden, dass hier zumindest in der Zeit Ende des 17. Jahrhunderts bis Ende des 19. Jahrhunderts ein „Kamp" (=Acker) existiert hat (BOCHNIG 1959, KWASNIOWSKI 2000).

4.3.4 Lessivé-Pseudogley-Braunerde E 106
Räumliche Einordnung und Profilbeschreibung

Das Profil befindet sich an einem nach Norden sehr schwach geneigten Hang. In diesem höhergelegenen Bereich der Grundmoränenplatte überwiegt der Stauwassereinfluss auf die Bodenbildung gegenüber dem Grundwasser. Der hier ausgebildete Eschen-Buchenwald spricht jedoch für nicht sehr tiefliegendes Grundwasser. Die Krautvegetation mit Goldnessel (*Galeobdolon luteum*), Perlgras (*Melica uniflora?*), Waldmeister (*Galium odoratum*), Wurmfarn (*Dryopteris filix-mas*), Kleinblütiges Springkraut (*Impatiens parviflora*), Waldflattergras (*Milium effusum*), Sauerklee (*Oxalis acetosella*), Waldsegge (*Carex sylvatica*) und Echte Sternmiere (*Stellaria holostea*) zeigt frische bis mäßig feuchte Bedingungen an. Die Abbildung 13 stellt die Horizontierung und Schichtung des Profils dar.

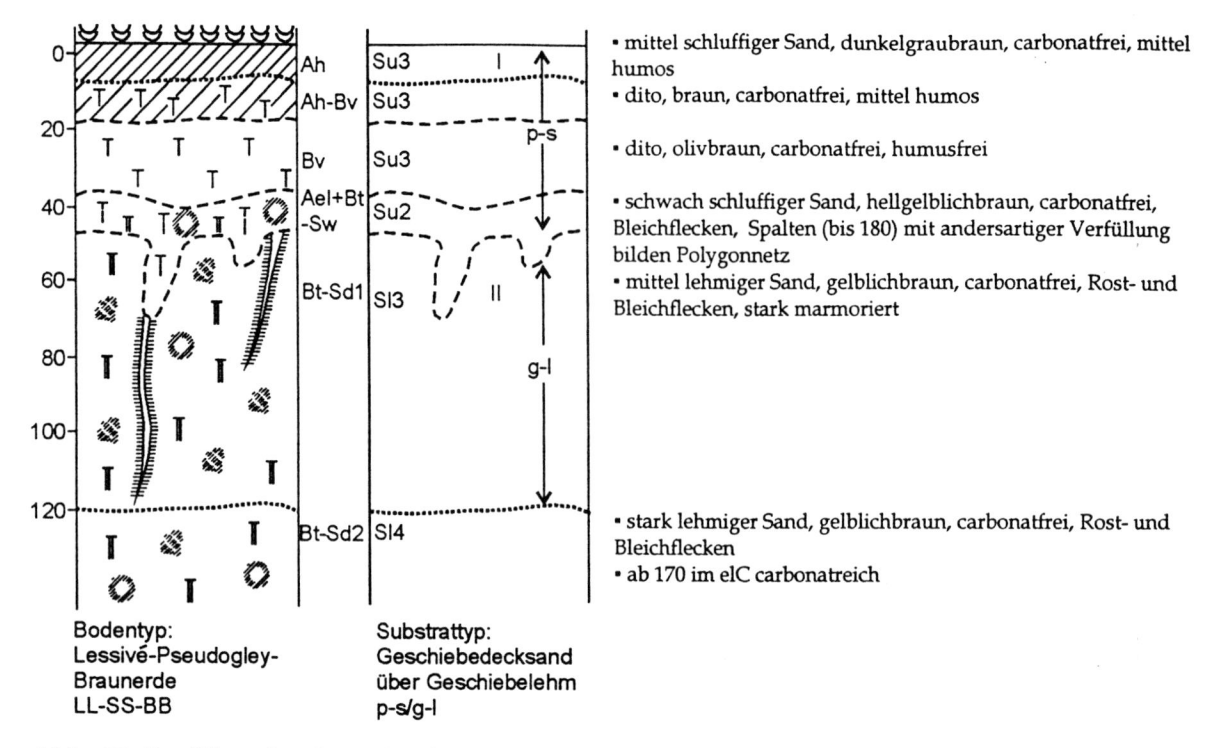

Abb. 13: Profilbeschreibung

Korngrößenverteilung und bodenchemische Parameter

Die prozentuale Verteilung der Kornfraktionen der einzelnen Horizonte stellt Abbildung 14 dar. Die Horizonte Ah, Ah-Bv und Bv ähnliche Korngrößenverteilungen auf. Der Ael+Bt-Sw sticht durch seinen geringen Tongehalt (4 %) und den dadurch relativ angereicherten Feinsandgehalt (46,3 %) heraus. Die Horizonte Bt-Sd1 und Bt-Sd2 zeigen ebenfalls eine ähnliche Korngrößenverteilung. Hier liegen die Tongehalte (11,9 und 12,2 %) am höchsten. Die Grobschluffgehalte in den oberen vier Horizonten (13,3-14,9 %) sind gegenüber den unteren (10,8-12,6 %) erhöht.

Der Gehalt an organischer Substanz nimmt von 3,6 % im Ah mit zunehmender Tiefe bis auf weniger als 1 % im Ael+Bt-Sw allmählich ab (Abb. 15). Der pH-Wert steigt mit zunehmender Tiefe in Richtung des carbonathaltigen Ausgangsmaterials vom sehr stark sauren in den stark sauren Bereich an.

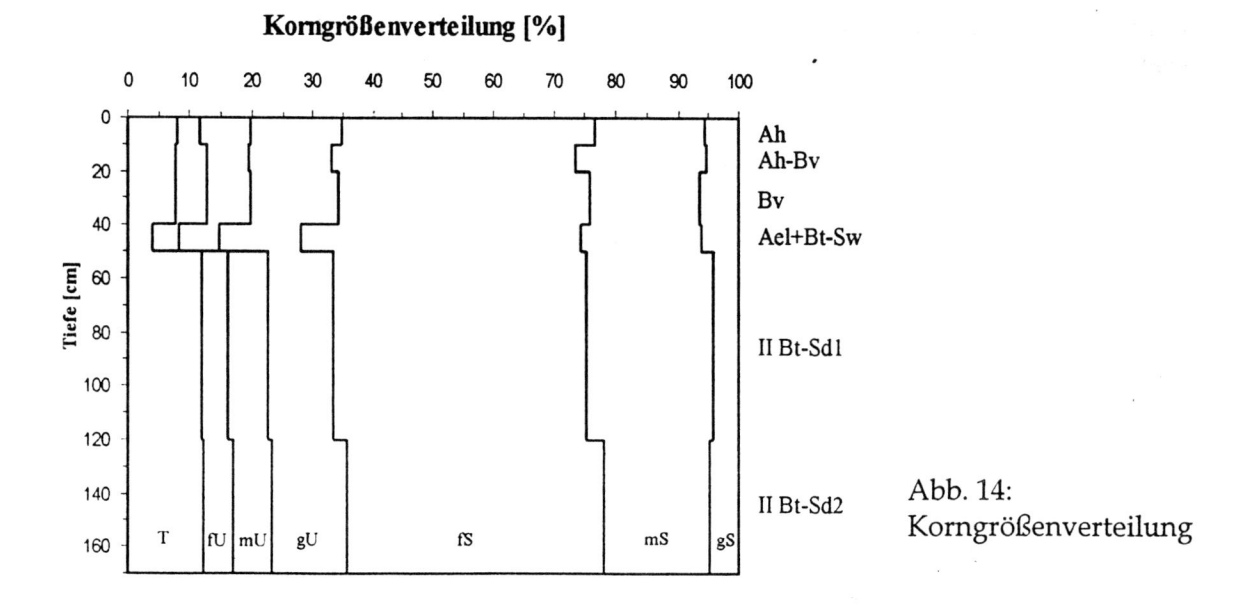

Abb. 14: Korngrößenverteilung

Abb. 15:
Glühverlust (reduziert)
und pH-Wert (CaCl$_2$)

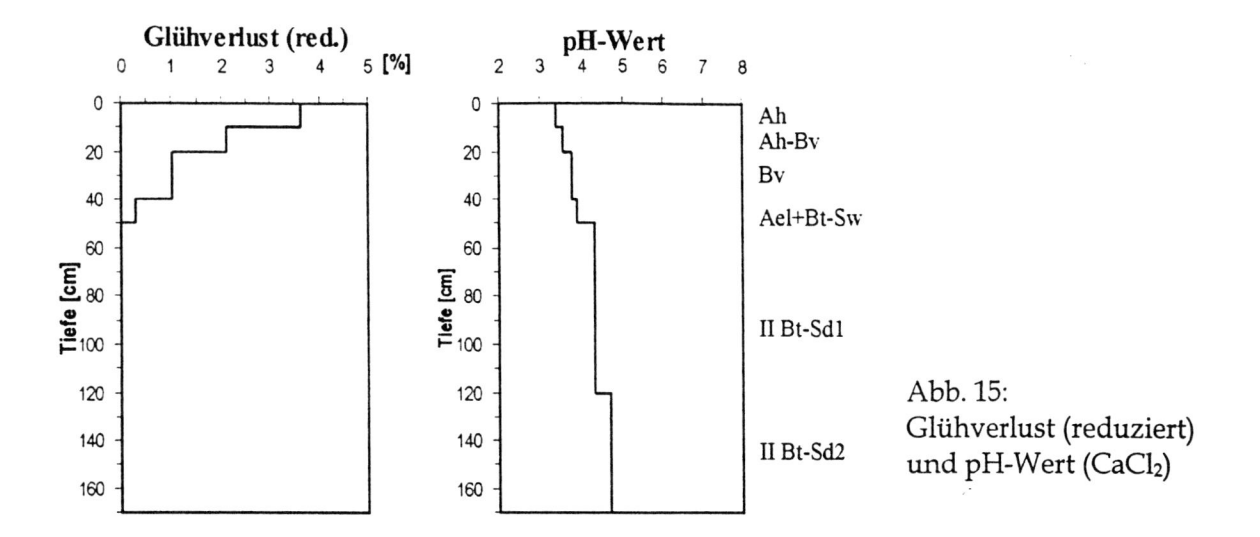

Interpretation des Profils

Die Horizonte des Oberbodens Ah, Ah-Bv und Bv gehören sedimentologisch zum Geschiebedecksand. Der Ael+Bt-Sw wird ebenfalls zum Geschiebedecksand gerechnet, er nimmt jedoch eine Übergangsstellung ein. Im Geschiebelehm haben sich die Horizonte Bt-Sd1 und Bt-Sd2 entwickelt. In der Korngrößenverteilung dieses Profils können weniger deutliche Unterschiede als im Braunerde-Gley-Pseudogley E 35 festgestellt werden. Dennoch sprechen die geringeren Tongehalte und die höheren Grobschluffgehalte für den Geschiebedecksand.

Die Übereinstimmung der periglaziären Deckschicht mit Bv- und z.T. Al-Horizonten wurde bereits von KOPP (1970) festgestellt. Dabei kann die Untergrenze des Geschiebedecksandes oberhalb, unterhalb oder im Al-Horizont liegen (P. KÜHN/Greifswald, mündl. Mitt.).

Die Entstehung des Profils kann nach traditionellen Vorstellungen (z.B. REUTER 1990, HOFMANN & BLUME 1977, KUNTZE et al. 1994) folgendermaßen erklärt werden. Nach schwacher Decarbonatisierung im Spätglazial und stärkerer im Frühholozän hat vor allem im Atlantikum die Entwicklung des Lessivés stattgefunden. Nach der Bildung des Lessivé verbraunte der Al, und es entstand eine Lessivé-Braunerde. Im feuchteren „Postatlantikum" kam es zur Ausbildung der Pseudogleymerkmale im Bt durch die mit eingeschlämmten Ton verstopften Poren.

Die Entstehung des an der Grenze Al/Bt liegenden Polygonnetzes durch periglaziale Prozesse ist denkbar. Es kann jedoch auch durch ausgeprägte Schrumpfung- und Quellungsvorgänge während wechselnder Trocken- und Feuchtphasen entstanden sein, da der Polygondurchmesser nur etwa 30 cm beträgt. Dies sei bei Pseudogleyen ein häufig zu beobachtendes Phänomen (H.-P. BLUME/Kiel, mündl. Mitt.).

Die allmähliche Abnahme der organischen Substanz spricht für eine gute Bioturbation durch die Bodenfauna und Durchwurzelung.

Die Arten der Krautschicht zeigen einen gut basenversorgten Standort an. Die sehr stark sauren Bedingungen im Oberboden stehen dazu zunächst im Widerspruch. Sie sind jedoch Ausdruck der guten Basensättigung im C-Horizont und des oberflächennahen Grundwassers. Dabei fungieren die Bäume als Basenpumpe. Die gute Humusform (F-Mull) unterstützt diese Argumentation. Die Bäume liefern eine gut zersetzbare Laubstreu, so dass sich kein Moder ausbilden konnte. Auf die Bedeutung des Grundwassers für die Standorteigenschaften weist bereits BOCHNIG (1959) hin.

4.3.5 Gley-Kolluvisol E 84
Räumliche Einordnung und Profilbeschreibung

Der Gley-Kolluvisol E 84 befindet sich unmittelbar am südlichen Rand des NSG Eldena an dem sich verflachenden Unterhang des Südhanges des Ebertberges. Direkt an den Waldrand grenzt eine beweidete Niederung mit hohem Grundwasserstand. Am Ebertberg werden im Untersuchungsgebiet die stärksten Hangneigungen erreicht (bis 10°). Im Profil wurde im Frühjahr ein Grundwasserstand von ca. 100 cm und im Sommer ca. 200 cm u. Flur (scheinbarer Grundwasserstand) gemessen. Der Abbildung 16 kann die Profilbeschreibung entnommen werden.

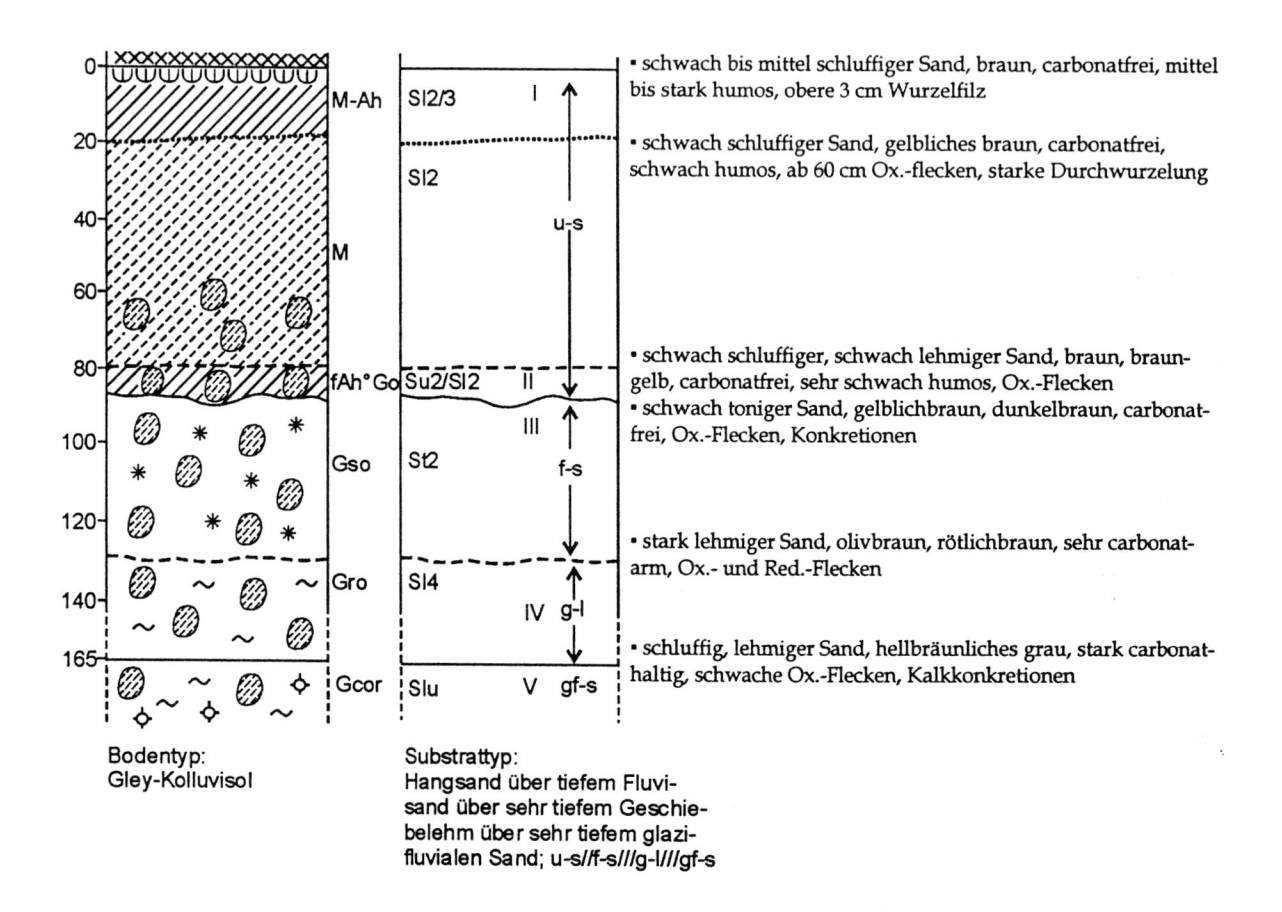

Abb. 16: Profilbeschreibung

Auf diesem Standort stockt ein Perlgras-Buchenwald. In der Krautschicht treten Perlgras (*Melica uniflora*), Bingelkraut (*Mercurialis perennis*), Waldflattergras (*Milium effusum*), Waldmeister (*Galium odoratum*), Goldnessel (*Galeobdolon luteum*), Weißwurz (*Polygonatum multiflorum*), Sauerklee (*Oxalis acetosella*), Echte Sternmiere (*Stellaria holostea*) und Kleinblütiges Springkraut (*Impatiens parviflora*) auf. Sie weisen den Standort als frisch bis mäßig feucht aus.

4.3.5.1 Korngrößenverteilung und bodenchemische Parameter

Die hier anzutreffenden Bodenarten sind im wesentlichen schwach lehmige und lehmige Sande, die sich jedoch in ihrer Kornverteilung zum Teil stark unterscheiden. Die prozentuale Verteilung der einzelnen Kornfraktionen ist in Abbildung 17 dargestellt.

Abb. 17: Korngrößenverteilung

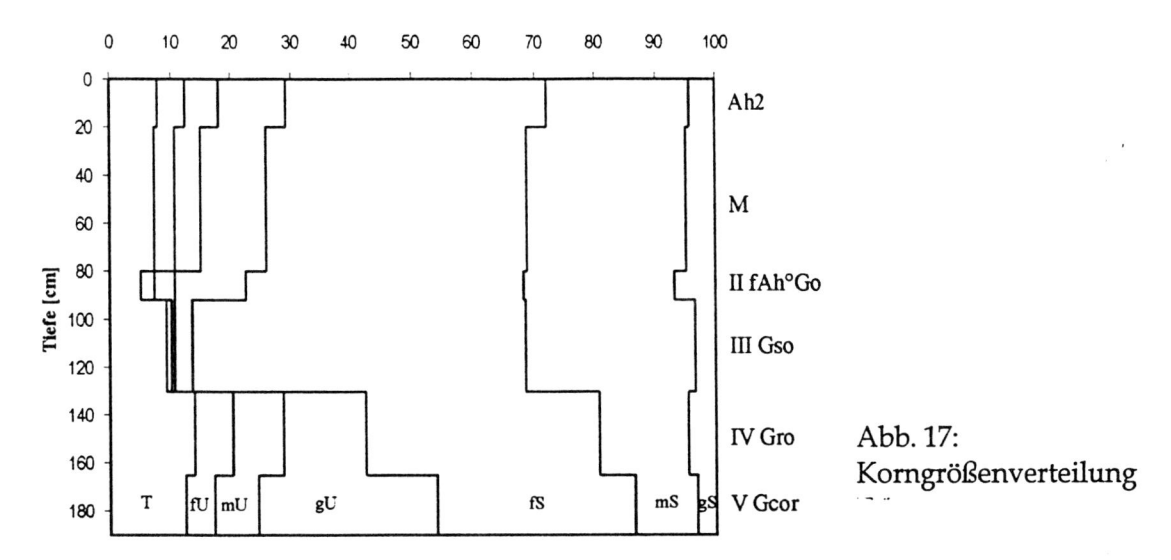

Die Horizonte M-Ah und M haben eine ähnliche Korngrößenverteilung. Der fAh°Go weist dagegen geringe Ton- und Schluffgehalte und höhere Sandgehalte als diese auf. Der Gso-Horizont hebt sich durch den relativ hohen Tongehalt (9,3 %), geringen Schluffgehalt (4,2 %) und das Feinsandmaximum (54,9 %) deutlich heraus. Im Gro sind die einzelnen Kornfraktionen dagegen gleichmäßiger verteilt (T 13,8 %, U 28,6 %, S 57,5 %). Der (schluffig-lehmige) Sand des Gcor-Horizonts weist wiederum eine völlig andere Kornverteilung auf. Hier überwiegen die feinkörnigen Bestandteile: Grobschluff- und Feinsandanteil erreichen jeweils ca. 30 %. Der Tongehalt ist mit 12,4 % ebenfalls relativ hoch.

Der Humusgehalt nimmt mit zunehmender Tiefe von 4,8 % im M-Ah auf 2,1 % im M-Horizont ab (vgl. Abb. 18). Der fAh°Go-Horizont enthält nur noch 0,5 % organische Substanz. Der pH-Wert steigt dagegen mit der Tiefe an. Mit dem Auftreten von Sekundärcarbonat im Gcor wird der pH größer als 7.

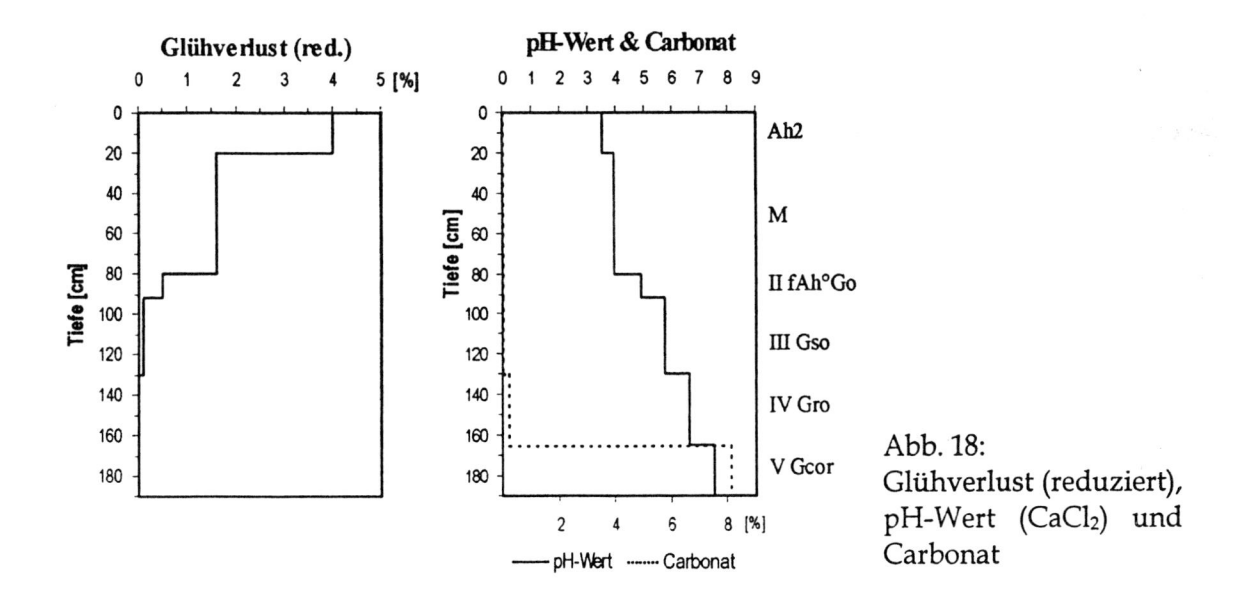

Abb. 18: Glühverlust (reduziert), pH-Wert (CaCl$_2$) und Carbonat

Interpretation des Profils

Aufgrund der Unterschiede in der Korngrößenverteilung der einzelnen Horizonte können mehrere Schichten im Profil ausgegliedert werden.

Die erste genetisch einheitliche Schicht wird durch das Kolluvium gebildet (M-Ah, M). Der fAh°Go-Horizont als ehemalige Geländeoberfläche ist gleichzeitig eine Schichtgrenze. Nach den Körnungsparametern kann er jedoch mit den hangenden Horizonten zusammengefasst werden. Er weist lediglich etwas geringere Ton- und Schluff- und höhere Feinsandgehalte auf. In Übereinstimmung mit HELBIG (1999) kann es sich hier auch um allochthones Material handeln. HELBIG (1999) stellte bei seinen Untersuchungen im NSG Eldena unter Kolluvien fAh-Horizonte fest, die deutliche Spuren einer Verlagerung aufwiesen. Es ist möglich, dass auch der fAh°Go-Horizont von Umlagerungsprozessen erfasst worden ist.

Der Gso-Horizont ist als eigenständige Schicht anzusprechen. Die Korngrößenverteilung lässt auf ein fluviales Ablagerungsmilieu schließen. Die hohen Tongehalte könnten durch die Eisenhydroxide hervorgerufen worden sein.

Die Kornverteilung des Gro-Horizonts spricht für einen Geschiebemergel, obwohl sie nicht der typischen Kornverteilung der untersuchten Geschiebemergel adäquat ist. Die höheren Schluffgehalte liegen aber durchaus im Bereich von natürlichen Schwankungen innerhalb des Geschiebemergels. Unter Einbeziehung der Geländeposition und der Umgebung des Profils kann es sich hier auch um eine Fließerde handeln. Bei der makroskopischen Profilaufnahme fielen jedoch keine Fließerdemerkmale auf.

Mit dem Gcor-Horizont wird zugleich eine weitere Schicht ausgehalten. Die Korngrößenverteilung deutet auf eine „fluviolimnische" Bildung hin, die wahrscheinlich mit der nahen Niederung und einer vorwiegend limnischen Sedimentation in Verbindung steht. Schluffig, lehmige Sande wurden bei den Kartierungsarbeiten im Gebiet oft in Niederungsbereichen gefunden. Es könnte sich aber auch um eine Inhomogenität im Geschiebemergel handeln. Aus der gesamten Situation heraus ist jedoch die erste Erklärung zu favorisieren.

Die Abfolge der Sedimente und die Lage des Profils lässt den Schluss zu, dass es sich hier um einen Übergangsbereich von einem fluvialen bzw. limnischen Sedimentationsraum zur Grundmoräne handelt. Auf diesem Standort entwickelte sich zunächst ein Gley.

Vermutlich in prähistorischer Zeit wurden die trockenen Standorte auf den höhergelegenen Bereichen des heutigen NSG Eldenas beackert. Diese Ackerphase wird im Gebiet sowohl durch ein ^{14}C-Datum (konv. 1780 ± 145 BP), als auch durch Pollenanalysen in die Römische Kaiserzeit (1.-4. Jh. n. Chr.) datiert (HELBIG 1999, DE KLERK et al. 2001). Durch die mit der Beackerung verbundenen hangerosiven Prozesse wurde eine weitere Entwicklungsphase des Profils eingeleitet. Der bereits vorhandene Boden wurde mit umgelagertem Material vom Oberhang bedeckt, in dem sich der neue Ah-Horizont ausbildete.

Dieser Standort wird von der Krautvegetation als mäßig/schwach sauer bis schwach alkalisch und mäßig bis stickstoffreich ausgewiesen. Stickstoffquelle ist der Humus im kolluvialen Material. Obwohl die oberen 80 cm des Profils stark sauer sind, zeigt die Vegetation bessere Basenverhältnisse an. Ursache ist hier wieder die Grundwassernähe.

4.3.6 Kalkgley-Podsol E 34
Räumliche Einordnung und Profilbeschreibung

Das Profil E 34 befindet sich in einem flachwelligen Relief mit Flachkuppen und Senken bei hohem Grundwasserstand. Der Kalkgley-Podsol liegt auf einer solchen Flachkuppe am Rand einer Senke. Auf ihm lagern fluviale Sande über Geschiebemergel. Der Grundwasserstand beträgt im Frühjahr ca. 50 cm u. Flur und im Sommer ca. 130 cm u. Flur. Folgende Horizont- und Schichtenabfolge hat sich an diesem Standort ausgebildet (Abb. 19).

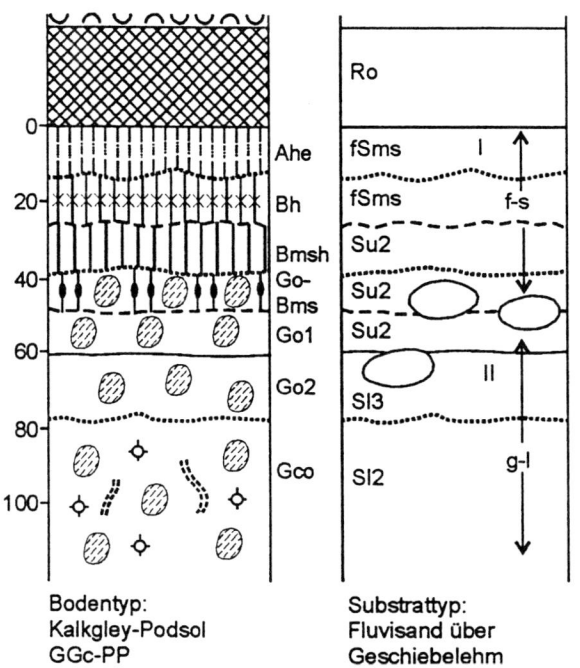

Bodentyp: Kalkgley-Podsol GGc-PP	Substrattyp: Fluvisand über Geschiebelehm f-s/g-l	Beschreibung
Ro		• > 20 cm mächtige Rohhumusauflage
Ahe	fSms	• mittelsandiger Feinsand, dunkelgraubraun, carbonatfrei, schwach humos, Humus fleckenhaft verteilt
Bh	fSms	• mittelsandiger Feinsand, rötliches schwarzbraun, carbonatfrei, schwach humos
Bmsh	Su2	• schwach schluffiger Sand, sehr dunkles rot, carbonatfrei, stark humos, stark verkittet
Go-Bms	Su2	• schwach schluffiger Sand, rötlichbraun, carbonatfrei, schwach humos, Ox.-Merkmale undeutlich, Steine
Go1	Su2	• schwach schluffiger Sand, gelblichbraun, carbonatfrei, Ox.-Flecken und Fe-Mn-Konkretionen, Steine
Go2	Sl3	• mittel lehmiger Sand, gelblichbraun, carbonatfrei, Ox.-Flecken und Fe-Mn-Konkretionen
Gco	Sl2	• schwach lehmiger Sand, bräunlichgrau, stark carbonathaltig, Kalkkonkretionen, Kalkmycelchen

Abb. 19: Profilbeschreibung

In den Eschen-Buchenwald wurden an diesem Standort forstlich einige heute ca. 60-70 jährige Fichten eingebracht. In der Krautvegetation tauchen u.a. Schattenblümchen (*Maianthemum bifolium*), Sauerklee (*Oxalis acetosella*), Hainsternmiere (*Stellaria nemorum*), Echte Sternmiere (*Stellaria holostea*), Wurmfarn (*Dryopteris filix-mas*) und Waldflattergras (*Milium effusum*) auf. Diese Arten zeigen frische bis feuchte Standorte an.

Korngrößenverteilung und bodenchemische Parameter

Die prozentuale Verteilung der einzelnen Kornfraktionen ist in Abbildung 20 dargestellt. Die oberen vier Horizonte weisen eine ähnliche Korngrößenverteilung auf: Fein- und Mittelsand bilden ein deutliches Maximum (fS+mS > 80 %), die Ton- und Schluffgehalte sind gering (T+U < 15 %). Insgesamt steigen die geringen Anteile der Ton- und Schlufffraktionen mit zunehmender Tiefe leicht an. Die Kornverteilung des Go2 und Gco zeigen ebenso Ähnlichkeiten. Hier sind die feineren Fraktionen (Ton und Schluff) wieder stärker vertreten. Der Go1 nimmt eine vermittelnde Position zwischen Aeh, Bh, Bmsh, Go-Bms und Go2 und Gco ein.

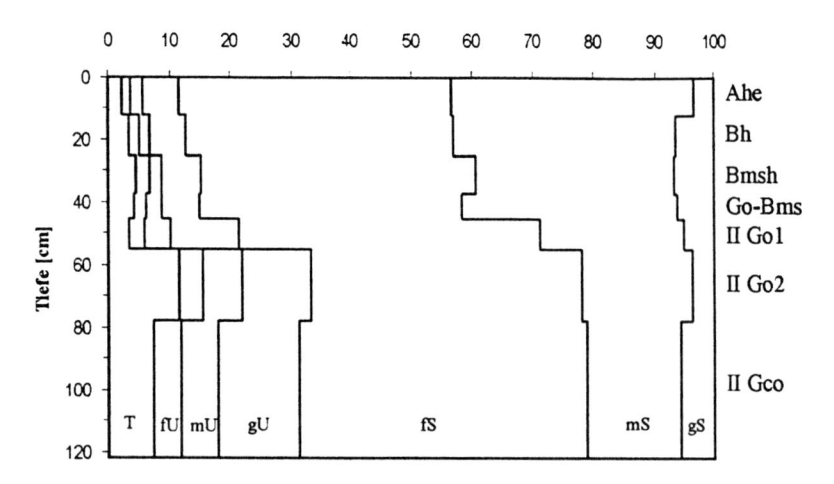

Abb. 20:
Korngrößenverteilung

Der in Abbildung 21 dargestellte organische Gehalt, nimmt zunächst von oben nach unten zu, erreicht im Bmsh sein Maximum (4,2 %) und nimmt dann rasch ab.

Im Ahe ist die Bodenreaktion äußerst sauer. Mit zunehmender Tiefe steigt der pH-Wert bis zum Go1 allmählich und im Go2 sprunghaft an. Mit dem Auftreten von Sekundärkalk im Gco liegt er im sehr schwach alkalischen Bereich.

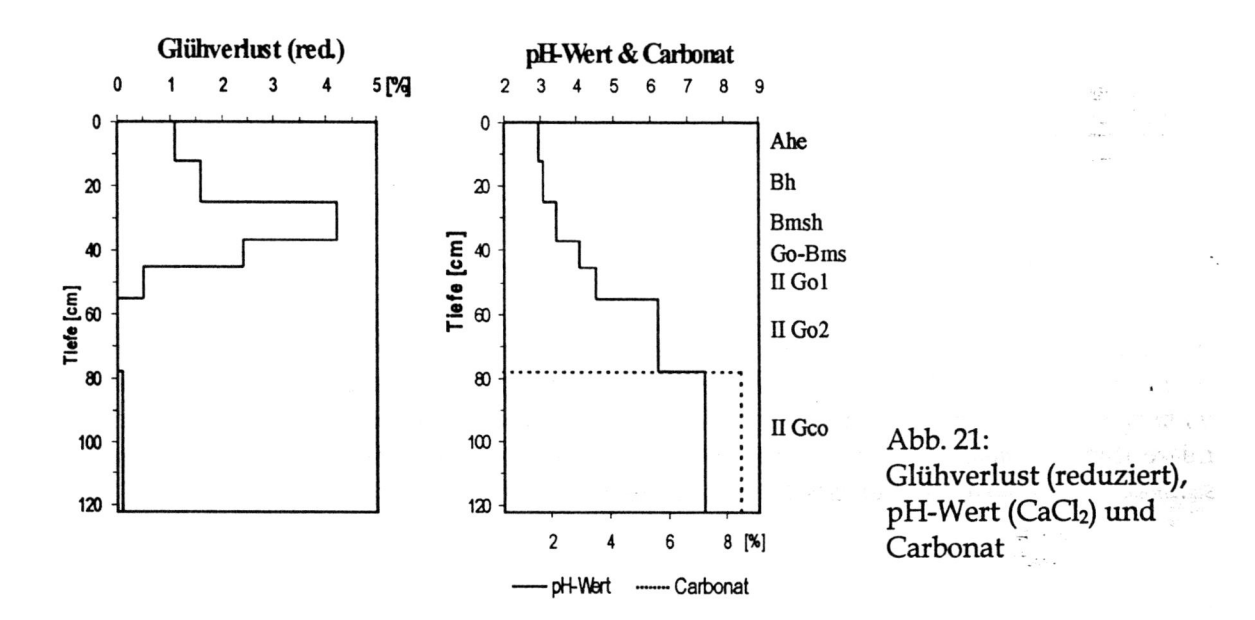

Abb. 21:
Glühverlust (reduziert),
pH-Wert ($CaCl_2$) und
Carbonat

Interpretation des Profils

Anhand der Korngrößenverteilung können zwei sedimentologisch einheitliche Typen unterschieden werden. Die Substrate der Horizonte Aeh, Bh, Bmsh und Go-Bms wurden fluvial abgelagert. Go2 und Gco zeigen die typische bereits an anderen Profilen untersuchte Kornverteilung des Geschiebemergels. Der Go1 nimmt zwischen diesen beiden Schichten eine Übergangsstellung ein. Es handelt sich hierbei wahrscheinlich um aufgearbeiteten Geschiebemergel, der durch fluviale Prozesse kurzstreckig transportiert worden ist, so dass sich das Kornspektrum gegenüber dem Herkunftsgebiet kaum verändert hat. Weiterhin sprechen die Steine und Blöcke, die nicht fluvial, sondern glazial abgelagert wurden, dafür, den Go1 dem Geschiebemergel zuzurechnen.

Die für Podsole kennzeichnende vertikale Verlagerung von Humus und Sesquioxiden wird in der Abbildung 21 deutlich. Die Illuvialhorizonte sind an der Verteilung der organischen Substanz gut erkennbar. Für den hohen Gehalt an organischer Substanz im Go-Bms, in dem makroskopisch keine organische Substanz festgestellt wurde, werden Sesquoxide verantwortlich gemacht, da sie beim Verglühen Kristallwasser abgeben und sich so im Glühverlust niederschlagen.

Humusform und pH-Wert kennzeichnen in ihrer Ausprägung und ihrem Werteverlauf intensive Podsolierungsvorgänge (SCHLICHTING et al. 1995).

Die fluvialen Sande wurden wahrscheinlich in jener Zeit als eine Art Uferwall abgelagert, als die angrenzende Senke noch Teil eines Abflusssystems war. Nachdem die Rinne nicht mehr als Abflussbahn genutzt wurde, blieben wassergefüllte Senken zurück, die verlandeten. In den ton- und schluffarmen Sanden, die nicht unter Grundwassereinfluss standen, setzte durch die natürliche Versauerung Podsolierung ein. REUTER (1962) stellte bei seinen Untersuchungen fest, dass die Podsolierung durch Grundwassernähe begünstigt wird. Die Illuvialhorizonte prägen sich somit besonders stark aus.

Bemerkenswert ist, dass trotz des hohen Kalkspiegels (ab 80 cm) der obere Profilteil einer starken Podsolierung unterliegt. Die Ursache hierfür liegt in der guten Perkolierbarkeit und der Basenarmut der Sande, die eine geringe Pufferfähigkeit gegenüber organischen Säuren aufweisen. Die Frage, warum nicht auch an diesem Standort die „Basenpumpe" Vegetation eine gut zersetzbare Streu liefert, sondern mächtige Auflagehorizonte bildet, muss vorerst unbeantwortet bleiben. Es ist denkbar, dass sich der Podsol vor der Vergleyung gebildet hat. KAISER & JANKE (1998) fanden im Zusammenhang mit archäologischen Ausgrabungen im Rycktal bei Wackerow einen Gley-Podsol, der in den Eluvial- und Illuvialhorizonten pH-Werte > 5 aufwies. Sie führten dies hier auf einen jungholozänen Fluss- und Grundwasseranstieg nach der Podsolierung zurück. Da nach SCHACHTSCHABEL et al. (1998: 430) Humus und Sesquioxide bei pH-Werten > 4 aus der Bodenlösung ausfallen und verlagerungsstabil sind, muß die Podsolierung vor der sekundären Aufkalkung durch das Grundwasser abgelaufen sein. Die Bestockung des Standortes mit Fichten verstärkt die Versauerung und kann zur Ausbildung des mächtigen Auflagehumus beigetragen haben.

Insgesamt zeigt die Krautvegetation einen Standort mit saurer bis mäßig saurer Reaktion und mittelmäßigem Stickstoffangebot an.

Das Schattenblümchen (*Maianthemum bifolium*) ist ein Anzeiger für saure und nährstoffarme Standortbedingungen. Die anderen Arten deuten jedoch auf bessere Basen- und Nährstoffversorgung hin. Diese Differenz könnte damit zusammenhängen, dass das Schattenblümchen mit seinen Wurzeln in den sauren und nährstoffarmen Bereichen des Profils stockt, und die anderen Arten die tiefergelegenen Profilteile mit den besseren Bedingungen erreichen. Auch an diesem Standort macht sich die Wirkung des Grundwassers und des Geschiebemergels bemerkbar. Die eher ungünstigen Eigenschaften des Oberbodens werden durch den basenreichen Unterboden ausgeglichen.

4.4 Zusammenfassende Interpretation der Ergebnisse
4.4.1 Die Böden des NSG Eldena

Nach geoökologischem Verständnis sind die landschaftlichen Partialkomplexe (z.B. Boden, Relief, Klima, Wasser) durch ein Wirkungsgefüge eng miteinander verknüpft (HENDL &

LIEDTKE 1997). Dieses einheitlich reagierende Wirkungsgefüge bedingt die gesetzmäßige Ausbildung bestimmter Geokomponenten (z.B. Bodentyp). Bei der Kennzeichnung von Naturräumen spielen Relief, Substrat, Boden und Wasserhaushalt eine zentrale Rolle. In der Pedosphäre durchdringen sich Lithosphäre, Morphosphäre Hydrosphäre, Atmosphäre und Biosphäre, daher wird der Boden als ein geoökologisches Hauptmerkmal bezeichnet und kann zur Charakterisierung von Landschaftsräumen herangezogen werden.

Das Kausalprofil (Abb. 22) bringt wesentliche Züge der landschaftlichen Vertikal- und Arealstrukturen des „NSG Eldena" zum Ausdruck und zeigt, dass die Verbreitung der Bodentypenareale ganz bestimmten Gesetzmäßigkeiten folgt. Im Kausalprofil sind die Bodenarealtypen mit den Vegetationseinheiten von BOCHNIG (1957) verknüpft, da diese mit den Änderungen der Bodenwasser- und Basenverhältnisse sehr gut korrelieren.

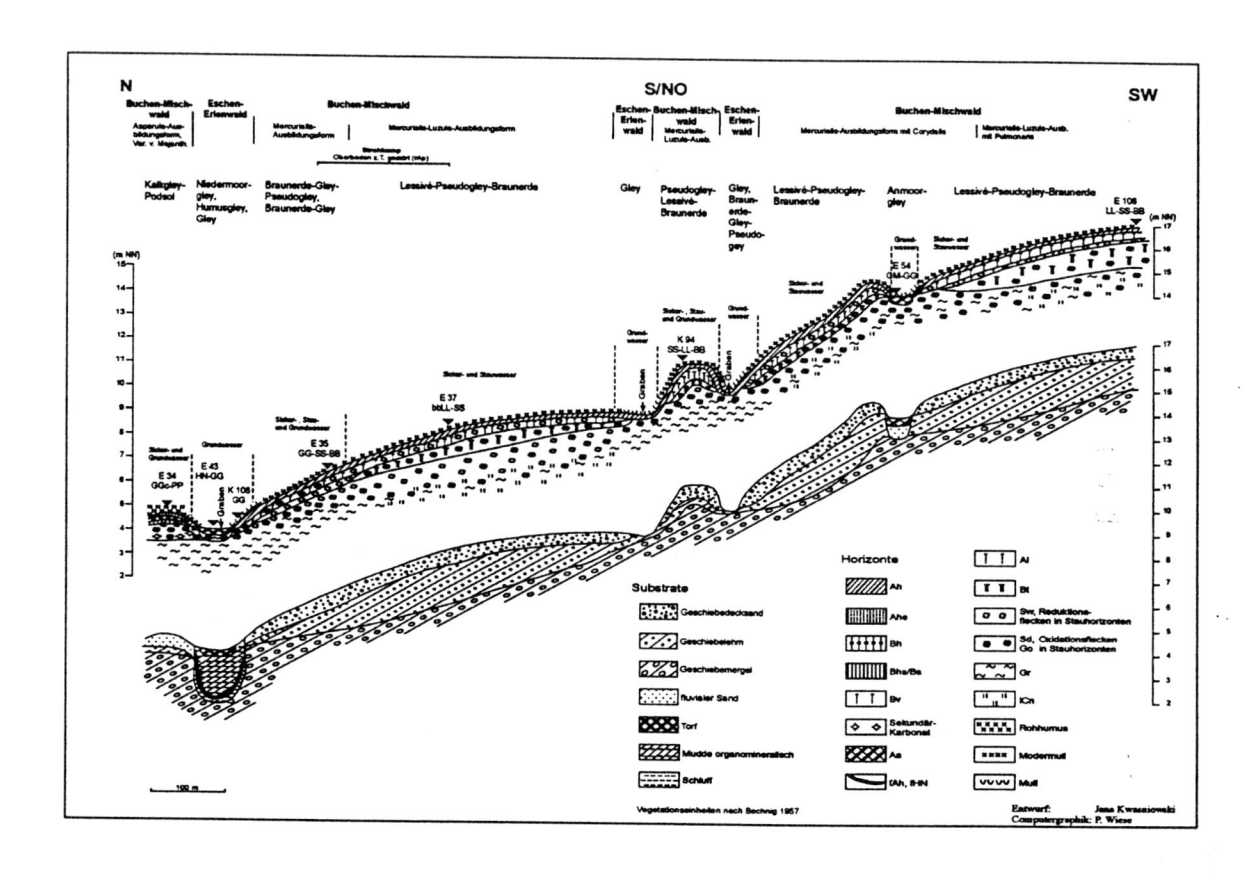

Abb. 22: Kausalprofil Naturschutzgebiet Eldena (stark überhöht), Profilverlauf vgl. Abb. 3

In den tiefsten Bereichen dominieren Grundwasserböden. Sie sind Ausdruck eines ganzjährig hohen Grundwasserstandes. Je nach Höhe der Grundwasseroberfläche kommt es durch Akkumulation organischer Substanz zur Ausbildung von Humusgleyen, Anmoor oder Niedermoor. Diese Böden entwickeln sich auf lehmigen als auch sandigen Substraten. Mit ansteigender Geländehöhe über NN tritt der Grundwassereinfluss in den Hintergrund, so dass sich im oberen Profilteil ein nicht grundwasserbeeinflusster Bv-Horizont entwickelt. In sandigen, gut durchlässigen Substraten ist der untere Profilteil durch Vergleyung geprägt. Beim Auftreten von lehmigen Schichten im Grundwasserschwankungsbereich kommt es zur Überschneidung von Grund- und Stauwassereinflüssen. Je nach Tiefenlage der hydromorphen Horizonte bilden sich Braunerde-Gleye bzw. Braunerde-Gley-Pseudogleye oder Gley- bzw. Gley-Pseudogley-Braunerden.

Bei der arealen Verteilung der grund- und stauwasserbeeinflussten Böden ist nicht die absolute Höhe über NN, sondern die relative Lage im Relief von Bedeutung. Besonders in sich verflachenden Bereichen unterhalb von Hängen wird dies deutlich (vgl. Abb. 22). Diese Standorte erhalten Hangzuschusswasser. Die geringe Hangneigung am Hangfuß bedingt längere Verweilzeiten des Bodenwassers, so dass sich grundwasserbeeinflusste Bodeneinheiten ausbilden (vgl. Abb. 22). Diese von Relief und Substrat bestimmten Bodenwasserbewegungen finden auch Ausdruck in zwei Quellsenken (vgl. Abb. 3).

In Bereichen stärkerer Hangneigung können Braunerde-Pseudogleye oder Pseudogley-Braunerden als Übergangsformen zu den terrestrischen Böden auftreten. Sie sind Ausdruck der sich aufweitenden Überschneidungszone von Grund- und Stauwasser. Das Grundwasser befindet sich in einer Tiefe, in der es für die Klassifikation des Bodens keine Rolle mehr spielt.

In den höhergelegenen Teilen des Untersuchungsgebietes mit Hangneigungen bis 2° ist der vorherrschende Bodentyp die Lessivé-Pseudogley-Braunerde. Bei Hangneigungen ab 2-3° tritt der Stauwassereinfluss in den Hintergrund und es bilden sich Pseudogley-Lessivé-Braunerden aus. Nur in den Bereichen der stärksten Hangneigungen im NSG Eldena können keine Stauwassermerkmale mehr nachgewiesen werden. Hier findet man kleine Areale von Lessivé-Braunerden.

Auf sandigen Substraten, meist glazifluvialen Sanden ohne stauende Schichten, haben sich auf grundwasserfernen Standorten schwach podsolierte Braunerden entwickelt. Auf grundwassernahen Standorten mit glazifluvialen Sanden haben sich gut entwickelte Kalkgley-Podsole ausgebildet. Aus diesem Zusammenhang stellt sich die Frage, warum sich auf den Standorten mit glazifluvialen Sanden nicht überall entweder Braunerden oder Podsole bilden konnten. Die Ursache dafür liegt wahrscheinlich hauptsächlich in einer geringfügig differierenden Korngrößenzusammensetzung. Als Beispiel hierfür gelten eine podsolierte Gley-Braunerde in glazifluvialen Sanden und der Kalkgley-Podsol (E 34). Der glazifluviale Sand der Gley-Braunerde weist eine feinere Körnung (Su2, mit Feinstsand) als im Profil E 34 (fSms, Su2) auf. Er ist demzufolge weniger gut durchsickerungsfähig. Die in der Gley-Braunerde gefundenen Anzeichen für Haftnässe unterstreichen diese Aussage. Weiterhin ist es möglich, dass feinere Sande eine etwas günstigere mineralische Zusammensetzung hinsichtlich verwitterbarer Minerale haben. Letztere verhindern eine stärkere Podsolierung.

Eigenschaften und areale Verteilung der Böden werden durch die Ausprägung der Substrat-, Relief- und Bodenwasserverhältnisse bestimmt. Die Untersuchungen der Böden im NSG Eldena zeigen, dass hier vor allem das Bodenwasser für die Ausbildung der Profilmerkmale eine zentrale Rolle spielt. Verteilung und Erscheinungsform des Bodenwassers (Sicker- Grund- oder Stauwasser) werden von den Geokomponenten Substrat und Relief gesteuert.

4.4.2 Anthropogene Beeinflussung
An den Böden im NSG Eldena lassen sich Spuren anthropogener Beeinflussung an verschiedenen Standorten nachweisen.

Im Südteil des Waldgebietes mit Hangneigungen von 2 bis 10° nehmen Kolluvien größere Flächen ein. Sie sind das Ergebnis flächenhafter Erosion auf geneigten und ehemals ackerbaulich genutzten Standorten. Die z.T. bis auf den Bt-Horizont erodierten Kuppen und die Oberhangbereiche lieferten das Material für die Kolluvien, die meist am Mittelhang einsetzen und sich bis in die Unterhangbereiche erstrecken. Die Phase der ackerbaulichen Nutzung der heutigen Waldsstandorte wird in die Römische Kaiserzeit datiert (HELBIG 1999, DE KLERK et al. 2001). Für eine Ackernutzung kamen damals nur schwach hydromorphe bis anhydromorphe Böden in Frage. Es ist anzunehmen, dass sich die beackerten Bereiche nicht nur auf die heute durch Kolluvien angezeigten Flächen erstreckten. In Bereichen geringerer Hangneigung hatte die Beackerung durch die fehlende Reliefenergie jedoch keine ausgeprägten Kolluvien zur Folge.

Die Bildung der Kolluvien führte zu einem im Maßstab dieser Landschaft beachtlichen Reliefausgleich. Rechnet man den Abtrag auf den Kuppen und die Akkumulation in den Unterhangbereichen zusammen, beträgt die Verkürzung des vertikalen Hangprofils maximal ca. 1,30 m.

Die Auswirkungen der Melioration der Senken im Wald und der umliegenden vermoorten Niederungen spiegeln sich auch in den Böden wider. Besonders die Sandstandorte sind davon betroffen. Die Niedermoortorfe zeigen starke Vererdungserscheinungen und setzen durch Mineralisation große Nährstoffmengen frei. Auf die Standorte mit lehmigem Substrat wirkt sich die Grundwasserabsenkung vor allem durch eine Verlängerung der sommerlichen Trockenphase aus.

4.4.3 Standorteigenschaften

Anhand der Labordaten von Leitprofilen wird es möglich, die gewonnenen Kenntnisse der Basen- und Wasserversorgung der Standorte auf die Fläche zu übertragen. Dabei kommt dem Grundwasser eine zentrale Bedeutung zu, weil mit der lateralen Fließbewegung des kalkhaltigen Grundwassers Nährstoffe und Basen umverteilt werden. Senken weisen die höchsten Kalkgehalte auf, da hier sekundär Carbonat ausgefällt wird. Grundwasserbeeinflusste Horizonte ohne Sekundärcarbonat zeigen den Kontakt mit dem basenhaltigen Bodenwasser durch höhere pH-Werte an.

Das NSG Eldena hat, bedingt durch den hohen Grundwasserstand und den von den Wurzeln erreichbaren kalkhaltigen Geschiebemergel, sehr gute bis gute Standorteigenschaften bezüglich der Wasser- und Nährstoffversorgung. Die Lage der grundwasserbeeinflussten Horizonte und die Länge der Phase mit reduzierenden Bedingungen im Wurzelraum bestimmen die Ausbildung der Vegetationsform. Die Abnahme der Basen- und Wasserversorgung mit steigendem Flurabstand des Grundwassers ist sehr gut an der Übereinstimmung der Vegetationsformen von BOCHNIG (1959) mit den Bodenarealen zu erkennen (siehe Abb. 22).

4.5 Schlussbemerkung

Die Bedeutung des Waldgebietes Eldena hat BOCHNIG (1957) erstmals dargestellt. Durch seine Arbeiten wurde die Unterschutzstellung dieses einzigartigen Waldgebietes wissenschaftlich begründet. Das heutige Erscheinungsbild des NSG Eldena ist seinen günstigen Standorteigenschaften und der historischen Entwicklung geschuldet. Die ausgeprägte Grund- und Staunässe machte dieses Gebiet als Acker- und Siedlungsstandort unattraktiv. Es fiel somit nicht den mittelalterlichen Rodungen zum Opfer, wurde aber zur Brenn- und Bauholzgewinnung und als Waldweide stark genutzt. Mit Beginn einer geregelten Forstwirtschaft wurde das zu einem Mittelwald degradierte Gebiet allmählich in einen Hochwald überführt. Den guten Wachstumsbedingungen ist es zu verdanken, dass hier in den folgenden Jahrzehnten keine Nadelholzkulturen gepflanzt wurden, wie beispielsweise im benachbarten Hanshäger Forst (POWILS 1994). Das NSG Eldena ist nachweislich bis auf kleine Teilbereiche immer ein Waldstandort mit weitgehend naturnaher Bestockung (außer der Mittelwaldphase) gewesen (BOCHNIG 1959, KWASNIOWSKI 2000). Hierin liegt der besondere Wert des NSG Eldena.

Die guten Standortbedingungen für Edellaubhölzer machen das Naturschutzgebiet auch für die Forstwirtschaft sehr interessant. Die von BOCHNIG (1959) aufgestellten Richtlinien der Bewirtschaftung haben heute noch Gültigkeit und werden weitgehend berücksichtigt. Für die zukünftige Entwicklung kommt der Universität als Eigentümer und Bewirtschafter besondere Verantwortung zu, daß dieses Waldgebiet in einem naturnahen Zustand erhalten bleibt und dieser nicht wirtschaftlichen Zwängen geopfert wird.

5   Literatur

AG BODEN (1994): Bodenkundliche Kartieranleitung. 4. verbesserte und erweiterte Auflage, Hannover, 392 S.

ALBRECHT, G., B. BENTHIEN, K. BILLWITZ, K.-D. BIRR, D. BRUNNER, M. BÜTOW, R. HENKEL, T. KROSCHEWSKI, L. NEUGEBAUER, H. OBENAUS, E. WEGNER, W. WEIß (1995): Mecklenburg-Vorpommern. Das Land im Überblick. In: LANDESZENTRALE FÜR POLITISCHE BILDUNG (Hrsg.): Geographischer und historischer Atlas von Mecklenburg und Pommern, Bd. 1, Schwerin

BARSCH, H., K. BILLWITZ, H.-R. BORK (Hrsg.) (2000): Arbeitsmethoden der Physiogeographie und Geoökologie. Gotha, Stuttgart, 612 S.

BAUER, L. (Hrsg.) (1972): Eldena. In: Handbuch der Naturschutzgebiete der DDR, Bd. 1, Naturschutzgebiete der Bezirke Rostock, Schwerin und Neubrandenburg. Leipzig, Jena, Berlin, S. 124-127.

BILLWITZ, K., K. KAISER, P. KÜHN UND STUDENTEN (1995-99): Ergebnisse bodenkundlicher Praktika. Unveröff. Material, Universität Greifswald, Geographisches Institut.

BILLWITZ, K. (2000): Substrat- und Bodenaufnahme. In: BARSCH, H., BILLWITZ, K. & H.-R. BORK [Hrsg.]: Arbeitsmethoden in Physiogeographie und Geoökologie. S. 172-230; Gotha – (Klett-Perthes).

BLUME, H.-P., P. FELIX-HENNINGSEN, W.R. FISCHER, H.-G. FREDE, R. HORN, K. STAHR (1996): Handbuch der Bodenkunde. Loseblatt Ausgabe, Landsberg/L.

BOCHNIG, E. (1957): Forstliche Vegetations- und Standortuntersuchungen in der Universitätsforst Greifswald. Unveröff. Dissertation, Greifswald, 270 S.

BOCHNIG, E. (1959): Das Waldschutzgebiet Eldena (Universitätsforst Greifswald). In: Archiv der Freunde der Naturgeschichte in Mecklenburg, 5, S. 75-138

BODEN- UND WASSERVERBAND RYCK-ZIESE (1974): Vorflut und Drainage Rehbruchwiese. Unveröff. Material.

BRAMER. H., M. HENDL, J. MARCINEK, B. NITZ, K. RUCHOLZ & S. SLOBODDA (1991): Physische Geographie – Mecklenburg-Vorpommern, Brandenburg, Sachsen-Anhalt, Sachsen, Thüringen. Gotha, 627 S.

DIECKMANN, O., H. JUST, G. KLÖTZER, R. KRÖNERT, E. LEMKE, T. SCHRÖDER & H. SCHULZ (1987): Die Forstliche Standortserkundung im Bereich des Staatlichen Forstwirtschaftbetriebes Stralsund; Landesamt f. Forstplanung und Forsten Mecklenburg-Vorpommern, Malchin

ELLENBERG, H. (1974): Zeigerwerte der Gefäßpflanzen Mitteleuropas. 122 S.

GEOLOGISCHES LANDESAMT MECKLENBURG-VORPOMMERN (Hrsg.) (1993): Geologische Karte von Mecklenburg-Vorpommern Übersichtskarte 1: 500 000 Böden. Schwerin

GÖRSDORF, J. & K. KAISER (2001): Radiokohlenstoffdaten aus dem Spätpleistozän und Frühholozän von Mecklenburg-Vorpommern. Meyniana, 53., S. 91-118, Kiel.

HELBIG, H. (1999): Die spätglaziale und holozäne Überprägung der Grundmoränenplatten in Vorpommern. - In: Greifswalder Geographische Arbeiten, 17., 110 S. + Anhang

HELBIG, H, DE KLERK, P. KÜHN, P & J. KWASNIOWSKI (im Druck): Colluvial sequences on till plains in Vorpommern (NE-Germany), Z. Geomorph. N. F., Suppl. Bd.

HENDL, M. & H. LIEDTKE, (Hrsg.) (1997): Lehrbuch der Allgemeinen physischen Geographie. Gotha, 866 S.

HERZOG, J. & L. LANDGRAF (1997): Landschaftsökologischer Exkursionsführer in den Elisenhain bei Greifswald. In: Greifswalder Geographische Studienmaterialien, 5., S. 75-103.

HOFFMANN, R. & H.-P. BLUME (1977): Holozäne Tonverlagerung als profilprägender Prozeß lehmiger Landböden norddeutscher Jungmoränenlandschaften. - Catena, 4., Gießen, S. 359-368.

JANKE, W. (1992): Ausgewählte Aspekte der jungweichselzeitlichen Entwicklung in Vorpommern. In: BILLWITZ, K., K.-D. JÄGER & W. JANKE, (Hrsg.): Jungquartäre Landschaftsräume. Aktuelle Forschungen zwischen Atlantik und Tienschan. Berlin, S. 3-15.

JESCHKE, W. et al. (1980): Die Naturschutzgebiete der Bezirke Rostock, Schwerin, Neubrandenburg. Handbuch der Naturschutzgebiete der DDR, Bd. 1.

KAISER, K. & W. JANKE (1998): Bodenkundlich-geomorphologische und paläobotanische Untersuchungen im Ryckbecken bei Greifswald. - Bodendenkmalpflege in Mecklenburg-Vorpommern, Jahrbuch 1997, 45, Lübstorf, S.69-102.

DE KLERK, P., B. MICHAELIS & A. SPANGENBERG (2001): Auszüge aus der weichselspätglazialen und holozänen Vegetationsgeschichte des Naturschutzgebietes Eldena (Vorpommern). - In: Greifswalder Geographische Arbeiten 23, S. 187-208.

KOPP, D. (1970): Periglaziäre Umlagerungs-(Perstruktions-)zonen im nordmitteleuropäischen Tiefland und ihre bodengenetische Bedeutung. In: Tagungsberichte der DAL zu Berlin. S. 55-81.

KUNTZE, H., G. ROESCHMANN & G. SCHWERTFEGER (1994): Bodenkunde. Stuttgart, 424 S.

KWASNIOWSKI, J. (2000): Boden- und Reliefanalyse zur Abschätzung anthropogener Landschaftsveränderungen im Naturschutzgebiet Eldena (Vorpommern), unveröff. Diplomarbeit, Geographisches Institut der Universität Greifswald, 94 S.

LIEDTKE, H. & J. MARCINEK (1995): Physische Geographie Deutschlands, 2. Aufl., Gotha: Perthes, 559 S.

NELLE, O. & J. KWASNIOWSKI, J. (2001): Untersuchungen an Kohlenmeilerplätzen im NSG Eldena (Vorpommern) - Ein Beitrag zur Erforschung der jüngeren Nutzungsgeschichte. - In: Greifswalder Geographische Arbeiten 23, S. 209-225.

POWILS, K. (1994): Die historische Entwicklung des Universitätsforstamtes Eldena/Vorpommern. Unveröff. Diplomarbeit, Fachhochschule Eberswalde, Fachbereich Forstwirtschaft.

REUTER, G. (1962): Tendenzen der Bodenentwicklung im Küstenbezirk Mecklenburg. - In: Wiss. Abh. Dt. Akad. Landwirtschaft zu Berlin, 49. Berlin, 128 S.

REUTER, G. (1990): Disharmonische Bodenentwicklung auf glaziären Sedimenten unter dem Einfluß der postglazialen Klima- und Vegetationsentwicklung in Mitteleuropa. - Ernst-Schlichting-Gedächtniskolloquium, Tagungsband, Hohenheim, S. 69-74.

RÜHBERG, N. (1987): Die Grundmoräne des jüngsten Weichselvorstoßes im Gebiet der DDR. - Z. geolog. Wiss., 15., Berlin, S. 759-767.

SCAMONI, A. (1954): Waldgesellschaften und Waldstandorte. Berlin.

SCHACHTSCHABEL P., H.-P. BLUME, G. BRÜMMER, K. H. HARTGE, & U. SCHWERTMANN (1998): Lehrbuch der Bodenkunde. Stuttgart, 492 S.

SCHLICHTING, E., H.-P. BLUME & K. STAHR (1995): Bodenkundliches Praktikum. Paray, Wien, Berlin, 262 S.

SCHMIDT, R. (1991): Genese und anthropogene Entwicklung der Bodendecke an Beispiel einer typischen Bodencatena der Norddeutschen Tieflandes. – Peterm. Geogr. Mitt., 135., S. 29-37.
SPANGENBERG, A. (2001): Die Vegetationsentwicklung im Naturschutzgebiet Eldena (Vorpommern) in der zweiten Hälfte des 20. Jahrhunderts. – In: Greifswalder Geographische Abhandlungen, 23, S. 227-240.
TUCKER, M. (1985): Einführung in die Sedimentpetrologie. Stuttgart, 265 S.

Autorin:

Dipl. Geogr. Jana Kwasniowski
Institut für Geologische Wissenschaften der Universität Greifswald
Friedrich-Ludwig-Jahn-Straße 17a, D-17487 Greifswald
e-mail: kwasi@uni-greifswald.de

186

Auszüge aus der weichselspätglazialen und holozänen Vegetationsgeschichte des Naturschutzgebietes Eldena (Vorpommern)

von

PIM DE KLERK, DIERK MICHAELIS UND ALMUT SPANGENBERG

Zusammenfassung

In dieser Studie werden die Ergebnisse von palynologischen und makrofossil-analytischen Untersuchungen an einem Bohrkern aus dem östlichen Teil des Naturschutzgebietes Eldena präsentiert und interpretiert. Die Daten lassen nur Rückschlüsse über die Vegetation in und direkt um die Hohlform zu. Sie zeigen ein fragmentarisches Bild von der weichselspätglazialen und holozänen Vegetationsentwicklung, da wegen mehrerer Schichtlücken große Abschnitte fehlen.

Summary

This study presents and interpretes results of palynological and macrofossil-analytical investigations of a core from the eastern part of the nature reserve Eldena. The data only allow conclusions about the vegetation in and directly around the basin. They show a fragmented picture of the vegetation development during the Weichselian Lateglacial and Holocene, since due to several hiatusses large periods are not registered.

1 Einführung

Das Naturschutzgebiet "Eldena" wird als "eines der wertvollsten naturnahen Buchenwaldbzw. Eschen-Buchenwaldgebiete des norddeutschen Tieflandes" beschrieben (HERZOG & LANDGRAF 1997). Dies suggeriert eine kontinuierliche ungestörte Entwicklung der Vegetation im Laufe der Zeit. Bisher wurden jedoch keine systematischen paläoökologischen Untersuchungen durchgeführt, um die "naturnahe" Vegetationsentwicklung zu rekonstruieren.

Derzeit läuft am Botanischen Institut ein Forschungsprojekt in Form einer Doktorarbeit mit dem Ziel, die Entwicklungsgeschichte des Eldenaer Waldes anhand von archivalischen Quellen und palynologischen Untersuchungen von Ablagerungen kleiner Senken für die letzten 2000 Jahre nachzuvollziehen.

Für vorbereitende Untersuchungen zu diesem Forschungsvorhaben wurde die "Hohlform 14" ausgewählt (Abb. 1). Man nahm an, dass diese sehr kleine Hohlform Ablagerungen der letzten Jahrhunderte enthält, die die subrezente Vegetationsentwicklung widerspiegeln. Während eines studentischen Großrestanalyse-Praktikums wurden jedoch vor allem Großreste gefunden, welche auf ein spätglaziales und frühholozänes Alter hinwiesen. Deswegen wurden zusätzlich Pollenanalysen durchgeführt, um diese Ablagerungen in vegetationsgeschichtliche Phasen einordnen zu können. Es stellte sich heraus, dass die Vegetationsentwicklung seit dem frühen Weichsel-Spätglazial nur sehr fragmentarisch registriert ist.

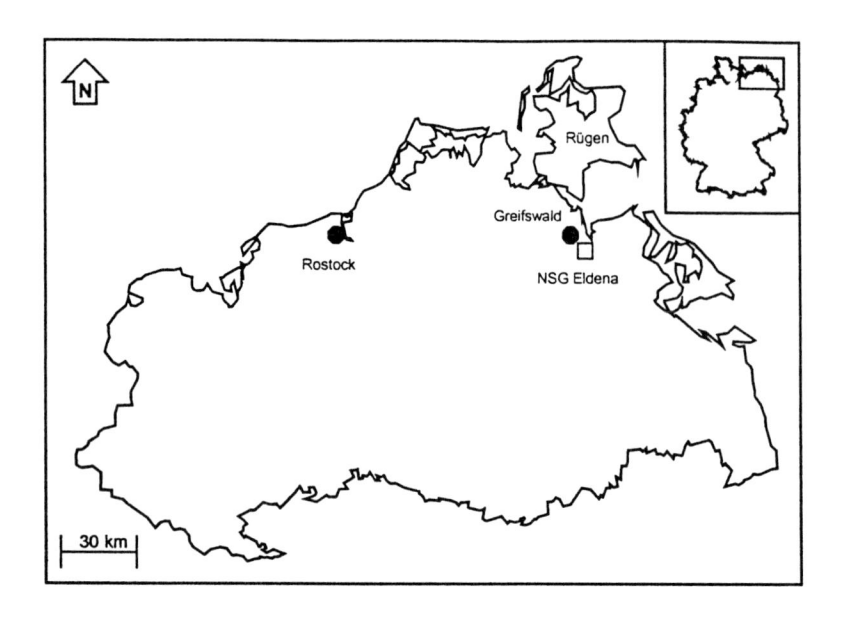

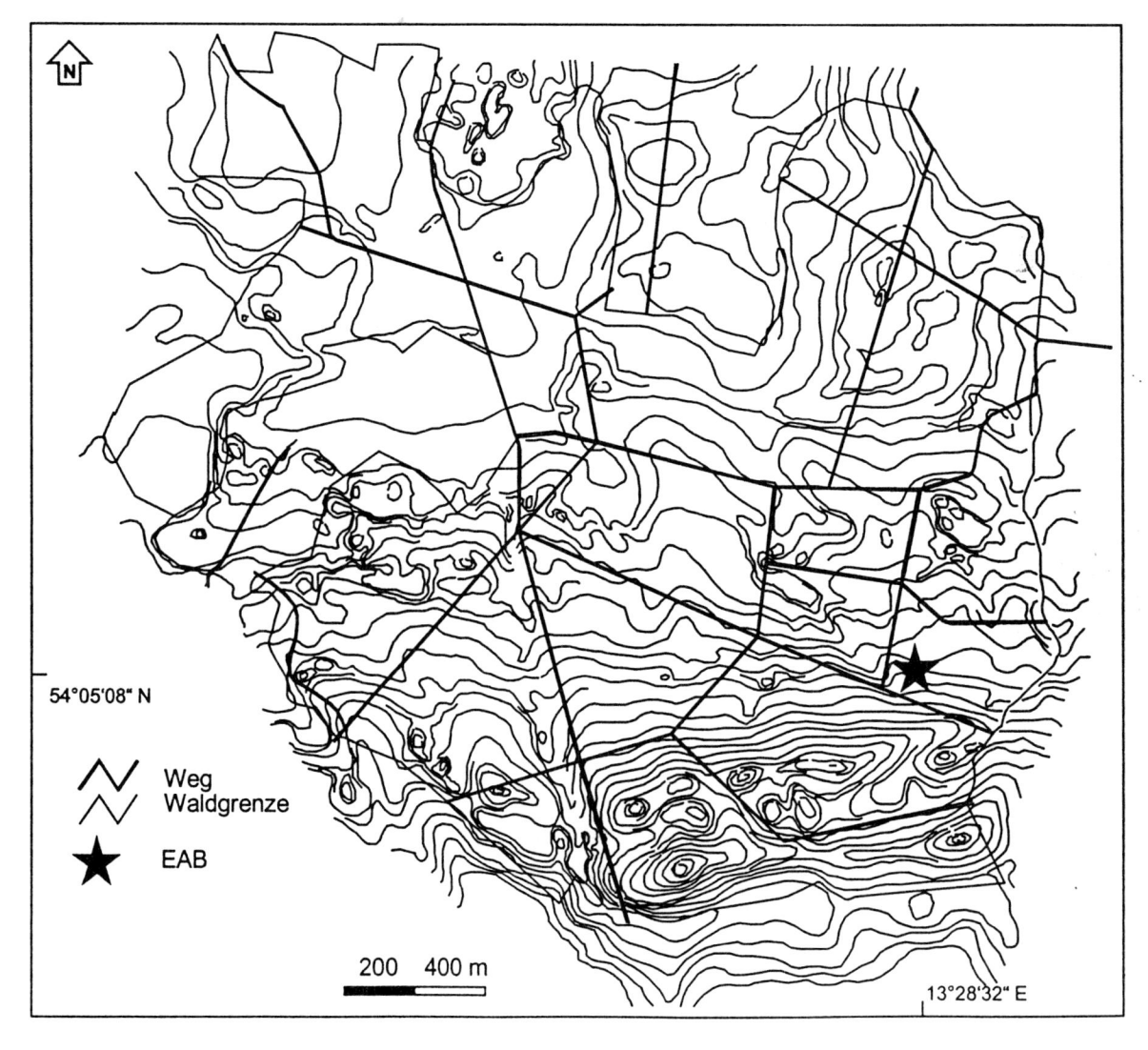

Abb. 1: Lage der „Hohlform 14" (EAB) im östlichen Teil des NSG Eldena

Da das Pollenspektrum sehr kleiner Becken vom lokalen und extralokalen Pollenniederschlag (JANSSEN 1966, 1973) dominiert wird, ist es möglich, Aussagen über die Vegetation in der und unmittelbar um (bis etwa 10-20 m) die Hohlform zu machen. Über die generelle Vegetationsentwicklung des Eldenaer Waldes sind jedoch nur sehr wenige Aussagen möglich. Es ist zu beachten, dass wegen unterschiedlicher Pollenproduktion und -verbreitung, verschiedene Taxa unterschiedliche Pollennieder-schlagswerte zeigen: Werte, die für einen Pollentyp als "hoch" interpretiert werden, sind für andere Taxa noch als "niedrig" einzuschätzen.

2 Beschreibung des Untersuchungsgebietes

Die untersuchte Hohlform liegt im Südost-Teil des Naturschutzgebietes Eldena (Abb. 1). Sie hat eine Größe von etwa 15 x 20 m und ist durch das Austauen von begrabenem Toteis nach dem Abschmelzen des Weichsel-Inlandeises (vgl. JANKE & JANKE 1970; KLAFS et al. 1973) entstanden.

Die totale Mächtigkeit der erbohrten Schichten betrug 3,80 m. Die Abfolge der Substrate kann der Interpretation der Makrofossilanalyse entnommen werden.

Die Größe der Wasserfläche schwankt aufgrund der hydrologischen Situation (KWASNIOWSKI 2001) stark. Im Winter ist die Senke wassergefüllt, fällt aber im Sommer meist trocken.

Die Hohlform ist in eine schwach nach Norden geneigte Platte eingelagert. An ihrer Westseite wurde ein Graben angeschlossen. Dieser führt heute oberflächig kein Wasser. In früheren Zeiten hat durch ihn jedoch eine stärkere Entwässerung der Hohlform stattgefunden.

Die umgebende Vegetation, d.h. ein etwa 25 m breiter Streifen um die Senke wird dem Eschen-Buchenwald (SPANGENBERG 2001) zugeordnet. Neben Buchen (*Fagus sylvatica*) mit 75 % und Eschen (*Fraxinus excelsior*) mit 10 % sind jeweils ein Exemplar von Stieleiche (*Quercus robur*) und Bergahorn (*Acer pseudoplatanus*) in nächster Nähe zu finden. In der Senke selbst stehen 3 Erlen (*Alnus glutinosa*). Die Strauchschicht wird von Buchen-Jungwuchs gebildet und deckt etwa 5 % der Fläche. Die Krautschicht bedeckt den Boden im Sommer fast vollständig. Besonders stark entwickelt sind Bingelkraut (*Mercurialis perennis*), Waldmeister (*Galium odoratum*), Goldnessel (*Lamiastrum galeobdolon*), Hain-Sternmiere (*Stellaria nemorum*), Hexenkraut (*Circaea lutetiana*) und die Keimlinge von Esche, Buche und Bergahorn. Am Rande der Senke ist im Bereich des Grabens ein Brennnessel-Bestand (*Urtica dioica*) entwickelt, der hier auf die starke Nährstofffreisetzung bei der Mineralisierung organischer Substrate durch Entwässerung hinweist. Es ist keine Sumpf- oder Wasservegetation vorhanden, was auf die Beschattung durch das geschlossene Kronendach über der Wasserfläche und die periodischen Wasserstandsschwankungen zurückgeführt wird.

3 Untersuchungsmethoden

3.1 Bohrmethoden

Der untersuchte Bohrkern wurde mit einer Polnischen Klappsonde (Durchmesser 4,5 cm) von der zugefrorenen Wasseroberfläche erbohrt.

3.2 Makrofossiluntersuchungen

Probengewinnung und -aufbereitung: Aus den Bohrkernen wurden im 10 cm-Abstand Proben von 4 cm Schichtdicke mit einem Volumen von etwa 25 cm³ herausgeschnitten. Diese Proben sind zur Analyse 5 bis 10 Minuten in 5 %iger KOH-Lösung gekocht und anschließend durch einen Siebsatz (Maschenweite 1 mm, 0,5 mm und 0,2 mm) gesiebt worden.

Analyse und Bestimmung: Die Siebfraktionen wurden einzeln unter einem Binokular (Zytoplast) durchgesehen und ihr Makrofossilinhalt determiniert. Die Bestimmung erfolgte nach: AALTO (1970), BEIJERINCK (1947), BERTSCH (1941, 1942), BERGGREN (1969, 1981), FRAHM & FREY (1992), GROSSE-BRAUCKMANN (1972, 1974), GROSSE-BRAUCKMANN & STREITZ (1992), KATZ & KATZ (1933, 1946), KATZ et al. (1977), LANDWEHR (1966), LOŽEK (1964), SCHWEINGRUBER (1990).

Nach einem Schlüssel von GROSSE-BRAUCKMANN (1963) wurde der Anteil der Makrofossilien am Siebrückstand geschätzt bzw. bei Diasporen und ähnlich zählbaren Objekten in Mengenkategorien angegeben. Die Wiedergabe der Volumen- und Mengenklassen erfolgte wie in MICHAELIS (2000) beschrieben (Tab. 1).

Tab.: 1: Volumen- und Zählklassen im Diagramm

Volumen-Klasse [%]	Angabe im Diagramm [%]	Zählklasse	Angabe im Diagramm
< 1	0,1	1-3	1
1-5	2	4-5	4
5-10	7	5-14	10
10-25	17	> 14	20
25-50	37	-	-
50-100	67	-	-

Zur graphischen Darstellung (Abb. 2, 3) wurden die Computerprogramme TILIA 1.12 und TILIA GRAPH 1.18 benutzt (GRIMM 1992). Jeder Fossiltyp wird mit seinem ermittelten Wert (geschlossene Kurve) sowie mit einer fünffachen Überhöhung (offene Kurve mit Tiefenlinien der analysierten Proben) dargestellt.

3.3 Palynologische Untersuchungen

Die Pollenproben wurden volumetrisch (250 mm^3) entnommen und nach der aktuellen Proben-teufe in cm unter der Eisoberfläche benannt. Für die Berechnung der Pollenkonzentrationen wurde eine bekannte Anzahl Sporen von *Lycopodium clavatum* hinzugefügt (STOCKMARR 1971). Die Proben wurden in HCl gewaschen, in KOH (20 %) gekocht, (120 µm) gesiebt, mit HF behandelt und acetolisiert (7 Min.) (FÆGRI & IVERSEN 1989).

Die Proben wurden mit einer 400fachen Vergrößerung ausgezählt. Für die Identifizierung von problematischen Palynomorphen wurden größere Vergrößerungen benutzt. Klumpen von zusammenhängenden Pollenkörnern wurden als eigene Einheiten gezählt (nicht die einzelnen Körner, die diese Klumpen bilden).

Die Bestimmung und Benennung der Palynomorphen erfolgte nach: (f): FÆGRI & IVERSEN (1989), (m): MOORE et al. (1991), (p): der Northwest European Pollen Flora (PUNT 1976; PUNT & BLACKMORE 1991; PUNT & CLARKE 1980, 1981, 1984; PUNT et al. 1988, 1995, in Vorb. im Internet), (g): PALS et al. (1980), VAN GEEL (1978), (*): Nicht in der genannten Bestimmungsliteratur beschriebene Palynomorphen sind in DE KLERK et al. (2001) beschrieben. Um Palynomorphen klar von Pflanzentaxa unterscheiden zu können, sind sie im Text in KAPITÄLCHEN dargestellt.

Relative Pollenwerte wurden auf eine Summe von Pollentypen berechnet, die von Bäumen und Sträuchern (AP) sowie "upland"-Kräutern (NAP) produziert werden. Das Verhältnis zwischen AP und NAP zeigt die relative Offenheit der Landschaft; Pollentypen, die möglicherweise auf Pflanzen von feuchten und nassen Standorten ("wetland") zurückgehen (z.B. WILD GRASS GROUP und CYPERACEAE) wurden aus der NAP ausgeschlossen, da sie irreführend eine offene Landschaft suggerieren können (JANSSEN & IJZERMANS-LUTGERHORST 1973). Aus den Typen innerhalb der Summe wurde die Pollenkonzentration (Körner pro mm^3), die AP+NAP- Konzentration, errechnet. Die AP+NAP-Konzentration ist eine Funktion von Polleninfluxen und von der Netto-Substratbildungsrate, d.h. das Ergebnis von sowohl Substratbildung als auch späterer Kompression der gebildeten Ablagerungen. Sie kann somit für Rückschlüsse auf die Bildungsbedingungen der Ablagerungen genutzt werden (DE KLERK et al. 2001, DE KLERK im Druck).

Die Typen innerhalb der Pollensumme (Abb. 4) werden getrennt von den Typen außerhalb der Summe dargestellt (Abb. 5). Jede Pollenkurve wird mit dem tatsächlichen Wert (geschlossene Kurve) sowie einer fünffachen Überhöhung (offene Kurve mit Tiefenlinien der analysierten Proben) wiedergegeben. Auf der Basis von Änderungen der Werte der Pollentypen innerhalb der Pollensumme wurden die Diagramme in mehrere "Site Pollenzones" (SPZ's; DE KLERK et al. 2001) unterteilt. Hiaten sind mit geschlossenen Balken gekennzeichnet.

4 Beschreibung des Großrestdiagramms

Das Makrofossildiagramm gliedert sich in sechs Zonen, von denen Zone EAB-b fünf Subzonen aufweist (Abb. 2 und 3).

Die Zone EAB-a (425-410 cm) ist gekennzeichnet durch hohe Gehalte von Sand und Steinen (Grobkies). Daneben treten Moose in mittleren Mengenanteilen auf. Nur in dieser Zone konnten Spiralfasern (Spiraltracheiden) beobachtet werden.

In der Zone EAB-b (410 - 210 cm) weisen Moose durchweg hohe, meist sogar überwiegende Volumenanteile auf. Dabei kommen Torfmoose (*Sphagnum*) nur in einer Probe mit hohem Anteil vor, stellen aber nicht die Mehrheit der Torffaser dar.

Für die Subzone EAB-b1 (410-360 cm) sind mittlere bis hohe Volumina von *Calliergon giganteum* und *Scorpidium scorpidioides* charakteristisch. *Drepanocladus*-Arten treten kaum in Erscheinung. Zahlreich konnten in diesem Abschnitt Characeen-Oosporen gefunden werden.

Die Subzone EAB-b2 (360-350 cm) zeigt mittlere Werte von Torfmoosen (*Sphagnum*) sowie *Bryum pseudotriquetrum*. *Scorpidium* und Characeen-Oosporen kommen nicht vor.

In der Subzone EAB-b3 (350-260 cm) erreichen *Drepanocladus*-Arten (in einer Probe *Calliergonella cuspidata*) hohe Volumenanteile. *Scorpidium* und *Sphagnum* treten überwiegend in geringen Mengen auf. In einigen Proben fanden sich *Calliergon giganteum* und Characeen-Oosporen in bemerkenswerten Anteilen.

Die Subzone EAB-b4 (260-250 cm) ist durch hohe Volumina von *Sphagnum* sect. *Squarrosa* und *Calliergonella cuspidata* gekennzeichnet. Die Gattung *Drepanocladus* ist mit mittleren Mengen vertreten.

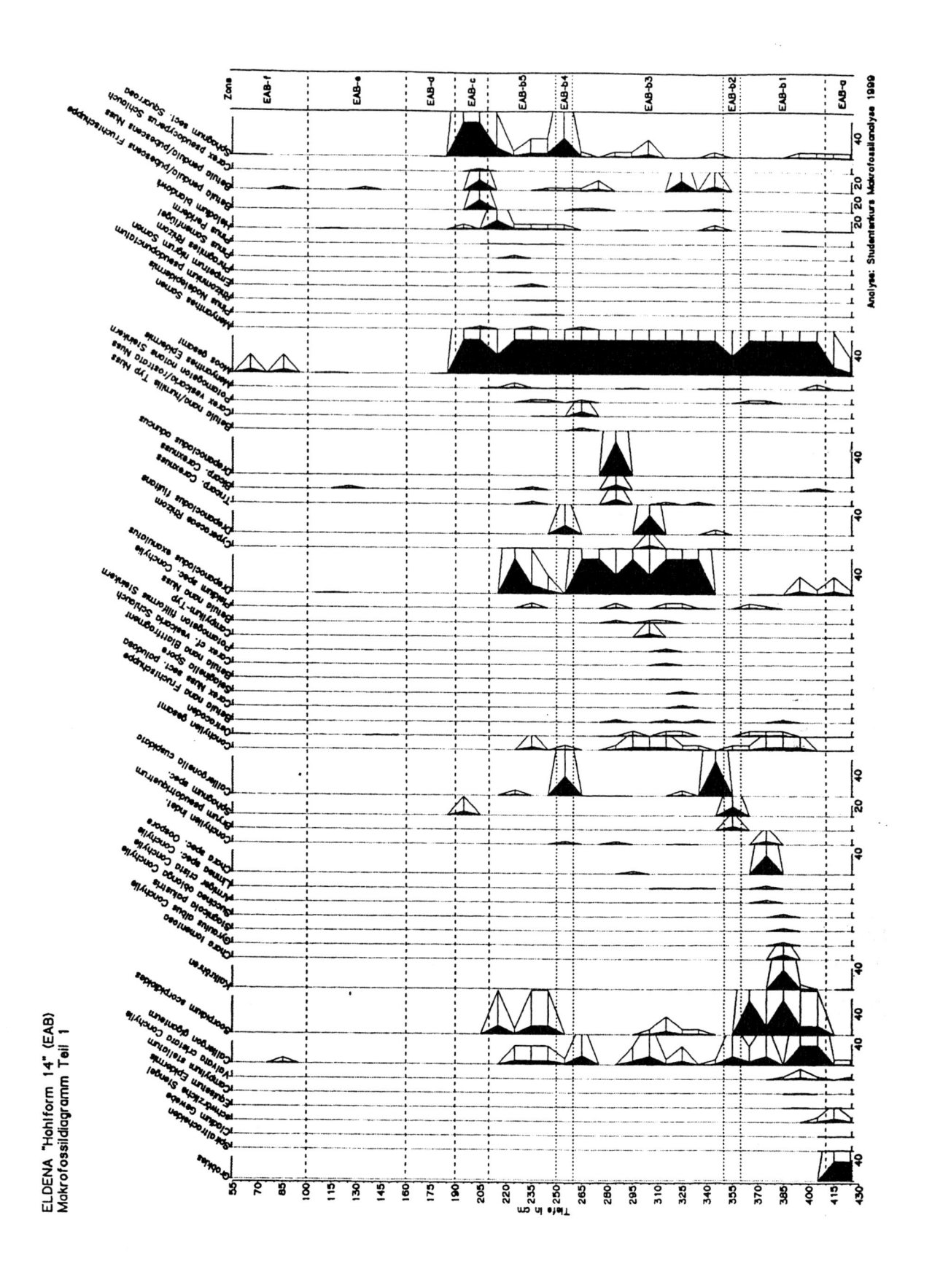

Abb. 2: Makrofossildiagramm EAB Teil 1

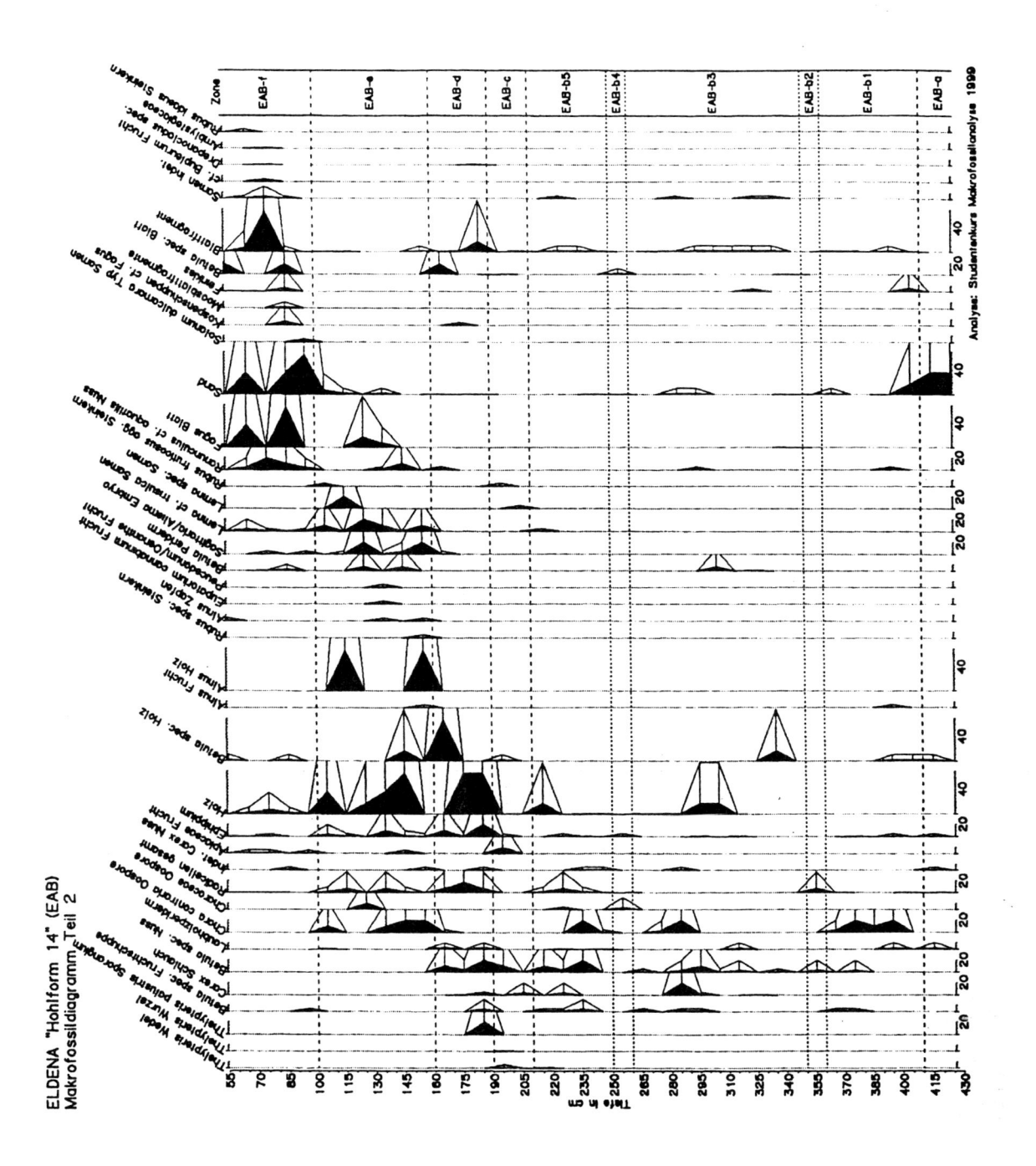

Abb. 3: Makrofossildiagramm EAB Teil 2

Für die Subzone EAB-b5 (250-210 cm) sind zumeist mittlere Volumen von *Scorpidium scorpidioides* und *Calliergon giganteum* charakteristisch. *Sphagnum* erreicht keine hohen Werte.

Die Zone EAB-c (210-190 cm) weist hohe Mengen von *Sphagnum* auf. Die Gattungen *Calliergon*, *Scorpidium* und *Drepanocladus* kommen nicht vor. Ebenso fehlen Characeen-Oosporen. Holz ist nur in geringen Mengen enthalten.

Die Zone EAB-d (190-160 cm) wird durch sehr hohe Volumina von Holz, insbesondere *Betula* Holz, bestimmt. Moose treten nur in geringen Mengen auf. Es fehlen *Lemna*-Samen, spärlich treten Characeen-Oosporen auf.

In der Zone EAB-e (160-100 cm) finden sich zahlreich *Lemna*-Samen, Characeen-Oosporen und die *Sagittaria/Alisma*-Embryonen. Nur in einigen Proben konnten *Ranunculus* cf. *aquatilis*-Nüßchen beobachtet werden.

Für die Zone EAB-f (100-55 cm) sind nur geringe bis mittlere Mengen von Holz und zahlreiche Funde von *Ranunculus* cf. *aquatilis*-Nüsschen bezeichnend. Characeen-Oosporen wurden nicht festgestellt, in mehreren Proben dagegen hohe Anteile von Sand.

5 Beschreibung des Pollendiagramms

Das Pollendiagramm wird in 7 Zonen unterteilt. Einige von ihnen sind in Subzonen aufgegliedert (Abb. 4 und 5).

Zone EAB-A (430.0-402.5) wird durch hohe Werte von HIPPOPHAË RHAMNOIDES-Pollen, die z.T. in Klumpen auftreten, charakterisiert. Die Werte des BETULA PUBESCENS TYPE-Pollen (z.T. auch in Klumpen) steigen im oberen Teil der Zone an. Die AP+NAP-Konzentration bleibt innerhalb dieser Zone relativ konstant.

Zone EAB-B (402.5-357.5 cm) wird durch relativ niedrige Werte von HIPPOPHAË RHAMNOIDES-Pollen und im Vergleich zur vorherigen Zone höheren Werten von NAP-Typen und BETULA PUBESCENS TYPE Pollen gekennzeichnet. Zwei Subzonen werden unterschieden.

Subzone EAB-B1 (402.5-377.5 cm) zeichnet sich durch aufeinanderfolgende Piks der Werte von PINUS DIPLOXYLON TYPE-, JUNIPERUS TYPE- und BETULA NANA TYPE-Pollen aus. Die ARTEMISIA Pollenwerte sind relativ hoch. Von den Typen außerhalb der Summe zeigt der WILD GRASS GROUP Pollen relativ hohe Werte. BOTRYOCOCCUS ist für diese Subzone markant. Im oberen Teil der Zone zeigt die AP+NAP-Konzentration einen auffälligen Rückgang.

Subzone EAB-B2 (377.5-357.5 cm) zeigt niedrigere Werte von JUNIPERUS TYPE, BETULA NANA TYPE und ARTEMISIA-Pollen als EAB-B1; der BETULA PUBESCENS TYPE- Pollen hat einen Pik in den oberen zwei Proben dieser Subzone. Die AP+NAP-Konzentration nimmt innerhalb dieser Subzone allmählich zu.

Zone EAB-C (357.5-290.0 cm) ist auf Grund von relativ hohen Werten von NAP-Typen, insbesondere ARTEMISIA, VACCINIUM GROUP, EMPETRUM NIGRUM und ERICALES UNDIFF. TYPE-Pollen definiert. BETULA PUBESCENS TYPE-Pollenwerte sind niedriger als in der vorherigen Zone. Von den Typen außerhalb der Summe sind hohe Werte von BOTRYOCOCCUS auffällig. Die AP+NAP-Konzentration ist niedriger als in der vorigen Zone und bleibt innerhalb von EAB-C relativ konstant.

Zone EAB-D (290.0-190.0 cm) unterscheidet sich von EAB-C durch niedrigere BETULA PUBESCENS TYPE- und NAP-Werte und höhere Werte von PINUS DIPLOXYLON TYPE- und SALIX-Pollen. Zwei Subzonen werden unterscheiden.

Subzone EAB-D1 (290.0-260.0 cm) zeigt relativ hohe Werte von JUNIPERUS TYPE-, BETULA NANA TYPE-, PINUS HAPLOXYLON TYPE-, TILIA-, ALNUS- und CORYLUS AVELLANA TYPE-Pollen. Viele Typen außerhalb der Summe zeigen erhöhte Werte in dieser Subzone, besonders LACTUCEAE, CYPERACEAE, SPYROGYRA (TYPE 132), FABACEAE UNDIFF. TYPE, ENTOPHLYCTIS LOBATA, CIRSIUM/SERRATULA TYPE, POTENTILLA TYPE, POTAMOGETON TYPE u.a. Eine bedeutende Zunahme der Werte wurde am Anfang der Subzone für MONOLETE SPORES WITHOUT PERINE, FERN SPORANGIA, THELYPTERIS PALUSTRIS, TYPHA LATIFOLIA TYPE und FILIPENDULA registriert. Die AP+NAP-Konzentration bleibt etwa so hoch wie in SPZ EAB-C.

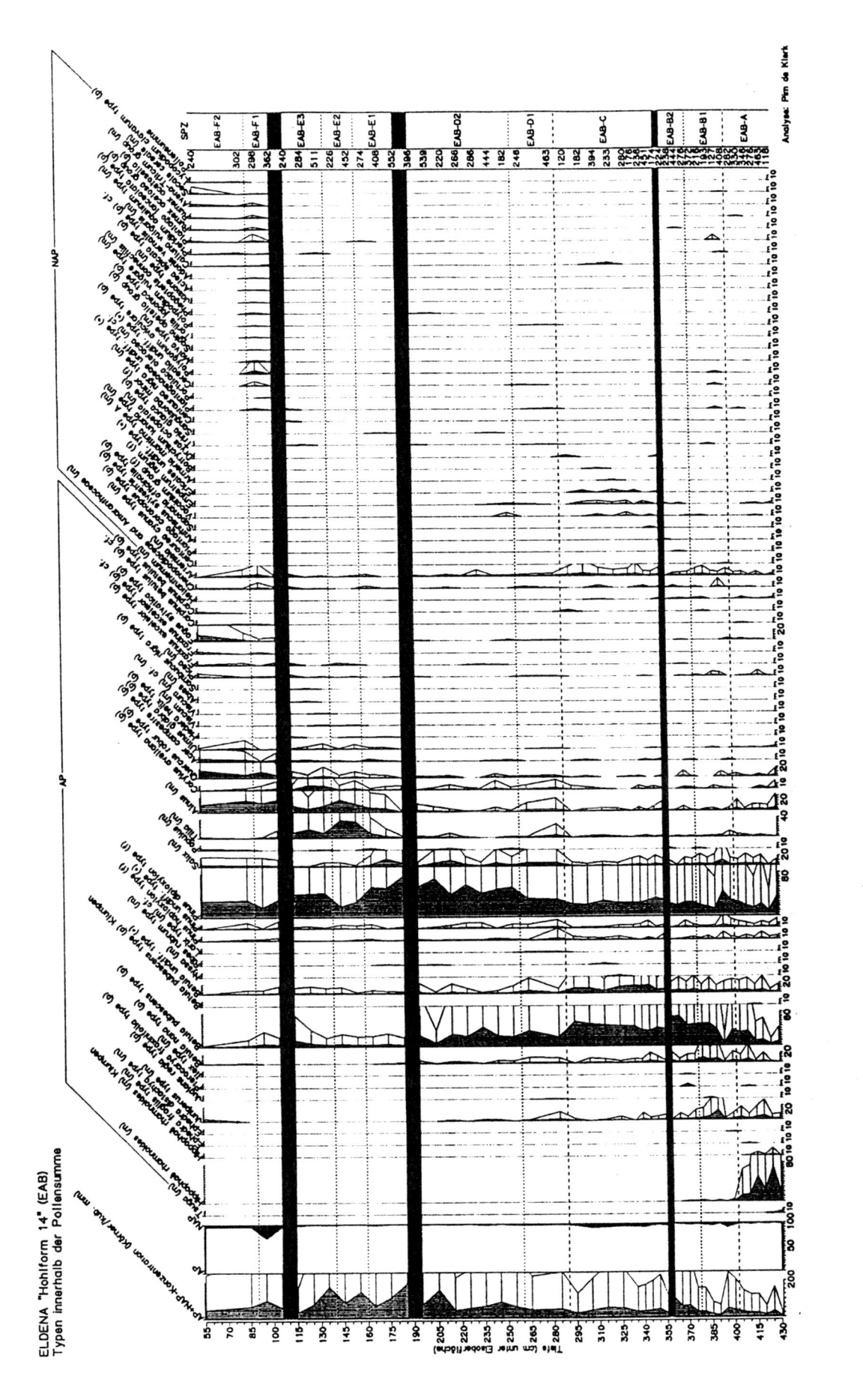

Abb. 4: Pollendiagramm EAB – Pollentypen innerhalb der Pollensumme

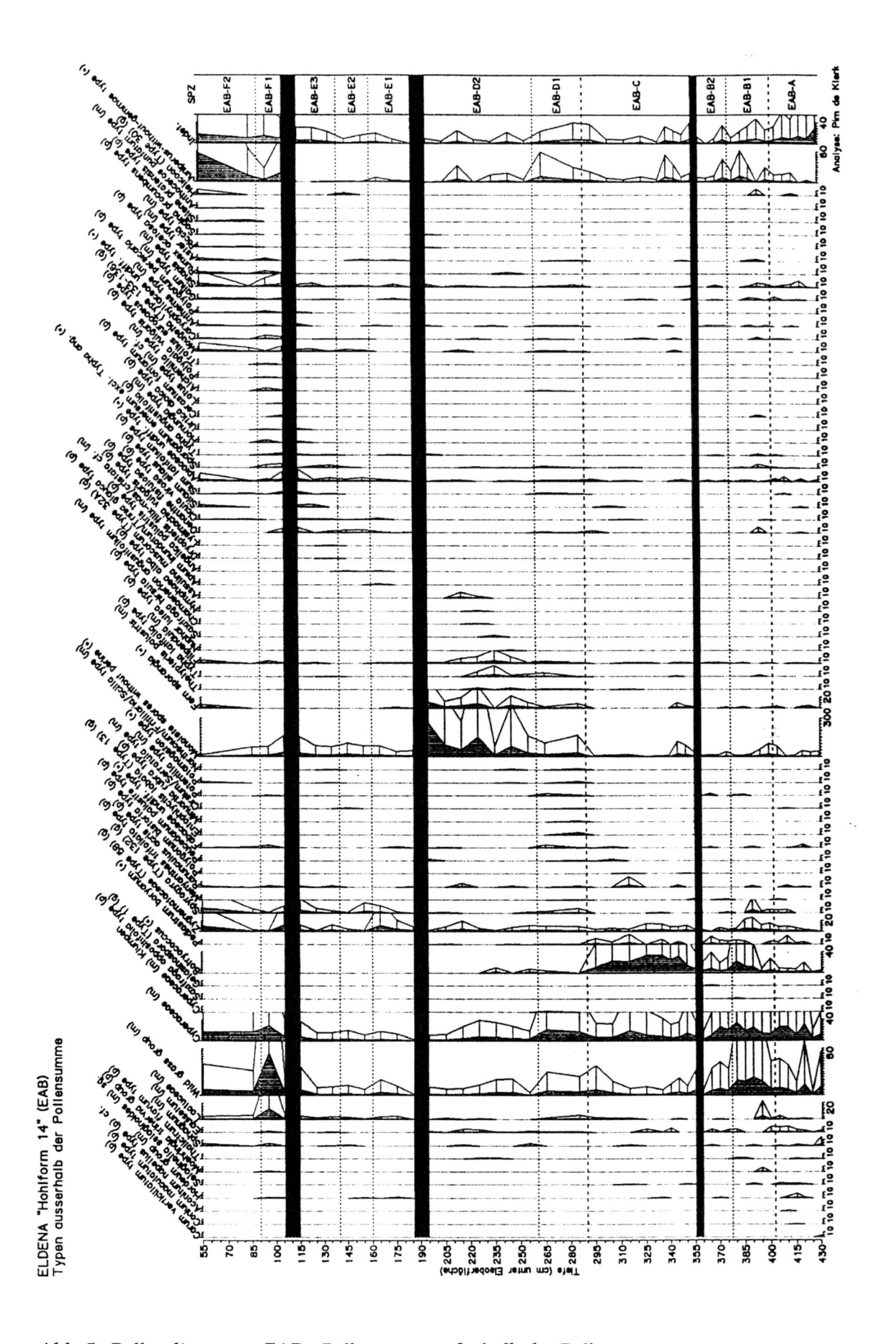

Abb. 5: Pollendiagramm EAB – Pollentypen außerhalb der Pollensumme

Subzone EAB-D2 (260.0-190.0 cm) unterscheidet sich von Subzone EAB-D1 durch höhere Werte von PINUS DIPLOXYLON TYPE-Pollen. Typen, die die vorherige Subzone charakterisierten, sind entweder mit niedrigeren relativen Werten vorhanden oder fehlen. Von den Typen außerhalb der Summe sind Piks von TYPHA LATIFOLIA TYPE und FILIPENDULA im zentralen Teil der Subzone markant, während ein sehr starker Anstieg von MONOLETE SPORES WITHOUT PERINE bis zur oberen Probe der Subzone sehr auffällig ist. Die AP+NAP-Konzentration ist im Vergleich zur vorherigen Subzone etwas höher und zeigt einen sehr auffälligen Pik in Probe 205.

Zone EAB-E (190.0-110.0 cm) wird durch höhere Werte bzw. kontinuierliche Anwesenheit von TILIA, ALNUS, CORYLUS AVELLANA TYPE, ACER CAMPESTRE TYPE- und ULMUS GLABRA TYPE-Pollen charakterisiert. Diese Zone wird in drei Subzonen getrennt. Die AP+NAP-Konzentration ist hoch, zeigt jedoch große Schwankungen.

Subzone EAB-E1 (190.0-160.0 cm) ist dadurch gekennzeichnet, dass die oben genannten Typen noch mit niedrigen Werten vorhanden sind und PINUS DIPLOXYLON TYPE- und SALIX-Pollen hohe Werte erreichen.

Subzone EAB-E2 (160.0-140.0 cm) zeigt markant hohe Werte von TILIA und ALNUS Pollen.

Subzone EAB-E3 (140.0-110.0 cm) enthält im Vergleich mit Subzone EAB-E2, niedrigere Werte von TILIA- und ALNUS-Pollen und höhere Werte von PINUS DIPLOXYLON TYPE-, CORYLUS AVELLANA TYPE- und ULMUS GLABRA TYPE-Pollen. Die AP+NAP-Konzentration nimmt in dieser Subzone sehr stark ab.

Zone EAB-F (110.0-55.0 cm) ist durch die kontinuierliche Anwesenheit von FAGUS SYLVATICA TYPE-, CALLUNA VULGARIS-, PTERIDIUM AQUILINUM TYPE-, PLANTAGO LANCEOLATA TYPE-, RUMEX ACETOSA GROUP-, RUMEX ACETOSELLA-, AVENA-TRITICUM GROUP- und SECALE CEREALE-Pollen/Sporen definiert. Zwei Subzonen werden unterschieden.

Subzone EAB-F1 (110.0-90.0 cm) beinhaltet hohe Werte bzw. Piks (besonders in Probe 95) u.a. von BETULA PUBESCENS TYPE-, CHENOPODIACEAE AND AMARANTHACEAE-, ARTEMISIA-, CEREALIA UNDIFF. TYPE-, POLYGONUM AVICULARE TYPE-, PLANTAGO LANCEOLATA TYPE-, RUMEX ACETOSA GROUP-, RUMEX ACETOSELLA- und AVENA-TRITICUM GROUP-Pollen; von den Typen außerhalb der Summe zeigen u.a. SPHAGNUM-, EQUISETUM-, LACTUCEAE-, WILD GRASS GROUP-, CYPERACEAE-, HORNUNGIA TYPE-, SINAPIS TYPE-, RUMEX ACETOSA TYPE- und ASTER TYPE-Pollen/Sporen Piks. Die AP+NAP-Konzentration hat im Vergleich zur obersten Probe der SPZ EAB-E3 etwas zugenommen.

Subzone EAB-F2 (90.0-55.0 cm) ist auf Grund von niedrigeren Werten bzw. Abwesenheit von Typen, welche Subzone EAB-F1 kennzeichnen, und höheren Werten von ULMUS GLABRA TYPE- und FAGUS SYLVATICA TYPE-Pollen differenziert. Unter den Typen außerhalb der Summe ist der JUNIPERUS-WITHOUT-GEMMAE TYPE bedeutend. Die AP+NAP-Konzentration ist etwas niedriger als in der vorherigen Subzone.

6 Die Interpretation des Makrofossil-Diagramms
6.1 Silikatreiche Mudde (EAB-a)
Der unterste Abschnitt des Profils ist relativ arm an Pflanzenresten. Mit *Calliergon giganteum* und *Drepanocladus exanulatus* sind nässeliebende Moose nachgewiesen, die wohl in der Hohlform wuchsen. Die spärlichen Reste von *Equisetum* und *Cladium* deuten darauf hin, dass diese Röhrichtbildner eher am Rand des Beckens vorkamen. Die festgestellten Ostracoden, Ephippien (Dauereier von Wasserflöhen), Kalkröhren von *Chara* sowie *Valvata cristata* zeigen ein Gewässer an. Aufgrund des Bildungsortes und des geringen Volumens

von Torfbildnern wird das Substrat als Mudde angesprochen. In dieses hinein erfolgte ein starker erosiver Transport von Sand und Kies aus einer offenen Landschaft. Über deren Vegetation kann anhand der Großreste nur wenig ausgesagt werden. Wahrscheinlich kam eine der *Betula*-Arten in der Umgebung vor.

6.2 Braunmoostorfe (EAB-b)

Subzone EAB-b1: Die zahlreichen Characeen-Oosporen, die Kalkröhren, *Potamogeton*-Steinkerne und die Ostracoden weisen auf sehr nasse Bedingungen, wahrscheinlich auf offenes Wasser hin. Mit der biogenen Kalkausfällung, sichtbar an den übriggebliebenen Kalkröhren der Characeen, ist auch eine Festlegung von Phosphaten verbunden. Daraus lassen sich ein oligo- bis mesotropher Status eines alkalischen Gewässers schlussfolgern. *Armiger crista* ist eine Art stehender Gewässer, *Valvata cristata* kommt in verschiedenen pflanzenreichen Gewässern vor. *Succinea oblonga* ist allgemein an feuchten Stellen verbreitet (LOŽEK 1964). Die reichlich gefundenen Moose *Scorpidium scorpidioides* und *Calliergon giganteum* sind sehr nässeliebende Arten, die auch rezent in Wasser frei flutend gefunden werden können (SLOBODDA 1979). Der hohe Anteil der Moose führt zur Kennzeichnung der Ablagerung als infra- bis semiaquatischen Braunmoostorf.

Subzone EAB-b2: Auffällig ist das völlige Fehlen von *Scorpidium* und Characeen in diesem Bereich. Stattdessen treten Moose auf, die in der Regel nicht flutend wachsen (*Bryum pseudotriquetrum*) und sogar eine leichte oberflächige Versauerung anzeigen (*Sphagnum*). Diese Arten bildeten also einen Rasen an der Oberfläche des Wasserkörpers. Die Bildung eines semiaquatischen Braunmoostorfes mit schwachen Versauerungstendenzen (Basenzeiger wie *Calliergon giganteum* bleiben anwesend) geht möglicherweise auf eine Trockenphase zurück. Diese Phase mit verringertem Wasserzustrom hielt offenbar nur relativ kurz an, da ein Verdrängen der Moosrasen durch Ried- und Gehölzarten nicht feststellbar ist (geringer Radicellenanteil). Hier besteht ein Widerspruch zur Interpretation der palynologischen Analyse, die einen ziemlich langen Hiatus annimmt. Eine Lösung der Frage erscheint mit der momentanen Datenbasis nicht möglich.

Subzone EAB-b3: Die Ablagerungen dieses Abschnittes ähneln denen der Subzone b1. Characeen und Ostracoden weisen auf sehr nasse Bedingungen hin. Die Haupttorfbildner stellen *Drepanocladus*-Arten dar, die auch flutend wachsen können. *Scorpidium* und *Calliergon giganteum* kommen weiterhin vor. Insgesamt deutet das Artenspektrum auf eine infra- bis semiaquatische Torfbildung und damit wieder feuchtere Bedingungen hin.

Subzone EAB-b4: In diesem Abschnitt weisen die Ausbreitung von *Sphagnum* und der Rückgang der *Drepanocladus*-Arten und von *Calliergon giganteum* auf eine erneute Trockenphase und einen Übergang zu semiaquatischer Torfbildung mit oberflächiger Versauerung hin. Dazu passt gut die Ausbreitung von *Calliergonella cuspidata*, einem euryöken Moos, das auch rezent in versauernden Basenmooren häufig vorkommt und relativ weit in den sauren pH-Bereich vordringt. Bezeichnenderweise fehlen in dieser Subzone wie bei EAB-b2 Nachweise von *Pisidium* und *Potamogeton*-Steinkernen, obwohl letztere in unmittelbar darunter liegenden Proben gefunden wurden.

Subzone EAB-b5: In diesem Bereich liegen mit dem Auftreten von *Scorpidium* und *Calliergon giganteum* in mittleren Anteilen, außerdem mit Characeen-Oosporen, *Pisidium* und *Potamogeton*-Steinkernen viele Zeiger sehr nasser Bedingungen und damit infraaquatischer Moostorfe vor. Erst in der obersten Probe deutet sich mit der Ausbreitung von *Helodium blandowii* ein Übergang zu semiaquatischer Torfbildung an.

Über die gesamte Tiefe der Zone EAB-b wurden Reste von *Betula*-Arten gefunden, darunter Baumbirken sowie *Betula nana*. Die geringe Menge von *Betula*-Holz deutet aber auf ein Vorkommen in der Umgebung der Hohlform. Für die Subzone b5 ist auch das Vorhandensein von *Pinus* im Umkreis durch verschiedene Großreste belegt.

6.3 Torfmoostorf (EAB-c)

Die Zone EAB-c zeigt eine deutlich anders zusammengesetzte Moosvegetation. Die basiphilen Arten (*Calliergon giganteum*, *Scorpidium*) fehlen völlig. Auch die nässeliebenden *Drepanocladus*-Arten sind vollständig ausgefallen. Die Moosdecke wird dominiert von *Sphagnum*-Arten, die damit eine Versauerung anzeigen. Der Übergang zu semiaquatischen Torfbildungsbedingungen wird durch das Fehlen der Characeen, Ostracoden und *Potamogeton*-Funde deutlich.

Die Trophie scheint im mesotrophen Bereich gelegen zu haben, da die Arten der festgestellten *Sphagnum*-Sektion *Squarrosa* alle etwas anspruchsvoller sind (siehe ökologische Artengruppen von KOSKA et al. 2001). Oligotraphente Spezies wie *Sphagnum magellanicum* konnten nicht beobachtet werden. Ein solcher Umschlag von einer basiphilen Braunmoosvegetation zu einem azidophilen Torfmoosrasen lässt sich oft bei Schwingmoorverlandung mit einer zunehmenden Isolierung der oberen Torfdecke vom Grundwasserkörper feststellen. Der Einfluß des Regenwassers nimmt unter solchen Bedingungen zu. Möglicherweise liegt in einer trockeneren Klimaphase die Ursache für die rasche Verlandung des Gewässers.

Die Ergebnisse der palynologischen Analyse legen einen Hiatus bei 190 cm u. Fl. nahe. Es kann auf der Basis der Funde nicht gesagt werden, ob die Torfbildung im Verlandungsmoor zum Erliegen kam oder jüngere Schichten in späterer Zeit durch Mineralisation verloren gingen. Auffällig ist der geringe Anteil von Holz und Blattfragmenten im Torfmoostorf. Das Moor scheint zu dieser Zeit zwar von Birken umgeben gewesen, aber an dieser Stelle nicht besiedelt worden zu sein. Da ein solches Bewachsen bei abgeschlossener Verlandung zu erwarten wäre, liegt möglicherweise ein Verlust von Torf vor.

6.4 Bruchwaldtorf (EAB-d)

Der Bruchwald wurde wahrscheinlich überwiegend von Birken gebildet, wie aus den zahlreichen Funden von *Betula*-Nüsschen und z.T. *Betula*-Fruchtschuppen hervorgeht. *Alnus*-Reste fehlen dagegen, was gut mit den geringen Werten der ALNUS-Pollen übereinstimmt. Allerdings sind auch die BETULA PUBESCENS TYPE-Pollenwerte sehr niedrig. Diese eigenartige Fundsituation lässt sich mit einer prozentualen Überrepräsentation von PINUS DIPLOXYLON TYPE-Pollen erklären.

Gemessen an den zahlreichen Ephippien muss es ein recht nasses Birkenbruch gewesen sein. Das spricht mehr für eine Versumpfung und Bildung echter Bruchwaldtorfe als für einen Verdrängungstorf auf einem austrocknenden Moor. Nach den Funden von *Thelypteris* und *Carex*-Resten (Mineralbodenwasserzeiger) könnte es sich um einen mesotrophen (evtl. eutrophen) Standort gehandelt haben.

6.5 Bruchwaldtorf (?) mit Schlenkenbildungen (EAB-e)

In diesem Abschnitt tritt erstmals *Alnus* mit reichlichen Funden auf. *Betula*-Reste sind nur spärlich vorhanden. Die festgestellten Sumpf- und Wasserpflanzen, *Sagittaria/Alisma*, *Lemna*, *Chara*, *Ranunculus aquatilis*, deuten auf einen sehr nassen Erlenbruch mit Torfbildung. Das Spektrum der Großreste lässt auf eine Vegetation schließen, die dem Wasserfeder-Erlensumpf (SCAMONI 1960) sehr nahe kommt. Dabei ist es nicht leicht zu sagen, ob die gefundenen Holzreste von Bäumen stammen, die in der Hohlform wuchsen oder am Rand standen und hineinfielen. Es muss im Becken jedoch genügend große, langzeitig überstaute Schlenken gegeben haben, in denen die Wasserpflanzen auskommen konnten.

Die innerhalb dieser Zone gefundenen *Fagus*-Blätter sind hinsichtlich ihrer Lage strittig (kein FAGUS-SYLVATICA TYPE-Pollen). Möglicherweise wurden sie beim Bohren von der Klappsonde verschleppt.

6.6 Silikatreiche Mudde (EAB-f)

Da in diesem Abschnitt nur wenig Holz bzw. andere vegetative autochthone Pflanzenreste enthalten sind, wird das Substrat als Mudde angesprochen. Auf ein Gewässer als Entstehungsort weisen die Diasporen von *Ranunculus* cf. *aquatilis* und *Lemna* hin. Letztere sind ebenso wie die *Sagittaria/Alisma*-Embryonen nun nicht mehr so zahlreich, kommen aber weiterhin vor.

Wichtig für die Abtrennung von der vorherigen Zone sind der gesunkene Holzanteil und die enthaltene Sandmenge, die mit Erosion in einer gerodeten Landschaft (siehe Besprechung des Pollendiagramms), aber auch mit Wegebau in unmittelbarer Nähe der Hohlform zusammenhängen könnte.

Die generelle Artenkombination ist ähnlich der Zone EAB-e, jedoch tritt *Chara* nicht mehr auf. Es erscheint denkbar, dass dieser Rückgang durch die Stoffeinträge (Sand) und damit Nährstoffbelastung bedingt ist.

7 Interpretation des Pollendiagramms

Die Interpretation von Pollendiagrammen, die das Spätglazial und Frühholozän umfassen, wird durch unklare Gliederungen des Weichsel-Spätglazials erschwert (DE KLERK et al. 2001, KAISER et al. 1999). Die existierende Terminologie wird oft auf unterschiedliche und teils unvereinbare Weise für Vegetationsphasen, Klimaperioden und/oder Chronozonen ohne die notwendige, eindeutige Differenzierung und Interpretation genutzt.

Um diese Verwirrung zu umgehen, wurden verschiedene Vegetationsphasen für das Spätglazial und frühe Holozän neu definiert, mit denen Pollendiagramme interpretiert und korreliert werden können (DE KLERK et al. 2001, DE KLERK im Druck). Es handelt sich hierbei um eine Überarbeitung der vorläufigen Terminologie, welche in BILLWITZ et al. (2000) und KAISER et al. (1999) benutzt wird, wobei die neuen Termini zum Teil stark von den vorherigen abweichen. Der spätglaziale und der frühholozäne Teil des Pollendiagramms EAB werden mit Hilfe dieser Vegetationsphasen interpretiert. Zusätzlich werden herkömmliche Termini (sowie deren Quellen) genannt, um den Zugang für den mit herkömmlichen Begriffen vertrauten Leser zu erleichtern. Für einen Gesamtüberblick wird auf die Korrelationstabellen in DE KLERK et al. (2001), DE KLERK (im Druck) und KAISER et al. (1999) verwiesen.

7.1 Hippophaë Phase (SPZ EAB-A) - "Meiendorf" (BOCK et al. 1985; USINGER 1998); "Bølling s.s." (VAN GEEL et al. 1989)

In Pollenzone EAB-A ist die Hippophaë-Phase sehr gut ausgebildet. Wegen der geringen Pollenproduktion und Pollenverbreitung des Sanddorns (FIRBAS 1934) schwanken regionale Pollenniederschlagswerte von HIPPOPHAË RHAMNOIDES-Pollen während dieser Vegetationsphase normalerweise um 6 %, wie die Analysen von Bohrkernen aus zentralen Teilen von großen Becken zeigen (BILLWITZ et al. 2000, KAISER et al. 1999, DE KLERK im Druck, LANGE et al. 1986). Deswegen deuten die extrem hohen Werte von HIPPOPHAË RHAMNOIDES-Pollen in EAB-A auf eine Anwesenheit von Sanddorn in unmittelbarer Umgebung der Hohlform hin. Auch die kontinuierlichen Funde von Klumpen von HIPPOPHAË RHAMNOIDES-Pollen beweisen, dass sich die Pollenquelle in unmittelbarer Nähe der Fundstelle befunden haben muss (JANSSEN 1984). Bei der Makrorestanalyse wurden jedoch keine Großreste von Sanddorn identifiziert.

Da auch Klumpen von BETULA PUBESCENS TYPE-Pollen gefunden wurden, ist auch das Vorkommen von Baumbirken nahe der Hohlform anzunehmen, jedoch nur in sehr geringen Mengen, da sonst *Hippophaë* wegkonkurriert worden wäre (DE KLERK et al. 2001). Es wurden keine Großreste gefunden, die eindeutig auf Baumbirken zurückgehen: Aufgefundene *Betula*-Holzreste könnten auch von Zwergbirken stammen. Für diese Vegetationsphase ist ein kontinentales Klima anzunehmen, das die optimale Ausbreitung der Baumbirke verhinderte (DE KLERK et al. 2001; USINGER 1998).

Das Auftreten vieler Pollentypen wärmeliebender Baumarten - u.a. TILIA, CORYLUS AVELLANA TYPE, QUERCUS ROBUR TYPE, ULMUS GLABRA TYPE, FAGUS SYLVATICA TYPE - geht auf Umlagerung von Material aus den umliegenden Grundmoränen zurück (IVERSEN 1936) bzw. auf Fernflug, welcher in einer offenen Landschaft mit geringem regionalem Polleneintrag eine dominante Komponente sein kann. Die gefundenen ALNUS-Pollen sind zum Teil umgelagert, können jedoch auch auf die Anwesenheit von *Alnus viridis* und/oder *A. incana* hinweisen (DE KLERK et al. 2001, DE KLERK im Druck). Obwohl die kontinuierliche Anwesenheit von PINUS HAPLOXYLON TYPE- Pollen wahrscheinlich auch auf Umlagerung und/oder Fernflug zurückgeführt werden kann, ist es nicht auszuschließen, dass in der spätglazialen Landschaft *Pinus cembra* (der diesen Typ produziert) wuchs (DE KLERK et al. 2001, DE KLERK im Druck).

Die Pollenbefunde geben keine eindeutigen Hinweise auf die lokale Vegetation innerhalb des Beckens, da alle möglicherweise von "wetland"-Pflanzen stammenden Pollentypen in zu geringen Mengen auftreten, um eine eindeutige lokale Anwesenheit zu beweisen.

7.2 Offenvegetation Phase II (SPZ EAB-B1) - "Ältere Dryaszeit" (BOCK et al. 1985); "Earlier Dryas" (VAN GEEL et al. 1989); "Dryas-II" (BILLWITZ et al. 2000) und Spätglaziale Betula/Pinus-Waldphase (SPZ EAB-B2) - "Alleröd" (BILLWITZ et al. 2000); "Bölling-Alleröd Komplex" (USINGER 1985)

Bemerkenswert ist in SPZ EAB-B1 die plötzliche Abnahme von HIPPOPHAË RHAMNOIDES-Pollen und die erhöhten Werte von JUNIPERUS TYPE- und BETULA NANA TYPE-Pollen. Da Wachholder und Zwergbirken gegenüber Sanddorn nicht konkurrenzfähig sind (DARMER 1952), ist in dieser SPZ eindeutig eine Vegetationsregression festzustellen, die wahrscheinlich mit einer Temperaturabsenkung zusammenhängt (DE KLERK et al. 2001). Durch das Verschwinden der Sanddornbestände konnten Wachholder und Zwergbirken sich ausbreiten. Auch die erhöhten Werte von ARTEMISIA-Pollen sowie von WILD GRASS GROUP-Pollen zeigen, dass die Vegetation in der nächsten Umgebung der Hohlform offener geworden ist.

Die Abnahme der relativen Werte von Pollentypen, die von Pflanzen offener Landschaften produziert werden, z.B. JUNIPERUS TYPE-, BETULA NANA TYPE- und ARTEMISIA-Pollen in SPZ EAB-B2 sowie die Zunahme der Werte von BETULA PUBESCENS TYPE-Pollen - besonders in den beiden oberen Proben - zeigen eine allmähliche Ausbreitung von Birkenwäldern am Rande der Hohlform. Normalerweise folgt in Pollendiagrammen aus Vorpommern (BILLWITZ et al. 2001; KAISER et al. 1999; DE KLERK et al. 2001, DE KLERK im Druck) einem ersten Pik von BETULA PUBESCENS TYPE-Pollen und einem Pik von PINUS DIPLOXYLON TYPE- (bzw. PINUS UNDIFF. TYPE)-Pollen ein zweiter Pik von BETULA PUBESCENS TYPE-Pollen. Das hiesige Fehlen beider letzteren Piks zeigt, dass Ablagerungen des größten Teils der spätglazialen Betula/Pinus-Waldphase in EAB fehlen. Dieser Hiatus geht offenbar auf eine Austrocknung des Beckens zurück, wie dies in den Großrestbefunden angedeutet ist.

Während der Offenvegetations-Phase II breiteten sich *Botryococcus*-Algen im Becken stark aus. Allerdings gingen sie am Beginn der spätglazialen Betula/Pinus-Waldphase wieder stark zurück. Aus dem Pollendiagramm können keine weiteren Aussagen über eine lokale "wetland"- Vegetation innerhalb des Beckens getroffen werden.

Die allmähliche Zunahme der AP+NAP-Konzentration ist Ausdruck einer allmählich dichter werdenden "upland"-Vegetation und/oder einer Abnahme der Netto-Substratbildungsrate.

7.3 Offenvegetations-Phase III (SPZ EAB-C) - "Jüngere Dryaszeit" (BOCK et al. 1985); "Late Dryas" (VAN GEEL et al. 1989); "Dryas-III" (BILLWITZ et al. 2000)

Der Anfang dieser Phase fehlt aufgrund eines Hiatus'. In der Umgebung dominierte eine offene Vegetation, wobei die Pollenbefunde auf reichliche Präsenz von *Artemisia*, *Empetrum* und anderen Ericales hindeuten. Da die höchsten NAP-Werte im oberen Teil der SPZ EAB-C auftreten, ist zu vermuten, dass eine maximale Offenheit der Umgebungsvegetation am Ende der Phase erreicht war. Ähnliche Verhältnisse wurden im Endinger Bruch (BILLWITZ et al. 2000, DE KLERK im Druck) und in Reinberg (DE KLERK et al. 2001) gefunden. Es ist anzunehmen, dass Baumbirken, Kiefern, Weiden und Wachholder in der regionalen Vegetation anwesend waren. Eindeutig als (extra)lokal zu interpretierende Pollenwerte fehlen in SPZ EAB-C. Es ergeben sich somit keine Schlussfolgerungen über die Vegetation der weiteren Umgebung. Großreste bestätigen jedoch die Anwesenheit sowohl von Baum- als auch von Zwergbirken. Die aufgefundenen Pollen von wärmeliebenden Laubhölzern sind sicher auf Umlagerung und Fernflug zurückzuführen.

Außer dem Auftreten von Algen (*Botryococcus*, *Spyrogyra* und Zygnemataceae) innerhalb des Beckens gibt es im Pollendiagramm keine Hinweise auf die lokale "wetland"-Vegetation.

Die geringere AP+NAP-Konzentration zeigt, dass der "upland"-Polleneintrag im Vergleich zur spätglazialen Betula/Pinus-Waldphase abgenommen hat (offenere Umgebungsvegetation) und/oder dass die Netto-Substratbildungsrate zugenommen hat.

7.4 Frühholozäne Betula/Pinus-Waldphase (SPZ EAB-D1, EAB-D2) - "Präboreal" (BILLWITZ et al. 2000)

Die plötzliche Abnahme der NAP-Werte zeigt, dass sich die Vegetation innerhalb relativ kurzer Zeit schloss. Piks von JUNIPERUS TYPE- und BETULA NANA TYPE-Pollen in SPZ EAB-D1 lassen auf eine kurzfristige Ausbreitung von Wachholder und Zwergbirke schließen. Beide Arten wurden durch jetzt höhere Temperaturen und durch das noch weitgehende Fehlen konkurrierender Taxa begünstigt. Auch Großreste bestätigen die Anwesenheit sowohl von Baum- als auch von Zwergbirken. Piks von TILIA-, ALNUS-, CORYLUS AVELLANA TYPE- und PINUS HAPLOXYLON TYPE- Pollen in den untersten Proben hängen möglicherweise mit einem einzelnen größeren Umlagerungsereignis als Folge sich ändernder hydrologischer Bedingungen zusammen. Im Großrestdiagramm spiegeln sich solche Vorgänge als Sandeintrag bei 280 bis 290 cm wider. Ähnliche Phänomene sind aus anderen vorpommerschen Pollendiagrammen nicht bekannt.

SPZ EAB-D2 zeigt die Ausbreitung von Wäldern in der Umgebung, welche hauptsächlich von *Betula* und *Pinus* gebildet wurden. Die relativ hohen Werte von PINUS DIPLOXYLON TYPE-Pollen lassen vermuten, dass Kiefern direkt an der Hohlform gestanden haben. *Pinus* hat eine starke Pollenproduktion, deshalb dürfen derartig hohe Werte nicht überbewertet werden. Schon wenige Exemplare können solche Effekte verursachen. Da weit mehr Großreste von Birken als von Kiefern gefunden wurden, ist anzunehmen, dass *Betula* eine bedeutendere Rolle spielte, als das Pollendiagramm vermuten lässt. Die kontinuierliche Anwesenheit von PINUS HAPLOXYLON TYPE-Pollen ist wahrscheinlich die Folge von Fernflug, da eine Umlagerung in einer Landschaft mit dichter Vegetation und stabilen und abtragungsresistenten Böden kaum eine Rolle gespielt haben dürfte.

Innerhalb des Beckens existierte eine Sumpfvegetation. Das Pollendiagramm weist eine Phase (SPZ EAB-D1) mit Cyperaceae, *Oenanthe* und *Sium* bzw. *Berula* (beide produzieren den SIUM LATIFOLIUM TYPE) aus. Klumpen von CYPERACEAE-Pollen und *Carex*-Nüsschen bestätigen dies. Vermutlich gab es auch Produzenten von LACTUCEAE-, POTENTILLA TYPE-, POTAMOGETON TYPE- Pollen (vgl. dazu *Potamogeton*-Steinkerne) und anderer Typen. Hierauf folgte in SPZ EAB-D2 eine Phase mit *Typha latifolia* und *Filipendula* und letztendlich eine Phase, in der Farne (wahrscheinlich weitestgehend *Thelypteris palustris*) dominierten.

Da ein starker Anstieg von CORYLUS AVELLANA TYPE-Pollen in EAB fehlt, ist anzunehmen, dass vor Beginn der Hasel-Phase (BILLWITZ et al. 2000) – von SCHULZ (1999) für das Jeeser Moor auf 9.300 ^{14}C Jahre B.P. datiert – das Becken austrocknete und keine Substrate gebildet wurden bzw. dass bereits gebildete Substrate während einer erst später einsetzenden Trockenphase abgebaut wurden. Da mit der dichten Bewaldung ein höherer Eintrag von Pollen aus der Umgebung anzunehmen ist, muss aus der gleichbleibenden AP+NAP-Konzentration eine Zunahme der Substratbildungsraten geschlussfolgert werden.

7.5 „Irgendwann" während des mittleren Holozän (SPZ EAB-E1, EAB-E2, EAB-E3)

Die relativ hohen Werte von PINUS DIPLOXYLON TYPE- und SALIX-Pollen in SPZ EAB-E1 zeigen, dass während einer Phase mit erneuter Substratbildung nach Wasserspiegelanstieg Kiefern und Weiden eine wichtige Rolle spielten. Später waren Linden (Pik von TILIA-Pollen in EAB-E2) prominent. Es wurden jedoch keine Großreste von *Tilia* gefunden. In SPZ EAB-E3 dominieren aber erneut Kiefern-Pollen. Niedrige Werte (d.h. als regionale Niederschlagswerte interpretiert) von CORYLUS AVELLANA TYPE-, QUERCUS ROBUR TYPE-, ACER CAMPESTRE TYPE-, ULMUS GLABRA TYPE-, HEDERA HELIX TYPE- und VISCUM-Pollen zeigen, dass Hasel, Eichen, Ahorn-Arten, Ulmen, Efeu und Misteln im "Großraum Eldena" wuchsen, jedoch nicht unbedingt direkt an der Hohlform bzw. nur wenige oder nur Exemplare mit sehr geringer Pollenproduktion. Großrestfunde zeigen das Vorkommen von Birken in oder unmittelbar um das Becken, obwohl dies aus den Pollenwerten kaum abzuleiten ist. Das Vorkommen von Erlen ist auch ausreichend durch Makrofossilien belegt. Im Vergleich mit anderen Pollendiagrammen (vgl. LANGE et al. 1986) sind die Werte von ALNUS-Pollen jedoch nicht unbedingt als (extra)lokal zu interpretieren. Kontinuierliche Funde von PINUS HAPLOXYLON TYPE-Pollen zeigen, dass noch immer eine substantielle Fernflug-Komponente registriert wurde, obwohl die Vegetation relativ dicht geschlossen war,

Das Pollendiagramm zeigt eine "wetland"-Vegetation aus mehreren Apiaceae (z.B. *Oenanthe, Cicuta, Silaum, Sium* bzw. *Berula*), aus *Sparganium* und *Typha angustifolia*. Außerdem wurden mehrere Algen (ZYGNEMATACEAE TYPE 58, SPYROGYRA und MOUGETIA) bestimmt.

Es ist leider nicht möglich, diese Vegetationsphase in die allgemeine vorpommersche Vegetationsentwicklung einzuordnen, da durch Hiaten sowohl unter- als oberhalb SPZ EAB-E die diagnostischen Palynozonen fehlen. Die Kurve der ULMUS GLABRA TYPE-Pollen erlaubt es nicht, eindeutig festzustellen, ob SPZ EAB-E die Zeitperiode vor oder nach dem "klassischen" Ulmenfall (5000 ^{14}C Jahre BP) repräsentiert. Da normalerweise TILIA-Pollenwerte gleichzeitig, oder nur sehr gering verzögert fallen und anschließend FAGUS SYLVATICA TYPE- und PLANTAGO LANCEOLATA TYPE-Pollen einsetzen (LANGE et al. 1986), ist eine Einordnung vor dem Ulmenfall sehr wahrscheinlich. Auszuschließen ist auch nicht, dass gerade direkt um Hohlform 14 eine (oder wenige) der überlebenden Linden wuchsen, deren hoher extralokaler Pollenniederschlag den nur sehr geringen regionalen Niederschlag von FAGUS SYLVATICA TYPE- und PLANTAGO LANCEOLATA TYPE-Pollen verschleiert. Deswegen kann diese Vegetationsphase nur als "irgendwann" während des mittleren Holozäns eingeordnet werden.

Die hohen AP+NAP-Konzentrationen, die zudem stark schwanken, zeugen von einem stark wechselnden Eintrag von "upland"-Pollen bzw. von stark wechselnden Substratbildungsraten.

7.6 Römische Kaiserzeit und Völkerwanderungszeit (SPZ EAB-F1, EAB-F2)

SPZ EAB-F1 wird besonders in den oberen Proben durch relativ hohe Werte von Pollentypen dominiert, welche von kultivierten Pflanzen und Ackerunkräutern stammen bzw. stammen können, z.B. CHENOPODIACEAE- und AMARANTHACEAE-, ARTEMISIA-, CEREALIA UNDIFF. TYPE-, POLYGONUM AVICULARE TYPE-, PLANTAGO LANCEOLATA TYPE-, RUMEX ACETOSA TYPE-, RUMEX ACETOSELLA- und AVENA-TRITICUM GROUP-Pollen. Dies zeigt, dass die Umgebung der Hohlform weitgehend unbewaldet war und von Äckern eingenommen wurde. Piks von Pollentypen, welche nicht eindeutig "upland"-Taxa zuzuschreiben sind (u.a. HORDEUM GROUP-, EQUISETUM-, LACTUCEAE-, WILD GRASS GROUP-, CYPERACEAE-, HORNUNGIA TYPE-, CARYOPHYLLACEAE UNDIFF. TYPE-, POLYGONUM PERSICARIA TYPE-, RUMEX ACETOSA TYPE- und ASTER TYPE-Pollen und -Sporen), können möglicherweise auch auf Kulturpflanzen oder Kulturbegleiter zurückgeführt werden. Diese Kulturphase korreliert vermutlich mit der Römischen Kaiserzeit. Obwohl die Werte ihrer Pollentypen niedrig sind, zeigen Großreste, dass Erlen und Birken in oder an der Hohlform gestanden haben.

Niedrigere Werte von NAP-Typen und höhere Werte der AP PINUS DIPLOXYLON TYPE, ACER CAMPESTRE TYPE, ULMUS GLABRA TYPE und FAGUS SYLVATICA TYPE in SPZ EAB-F2 deuten auf eine Waldregeneration hin, die wahrscheinlich der Völkerwanderungszeit entspricht. Kontinuierliche, aber substanzielle Werte von ACER CAMPESTRE TYPE-Pollen lassen, wenn man die nur sehr geringe Pollenproduktion von Ahorn-Arten (MOORE et al. 1991) in Betracht zieht, auf die extralokale Anwesenheit der Gattung Ahorn im Umkreis der Hohlform schließen. Obwohl Werte von FAGUS SYLVATICA TYPE-Pollen im Vergleich mit anderen Diagrammen einen regionalen Niederschlag dieses Typs suggeriert, zeigen Makroreste, dass auch die Buche nahe der Hohlform stand. Kontinuierliche, aber geringe Werte von PLANTAGO LANCEOLATA TYPE-, RUMEX ACETOSA GROUP-, RUMEX ACETOSELLA-, AVENA-TRITICUM GROUP- und SECALE CEREALE-Pollen bezeugen menschliche Aktivität in der Landschaft, wahrscheinlich aber erst in größerer Entfernung zur Hohlform. Durchgehende Funde von PINUS HAPLOXYLON TYPE-Pollen in beiden Subzonen zeugen von Fernflug.

Hohe Werte von JUNIPERUS-WITHOUT-GEMMAE TYPE weisen nicht unbedingt auf die Anwesenheit von Wachholder hin, sondern repräsentieren eher Moossporen oder Algen, die JUNIPERUS TYPE-Pollen sehr ähnlich sind (MOORE 1980). Die niedrigen AP+NAP-Konzentrationen sind sehr wahrscheinlich die Folge von einer nur geringen Verdichtung der oberen Substrate im Vergleich zu den darunter liegenden Schichten.

8 Diskussion und Schlussfolgerungen

Das aufgenommene Pollendiagramm zeigt mehrere Ausschnitte aus der Vegetationsentwicklung im östlichen Teil des "NSG Eldena" während des Weichsel-Spätglazials und Holozäns: Hippophaë-Phase, Offenvegetation Phasen II und III sowie die frühholozäne Betula/Pinus-Waldphase, eine nicht näher datierbare Phase während des mittleren Holozäns, eine Siedlungsphase während der Römischen Kaiserzeit sowie eine völkerwanderungszeitliche Waldregeneration. Die letzten beiden Phasen zeigen, dass in diesem Bereich kein natürlicher bzw. naturnaher Wald stockte, sondern dass der Wald bedeutenden menschlichen Einflüssen ausgesetzt war.

Große Abschnitte der Vegetationsgeschichte sind in den Ablagerungen der Hohlform 14 nicht repräsentiert. Dies deutet darauf hin, dass die Hohlform mehrmals austrocknete und sich keine Substrate bildeten bzw. dass schon gebildete Substrate wieder verschwanden.

Das kontinuierliche Auftreten von PINUS HAPLOXYLON TYPE-Pollen (nicht nur in spätglazialen Abschnitten) zeigt, dass Pollenfernflug auch in Zeitabschnitten mit vermeintlich geschlossener Vegetation nicht vernachlässigt werden darf. Da dieser Typ in fast allen Pollendiagrammen nicht getrennt aufgenommen wurde, ist dieses Phänomen bis jetzt unbemerkt geblieben. Andere Pollentypen, deren Produzenten in der Landschaft vorhanden waren, werden wohl zum Teil auch auf Fernflug zurückzuführen sein und nicht in ihrer Gesamtheit der regionalen und/oder (extra)lokalen Vegetation entsprechen.

Obwohl die lokale und extralokale Vegetation sowohl Pollen- als auch Makrorestsignale abgibt, zeigen beide keine direkte Übereinstimmung. An Hand von hohen (extra)lokalen Pollennieder-schlagswerten kann für verschiedene Phasen die Anwesenheit von *Hippophaë*, *Pinus*, *Salix*, *Tilia* und *Acer* unmittelbar um die Hohlform rekonstruiert werden. Allerdings wurden keine (oder kaum) Makroreste dieser Taxa gefunden. Umgekehrt wurden Makroreste von *Betula*, *Alnus* und *Fagus* gefunden, die die Existenz dieser Taxa beweisen, während ihre Pollentypen keine (extra)lokalen Werte zeigen. Deshalb lassen Pollenniederschlagswerte, die im Vergleich mit anderen Diagrammen der Region als regionaler Niederschlag gedeutet werden, nicht grundsätzlich auf ein Fehlen von Pollenproduzenten im (extra)lokalen Bereich schließen. Auch das Fehlen von Makroresten ist kein eindeutiger Nachweis, dass Taxa nicht anwesend gewesen sein können. Eine Kombination von Pollen- und Großrestanalyse gibt die besten Möglichkeiten für die paläoökologische Rekonstruktionen.

Danksagung

H. JOOSTEN und J. COUWENBERG danken wir für die Unterstützung während der Bohrung. Die Pollenproben wurden von J. COUWENBERG entnommen und von H. RABE aufbereitet. E. ENDTMANN und J. SCHULZ sowie den Teilnehmern des Großrestkurses 1999 danken wir für die Durchführung der Großrestanalysen.

Literatur

AALTO, M. (1970): Potamogetonaceae Fruits 1. Recent and subfossil endocarps of the Fennoscandian species. Acta Botanica Fennica 88: S. 1-85.

BEIJERINCK, W. (1947): Zadenatlas der nederlandsche flora, ten behoefe van de botanie, palaeontologie, bodemkultur en warenkennis. Wageningen. 316 S.

BERGGREN, G. (1969): Atlas of seeds and small fruits of Northwest-European plant species with morphological descriptions. 2: Cyperaceae. Stockholm. 68 S.

BERGGREN, G. (1981): Atlas of seeds and small fruits of Northwest-European plant species with morphological descriptions. 3: Salicaceae - Cruciferae. Stockholm. 261 S.

BERTSCH, K. (1941): Früchte und Samen. Ein Bestimmungsbuch zur Pflanzenkunde der vorgeschichtlichen Zeit. Handb. d. prakt. Vorgeschichtsforsch. 1, Stuttgart, 247 S.

BERTSCH, K. (1942): Lehrbuch der Pollenanalyse. Handb. d. prakt. Vorgeschichtsforsch. 3:, Stuttgart, 195 S.

BILLWITZ, K., HELBIG, H., KAISER, K., DE KLERK, P., KÜHN, P. & T. TERBERGER (2000): Untersuchungen zur spätpleistozänen bis frühholozänen Landschafts- und Besiedlungsgeschichte in Mecklenburg-Vorpommern. Neubrandenburger Geologische Beiträge, 1., S. 24-38.

BOCK, W., MENKE, B., STREHL, E. & H. ZIEMUS (1985): Neuere Funde des Weichselspätglazials in Schleswig-Holstein. Eiszeitalter und Gegenwart, 35., S. 161-180.

DARMER, G. (1952): Der Sanddorn als Wild- und Kulturpflanze. Eine Einführung in die Lebenserscheinungen des Sanddornstrauches und eine Anleitung zum erweiterten Anbau. S. Hirzel Verlag, Leipzig, 89 S.

DE KLERK, P., HELBIG, H., HELMS, S., JANKE, W., KRÜGEL, K., KÜHN, P., MICHAELIS, D. & S. STOLZE (2001): The Reinberg researches: palaeoecological and geomorphological studies of a kettle hole in Vorpommern (NE Germany), with special emphasis on a local vegetation during the Weichselian Pleniglacial/Lateglacial transition. Greifswalder Geographische Arbeiten, 23, S. 43-131.

DE KLERK, P. (im Druck): Changing vegetation patterns in the Endinger Bruch area (Vorpommern, NE Germany) during Weichselian Lateglacial and Early Holocene. Review of Palaeobotany and Palynology.

FÆGRI, K. & J. IVERSEN (1989): Textbook of Pollen Analysis (überarbeitet von FÆGRI, K., KALAND, P. E. & K. KRZYWINSKI), John Wiley & Sons, Chichester, 328 S.

FIRBAS, F. (1934): Über die Bestimmung der Walddichte und der Vegetation waldloser Gebiete mit Hilfe der Pollenanalyse. Planta, 22., S. 109-145.

FRAHM, J.-P. & W. FREY (1992): Moosflora. 3. Aufl., Stuttgart, 528 S.

VAN GEEL, B. (1978): A palaeoecological study of Holocene peat bog sections in Germany and the Netherlands, based on the analysis of pollen, spores and macro- and microscopic remains of fungi, algae, cormophytes and animals. Review of Palaeobotany and Palynology, 25., S. 1-120.

VAN GEEL, B., COOPE, G. R. & T. VAN DER HAMMEN (1989): Palaeoecology and stratigraphy of the lateglacial type section at Usselo (The Netherlands). Review of Palaeobotany and Palynology, 60., S. 25-129.

GRIMM, E. C. (1992): TILIA (software). Illinois State Museum, Springfield, Illinois, USA.

GROSSE-BRAUCKMANN, G. (1963): Über die Artenzusammensetzung von Torfen aus dem nordwestdeutschen Marschen-Randgebiet. Vegetatio, 11., S. 325-341.

GROSSE-BRAUCKMANN, G. (1972): Über pflanzliche Makrofossilien mitteleuropäischer Torfe. I. Gewebereste krautiger Pflanzen und ihre Bestimmung. Telma, 2., S. 19-56.

GROSSE-BRAUCKMANN, G. (1974): Über pflanzliche Makrofossilien mitteleuropäischer Torfe. II. Weitere Reste (Früchte und Samen, Moose u. a. und ihre Bestimmungsmöglichkeiten). Telma, 4., S 51-118.

GROSSE-BRAUCKMANN, G. & B. STREITZ (1992): Pflanzliche Makrofossilien mitteleuropäischer Torfe. III. Früchte, Samen und einige Gewebe (Fotos von fossilen Pflanzenresten). Telma, 22., S. 53-102.

HERZOG, I. & L. LANDGRAF (1997): Landschaftsökologischer Exkursionsführer in den Elisenhain bei Greifswald. Greifswalder Geographische Studienmaterialien 5, S. 75-103.

IVERSEN, J. (1936): Sekundäre Pollen als Fehlerquelle. Eine Korrektionsmethode zur Pollenanalyse minerogener Sedimente. Danmarks Geologiske Undersøgelse IV. Række, 2., S. 3-24.

JANKE, V. & W. JANKE (1970): Zur Entstehung und Verbreitung der Kleingewässer im nordostmecklenburgischen Grundmoränenbereich. Archiv für Naturschutz und Landschaftsforschung, 10., S. 3-18.

JANSSEN, C. R. (1966): Recent pollen spectra from the deciduous and coniferous-deciduous forest of northeastern Minnesota: a study in pollen dispersal. Ecology 47, S. 804-825.

JANSSEN, C. R. (1973): Local and regional pollen deposition. In: BIRKS, H. J. B. & R. G. WEST (Hrg.): Quaternary plant ecology. 14th Symposium of the British Ecological Society, S. 31-42.

JANSSEN, C. R. (1984): Modern pollen assemblages and vegetation in the Myrtle lake peatland, Minnesota. Ecological Monographs, 54., S. 213-252.

JANSSEN, C. R. & W. IJZERMANS-LUTGERHORST (1973): A "local" Late-Glacial pollen diagram from Limburg, Netherlands. Acta Botanica Neerlandica, 22., S. 213-220.

KAISER, K., DE KLERK, P. & T. TERBERGER (1999): Die "Riesenhirschfundstelle" von Endingen: geowissenschaftliche und archäologische Untersuchungen an einem spätglazialen Fund-platz in Vorpommern. Eiszeitalter und Gegenwart, 49., S. 102-123.

KATZ, N. J. & S. W. KATZ (1933): Atlas der Pflanzenreste im Torf (russisch und deutsch). Moskau, Leningrad, 30 S.

KATZ, N. J. & S. W. KATZ (1946): Atlas i opredelitel plodow i semjan w torfach i ilach. Moskau, 141 S.

KATZ, N. J., KATZ, S. W. & E. I. SKOBEJEWA (1977): Atlas rastitelnich ostakow w torfach. Moskau, 371 S.

KLAFS, G., JESCHKE, L. & H. SCHMIDT (1973): Genese und Systematik wasserführender Ackerhohlformen in den Nordbezirken der DDR. Archiv für Naturschutz und Landschaftsforschung, 13., S. 287-307.

KOSKA, I., SUCCOW, M. & U. CLAUSNITZER (2001): Vegetationskundliche Kennzeichnung von Mooren (topische Betrachtung). In: SUCCOW, M. & H. JOOSTEN (Hrg.): Landschaftsökologische Moorkunde. 2. Aufl., Stuttgart (Schweizerbart), 622 S.

KWASNIOWSKI, J. (2001): Die Böden im Naturschutzgebiet Eldena (Vorpommern). Greifswalder Geographische Arbeiten. 23, S. 155-185.

LANDWEHR, J. (1966): Atlas van de Nederlandse Bladmossen. Amsterdam. 559 S.

LANGE, E., JESCHKE, L. & H. D. KNAPP (1986): Ralswiek und Rügen. Landschaftsentwicklung und Siedlungsgeschichte der Ostseeinsel. Teil I: Die Landschaftsgeschichte der Insel Rügen seit dem Spätglazial. Schriften zur Ur- und Frühgeschichte, 38., S. 1-175.

LOŽEK, V. (1964): Quartärmollusken der Tschechoslowakei. Rozpravy ustredniho ustavu geologickeho 31: S. 1-374.

MICHAELIS, D. (2000): Die spät- und nacheiszeitliche Entwicklung der natürlichen Vegetation von Durchströmungsmooren in Mecklenburg-Vorpommern am Beispiel der Recknitz. Diss., Universität Greifswald, 124 S.

MOORE, P. D. (1980): The reconstruction of the Lateglacial environment: some problems associated with the interpretation of pollen data. - In: LOWE, J. J., GRAY, J. M. & J. E. ROBINSON (Hrg.): Studies in the lateglacial of North-west Europe. Including papers presented at a symposium of the Quaternary Research Association held at University College London, January 1979. Pergamon Press, Oxford, New York, Toronto, Sydney, Paris, Frankfurt, S. 151-155.

MOORE, P. D., WEBB, J. A. & M. E. COLLINSON (1991): Pollen analysis, Blackwell Scientific Publications, Oxford, 216 S.

PALS, J. P., VAN GEEL, B. & A. DELFOS (1980): Paleoecological studies in the Klokkeweel bog near Hoogkarspel (Noord Holland). Review of Palaeobotany and Palynology, 30., S. 371-418.

PUNT, W. (ed., 1976): The Northwest European Pollen Flora I. Elsevier, Amsterdam, 145 S.

PUNT, W. & S. BLACKMORE (eds., 1991): The Northwest European Pollen Flora, VI. Elsevier, Amsterdam, 275 S.

PUNT, W. & G. C. S. CLARKE (eds., 1980): The Northwest European Pollen Flora, II. Elsevier, Amsterdam, 265 S.

PUNT, W. & G. C. S. CLARKE (eds., 1981): The Northwest European Pollen Flora, III. Elsevier, Amsterdam, 138 S.

PUNT, W. & G. C. S. CLARKE (eds.) (1984): The Northwest European Pollen Flora, IV. Elsevier, Amsterdam, 369 S.

PUNT, W., BLACKMORE, S. & G. C. S. CLARKE (eds., 1988): The Northwest European Pollen Flora, V. Elsevier, Amsterdam, 154 S.

PUNT, W., BLACKMORE, S., HOEN, P. P. & P. J. STAFFORD (eds., in prep.): The Northwest European Pollen Flora, VIII. Vorläufige Version in internet: http://www.bio.uu.nl/~palaeo/research/NEPF/volume8.htm

PUNT, W., HOEN, P. P. & S. BLACKMORE (Hrg., 1995): The Northwest European Pollen Flora, VII. Elsevier, Amsterdam, 154 S.

SCHULZ, J., (1999): Landschaftsökologie des Jeeser Moores und des Söllkenmoores. Diplomarbeit, Botanisches Institut, Universität Greifswald.

SCHWEINGRUBER, F. H. (1990): Anatomie europäischer Hölzer. Bern, Stuttgart, 800 S.

SLOBODDA, S. 1979: Die Moosvegetation ausgewählter Pflanzengesellschaften des NSG „Peenewiesen bei Gützkow" unter Berücksichtigung der ökologischen Bedingungen eines Flußtalmoor-Standortes. Feddes Repert., 90., S. 481-518.

SPANGENBERG, A. (2001): Die Vegetationsentwicklung im Naturschutzgebiet Eldena in der 2. Hälfte des 20. Jahrhunderts. Greifswalder Geographische Arbeiten, 23, S. 227-240.

STOCKMARR, J. (1971): Tablets with spores used in absolute pollen analysis. Pollen et Spores, 13., S. 615-621.

USINGER, H. (1985): Pollenstratigraphischer, vegetations- und klimageschichtliche Gliederung des "Bölling-Alleröd Komplexes" in Schleswig-Holstein und ihre Bedeutung für die Spätglazial-Stratigraphie in benachbarten Gebieten. Flora, 177., S. 1-43.

USINGER, H. (1998): Pollenanalytische Datierung spätpaläolithischer Fundschichten bei Ahrenshöft, Kr. Nordfriesland. Archäologische Nachrichten aus Schleswig-Holstein. Mitt. Archäolog. Ges. Schleswig-Holstein e.V. und des Archäolog. Landesamtes Schleswig-Holstein, 8., S. 50-73.

Autoren:

Dr. Pim de Klerk
Geographisches Institut der Ernst-Moritz-Arndt-Universität Greifswald
Friedrich-Ludwig-Jahnstraße 16, D-17487 Greifswald
e-mail: deklerk@uni-greifswald.de

Dr. Dierk Michaelis
Botanisches Institut der Ernst-Moritz-Arndt-Universität Greifswald
Grimmer Straße 88, D-17487 Greifswald
e-mail: dierkm@uni-greifswald.de

Dipl.-Biol. Almut Spangenberg
Botanisches Institut der Ernst-Moritz-Arndt-Universität Greifswald
Grimmer Straße 88, D-17487 Greifswald
e-mail: aspangen@uni-greifswald.de

Untersuchungen an Kohlenmeilerplätzen im NSG Eldena (Vorpommern) – Ein Beitrag zur Erforschung der jüngeren Nutzungsgeschichte

von

OLIVER NELLE UND JANA KWASNIOWSKI

Zusammenfassung

Im Naturschutzgebiet Eldena, einem von naturnahem Eschen-Buchenwald geprägtem Waldgebiet im nordöstlichen Vorpommern, wurden fünf historische Kohlenmeilerplätze anthrakologisch (holzkohleanalytisch) untersucht. Das Holzkohlespektrum der vermutlich im späten Mittelalter betriebenen Kohlplätze weist zehn Gehölzarten auf, insbesondere Esche (*Fraxinus excelsior*), Erle (*Alnus glutinosa*), Hainbuche (*Carpinus betula*) und Gehölze mit Pioniercharakter, wie Hasel (*Corylus avellana*), Weide (*Salix* sp.), Pappel (*Populus* sp.) und Birke (*Betula pendula*). Das Waldbild hat sich von einem stark genutzten Niederwald oder Mittelwald im Mittelalter zu einem Hochwald gewandelt. Dieser heute von der Buche geprägte Bestand zeigt jedoch gegenüber dem Mittelalter deutlich trockenere Verhältnisse an, die Folgen der Meliorationsmaßnahmen seit Beginn des 19. Jahrhundert sind. Mit Hilfe der Holzkohleanalyse von Köhlereirelikten ist es möglich, kleinräumig Vegetations- und Standortsveränderungen nachzuzeichnen.

Abstract

Historic charcoal kiln sites within the Nature reserve Eldena were investigated anthracologically. The charcoal spectra of the presumably late mediaval sites show species growing on wet sites, such as ash (*Fraxinus excelsior*) and alder (*Alnus glutinosa*). Pioneer species like birch (*Betula pendula*), hazel (*Corylus avellana*), poplar (*Populus* sp.) and willow (*Salix* sp.) were much more abundant than today. *Carpinus betula* grew in the vicinity of the kiln sites. Today, beech (*Fagus sylvatica*) together with a considerable proportion of ash characterises the woodland. With the help of anthracology, we are able to reconstruct the history of Eldena forest: during the late Middle Age, a coppiced woodland was used for fuelwood and charcoal production. Beech was growing only on less wet sites. Intensified draining in the 19th century and forestry politics resulted in a beech-dominated timber forest.

1 Einleitung

Das zum Universitätsforst gehörende Naturschutzgebiet (NSG) Eldena steht in langer Tradition wissenschaftlicher Untersuchungen. BOCHNIG führte 1957 erstmals umfangreiche Untersuchungen zur Vegetation und zu den Böden dieses Waldgebietes durch. Durch seine Arbeit wurde der Wert des Gebietes für den Naturschutz wissenschaftlich begründet. Das Waldgebiet Eldena wurde daraufhin 1961 unter Naturschutz gestellt. Es hat nicht nur naturschützerischen Wert, sondern ist bis heute ein wichtiges Objekt für Forschung und universitäre Ausbildung. So wurden und werden neben bodenkundlichen Arbeiten (HELBIG 1999, KWASNIOWSKI 2000), vegetationskundlichen und paläobotanischen Untersuchungen (SPANGENBERG 2001, DE KLERK et al. 2001) auch zahlreiche studentische Praktika des Geographischen und Botanischen Institutes der Universität Greifswald durchgeführt.

Bei solchen bodenkundlichen Praktika wurden durch Zufall ehemalige Meilerplätze gefunden. Im Zusammenhang mit Kartierungsarbeiten im NSG Eldena konnten zahlreiche weitere historische Produktionsstätten von Holzkohle ausfindig gemacht werden. Das häufige Auftreten solcher Plätze gab den Anstoß zur anthrakologischen (holzkohleanalytischen) Untersuchung der Objekte. Denn die Kohlplätze können über die in ihnen enthaltenen Holzkohlereste als "botanische Archive" Einblicke in die Geschichte des Waldes und dessen Nutzung geben. Dabei werden folgende Fragen bearbeitet:

- *Datenerhebung:*
- Welche Holzarten wurden genutzt?
- Welche Holzstärken wurden genutzt?

- *Interpretation der Daten:*
- Wurden ursprüngliche oder bereits vom Menschen veränderte Wälder genutzt?
- Lassen sich Rückschlüsse auf die Waldzusammensetzung ziehen?
- Kann von den genutzten Holzstärken auf den Zustand des Waldes bzw. die Bewirtschaftungsform geschlossen werden?
- Im Vergleich zu heute: Haben sich durch anthropogenen Eingriff Standortsbedingungen geändert?

Möglicherweise war MÜLLER (1939/40) der erste, der Holzkohlen aus historischen Meilerplätzen untersuchte, um das ehemalige Waldbild zu rekonstruieren. KRAUSE (1972) für den Hunsrück und HILLEBRECHT (1982) für den Harz und Solling mit einer erstmalig umfangreicheren Köhlereireliktstudie folgten.

Der Südschwarzwald ist ein inzwischen sehr gut bearbeitetes Gebiet mit einer hohen Dichte an bekannten sowie an bearbeiteten Meilerplätzen (LUDEMANN 1994, 1996, LUDEMANN & BRITSCH 1997, NELLE 1998, LUDEMANN & NELLE im Druck). Untersuchungen in den Vogesen haben gerade begonnen. Im Gebiet des Bayerischen Waldes konnten inzwischen ebenfalls zahlreiche Plätze gefunden werden (NELLE 2001, NELLE in Vorb.). Weitere Regionen, aus denen Kohlplatzuntersuchungen vorliegen, sind: Hintertaunus (KRAUSE 1976), Steigerwald (KAUDER 1992), Nordrhein-Westfalen (KRAUSE 1997).

FABRE (1996) konnte in der Region Languedoc (Frankreich) zeigen, dass Holzkohle aus historischen Kohlplätzen die Vegetation der Umgebung repräsentiert. Aus den französischen Pyrenäen liegen einige anthrakologische Untersuchungen von Kohlplätzen vor, die zum Verständnis der historischen Bergwaldzusammensetzung, zum ehemaligen Verlauf der Waldgrenze und zur Nutzung der Wälder einen wichtigen Beitrag lieferten (BONHOTE & VERNET 1988, IZARD 1992, DAVASSE 2000).

Aus dem Flachland und dem norddeutschen Küstenraum sind uns bisher keine derartigen Untersuchungen bekannt. Die vorliegende Bearbeitung von fünf Kohlplätzen im NSG Eldena möchte dazu beitragen, diese Lücke zu schließen.

2 Regionale Einordnung des Untersuchungsgebietes

Das NSG Eldena befindet sich in der welligen bis ebenen Grundmoränenplatte im Nordosten Mecklenburg-Vorpommerns. Das schwach reliefierte Gebiet setzt sich aus Geschiebemergelflächen, die zahlreiche kleine Senken aufweisen, und Niederungsbereichen zusammen. In den Niederungen haben sich zumeist auf glazifluvialen Sanden Mudden und Torfe gebildet.

Solche Strukturen finden sich auch im NSG Eldena. In den Senken sind je nach Wasserführung Niedermoortorfe oder Anmoor entstanden. Die jahreszeitlichen Schwankungen des Grundwasserspiegels werden durch ein stark verzweigtes Grabensystem dahingehend beeinflusst, dass der sommerliche Grundwassertiefstand früher erreicht wird und sich stärker auf die Vegetation auswirkt, wovon in erster Linie die Senken und Niederungen betroffen sind.

Typisch für die Böden der Grundmoränenplatten Vorpommerns ist die starke Stauwasserbeeinflussung (BLUME et al. 1996). Vorherrschende Bodentypen sind Pseudogleye, Parabraunerden, Fahlerden und Braunerden, aber es kommen auch Gleye und Podsole vor (GLA 1993). Im NSG Eldena treten diese Bodentypen ebenfalls auf. Der dominierende Bodentyp auf den terrestrischen Standorten ist die Lessivé-Pseudogley-Braunerde. Auf den grundwasserbeeinflussten Standorten sind Gley-Pseudogleye bzw. Amphigleye häufig anzutreffen. Dieser hydromorphe Bodentyp ist durch die Überschneidung der Einflussbereiche von Grund- und Stauwasser geprägt (KWASNIOWSKI 2001). Die forstliche Standortskartierung weist im Untersuchungsgebiet gut basen- und wasserversorgte Standorte aus (DIECKMANN et al. 1987).

Das NSG Eldena liegt im Bereich der Baltischen Buchenmischwälder. Als potenzielle natürliche Vegetation im nordostdeutschen Raum wird der Flattergras- und Perlgras-Buchenmischwald und Sternmieren-Eichen-Hainbuchenwald angegeben. Auf den grundnassen Standorten treten Eschen und Erlen hinzu (LIEDTKE & MARCINEK 1994). Im NSG Eldena dominiert der Eschen-Buchenwald. In feuchteren Bereichen tritt die Esche stärker in Erscheinung. In nassen Schlenken stockt ein Erlenbruchwald (SPANGENBERG 2001).

3 Abriss der Nutzungsgeschichte

Erste Siedlungsspuren im Greifswalder Raum können nordwestlich der Stadt anhand von mesolithischen Flintartefakten nachgewiesen werden (KAISER & JANKE 1998). Mit einer stärkeren anthropogenen Einflussnahme auf die Landschaft ist jedoch erst in der römischen Kaiserzeit zu rechnen. In der näheren Umgebung sind einige Siedlungen und auch Bodenverlagerungen dokumentiert worden (LEUBE 1997, KAISER & JANKE 1998). Im Waldgebiet konnte in der römischen Kaiserzeit eine anthropogene Beeinflussung festgestellt werden. HELBIG (1999), HELBIG et al. (im Druck) und DE KLERK et al. (2001) haben in den nicht grundwasserbeeinflussten Bereichen kaiserzeitliche Kolluvien, die auf eine Offenlandphase (Beackerung) schließen lassen, nachgewiesen.

Über eine Nutzung des Waldgebietes während der Slawenzeit liegen keine genauen Kenntnisse vor. Slawische Ortsnamen der Umgebung deuten aber auf Siedlungstätigkeiten hin.

Erst mit der Gründung des Klosters Eldena 1199 im Zuge der deutschen Ostkolonisation begann eine Phase intensiver Landschaftsveränderungen, die verbunden waren mit umfangreicheren Rodungen, wobei in den ersten vier Jahrzehnten des Klosters kein intensiver Landesausbau betrieben worden ist. Die Siedlungstätigkeit deutscher Einwanderer gewinnt erst danach an Bedeutung (WERNICKE 2000). Das Waldgebiet gehörte zu den Ländereien des Klosters und wurde zur Brenn- und Bauholzgewinnung und als Weide genutzt. Im Jahre 1634 schenkte der pommersche Landesfürst das Gut Eldena der Universität Greifswald als Ausgleich für im Zuge des Dreißigjährigen Krieges nicht erbrachte Zahlungen (POWILS 1994).

Mit Beginn der geregelten preußischen Forstwirtschaft im 18. Jahrhundert wurde die Waldweide abgeschafft und der Wald in Hochwald überführt (BOCHNIG 1959). In dieser Zeit wurde das stark verzweigte Grabensystem angelegt (KWASNIOWSKI 2000). Bis heute wird das NSG Eldena forstlich genutzt, diese Nutzung ist jedoch seit der Deklarierung als Naturschutzgebiet eingeschränkt.

Die Nutzungsgeschichte und die guten Standortsbedingungen führten dazu, dass dieses einzigartige Waldstück nicht Rodungen und der Aufforstung mit Nadelbäumen zum Opfer fiel.

4 Material und Methoden
4.1 Probenahme
Von den 28 bisher im NSG Eldena gefundenen Kohlplätzen wurden fünf (1, 5, 7, 15, 19, s. Abb. 4) zur Untersuchung des Holzarten- und Holzstärkeninventars ausgewählt. Die Auswahlkriterien für die Standorte waren gute Holzkohlehöffigkeit, geringer Störungsgrad beispielsweise durch Fahrspuren und Verteilung der Untersuchungsobjekte an verschiedenen Standorten.

Pro Meilerplatz wurden 100 Holzkohlestücke aus der holzkohleführenden Bodenschicht gesammelt. Die Zahl kann nach statistischen Untersuchungen als repräsentativ für das vorhandene Holzartenspektrum angesehen werden (HILLEBRECHT 1982, LUDEMANN & NELLE im Druck).

Zur Beprobung wurden fünf kleine Gruben (ca. 30 x 30 cm) über die Kohlplatzfläche so angeordnet, wie die fünf Augen auf einem Würfel. Pro Grube wurden 20 Holzkohlestücke entnommen. Dabei wurde darauf geachtet, dass von Bruchstücken, die offensichtlich zu einem Stück gehörten, nur ein Teil in die Probemenge einging.

Um mögliche Unterschiede zwischen einer älteren und einer jüngeren Holzkohlelage feststellen zu können, wurde die holzkohleführende Schicht im unteren und oberen Teil getrennt beprobt und jeweils 10 Holzkohlen entnommen.

4.2 Aktuelle Baumartenkombination an den Kohlplätzen
Für einen Vergleich des Holzkohlespektrums mit der aktuellen Vegetation wurde in der Umgebung der Kohlplätze die aktuelle Baumartenkombination erfasst. Aufgrund der Lage der Plätze im Gelände und aus Kenntnis der Vorgehensweise von Köhlern kann angenommen werden, dass man das Kohlholz aus der unmittelbaren Umgebung des Meilerplatzes entnahm. Somit wurden auf einer Kreisfläche mit 50 m Radius um die Plätze die Anteile der Baumarten geschätzt.

4.3 Bestimmung von Holzart und G/N-Wert
Die Bestimmung der Holzart erfolgte mit Binokular und Auflichtmikroskop bei 10 bis 500facher Vergrößerung. Die bestimmungsrelevanten holzanatomischen Merkmale - Gefäßgröße und -verteilung, Harzkanäle, Markstrahlhöhe und -breite, Form der Zellen, Schraubenverdickungen der Gefäßwände etc. - lassen sich an Quer-, Radial- und Tangential-Bruchflächen erkennen. Zur Bestimmung der Gehölzart bzw. -gattung wurde die "Mikroskopische Holzanatomie" von SCHWEINGRUBER (1982) und eine Vergleichssammlung verwendet.

Nach der Analyse wird das Gewicht der Holzkohle differenziert nach Holzart bestimmt. Aus Gewicht dividiert durch Anzahl der Kohlen lässt sich der sog. „G/N-Wert" ermitteln, der das mittlere Stückgewicht angibt und eine Aussage zur Größe der Rückstände trifft.

4.4 Bestimmung der Holzstärke

Der Mindestdurchmesser des genutzten Holzes wird durch Einpassen der Stücke in eine Kreisschablone (Abb. 1) bestimmt, indem die erkennbare Jahrringkrümmung und die Winkel der Markstrahlen berücksichtigt werden. Stücke, die zu klein für eine Zuordnung sind, werden dabei nicht erfasst. Es wurden fünf Durchmesserklassen festgelegt, denen die Holzkohlen zugeordnet werden (LUDEMANN 1996, LUDEMANN & NELLE im Druck; Tab. 1):

Tabelle 1: Durchmesserklassen

Klasse	Durchmesser [cm]	Klassenmittelwert [cm]
I	bis 2	1,0
II	> 2 bis 3	2,5
III	> 3 bis 5	4,0
IV	> 5 bis 10	7,5
V	> 10	15,0

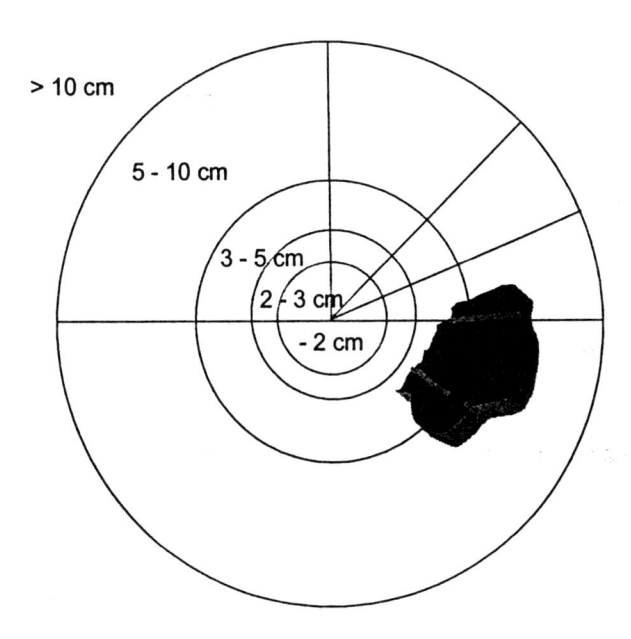

Abb. 1: Durchmesserschablone mit einzupassendem Holzkohlestück

Aus der Verteilung der Holzkohlestücke auf die Durchmesserklassen lässt sich ein mittlerer Durchmesserwert (mD, in cm) für die verwendete Holzstärke errechnen:

$$mD = [n_I * 1 + n_{II} * 2,5 + n_{III} * 4 + n_{IV} * 7,5 + n_V * 15] / n_{I-V}$$

(n = Anzahl der analysierten Holzkohlestücke der jeweiligen Durchmesserklasse, z.B. n_I = Anzahl in Durchmesserklasse I; * = Multiplikationszeichen)

Der mittlere Durchmesser kann 1 bis 15 cm betragen. Die errechneten Werte geben nicht die tatsächlich genutzte Holzstärke an, da einerseits das Holz beim Verkohlen um rund 20 % schrumpft, andererseits die meisten Stücke keine Waldkante (letzter Jahrring vor Baumfällung) haben, und es somit unklar ist, ob sie aus dem inneren oder äußeren Bereich eines Stammes kommen. Außerdem kann der Durchmesser über 10 cm wegen der geringen Krümmung der Jahrringe bzw. Markstrahlen nicht weiter differenziert werden. Mit den Werten lassen sich aber verschiedene Proben untereinander und mit Rezentproben (s.u.) vergleichen und ungefähre Aussagen zur genutzten Holzstärke machen. Dies ist für die Interpretation interessant: Wurde Starkholz verwendet, waren große Bäume vorhanden, findet sich mehrheitlich Schwachholz, kann dies auf eine Walddegradation, Niederwaldbewirtschaftung oder eine Holzstärkenselektion hindeuten. Zur Interpretation der mittleren Durchmesserwerte von historischen Proben dienen Werte von rezenten Holzkohleproben, bei denen die verwendeten Holzstärken bekannt sind (Tab. 2):

Tabelle 2: Beziehung zwischen dem mittleren Durchmesser von Holzkohleproben und den verwendeten Holzstärken

Holzkohle aus:	Verwendete Holzstärken:	MD [in cm]
• Feuerstelle (Schwarzwald)	• überwiegend Schwachholz	4,3
• Niederwald-Wirtschaft (Eifel)	• Eichen max. 30jährig	8,3
• rezenter Kohlenmeiler (Waldmünchen/Oberpfalz)	• Buchen mit max. 30 cm Stammdurchmesser	10,6

Von Holzkohleproben aus historischen Kohlplätzen wurden bisher mittlere Durchmesser von 4 cm (Schwachholznutzung) bis 13 cm (Starkholznutzung) ermittelt (LUDEMANN & NELLE im Druck).

5 Ergebnisse
5.1 Charakteristik und Lage der historischen Meilerplätze
Die Kohlplätze des NSG Eldena heben sich morphologisch nicht von ihrer Umgebung ab. Sie sind jedoch durch eine schwarze bis grauschwarze Verfärbung des Oberbodens und durch das Vorhandensein von zahlreichen Holzkohlestücken zu erkennen. Die Kohlplätze sind in der Regel kreisrund und besitzen einen Durchmesser von 7 bis 15 m. Die Mächtigkeit der holzkohleführenden Schicht liegt etwa zwischen 30 und 40 cm, wobei eine makroskopische Differenzierung dieser Schicht nicht festgestellt werden konnte (Abb. 2).

Nach dem Geländebefund handelt es sich um Plätze, auf denen stehende Rundmeiler errichtet wurden (Abb. 3). Das Holz wird auf einem dafür präparierten ebenen Platz um einen Feuerungsschacht geschichtet, mit einer Rauhdecke aus kleinen Ästen oder auch Grassoden abgedeckt und mit der "Lösche", einer Mischung aus Erde, Asche und Holzkohleresten des letzten Meilers, abgedichtet. Das Holz verkohlt unter kontrollierter Luftzufuhr über einen Zeitraum von 10-20 Tagen. Detaillierte Beschreibungen zur Technik finden sich z.B. in ORTMEIER (1990) oder MEYER (1997).

Die Meilerstellen konzentrieren sich in Bereichen, die von voll- und halbhydromorphen bzw. stark bis schwach hydromorphen Böden, wie z.B. Gleye, Braunerde-Gley, Amphigley-Braunerde und Lessivé-Pseudogley-Braunerde, dominiert werden. Die Plätze liegen fast alle randlich oder in unmittelbarer Umgebung von nassen oder vermoorten Senken. Der Untergrund der Kohlplätze selbst ist jedoch trocken. Wasser war insbesondere zum Ablöschen noch glühender Kohlen beim Ausziehen des fertigen Meilers nötig. Auch die meisten Kohlplätze in den Mittelgebirgen liegen in Quell- oder Bachnähe.

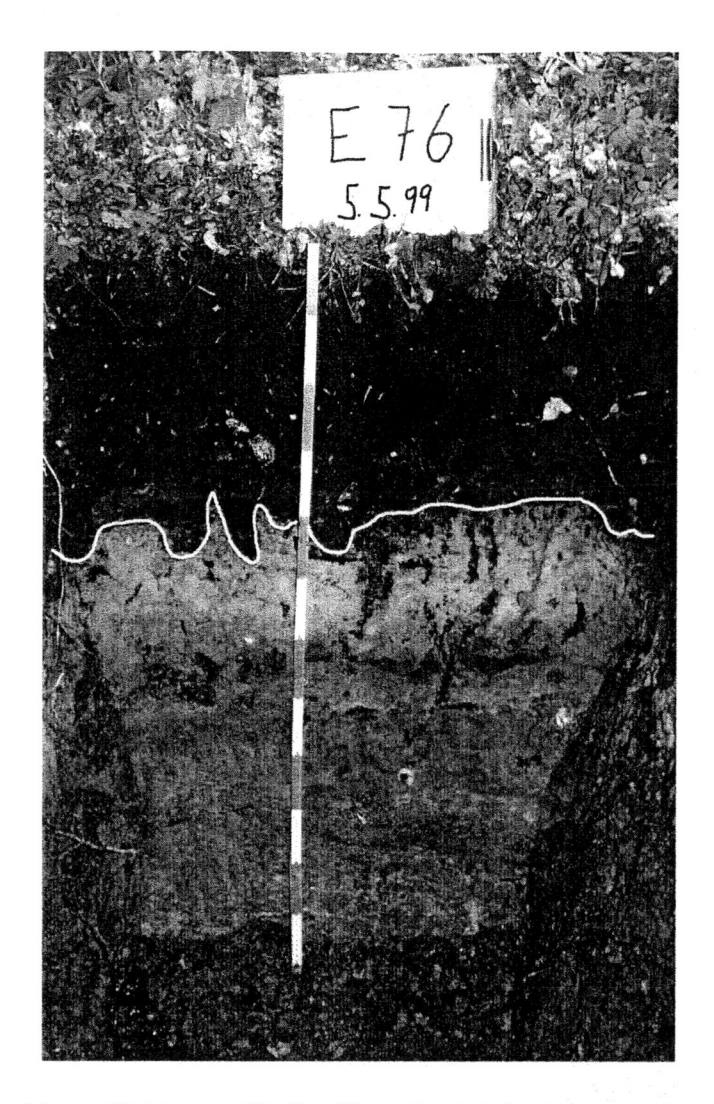

Abb. 2: Bodenprofil von Kohlplatz 25. Profilbeschreibung: 0-40 cm Ah-yM, schwach schluffiger bis schwach lehmiger Sand, schwarze, holzkohleführende Schicht, 40-60 cm Al?-Sw, mit Eisenanreicherung an Untergrenze, schwach schluffiger Sand, 60-90 cm Bt?-Sd, stark lehmiger Sand, 90-120 cm Go, stark lehmiger Sand, Bodentyp: Gley-(Lessivé)-Pseudogley.

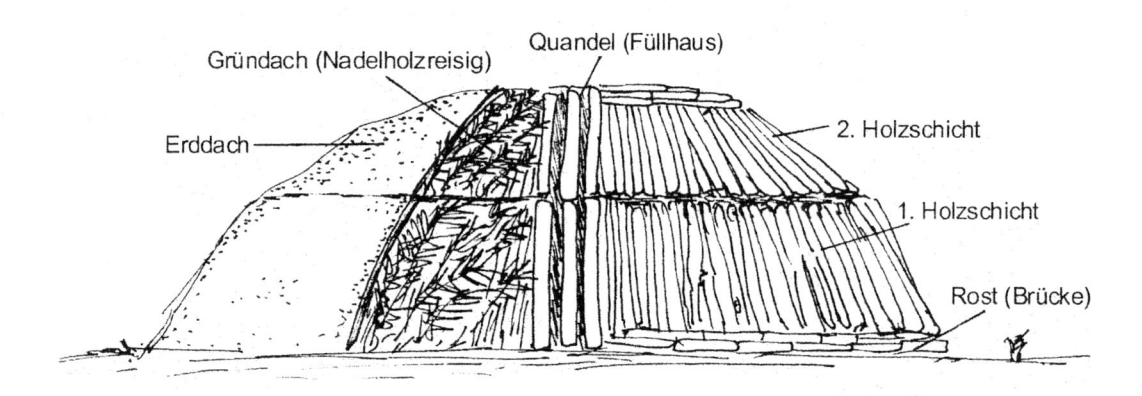

Abb. 3: Stehender Rundmeiler. Das Holz wird in zwei Etagen aufgeschichtet, mit Reisig und „Lösche" abgedeckt und über den „Quandel" entzündet (Zeichnung O. Nelle).

Die Meilerplätze 1, 5 und 19 befinden sich in „Gleyarealen" am Rande vertorfter Niederungen, die als Vegetationsgesellschaft Walzenseggen- und Wasserfeder-Erlenwald tragen. In der Umgebung dominiert die Vegetationsform Eschen-Buchenwald. Die Kohlplätze 7 und 15 befinden sich im Bereich der Gley-Braunerde bzw. des Gley-Kolluvisol. Sie repräsentieren die trockeneren Standorte mit Eschen-Buchenwald.

5.2 ^{14}C-Datierung von Kohlplatz 7

Eine Probe Buchen-Holzkohle von Platz 7 wurde radiocarbondatiert auf 500 ± 50 a BP (= cal AD 1405-1440, Hv-24262). Daraus folgt ein spätmittelalterliches Alter des Kohlplatzes 7.

5.3 Aktuelle Baumartenkombination

Im gesamten Gebiet erreicht heute die Buche (*Fagus sylvatica*) den höchsten Anteil, neben Esche (*Fraxinus excelsior*), Schwarz-Erle (*Alnus glutinosa*), Berg- und Spitz-Ahorn (*Acer pseudoplatanus, Acer platanoides*), Hainbuche (*Carpinus betulus*), Berg- und Feld-Ulme (*Ulmus glabra, Ulmus campestre*), Kirsche (*Prunus avium*), Eiche (*Quercus robur*), Birke (*Betula pendula*) und einigen forstlich eingebrachten Baumarten wie Fichte (*Picea abies*) und anderen.

Die aktuelle Baumartenkombination in der Umgebung der Kohlplätze (Tab. 3; Abb. 4, jeweils rechtes Säulendiagramm) wird wie im Gesamtgebiet an drei Plätzen (1, 7, 15) von der Buche bestimmt. An den Plätzen 19 und 5 prägen Erle und Esche den Bestand. Hier erreicht die Buche geringere Anteile.

5.4 Genutzte Holzarten

Von den fünf bisher untersuchten Meilerstellen wurden insgesamt 479 Holzkohlestücke mit einem Gewicht von 178 g analysiert (Tab. 3). Für das Gesamtmaterial wurde ein mittleres Stückgewicht (= G/N-Wert) von 0,4 g errechnet. Es konnten zehn Gehölzarten bzw. Gehölzgattungen nachgewiesen werden. Holzanatomisch kann z.T. nur die Gattung bestimmt werden. In den entsprechenden Gattungen kann aber unter Berücksichtigung von Verbreitung und Standortsansprüchen der Arten die Wahrscheinlichkeit ihres Auftretens im Gebiet eingegrenzt werden.

Abbildung 4 zeigt die Lage der Plätze im Gelände mit ihren Holzkohlespektren (jeweils linkes Säulendiagramm) und der aktuellen Baumartenkombination (rechtes Säulendiagramm). Häufig genutzt wurden Erle (*Alnus glutinosa*) mit einem Gesamtanteil von 22 %, gefolgt von Hainbuche (*Carpinus betula*) mit 21 %, Esche (*Fraxinus excelsior*) mit 17 % und Hasel (*Corylus avellana*) mit 11 %. Die Buche liegt mit 12 % Gesamtanteil deutlich unter ihrem heutigen Vorkommen. Ferner konnten Ahorn (*Acer pseudoplatanus* bzw. *Acer platanoides*, holzanatomisch nicht unterscheidbar), Pappel (*Populus* sp.), Birke (*Betula pendula*), Ulme (*Ulmus* sp.) und Weide (*Salix* sp.) nachgewiesen werden. Bei einzelnen Stücken war eine sichere holzanatomische Unterscheidung zwischen *Populus* und *Salix* nicht möglich; diese wurden der Kategorie "*Populus/Salix*" zugeordnet. In den Diagrammdarstellungen sind die Anteile von Pappel, Weide und "Populus/Salix" zusammengefasst, da die ökologischen Ansprüche der Gehölzgattungen so ähnlich sind, dass über ihre Einzelanteile keine weitergehenden Standortsanalysen möglich sind.

Die Ergebnisse der getrennt analysierten Schichten zeigen keine signifikanten Unterschiede. Allein bei den Plätzen 7 und 15 fällt auf, dass die unteren Schichten je 22 % Fagus enthalten, die oberen aber 32 % bzw. 33 % aufweisen (Tab. 3).

Tabelle 3: Ergebnis der Holzkohleanalyse und der Erfassung der aktuellen Baumartenkombination (BAK) von fünf Kohlplätzen im NSG Eldena. Proben aus oberer und unterer Holzkohleschicht wurden getrennt analysiert. N: Anzahl der analysierten Holzkohlestücke; G: Gewicht der analysierten Holzkohlestücke [g]; G/N: mittleres Stückgewicht [g]; n (D): Anzahl der Holzkohlestücke, bei denen ein Mindestdurchmesser bestimmt werden konnte; mD: mittlerer Durchmesser [cm]; *: nicht genauer unterscheidbar.

Platz	Probe	N	G	G/N	n (D)	mD	%-Anteil Baumarten je Holzkohleprobe / je 100 m-Kreis												
							Alnus	Fraxinus	Carpinus	Acer	Ulmus	Corylus	Populus	Populus/Salix*	Salix	Betula	Fagus	Quercus	Picea	Prunus
19	oben	49	12,79	0,3	39	5,7	39	14	4	8	4	8	8	.	.	14	.			
	unten	48	11,48	0,3	40	5,9	46	10	2	8	2	17	4	.	2	8	.			
	gesamt	97	24,27	0,3	79	5,8	42	13	3	8	3	13	6	.	1	11	.			
	aktuelle BAK bei 19:						57	20	.	1	1	.	.	.	.	.	20	1	.	.
5	oben	49	24,5	0,5	38	4,3	18	14	47	.	.	16	2	.	.	.	2			
	unten	41	19,65	0,5	27	3,8	7	20	46	.	2	17	.	5	.	.	2			
	gesamt	90	44,15	0,5	65	4,1	13	17	47	.	1	17	1	2	.	.	2			
	aktuelle BAK bei 5:						30	40	.	6	3	.	.	.	.	.	12	3	6	.
1	oben	49	17,66	0,4	42	5,8	31	37	22	6	.	.	2	.	.	.	2			
	unten	46	12,72	0,3	29	5,7	37	35	20	.	.	.	.	.	.	4	4			
	gesamt	95	30,38	0,3	71	5,7	34	36	21	3	.	.	1	.	.	2	3			
	aktuelle BAK bei 1:						.	10	.	22	2	.	1	.	.	.	64	1	.	.
15	oben	49	16,16	0,3	41	7,0	12	18	12	6	.	12	.	4	2	.	33			
	unten	49	14,24	0,3	43	7,0	16	12	18	10	2	8	4	6	.	.	22			
	gesamt	98	30,4	0,3	84	7,0	14	15	16	8	1	10	2	5	1	.	28			
	aktuelle BAK bei 15:						7	10	.	15	.	1	.	.	.	1	55	2	8	1
7	oben	50	24,58	0,5	48	7,3	6	.	16	6	2	18	10	6	4	.	32			
	unten	49	23,85	0,5	43	5,9	4	8	18	6	.	16	18	6	.	.	22			
	gesamt	99	48,43	0,5	91	6,6	5	4	17	6	1	17	14	6	2	.	28			
	aktuelle BAK bei 7:						3	21	8	8	.	.	.	.	.	1	58	.	.	1
Summe/Mittel		479	177,63	0,4	390	5,9	22	17	21	5	1	11	5	3	1	3	12			
	aktuelle BAK, gemittelt:						19	20	2	10	1	<1	<1	.	.	<1	42	1	3	0

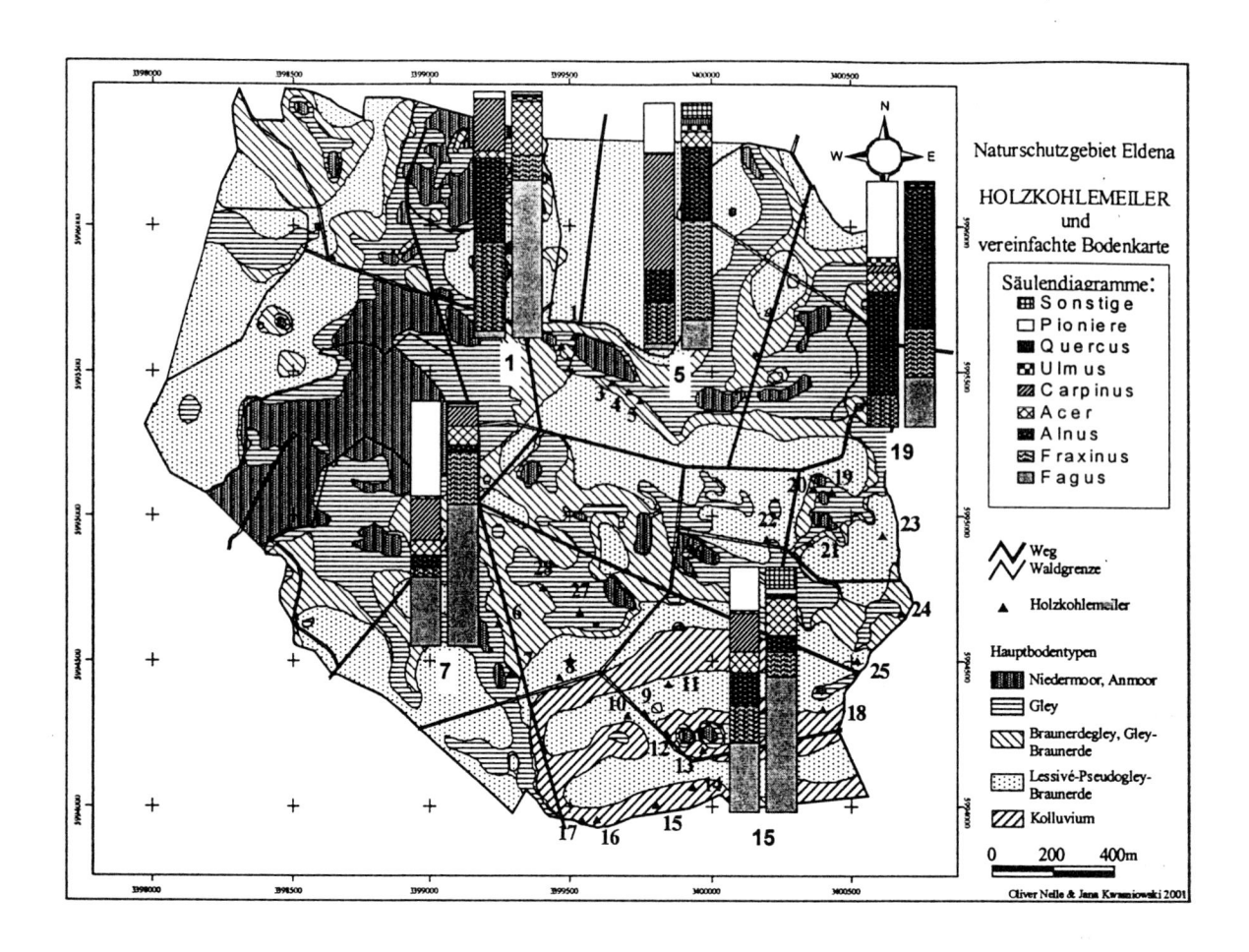

Abb. 4: Vereinfachte Bodenkarte des NSG Eldena, Lage der Kohlplätze. Ergebnisdarstellung je untersuchtem Kohlplatz (Säulendiagramm-Höhe = 100 %): linke Säule %-Anteile der Holzarten im Holzkohlespektrum, rechte Säule heutige %-Anteile der Baumarten in der Umgebung des Platzes. Pioniere: *Betula, Corylus, Populus, Salix*; Sonstige: *Picea, Prunus*.

5.5 Genutzte Holzstärken

Zur Ermittlung der genutzten Holzstärken konnten 390 der insgesamt 479 Holzkohlestücke einer der fünf Durchmesserklassen zugeordnet werden. Insgesamt verteilen sich die Holzkohlestücke ungefähr gleich auf die Durchmesserklassen. Der je Platz ermittelte mittlere Durchmesser erreicht Werte von 4,1 cm bis 7,0 cm (Abb. 5). In Abbildung 6 wurden die Holzkohlen nach Arten differenziert dargestellt (Datengrundlage: Gesamtmaterial der fünf Plätze). Hier lässt sich eine stärkere Streuung feststellen: Buchen-Holzkohle erreicht den höchsten Wert, während Hasel-Holzkohle den niedrigsten Wert mit 3,0 cm aufweist.

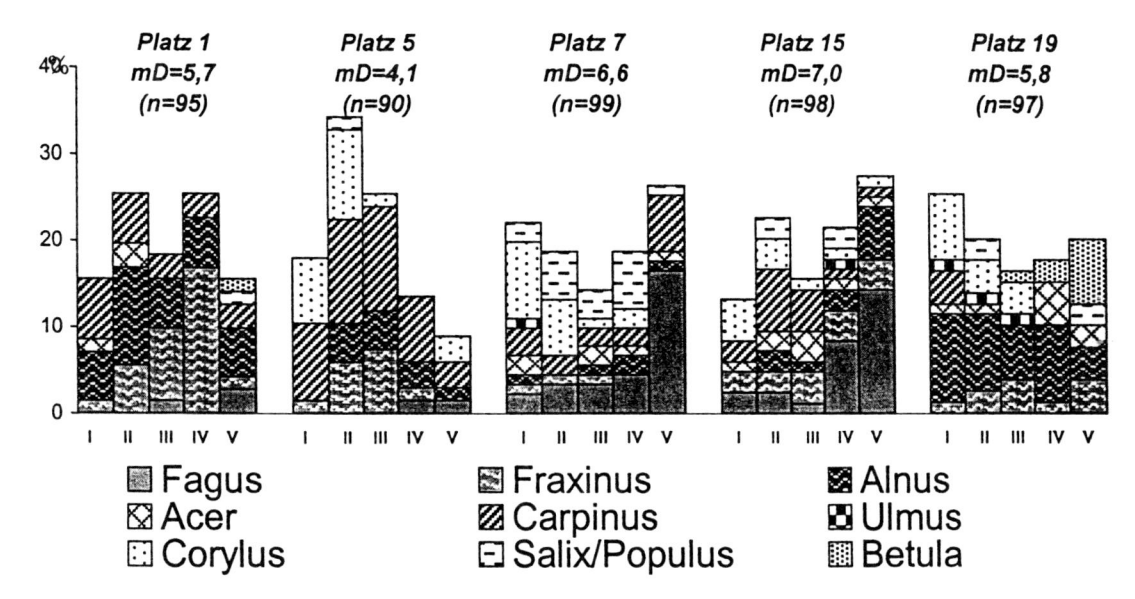

Abb. 5: Prozentuale Verteilung der Holzkohlestücke von fünf Kohlplätzen im NSG Eldena auf Holzarten und Durchmesserklassen. X-Achse = Durchmesserklassen, je Histogramm Säulen von links nach rechts: Anteil der Holzkohlestücke mit einem Durchmesser bis 2 cm, bis 3 cm, bis 5 cm, bis 10 cm, > 10 cm; mD = mittlerer Durchmesser in cm; n = Anzahl der Holzkohlestücke.

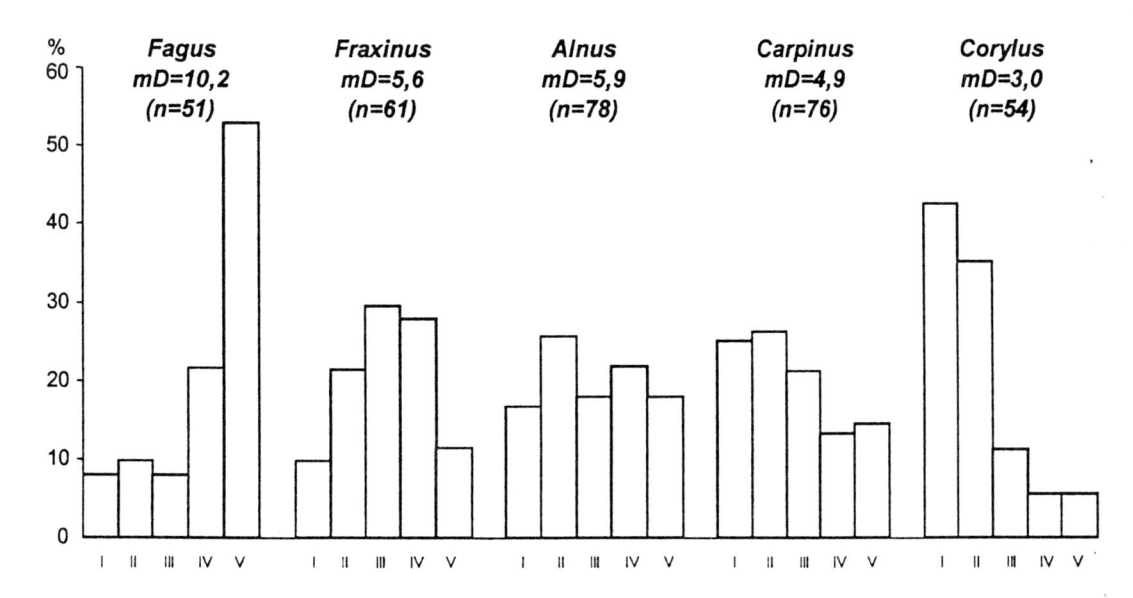

Abb. 6: Prozentuale Verteilung der Holzkohlestücke von 5 Kohlplätzen im NSG Eldena auf Durchmesserklassen, aufgeschlüsselt nach Holzarten. Datengrundlage: Gesamtmaterial.

6 Diskussion
6.1 Nutzungszeit der Meilerplätze

Nach CONRAD (1981 in WERNICKE 2000) fand ein wesentlicher Landesausbau oder die Gründung neuer Dörfer in den ersten vier Jahrzehnten des Klosterbestehens (1199-1240) nicht statt. Seit Mitte des 13. Jahrhunderts konnten in der sich schnell entwickelnden Stadt Greifswald intensive Bautätigkeiten festgestellt werden. Eine Zunahme der Bevölkerung im Mittelalter führte zu einem stärkeren Nutzungsdruck auf die Wälder, so dass sich oft Niederwälder herausbildeten (BRAMER et al. 1991). Als zeitliche Untergrenze für den Betrieb der Meilerplätze ist daher das 13. Jahrhundert anzunehmen. In der schwedischen Matrikelkarte (1692-1698) wird ein Wald mit weitständigen Eichen, Weiden, Erlen, Birken, Hasel und einigen Buchen beschrieben (RUBOW-KALÄHNE 1960). Dies entspricht - mit Ausnahme der Eiche - den in der Holzkohle nachgewiesenen Gehölzen. Die Bestandskarten der Universitätsforst von 1850 zeigen bereits hauptsächlich Buchenhochwald (BOCHNIG 1959). Wären die Köhler noch zu dieser Zeit aktiv gewesen, würde man mehr Buchen-Holzkohle erwarten. Daher wird als zeitliche Obergrenze für die Kohlplätze das 18. Jh. angesetzt.

Das ^{14}C-Datum des Platzes 7 von 500 ± 50 a BP = cal AD 1405-1440 fällt in diesen über die historischen Quellen eingegrenzten Zeitraum. Demnach handelt es sich hier um einen Platzmeiler aus dem Spätmittelalter. Es ist jedoch nicht möglich, über nur eine ^{14}C-Datierung gesicherte Aussagen über die Nutzungszeit der anderen Plätze zu treffen. Dazu sind weitere Datierungen nötig.

Die im Vergleich mit Holzkohleresten aus neuzeitlichen Platzmeilern kleinen mittleren Stückgewichte (G/N-Wert) sprechen möglicherweise ebenfalls für ein hohes Alter der Meilerplätze. So wurden Kohlplätze im Südwest-Schwarzwald mit vergleichbaren Werten (0,3-0,6 g) mittelalterlich datiert, während neuzeitlich datierte Plätze G/N-Werte von meist größer 1 g aufweisen (LUDEMANN & NELLE, im Druck).

6.2 Holzartenauswahl oder Repräsentanz des Gehölzbestandes?

Bei der Interpretation der Ergebnisse muss berücksichtigt werden, dass die Köhler möglicherweise bestimmte Baumarten bevorzugten und andere nicht nutzten. Das Holzkohlespektrum würde dann nicht repräsentativ für den Bestand sein, sondern diese Auswahlkriterien widerspiegeln. Generell wurden bestimmte Baumarten zur Holzkohleherstellung bevorzugt, insbesondere Buche. Wo die Buche aber nicht oder nicht mehr ausreichend vorhanden war, nutzte man die vorkommenden Gehölze. Dabei wurden vermutlich für andere Verwendungen wertvolle Hölzer geschont. So konnte die Esche im Schwarzwald bisher nur äußerst selten in der Holzkohle nachgewiesen werden, obwohl der Baum häufig bachbegleitend oder an quelligen Standorten vorkommt. Offenbar wurde *Fraxinus* als Schneitelbaum oder zur Werkzeugherstellung vor der Verkohlung geschont (NELLE 1998). Hartholz, wie Buche und Eiche, ergibt eine qualitativ bessere Holzkohle als Weichholz, wie Birke, Hasel und Nadelhölzer (HAMMEL 1982). Das Holzkohlespektrum zeigt jedoch, dass keine bestimmte Baumart, wie z.B. Buche, dominiert. Deshalb kann angenommen werden, dass das Artenspektrum der Kohlplätze die Vegetation am Standort widerspiegelt. Die prozentualen Anteile der Holzkohlespektren bzw. der aktuellen Baumarten sind jedoch nicht direkt vergleichbar, sie geben vielmehr Verhältnisse wieder und dürfen daher nicht überinterpretiert werden.

6.3 Nieder- bzw. Mittelwaldbewirtschaftung

Das Holzstärkenspektrum lässt auf eine überwiegende Nutzung von Schwachholz schließen. Es wurden Äste und kleine Stämme verkohlt. Dies zeigt der Vergleich der Durchmesserklassenhistogramme mit den Vergleichshistogrammen (Abb. 7). Die differenzierte Darstellung nach Holzarten zeigt, dass das verwendete Buchenholz von größerer Stärke war. Es entspricht ungefähr dem Holzsortiment, das 1999 bei dem Bau eines Meilers bei Waldmünchen (Oberpfalz) zum Einsatz kam (Nelle, in Vorb.). Dort verwendete man Buchenscheite und Buchenastholz von Bäumen, die einen Stammdurchmesser von max. 30 cm hatten (Abb. 7, linkes Histogramm).

Die Holzkohlen von Eschen, Erlen und Hainbuchen weisen geringe mittlere Durchmesser auf. Die Histogramme (Abb. 6) sind dem einer rezenten Feuerstelle (Abb. 7, drittes Histogramm) sehr ähnlich. An dieser Feuerstelle ist hauptsächlich Astholz verschiedener Stärke verbrannt und der Holzkohlerückstand analysiert worden.

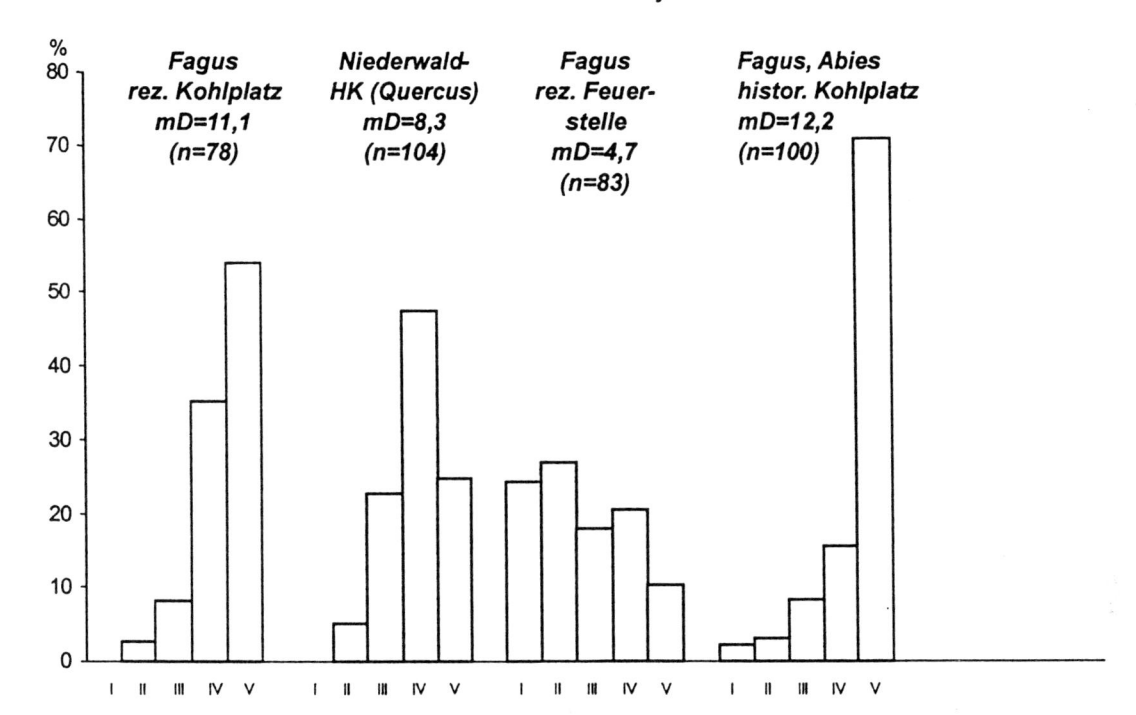

Abb. 7: Vergleichshistogramme: Prozentuale Verteilung der Holzkohlestücke von drei rezenten Vergleichsproben und einer historischen Kohlplatzprobe aus dem Schwarzwald (K 663, vgl. LUDEMANN & NELLE, im Druck)

Während Hasel und Hainbuche in den Holzkohlespektren hohe Anteile haben, spielen sie in der heutigen Bestockung kaum eine Rolle. Die Weide tritt in der aktuellen Vegetation gar nicht mehr auf. Birke und Pappel sind heute ebenfalls weniger stark vertreten. Der Buchenanteil steigt dagegen im Vergleich zur heutigen Vegetation fast um das vierfache. Weiterhin treten heute Arten in Erscheinung, wie z.B. Vogelkirsche, Fichte und Eiche, die in der Holzkohle nicht gefunden werden konnten.

Bei den die Holzkohlespektren prägenden Arten handelt es sich um überwiegend schnellwüchsige, stockausschlagfähige Gehölze, die durch Niederwaldbewirtschaftung unter Umständen noch gefördert wurden. Insbesondere Hainbuche erträgt es, auf den Stock gesetzt zu werden. Der Haselanteil deutet auf lichte Verhältnisse hin, da der Haselstrauch im geschlossenen Wald ausgeschattet wird.

Somit weisen genutztes Holzsortiment wie auch Artzusammensetzung auf einen mittelalterlichen, aufgelichteten Niederwald hin. Ob dort einige Bäume wie z.B. Eichen stehen gelassen wurden, um die Stämme als Bauholz zu verwenden, kann nicht entschieden werden. Eine solche Mittelwaldwirtschaft erscheint insbesondere auch bei Betrachtung der historischen Quellen (Schwedische Matrikelkarte, RUBOW-KALÄHNE 1960) möglich. Wären aber Eichen in der Umgebung der Kohlplätze zur Bauholzgewinnung geschlagen worden, würde man annehmen, dass zumindest wenige Abfalläste in die Meiler gerieten.

6.4 Standortsveränderungen

Am Standort des Kohlplatzes 1 ist der deutlich höhere Buchenanteil in der aktuellen Vegetation am auffälligsten. Er steigt von 3 % auf 64 % an. Die Erle mit vorher 34 % verschwindet völlig. Auch die Esche geht zurück. Die Unterschiede im Artenspektrum deuten an, dass dieser Standort heute trockener als früher ist, dass er somit von der Entwässerung stark betroffen ist.

Bei der Auswertung des Platzes 5 ist die Lage zu berücksichtigen. Ca. 40 % des 100 m-Kreises, in dem die aktuelle Baumartenkombination aufgenommen wurde, liegt in der vermoorten Senke. Daher kann der höhere Erlenanteil feuchtere Verhältnisse vortäuschen. Dennoch ist zu bemerken, dass an diesem Standort die Buche von damals 2 % auf heute 12 % ansteigt. Das Auftreten der Fichte ist forstlich bedingt, diese Art ist ursprünglich hier nicht heimisch.

An den trockensten Plätzen 7 und 15 zeigt das Holzkohlespektrum den höchsten Buchenanteil (je 28 %). Die Standortsbedingungen waren anscheinend im Mittelalter buchenfreundlicher. Heute liegt der Buchenanteil über 50 %.

Der Kohlplatz 19 hat damals wie heute den höchsten Erlenanteil. In der Holzkohle konnte die Buche nicht nachgewiesen werden, vermutlich war es ihr zu feucht. Der heutige Anteil von 20 % ist mit trockeneren Bedingungen am Standort erklärbar.

Zusammenfassend lässt sich aus der Holzkohlebestimmung schließen, dass sich das Waldbild von einem stark genutzten Niederwald oder Mittelwald zu einem Hochwald gewandelt hat. Dieser Hochwald zeigt jedoch gegenüber dem Mittelalter trockenere Verhältnisse an, die auf die Meliorationsmaßnahmen seit dem 19. Jh. zurückzuführen sind.

7 Ausblick

Das kleinräumige Standortsmosaik, das sich im Holzkohlespektrum der fünf Plätze widerspiegelt, müsste durch die Untersuchung der übrigen bekannten Plätze überprüft werden. Insbesondere ist zu klären, warum sich die Eiche trotz der Analyse von 479 Holzkohlen aus Kohlplätzen an sowohl feuchten wie trockenen Standorten dem Nachweis bisher entzogen hat. Man würde zumindest erwarten, dass Astholz im Zuge einer Bauholznutzung vor Ort anfiel und "versehentlich" mit verkohlt wurde. Möglicherweise kam die Eiche nicht (mehr) an den Kohlplätzen vor, als diese betrieben wurden.

Danksagung

Dr. Knut Kaiser (Geogr. Institut Greifswald) danken wir für das Ermöglichen der ^{14}C-Analyse, Esther Guggenbichler (Regensburg) für die Durchsicht des Manuskripts.

Literatur

BLUME, H.-P., P. FELIX-HENNINGSEN, W.R. FISCHER, H.-G. FREDE, R. HORN & K. STAHR (1996): Handbuch der Bodenkunde. Loseblatt Ausgabe, Landsberg/L.

BOCHNIG, E. (1957): Forstliche Vegetations- und Standortuntersuchungen in dem Universitätsforst Greifswald. Dissertation (unveröff.), Greifswald, 270 S.

BOCHNIG, E. (1959): Das Waldschutzgebiet Eldena (Universitätsforst Greifswald). - In: Archiv der Freunde der Naturgeschichte in Mecklenburg, 5, S. 75-138.

BONHOTE, J. & J. L. VERNET (1988): La mémoire des charbonnières. Essai de reconstitution des milieux forestiers dans une vallée marquée par la métallurgie (Aston, Haute-Ariège). - In: Revue Forestière-Française 40 (3), S. 197-212.

BRAMER. H., M. HENDL, J. MARCINEK, B. NITZ, K. RUCHOLZ & S. SLOBODDA (1991): Physische Geographie - Mecklenburg-Vorpommern, Brandenburg, Sachsen-Anhalt, Sachsen, Thüringen. Gotha, 627 S.

CONRAD, K. (1981): Herzögliche Stadtgründungen in Pommern. In: Pommern und Mecklenburg. Beiträge zur mittelalterlichen Stadtgeschichte, R. Schmidt (Hrsg.), Veröff. Hist. Komm. Pomm, Reihe V: Forschungen zur pommerschen Landesgeschichte, H. 19, Köln-Wien. S. 43-73.

DAVASSE, B. (2000): Forêts charbonniers et paysans dans les Pyrénées de l'est du moyen âge à nos jours. Une approche géographique de l'histoire de l'environment. GEODE (Géographie de l'environment), Toulouse, 287 S.

DIECKMANN, O., H. JUST, G. KLÖTZER, R. KRÖNERT, E. LEMKE, T. SCHRÖDER & H. SCHULZ (1987): Die Forstliche Standortserkundung im Bereich des Staatlichen Forstwirtschaftbetriebes Stralsund; Landesamt f. Forsten und Großschutzgebiete Mecklenburg-Vorpommern in Malchin.

FABRE, L. (1996): Le charbonnage historique de la chênaie à Quercus ilex L. (Languedoc, France): conséquences écologiques. Thèse de Biologie, Montpellier, Université des Sciences et Techniques du Languedoc, 164 S.

GEOLOGISCHES LANDESAMT MECKLENBURG-VORPOMMERN (Hrsg.) (1993): Geologische Karte von Mecklenburg-Vorpommern. Übersichtskarte 1: 500 000 Böden. Schwerin.

HAMMEL, H. (1982): Köhlerei: Beruf, Experiment oder Hobby. Unser Wald 34: 84-86.

HELBIG, H. (1999): Die spätglaziale und holozäne Überprägung der Grundmoränenplatten in Vorpommern. - In: Greifswalder Geographische Arbeiten, 17., 110 S. + Anhang.

HELBIG, H., P. de Klerk, P. Kühn, J. Kwasniowski, im Druck): Colluvial sequences on till plains in Vorpommern (NE-Germany). Zeitschr. F. Geomorphologie (Suppl.)

HILLEBRECHT, M. L. (1982): Die Relikte der Holzkohlewirtschaft als Indikatoren für Waldnutzung und Waldentwicklung. Untersuchungen an Beispielen aus Südniedersachsen. Göttinger Geographische Abhandlungen 79, Verl. Erich Goltze, Göttingen, 157 S.

IZARD, V. (1992): La typologie des charbonnières: Méthode d'inventaire pour l'étude diachronique du charbonnage. In: Protoindustries et histoire des forêts. GDR-ISARD-CNRS (Les Cahiers de l'ISARD), S. 223-235.

KAISER, K. & W. JANKE (1998): Bodenkundlich-geomorphologische und paläobotanische Untersuchungen im Ryckbecken bei Greifswald. - In: Bodendenkmalpflege in Mecklenburg-Vorpommern, Jahrbuch 1997, 45, Lübstorf, S. 69-102.

KAUDER, B. (1992): Relikte der Waldköhlerei im Winkelhofer Forst bei Ebrach (Steigerwald). - In: Heimat Bamberger Land, Jg. 4 (1), S. 23-28.

DE KLERK, P., H. HELBIG, S. HELMS, W. JANKE, K. KRÜGEL, P. KÜHN, D. MICHAELIS & S. STOLZE (2001): The Reinberg researches: palaeoecological and geomorphological studies of a kettle hole in Vorpommern (NE Germany), with spezial emphasis on a local vegetation during the Weichselian Pleniglacial/Lateglacial transition. -In: Greifswalder Geographische Arbeiten 23, S. 43-131.

DE KLERK, P., B. MICHAELIS & A. SPANGENBERG (2001): Auszüge aus der weichselspätglazialen und holozänen Vegetationsgeschichte des Naturschutzgebietes Eldena (Vorpommern). - In: Greifswalder Geographische Arbeiten 23, S. 187-208.

KRAUSE, A. (1972): Bestimmung von Meilerholzkohle aus dem Hunsrück und ihre vegetationskundliche Aussage. - In: Decheniana 125, S. 249-253.

KRAUSE, A. (1976): Artenbestimmung an Holzkohlen aus dem Stahlnhainer Grund (Hintertaunus). Natur und Museum 106, S.45-47.

KRAUSE, A. (1997): Der Meilerplatz als indirektes Forstarchiv. Holzkohlenuntersuchungen aus Naturwaldzellen Nordrhein-Westfalens. - In: Forst u. Holz 52, S. 683-684.

KWASNIOWSKI, J. (2000): Boden- und Reliefanalyse zur Abschätzung anthropogener Landschaftsveränderungen im Naturschutzgebiet Eldena (Vorpommern). Diplomarbeit (unveröff.), Greifswald, 94 S.

KWASNIOWSKI, J. (2001): Die Böden im Naturschutzgebiet Eldena (Vorpommern). Greifswalder Geographische Arbeiten 23, S.125-185.

LEUBE, A. (1997): Die frühkaiserzeitliche Siedlung von Greifswald-Ostseeviertel. - In: Greifswalder Mitteilungen. Beiträge zur Ur- und Frühgeschichte und Mittelalterarchäologie, 2, S. 171-242.

LIEDTKE, H. & J. MARCINEK (1994): Physische Geographie Deutschlands. Gotha, 559 S.

LUDEMANN, TH. (1994): Vegetations- und Landschaftswandel im Schwarzwald unter anthropogenem Einfluss. - In: Ber. d. Reinh.-Tüxen-Ges. 6, S. 7-39.

LUDEMANN, TH. (1996): Die Wälder im Sulzbachtal (Südwest-Schwarzwald) und ihre Nutzung durch Bergbau und Köhlerei. - In: Mitt. Ver. Forstl. Standortskunde u. Forstpflanzenzüchtung 38, S. 87-118.

LUDEMANN, TH. & T. BRITSCH (1997): Wald und Köhlerei im nördlichen Feldberggebiet/ Südschwarzwald. Mitt. bad. Landesver. Naturkunde u. Naturschutz 16, S. 487-526.

LUDEMANN, TH. & O. NELLE (im Druck): Die Wälder am Schauinsland (Südwest-Schwarzwald) und ihre Nutzung durch Bergbau und Köhlerei. - In: Freiburger Forstliche Forschung 2001.

MEYER, O. (1997): Köhlerei im Fichtelgebirge, Frankenwald und Bayerischen Wald. Verlag Erich Goltze, Göttingen, 168 S.

MÜLLER, K. (1939/40): Das Waldbild am Feldberg jetzt und einst. Dargestellt auf Grund neuer Untersuchungen. - In: Mitt. Bad. Landesver. Naturk. u. Naturschutz. N.F. Bd. 4, Heft 3 u. 4, S. 143-156.

NELLE, O. (1998): Waldstandorte und Köhlerei am Schauinsland (Südschwarzwald). Diplomarbeit Univ. Freiburg, Fakultät für Biologie (unveröff.), 96 S.

NELLE, O. (2001): Der Wald vor 200 Jahren - Naturwissenschaftliche Untersuchungen von Köhlereirelikten bei Ringelai (Lkr. Freyung-Grafenau). - In: Ostbairische Grenzmarken 43S. 69-75.

NELLE, O. (in Vorb.): Vegetationsgeschichtliche Untersuchungen zum Landschaftswandel am Bogenberg, Schloßberg und im Vorderen Bayerischen Wald. Diss. Inst. f. Botanik, Univ. Regensburg.

ORTMEIER, M. (1990): Kohlenbrennen. Schriften d. Freilichtmuseums Finsterau, Morsak Verlag, Grafenau, 2. Aufl., 12 S.

POWILS, K. (1994): Die historische Entwicklung des Universitätsforstamtes Eldena/Vorpommern. Diplomarbeit (unveröff.), Fachhochschule Güstrow, Fachbereich Forstwirtschaft.

RUBOW-KALÄHNE, M. (1960): Matrikelkarten von Vorpommern 1692-1698 nach der schwedischen Landesaufnahme. Eine kurze Erläuterung zu den Kartenblättern Neuenkirchen, Greifswald, Wusterhusen, Hanshagen, Cröslin und Wolgast. - In: Wissenschaftliche Veröffentlichungen des Deutschen Institutes für Länderkunde in Leipzig, N. F. 17/18, S. 189-207.

SCHWEINGRUBER, F. H. (1982): Mikroskopische Holzanatomie. Formenspektren mitteleuropäischer Stamm- und Zweighölzer zur Bestimmung von rezentem und subfossilem Material. Eidg. Anstalt forstl. Versuchswesen, Birmensdorf/Schweiz, 2. Aufl., 226 S.

SPANGENBERG, A. (2001): Die Vegetationsentwicklung im Naturschutzgebiet Eldena (Vorpommern) in der zweiten Hälfte des 20. Jahrhunderts. – In: Greifswalder Geographische Abhandlungen, 23, S. 227-240.

STUIVER, M. & P.J. REIMER (1993): Extended 14C data base and revised CALIB 3.0 14C age calibration program. Radiocarbon 35, S. 215-30.

WERNICKE, H. (2000): Greifswald – Geschichte der Stadt. Schwerin, 575 S.

Autoren:

Dipl. Biol. Oliver Nelle
Institut für Botanik der Universität Regensburg
D-93040 Regensburg
e-mail: olivernelle@epost.de

Dipl. Geogr. Jana Kwasniowski
Institut für Geologische Wissenschaften der Universität Greifswald
Friedrich-Ludwig-Jahn-Straße 17a, D-17487 Greifswald
e-mail: kwasi@uni-greifswald.de

Die Vegetationsentwicklung im Naturschutzgebiet Eldena (Vorpommern) in der zweiten Hälfte des 20. Jahrhunderts

von

Almut Spangenberg

Zusammenfassung

Bezugnehmend auf die Vegetationskartierung von Bochnig (1959) und die floristische Kartierung von 1965 wurde 1997/98 erneut eine vegetationskundliche und floristische Untersuchung des Waldnaturschutzgebietes Eldena vorgenommen. Aus dem Vergleich der Vegetationskarten von 1959 und 1998 ergab sich eine flächenhaft geringe Zunahme der dominierenden Gesellschaft, des Eschen-Buchenwaldes. Abgenommen hat aufgrund von Eutrophierung die Fläche des Perlgras-Buchenwaldes und vor allem infolge von Entwässerung der Flattergras-Erlen-Eschenwald. Einzelne Flächen des ehemaligen Traubenkirschen-Erlen-Eschenwaldes sind heute zum Teil mit länger überstautem Walzenseggen-Erlenwald bedeckt. Bestände des Wasserfeder-Erlenwaldes sind weiterhin vorhanden. Quellige Bereiche mit Schaumkraut-Erlenwald und Winkelseggen-Eschenwald wurden 1997/98 erstmals kartiert. Bei der floristischen Bestandsaufnahme wurde die Entwicklung des Waldes nach den starken Holzeinschlägen in den 30er, 40er und 50er Jahren in Richtung eines naturnahen Zustandes deutlich. Die Gruppe der Buchenwald (Fagetalia)-Arten enthält die meisten wiedergefundenen Arten und zeigt eine deutliche Zunahme in der Artenzahl. Für die Randgebiete des Waldes wurde ein großer Verlust bei den Arten der Acker- und Grünlandgesellschaften festgestellt, die in der Zeit vor der landwirtschaftlichen Komplexmelioration aus den angrenzenden Flächen eingewandert waren.

Abstract

This article is dealing with changes in vegetation in the Forest Nature Reserve Eldena in the 2nd half of the 20th century. It is based on vegetational researches by Bochnig (1959), a floristic inventory of 1965 and recent vegetational and floristic studies. Comparing the vegetation maps of 1959 and 1998 there is to be mention a little expand of the main community (*Fraxinus excelsior-Fagus sylvatica*-community). The areas of *Melica uniflora-Fagus sylvatica*-community had decreased as a consequence of nutrient input (eutrophication). *Milium effusum-Alnus glutinosa-Fraxinus excelsior*-community were reduced by drainage measurements. Parts of *Padus avium-Alnus glutinosa-Fraxinus excelsior*-community have changed into *Carex elongata-Alnus glutinosa*-community because of higher water levels. There is still existing the *Hottonia palustris-Alnus glutinosa*-community. The existence of spring water communities (*Carex remota-Fraxinus excelsior*-c., *Cardamine amara-Alnus glutinosa*-c.) were first described in 1998. The floristic researches show that most of the beech forest (Fagetalia) species were found again and some more were found in 1997/98. This increase is explained by a development of the vegetation communities after woodchooping and clear cuts in the thirties, fourties and fifties to a more natural status. In fringe areas of the forest a decrease in the number of species of farmland and grassland is remarkable. It is interpreted as a result of complex melioration of neighbouring agricultural land in the sixties and seventies of the 20th century.

1 Einführung

Das Naturschutzgebiet (NSG) Eldena (Teil der Universitätsforst Greifswald) wurde 1961 wegen seiner Bedeutung als eines der wenigen naturnahen Waldgebiete in einer überwiegend agrarisch genutzten Landschaft ausgewiesen. Die prägende Vegetationsgesellschaft des Gebietes ist der Eschen-Buchenwald. Sein Vorkommen konzentriert sich auf die reichen Lehmstandorte der Grundmoränenplatten des nordostdeutschen Tieflandes. Entsprechende Standorte unterliegen heute wegen ihrer hohen Produktivität der Ackernutzung. Nur wenige solcher Wälder sind erhalten geblieben. Das Naturschutzgebiet ist von Äckern, Grünland- und Gartenflächen umgeben.

Eine ausführliche landschaftsökologische Einordnung des Gebietes kann aus KWASNIOWSKI (2001) entnommen werden. Erste Befunde zur spätpleistozänen und holozänen Vegetationsentwicklung teilen DE KLERK et al. (2001) und NELLE & KWASNIOWSKI (2001) mit.

Für die jüngere Vegetationsgeschichte ist von Bedeutung, dass vor und während des 2. Weltkrieges sowie im Zuge von Reparationsleistungen an die Sowjetunion in den Jahren nach 1945 große Mengen Holz in den Universitätsforsten eingeschlagen wurden. Die Einschlagszahlen überstiegen den natürlichen Zuwachs bei weitem. Auf dem Luftbild von 1953 sind mehrere Kahlschlagflächen im untersuchten Waldgebiet zu finden. Diese Flächen wurden zum Teil mit gerade verfügbarem Pflanzmaterial aufgeforstet bzw. der Naturverjüngung überlassen. Nach 1953 sind vereinzelt weitere Kahlschläge ausgeführt worden. Die betroffenen Flächen sind heute an ihrem verhältnismäßig geringen Bestandsalter erkennbar.

In den Jahren 1952/53 erfolgte im Rahmen der Doktorarbeit von BOCHNIG (1957) unter anderem die vegetationskundliche Aufnahme des heutigen NSG Eldena. Die Ergebnisse dieser Arbeiten wurden in einer Vegetationskarte dargestellt (BOCHNIG 1957, 1959).

Von 1965 bis 1968 wurde eine floristische Kartierung der Stadt Greifswald und ihrer Umgebung vorgenommen (FUKAREK 1996), die auch das NSG Eldena einschloss. Die Daten liegen im Botanischen Institut der Universität Greifswald als Kartei vor und werden zur Zeit rechentechnisch aufbereitet.

Bezugnehmend auf diese Arbeiten wurde 1997/98 eine erneute Untersuchung der Vegetation des NSG Eldena durchgeführt, deren Ergebnisse hier vorgestellt werden.

2 Methodik

2.1 Vegetationskartierung

Um einen Vergleich mit der Vegetationskartierung von BOCHNIG (1957) zu ermöglichen, wurde erneut eine Vegetationskarte des Gebietes erstellt. Die Wiederholung der Aufnahmen an den Aufnahmepunkten von Bochnig war leider nicht möglich, da die Karte mit den Aufnahmepunkten verschollen ist.

Es wurden ca. 100 Vegetationsaufnahmen nach der erweiterten Methode von BRAUN-BLANQUET (WILMANNS 1998) durchgeführt. Die Größe der Aufnahmeflächen betrug 400 m². In einigen Fällen wurde, um die Homogenität der Aufnahmefläche zu wahren, die Fläche kleiner gewählt. Die Aufnahmen wurden in einer Gesamttabelle sortiert. Dargestellt wird hier die vereinfachte Stetigkeitstabelle der Einheiten (Tab. 1). Die Original-Aufnahmen sind über die Datenbank der Vegetationsaufnahmen von Mecklenburg-Vorpommern am Staatlichen Amt für Umwelt und Natur (StAUN) Rostock zugänglich. Mit Hilfe soziologisch-ökologischer Artengruppen wurden Vegetationsformen (KOSKA et al. 2001) differenziert.

Dabei lag das Hauptaugenmerk auf den Arten der Kraut- und Moosschicht. Bäume und Sträucher können auch bei veränderten Standortbedingungen über längere Zeit weiter existieren und sind somit keine verlässlichen Indikatoren für die aktuelle ökologische Situation. Die erarbeiteten Einheiten waren die Grundlage für die flächendeckende Kartierung des Gebietes. Sie wurde mit Hilfe von IR-Luftbildern und Geländebegehungen ausgeführt. Zusätzlich wurden besondere forstliche Nutzungseinheiten (Schirmschläge, größere Bestände allochthoner Arten) in die Karte aufgenommen.

Die Nomenklatur der höheren Pflanzen richtet sich nach ROTHMALER (1994), die der Moose nach FRAHM & FREY (1994). Die Bezeichnung der Vegetationseinheiten folgt CLAUSNITZER & SUCCOW (2001) für die nassen Standorte und SCAMONI (1960) für die frischen bis mäßig frischen Standorte. Zusätzlich sind, wo es möglich war, die Namen entsprechender pflanzensoziologischer Einheiten beigefügt.

2.2 Floristische Aufnahme

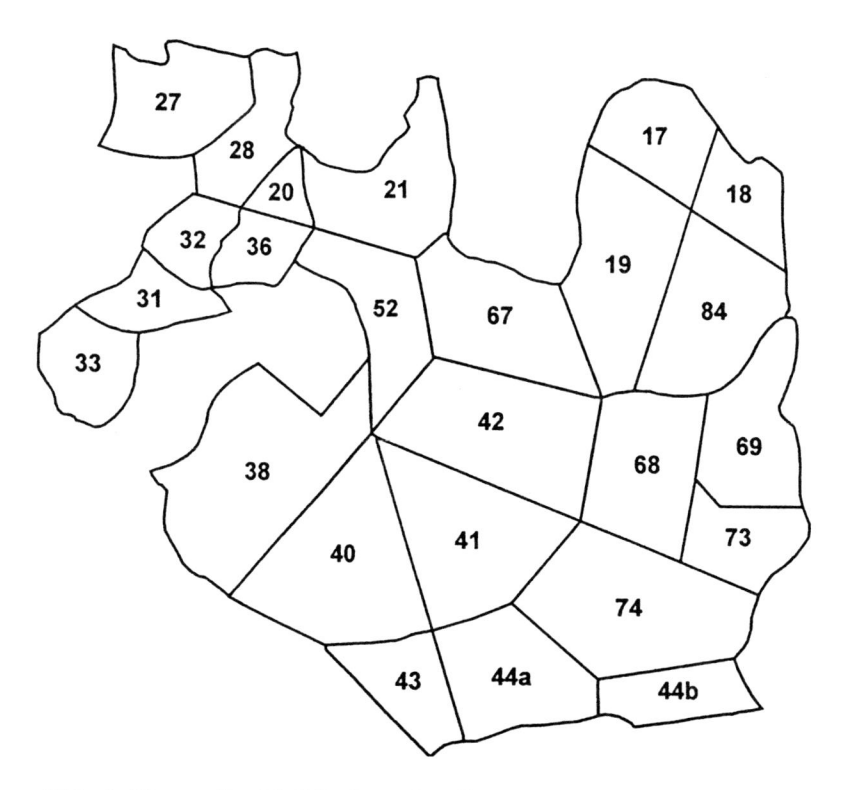

Abb. 1: Karte der Teilflächen der floristischen Kartierung

Die floristischen Erhebungen erfolgten auf 25 Teilflächen (Abb. 1). Die Flächen wurden im Rahmen dieser Kartierung unter der Maßgabe der Orientierung an leicht wieder aufzufindenden Geländemarken (Wege, Gräben u.ä.) abgegrenzt und für sie im Sommer 1965 Artenlisten aller höheren Pflanzen erstellt. Sie wurden im Sommer 1997 und Frühjahr 1998 erneut untersucht. Den Arten wurde jeweils eine Einschätzung der relativen Häufigkeit in den Abstufungen „häufig", „zerstreut", „selten" und „Einzelfund" beigefügt. Zusätzlich wurden 1997/98 noch Besonderheiten, wie der Fundort (Lagerplatz, Weg u.ä.) vermerkt. Wegen der Subjektivität der Häufigkeitsschätzung geht diese nur wenig in die Betrachtung ein.

Grundsätzlich muss bei dieser Methode in Betracht gezogen werden, dass möglicherweise einzelne Arten im Gelände übersehen wurden oder gerade im Aufnahmezeitraum nicht vorhanden waren.

Die Nomenklatur richtet sich nach ROTHMALER (1994).

3 Ergebnisse
3.1 Vegetationskartierung

Im Zuge der Vegetationskartierung wurden für das Gebiet 8 Vegetationseinheiten ausgewiesen (Tab. 1). Es handelt sich dabei um Einheiten nährstoffreicher grundwasserbestimmter, stauwasserbestimmter und quelliger, stau- und sickerwasserbeeinflusster und bodenfrischer Standorte.

Die beherrschende Vegetationseinheit ist der **Eschen-Buchenwald** (*Fraxino-Fagetum Scam. 1956*) auf den reichen, feuchten bis frischen, gelegentlich wasserzügigen Standorten. Die Bestände werden von Buchen (*Fagus sylvatica*) und den Edellaubhölzern Esche (*Fraxinus excelsior*) und Bergahorn (*Acer pseudoplatanus*) gebildet. Zum Teil sind alte Exemplare von Vogelkirsche (*Prunus avium*) und Bergulme (*Ulmus glabra*) zu finden. Das Vorkommen von Stieleiche (*Quercus robur*) und Hainbuche (*Carpinus betulus*) wird in einigen Bereichen häufig registriert, muss aber auf eine frühere Mittelwaldnutzung (JESCHKE et al. 1980, BOCHNIG 1959) zurückgeführt werden. Eine Naturverjüngung dieser Baumarten ist nicht zu beobachten. In den Naturwaldzellen Elisenhain (in TF 27) und Abteilung 89 (in TF 17 und 18) kann ein Ausschnitt der Entwicklung dieser Waldgesellschaft beobachtet werden. Mehrere alte Buchen sterben ab und in den Bestandeslücken fassen zuerst Eschen Fuß. Außerhalb der Totalreservate haben sich auf ehemaligen Kahlschlagsflächen Bestände v.a. aus Eschen und Bergahorn gebildet, unter deren Kronendach sich die Buche entwickeln konnte, die nun (nach etwa 50 Jahren) in das Kronendach drängt. Diese Bestände wurden im Zuge von Durchforstungsmaßnahmen, in den letzten Wintern stark gelichtet, wobei die Baumartenzusammensetzung in diesen Bereichen mit dem Ziel der Förderung von Edellaubhölzern modifiziert wurde.

Die Krautschicht ist durch einen reichen Blühaspekt mit Goldstern (*Gagea lutea*), Lerchensporn (*Corydalis cava* und *intermedia*), Scharbockskraut (*Ranunculus ficaria*), Moschuskraut (*Adoxa moschatellina*), Lungenkraut (*Pulmonaria officinalis*), Buschwindröschen und Gelbe Anemone (*Anemone nemorosa* und *ranunculoides*) gekennzeichnet. Im Sommer folgt eine Entfaltung von Stauden wie Bingelkraut (*Mercurialis perennis*), Hain-Stermiere (*Stellaria nemorum*), Waldziest (*Stachys sylvatica*) und Hexenkraut (*Circaea lutetiana*), Gräsern und Farnen. Die Krautvegetation spiegelt die gute Basen- und Feuchteversorgung wider, die sich auch in der Humusform „Mull" des Oberbodens ausdrückt. Auch die erstaunliche Entwicklung der Edellaubhölzer und Buchen ist auf diese guten Standortbedingungen zurückzuführen.

Angrenzend an diese Gesellschaft kommt auf kräftigen und mäßig frischen Standorten der **Perlgras-Buchenwald** (*Galio odorati-Fagetum Sougn. et Till 1959 emend. Dierschke 1989, Melico-Fagetum Lohm. in Seib. 1954 pro parte*) vor. Bestandsbildend ist hier die Buche (*Fagus sylvatica*). Vereinzelt sind Stieleiche (*Quercus robur*) und v.a. in der reicheren Ausbildungsform Esche (*Fraxinus excelsior*) und Bergahorn (*Acer pseudoplatanus*) beigemischt. Die im Gebiet vorhandenen, forstlich begründeten Stieleichen- und Roteichen (*Quercus rubra*)-Bestände unterscheiden sich in der Artenzusammensetzung der Krautschicht nur unwesentlich von den Buchenbeständen und wurden hier mit eingeordnet. In der Bodenvegetation beherrscht das Buschwindröschen (*Anemone nemorosa*) den Frühjahrsaspekt. Danach entwickeln sich Goldnessel (*Lamiastrum galeobdolon*), Waldmeister (*Galium odoratum*), Perlgras (*Melica uniflora*), Flattergras (*Milium effusum*), Vielblütige Weißwurz (*Polygonatum multiflorum*) und Sauerklee (*Oxalis acetosella*). Diese Vegetationseinheit wird vom Eschen-Buchenwald hauptsächlich durch das Fehlen der oben aufgeführten nährstoff- und feuchteliebenden Arten differenziert.

Tab. 1: Stetigkeitstabelle (Naturschutzgebiet Eldena)

In den durch Gräben relativ stark entwässerten Niederungen und Senken des Gebietes findet man hauptsächlich den **Flattergras-Erlen-Eschenwald** (*Milio-Fraxinetum (Scam. et Pass. 1959) Pass. et Hofm. 1968*). In der Baumschicht dieser Einheit sind Eschen (*Fraxinus excelsior*) und Erlen (*Alnus glutinosa*) bestimmend. An den durch die Entwässerung am stärksten betroffenen Stellen sind z.T. schon Buchen (*Fagus sylvatica*) und Bergahorn (*Acer pseudoplatanus*) eingewandert. In einigen Teilflächen sind auf den entsprechenden Standorten Pappel (*Populus nigra*) und Grauerle (*Alnus incana*) gepflanzt worden. Die Bodenvegetation ist von derjenigen des Flattergras-Erlen-Eschenwaldes nicht zu unterscheiden, so dass diese Bestände hier zugeordnet wurden. Die Hasel (*Corylus avellana*) bildet in dieser Vegetationseinheit mit wenigen Exemplaren eine lückige Strauchschicht. Die Krautschicht ähnelt der des Eschen-Buchenwaldes, jedoch treten die typischen Buchenwald-Arten wie Flattergras (*Milium effusum*), Goldnessel (*Lamiastrum galeobdolon*), Perlgras (*Melica uniflora*), Waldmeister (*Galium odoratum*) zurück. Hinzu kommen Sickerwasser- und Feuchtezeiger wie Wechselblättriges Milzkraut (*Chrysosplenium alternifolium*) und Gewöhnliches Rispengras (*Poa trivialis*). Die starke Nährstofffreisetzung infolge der Torfzehrung bedingt das üppige Vorkommen von Brennessel (*Urtica dioica*), Giersch (*Aegopodium podagraria*) und Kleb-Labkraut (*Galium aparine*). Man findet in dieser Einheit eine gut entwickelte Moosschicht mit *Plagiomnium undulatum*, *Eurhynchium praelongum* und *E. swartzii* sowie *Brachythecium rutabulum*, die im Durchschnitt 25 % des Bodens bedeckt.

In Bereichen, in denen die Entwässerung noch nicht so stark wirksam geworden ist, kommen noch einzelne Bestände des **Traubenkirschen-Erlen-Eschenwaldes** (*Pado-Fraxinetum Oberd. 1953 pro parte*) vor. Die Baumschicht bilden Erlen (*Alnus glutinosa*), Eschen (*Fraxinus excelsior*) und in relativ isolierten Senken Bergulmen (*Ulmus glabra*). In der Krautschicht fehlen die Buchenwald-Arten (s.o.) völlig. Nässezeiger wie Sumpfdotterblume (*Caltha palustris*), Sumpf-Labkraut (*Galium palustre*) und Sumpfsegge (*Carex acutiformis*) sind charakteristisch. Auch hier weist das Vorhandensein von Brennessel (*Urtica dioica*), Ruprechtsstorchschnabel (*Geranium robertianum*), Gundermann (*Glechoma hederacea*) und Kleinblütigem Springkraut (*Impatiens parviflora*) auf eine übermäßige Nährstoffversorgung hin.

In Senken mit langzeitigem Wasserüberstau ist der **Walzenseggen-Erlenwald** (*Carici elongatae-Alnetum typicum Bodeux 1955*) ausgebildet. In dieser Einheit bildet die Erle (*Alnus glutinosa*) eine lichte Baumschicht. An länger trockenfallenden Stellen kommt selten die Esche (*Fraxinus excelsior*) dazu. Die Gesellschaft ist im Gebiet durch Dominanzbestände der Sumpfsegge (*Carex acutiformis*) gekennzeichnet, die nur wenig Raum für andere Arten wie Sumpf-Labkraut (*Galium palustre*), Wasser-Schwertlilie (*Iris pseudacorus*), Ufer-Wolfstrapp (*Lycopus europaeus*) und Sumpf-Helmkraut (*Scutellaria galericulata*) lässt. Auf der trockengefallenen Bodenoberfläche wurde häufig das Moos *Leptodictyon riparium* gefunden.

Bei längerem Wasserüberstau und geschlossenerem Kronendach ist in den Senken der **Wasserfeder-Erlenwald** (*Hottonio-Alnetum Hueck 1929*) vorhanden. Auf den freien Wasserflächen bilden sich Schwimmdecken aus Wasserfeder (*Hottonia palustris*), Kleiner Wasserlinse (*Lemna minor*), Untergetauchter Wasserlinse (*Lemna trisulca*) und dem Lebermoos (*Riccia fluitans*).

Im Gebiet existieren einzelne Quellaustritte. Das ist besonders im Winter auffällig, da diese Bereiche nicht zufrieren. Eine dieser Flächen ist mit einem **Schaumkraut-Erlenwald** (*Cardamino-Alnetum (Meijer-Drees 1936) Pass. et Hofm. 1968*) bestanden. Unter einem Erlen (*Alnus glutinosa*)-Eschen (*Fraxinus excelsior*)-Mischbestand sind hier große Bereiche mit Bitterem Schaumkraut (*Cardamine amara*) und Wechselblättrigen Milzkraut (*Chrysosplenium alternifolium*) bedeckt.

Tab. 2: Floristische Daten

	17	18	19	20	21	27	28	31	32	33	36	38	40	41	42	43	44a	44b	52	67	68	69	73	74	84	Durchschnitt
Artenzahl 1965	99	97	102	151	123	63	52	79	74	88	69	83	93	69	84	55	58	85	57	83	113	162	79	110	143	91
Artenzahl 1997/98	66	87	105	84	105	68	64	71	66	71	78	83	94	123	103	63	93	59	87	87	105	98	83	100	151	88
Differenz	-33	-10	3	-67	-18	5	12	-8	-8	-17	9	0	1	54	19	8	35	-26	30	4	-8	-64	4	-10	8	-3
Arten auf Holzlagerplatz														39	15		25									
Kahlschläge (K) und Jungwuchs (J) 1953	J	K			K		K	K		K	J	K/J	J		K		K	K	J	K	J	K				
spätere Kahlschläge																									*)	
Identische Arten	55	63	71	57	70	38	37	43	40	47	45	51	54	49	57	34	41	43	29	40	70	80	47	66	102	53
Fagetalia	25	25	24	22	19	14	18	16	16	20	16	20	22	18	19	14	12	16	7	14	25	26	23	22	25	19
Querco-Fagetea	6	7	8	4	7	8	4	4	5	5	1	7	7	3	10	6	6	9	4	6	9	8	7	10	7	6
sonstige Gehölzvegetation	11	12	15	8	17	9	8	11	13	10	12	10	11	8	8	10	8	12	4	7	10	13	6	10	14	10
Krautige Vegetation oft gestörter Plätze	7	7	13	8	14	6	5	4	4	4	7	10	6	10	7	3	9	4	6	7	13	10	5	11	18	8
Anthropo-Zoogene Rasen und Heiden	2	5	7	5	4	1	1	4	3	4	5	4	3	5	8	1	7	3	6	4	8	13	4	4	30	6
Phragmitetea	2	5	4	6	4	0	0	0	0	0	4	0	4	3	3	0	0	0	2	1	5	8	2	7	8	3
sonstige Süßwasser- und Moorvegetation	0	0	0	2	1	0	0	0	0	0	1	0	2	2	1	0	0	0	1	0	0	1	0	2	2	1
Kultivierte Arten	1	2	1	2	1	0	0	0	0	1	0	0	0	0	1	0	0	0	0	0	0	1	1	2	0	0
Fehlende Arten	44	34	31	94	53	25	15	36	34	41	24	32	39	20	27	21	17	42	28	43	43	82	32	44	41	38
Fagetalia	5	2	3	8	3	5	2	7	3	2	2	0	1	4	2	5	9	9	1	2	2	2	1	2	2	3
Querco-Fagetea	1	1	2	0	3	1	2	3	2	4	1	1	2	3	1	2	3	3	1	3	1	2	2	0	3	2
sonstige Gehölzvegetation	6	10	11	11	7	3	2	3	4	6	3	3	9	5	4	3	2	4	1	6	5	9	4	7	6	5
Krautige Vegetation oft gestörter Plätze	14	9	7	34	18	6	3	7	10	11	6	17	9	1	5	4	3	7	7	11	10	28	5	9	8	10
Anthropo-Zoogene Rasen und Heiden	12	10	9	36	20	7	5	15	12	17	9	9	17	2	12	6	7	16	16	17	20	32	17	22	18	15
Phragmitetea	6	1	0	3	1	0	0	1	0	0	0	0	0	3	1	1	2	1	0	2	1	4	0	0	2	1
sonstige Süßwasser- und Moorvegetation	2	2	0	2	1	1	0	0	0	0	2	0	0	1	2	0	0	1	2	2	3	3	2	1	1	1
Kultivierte Arten	0	0	0	0	0	3	1	0	0	1	0	0	0	1	0	0	0	1	0	0	0	2	1	1	0	0
Neue Arten	11	24	34	27	35	30	27	28	26	24	33	32	40	74	46	29	52	16	58	47	35	18	36	34	49	35
Fagetalia	1	2	6	7	9	9	11	7	8	5	10	7	10	9	8	10	9	4	14	10	3	2	4	5	5	7
Querco-Fagetea	0	1	0	2	2	3	3	4	4	3	5	4	4	5	2	2	4	0	7	4	0	3	2	0	3	3
sonstige Gehölzvegetation	5	5	4	1	4	5	5	4	2	2	2	3	2	9	8	4	10	4	10	8	6	6	5	4	8	5
Krautige Vegetation oft gestörter Plätze	1	1	3	2	3	4	4	2	4	4	1	7	5	15	11	5	9	3	7	5	9	5	3	5	12	5
Anthropo-Zoogene Rasen und Heiden	1	5	7	7	4	3	2	4	0	0	5	1	1	19	5	3	4	0	5	6	4	0	1	3	15	4
Phragmitetea	0	1	5	3	4	4	1	1	1	2	6	7	7	5	5	4	0	0	2	4	2	1	6	4	0	3
sonstige Süßwasser- und Moorvegetation	0	0	0	2	1	1	0	0	0	0	2	1	2	0	1	1	0	0	0	0	1	2	3	3	2	1
Kultivierte Arten	1	3	1	0	3	0	1	2	2	4	1	2	5	7	5	1	5	2	1	3	2	1	0	0	9	2
Frühblüher	2	5	5	4	3	3	0	5	2	4	0	7	3	3	5	2	5	1	7	7	6	3	7	8	5	4

*) Wiesen- und Ackerbrachflächen enthalten

An weiteren Quellaustritten hat sich kleinflächig der **Winkelseggen-Eschenwald** *(Carici remotae-Fraxinetum W. Koch 1926 pro parte)* gebildet. Die Baumschicht besteht aus Eschen *(Fraxinus excelsior)*. In der Krautschicht herrscht die Winkelsegge *(Carex remota)* vor, beigeordnet sind z.B. Pfennigkraut *(Lysimachia nummularia)* und Knäuel-Ampfer *(Rumex conglomeratus)*. Zwei floristisch sehr ähnliche Eschen-Aufforstungen (in TF 18 und 69, Abb. 1), die durch oberflächliche Staunässe gekennzeichnet sind, wurden hier mit eingeordnet.

In der Vegetationskarte sind zusätzlich Bestände eingetragen, die durch forstliche Eingriffe entstanden sind und strukturell oder floristisch stark von den naturnahen Flächen abweichen. Hierzu gehören Schirmschläge (flächendeckender Einschlag, bei dem Altbäume zur Beschattung der Verjüngung stehen lassen werden) mit Buchenverjüngung *(Fagus sylvatica)*, Stieleichen *(Quercus robur)*- und Roteichen *(Qu. rubra)*-, Douglasien *(Pseudotsuga menziesii)*-, Fichten *(Picea abies)*- und Lärchen *(Larix decidua)*-Bestände, jüngere Pappel *(Populus nigra)*-Aufforstungen und eine Linden *(Tilia cordata)*-Versuchsanbaufläche. Im Norden der TF 68 (Abb. 1) befindet sich eine alte Versuchsfläche mit Tulpenbäumen *(Liriodendron tulipifera)*.

3.2 Floristische Kartierung

Die floristische Aufnahme der Teilflächen (TF) (Abb. 1) ergab eine durchschnittliche Artenzahl von 88 Arten pro TF (Tab. 2). Im Vergleich dazu wurden 1965 durchschnittlich 91 Arten registriert. Hinter dieser fast ausgeglichenen Bilanz verbirgt sich jedoch ein breites Spektrum an unterschiedlichen Gesamtartenzahlen (Abb. 2), Veränderung der Artenzahlen und der Artenzusammensetzung (Tab. 2) auf den einzelnen TF. In Abb. 2 sind die Anzahl der aufgefundenen Arten aus den Untersuchungszeiträumen 1965 und 1997/98 und deren Differenz dargestellt. Die Änderung reicht von einer Abnahme um 67 bis zu einer Zunahme um 54 Arten (Tab. 2). Um die Darstellung und Interpretation der Ergebnisse zu vereinfachen, wurden die Teilflächen nach der Stärke der Veränderung in den Artenzahlen geordnet und in 6 Klassen unterteilt (Tab. 3).

Tab. 3: Klassen der Artenzahldifferenzen von 1965 und 1997/98

Klasse	Differenz der Artenzahlen von 1965 zu 1997/98
I	mehr als −50 Arten
II	−40 bis −11 Arten
III	−10 bis −1 Arten
IV	0 bis +10 Arten
V	+11 bis +40 Arten
VI	mehr als +50 Arten

13 der 25 TF weisen eine Zunahme an Arten auf. 15 TF befinden sich in den Klassen III und IV mit geringen Abweichungen (bis zu 10 Arten). 3 TF zeigen eine Abweichung von mehr als 35 Arten.

Eine auffallend hohe Artenzahl wurde für beide Zeiträume in der TF 84 gefunden. Besonders hohe Werte erreichten 1965 die TF der Klasse I.

Für die Darstellung und Interpretation der Veränderungen in der Artenzusammensetzung wurden die Arten den Gruppen, Klassen bzw. Ordnungen laut Zeigerwert „Soziologisches Verhalten" aus ELLENBERG et al. (1991) zugeordnet (Tab. 2). Dabei wurden „Nadelwälder und verwandte Heiden" sowie „Laubwälder und verwandte Gebüsche" exclusive der gesondert aufgeführten Fagetalia und Querco-Fagetea zu „sonstige Gehölzvegetation" zusammengefasst. Zusätzlich wurden die forstlich eingebrachten Baumarten unter „kultivierte Arten" aufgeführt. Die Frühblüher sind extra erfasst, da 1965 nur eine Begehung im Hochsommer erfolgte und deshalb diese Artengruppe bei der Erfassung fast vollständig fehlte.

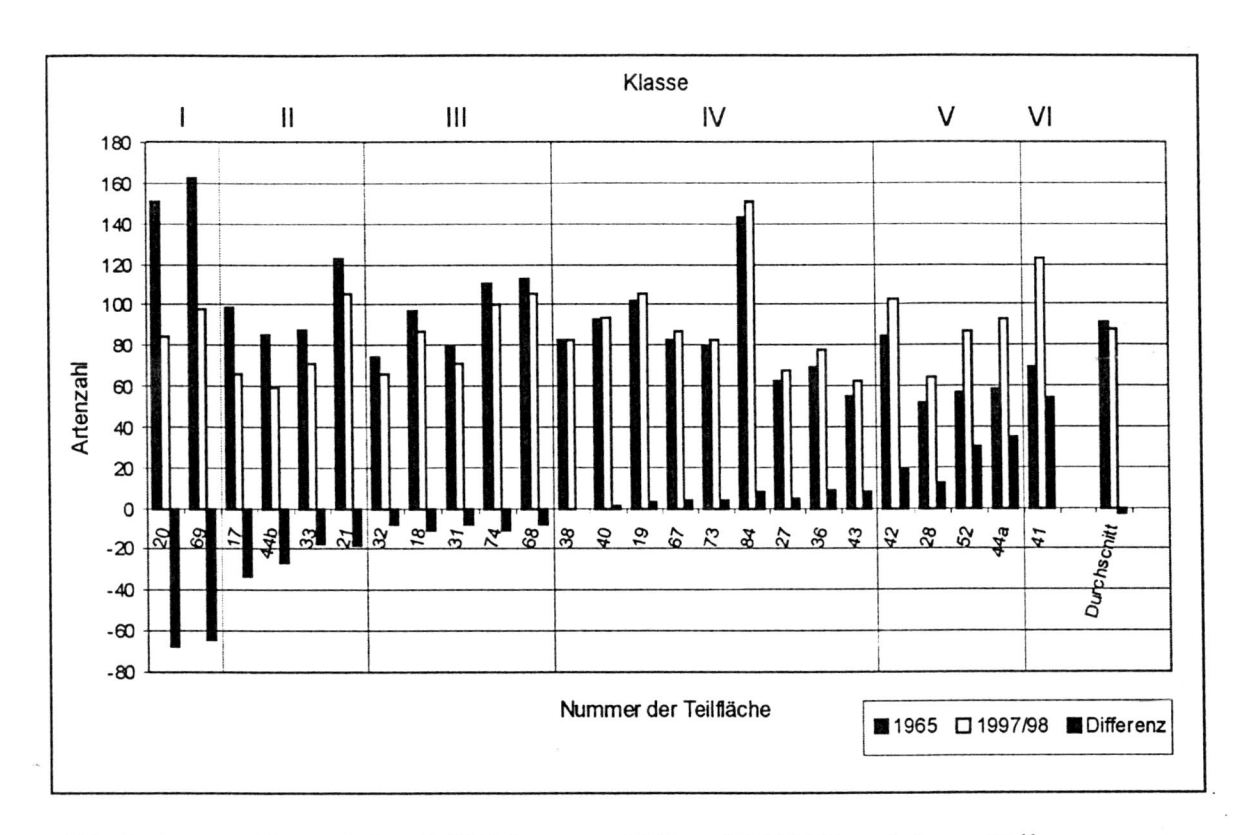

Abb. 2: Artenzahlen auf den Teilflächen von 1965 und 1997/98 und deren Differenz

Bei der Darstellung der Zählergebnisse zeigt sich im Durchschnitt aller Teilflächen eine relative Konstanz bei den Buchenwald(Fagetalia)-Arten. Hier ist mit 19 die höchste Zahl wiedergefundener Arten und die höchste Zahl (7) neu gefundener Arten zu registrieren. Auch die Arten der Eichen- und Buchenwälder (Querco-Fagetea) und die der sonstigen Gehölzvegetation zeigen ein ähnliches Ergebnis mit niedrigeren Zahlenwerten. Auffällig sind die Abnahme von Fagetalia-Arten in den TF 20, 31 und 44b, sowie die Abnahme von sonstigen Gehölz-Arten mit mehr als 5 Arten in 11 TF. Der Faulbaum (*Frangula alnus*) wurde bei der Wiederbegehung 1997/98 im gesamten Gebiet nicht mehr gefunden. Eine Zunahme der Buchenwald-Arten mit 10 und mehr ist in 6 TF auffällig.

Sehr starke Veränderungen sind in den Gruppen „Krautige Vegetation oft gestörter Standorte" und „Anthropo-Zoogene Rasen und Heiden" zu verzeichnen. Schon der Durchschnittswert liegt mit 10 und 15 fehlenden Arten relativ hoch. Auf 20 TF sind Verluste von 10 und mehr Arten in mindestens einer der beiden Gruppen zu verzeichnen. Eine besonders starke Abnahme mit um die 30 Arten in beiden Gruppen hat in Klasse I stattgefunden. Die wiedergefundenen Arten dieser Vegetationsgruppierungen sind außer in TF 84 (18 und 30 Arten) relativ wenige. Eine bedeutende Zunahme ist nur in den TF 41, 42 und 84 zu verzeichnen.

In den Gruppen „Phragmitetea" und „sonstige Süßwasser- und Moorvegetation" sind die erhobenen Artenzahlen durchschnittlich sehr gering, einige TF enthalten keine Arten dieser Gruppen. Eine bemerkenswerte Abnahme ist in TF 17 und in Klasse I zu verzeichnen. Viele Arten wurden in den TF 36, 40 und 73 in den Jahren 1997/98 neu gefunden.

In jeder TF sind wenige kultivierte Arten vorhanden gewesen oder vorhanden. Zwei Teilflächen (41 und 84) weisen heute mehr als 5 dieser Baumarten auf. Dabei handelt es sich zum Teil um einzelne Exemplare.

Mit der Frühjahresbegehung wurden in fast allen Abteilungen Frühjahrsgeophyten neu registriert. Die höchsten Werte liegen mit 6 bis 8 Arten in 6 TF.

4 Diskussion
4.1 Vegetationskundliche Erfassung

Da die Benennung der Vegetationseinheiten in der Publikation von BOCHNIG (1959) weitestgehend von der heutigen abweicht, wird für den Vergleich der Vegetationskarten eine Gegenüberstellung der Einheiten nötig (Tab. 4, s. auch JESCHKE ET AL. 1980).

Tab. 4: Übertragung der Vegetationseinheiten von BOCHNIG (1959)

BOCHNIG 1959	SPANGENBERG 1998
Erlenwald, Carex-Ausbildungsform	Wasserfeder-Erlenwald
Erlenwald, typische Ausb.	Walzenseggen-Erlenwald
	Schaumkraut-Erlenwald
	Winkelseggen-Eschenwald
Eschen-Erlenwald, Iris pseudacorus-Ausb.	Traubenkirschen-Erlen-Eschenwald
Eschen-Erlenwald, typische und Corydalis-Ausb.	Flattergras-Erlen-Eschenwald
Buchen-Stieleichen-Hainbuchenwald, Mercurialis-, Mercurialis-Corydalis-, Mercurialis-Pulmonaria- und z.T. Mercurialis-Luzula-Ausb.	Eschen-Buchenwald
Buchen-Stieleichen-Hainbuchenwald, Asperula- und z.T. Mercurialis-Luzula-Ausb.	Perlgras-Buchenwald

Beim Vergleich der Vegetationskarten von 1959 und 1998 (Abb. 3) zeigt sich, dass zu beiden Zeitpunkten der Eschen-Buchenwald den größten Teil der Fläche des Waldgebietes einnimmt. Einschränkend muss angemerkt werden, dass bei BOCHNIG (1959) ein Teil der Flächen in der östlichen Hälfte nicht eindeutig dem Eschen-Buchen- bzw. dem Perlgras-Buchenwald zugeordnet werden kann. Es ist jedoch eine Erhöhung der Nährstoffversorgung im Zuge der allgemeinen Eutrophierung der Landschaft in dem ohnehin schon durch reiche Nährstoffverhältnisse geprägten Gebiet und damit möglicherweise eine Zunahme der Bestände des Eschen-Buchenwaldes anzunehmen.

1998 sind relativ wenige Flächen als Perlgras-Buchenwald kartiert worden. Ein Teil davon wurde aufgrund seiner floristischen Ähnlichkeit mit dem Eschen-Buchenwald als reicher Perlgras-Buchenwald extra ausgewiesen. 1959 sind noch schmale Streifen in Randlage nach Westen (TF 19, 31 und 33), nach Norden (TF 28 und 67) nach Osten (TF 21) und nach Süden (TF 44a) als verhagert verzeichnet. Heute tragen diese Flächen typischen und reichen Perlgras- und sogar Eschen-Buchenwald. Diese Veränderung wird auf eine Eutrophierung durch die landwirtschaftliche Nutzung der angrenzenden Flächen zurückgeführt.

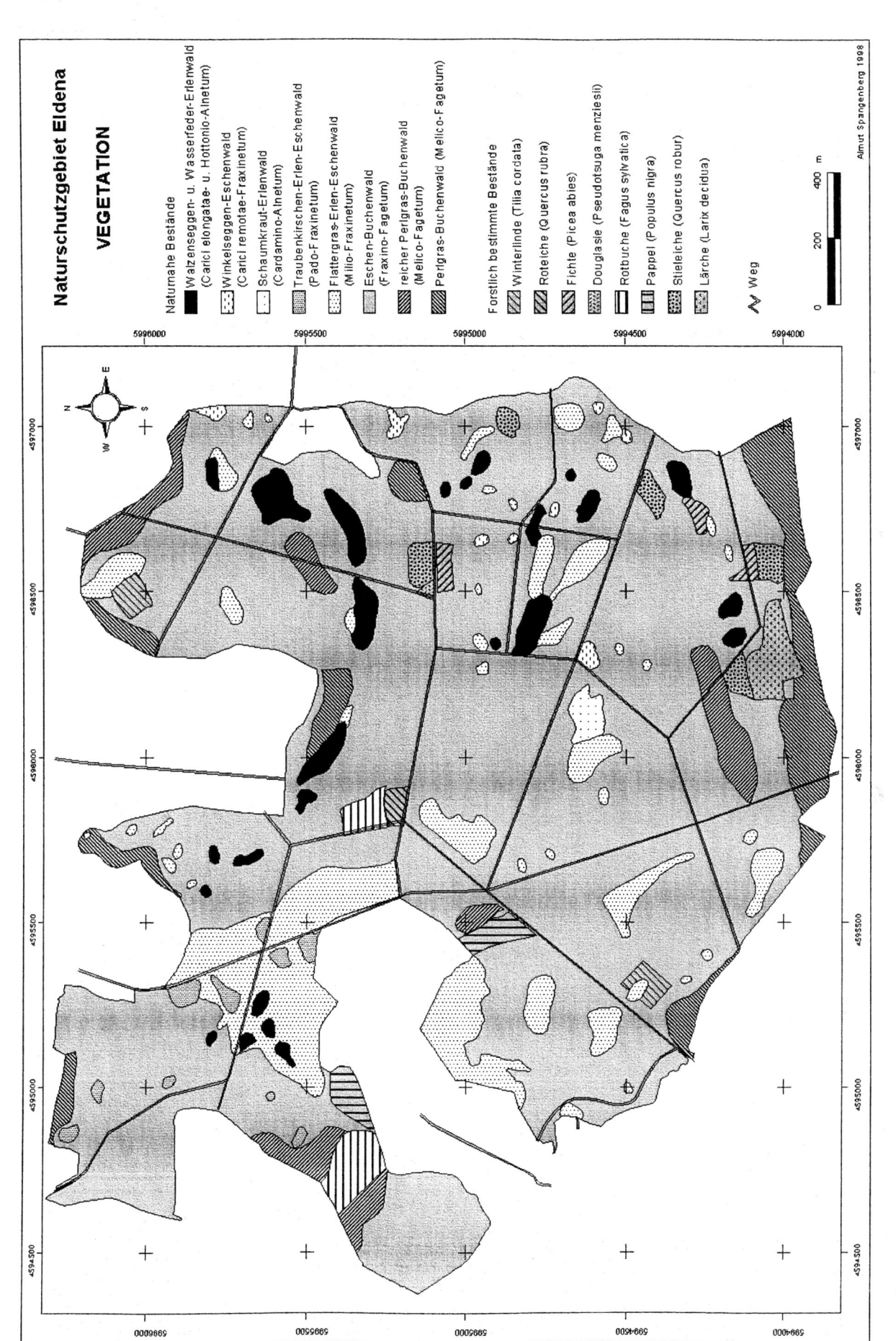

Abb. 3: Vegetation im NSG Eldena

Die Verbreitung des Flattergras-Erlen-Eschen-Waldes hat zugunsten des Eschen-Buchenwaldes entlang der Bach- und Grabenläufe und in kleinen Senken zumeist in den stärker geneigten Bereichen abgenommen. Dieses wird als Folge der Entwässerung durch die vielen Gräben im Gebiet interpretiert. In dem grundwasserbestimmten Bereich im Nordwesten des NSG Eldena entspricht die Ausdehnung der Einheit der Fläche von 1959.

In den flachen Senken wurden 1998 an mehreren Stellen Walzenseggen- und Wasserfeder-Erlenwald kartiert, wo von BOCHNIG teilweise die dem Traubenkirschen-Erlen-Eschenwald entsprechende Einheit ausgewiesen wurde. In den 90er Jahren wurde in diesen Senken mehrmals längerer Wasserüberstau beobachtet. Da BOCHNIG (1959, Vegetationskarte) für diese Vegetationseinheit „Grundwasserstand, im Mittel bei 60 cm, bei Hochstand tlw. über Bodenoberfläche" angibt, scheint hier eine gewisse Anhebung des Wasserstandes stattgefunden zu haben. Möglicherweise handelte es sich dabei um eine zeitlich begrenzte Veränderung infolge günstiger Niederschlagsverhältnisse.

Schaumkraut-Erlenwald und Winkelseggen-Eschenwald sind bei BOCHNIG (1959) nicht ausgewiesen. Die Vermutung des Vorhandenseins quelliger Standorte, die von diesen Vegetationseinheiten besiedelt werden, wurde bei der Kartierung von 1997/98 erst im Winter durch den Fakt erhärtet, dass die entsprechenden Stellen nicht zugefroren waren.

4.2 Floristische Daten

Betrachtet man allein die Durchschnittswerte der Artenzahlen von 1965 und 97/98, könnte man auf eine nur schwache Änderung des floristischen Inventars des Gebietes anhand der geringen Abnahme der Artenzahl schließen. Die Interpretation der Werte der einzelnen Flächen und Arten-Gruppierungen zeigt jedoch ein differenzierteres Bild.

Aufgrund der unterschiedlichen Flächengröße und Standortsheterogenität der TF variieren die Artenzahlen zwischen 52 und 162. Verschiedene Größe und Heterogenität sind sicher auch ein Grund für die unterschiedlich starke Ab- bzw. Zunahme der Artenzahl. Dass die Zunahme in den TF insgesamt überwiegt, kann auf die zusätzliche Aufnahme der Frühblüher im Zeitraum 1997/98 zurückgeführt werden. Mit besonders hohen Werten in beiden Untersuchungszeiträumen fällt die TF 84 heraus, die als einzige Brach- und Wiesenflächen und zusätzlich am Standort eines ehemaligen Forstgehöftes Einzelexemplare exotischer Baumarten umfasst.

Bei der Gruppe der Fagetalia-Arten zeigt sich, dass ein Großteil der Arten wiedergefunden wurde und in den meisten Flächen solche hinzugekommen sind. Dieses wird auf Konsolidierung der Bestände im Laufe der etwa 50 Jahre seit der übermäßigen Holzentnahme und besonders auf den ehemaligen Kahlschlägen zurückgeführt. Gleichzeitig haben die Arten der sonstigen Gehölze, also Pioniergehölze, Sträucher und die dazugehörigen Kräuter, infolge der zunehmenden Konkurrenz, Verschattung der Bestände und Stabilisierung der Böden stark abgenommen. Hierdurch wird beispielsweise das Fehlen des Faulbaums 1997/98 erklärt.

Eine stärkere Abnahme von Fagetalia-Arten zeigt sich in 3 TF. TF 31 besteht zum größten Teil aus einem Schirmschlag, der am Boden mit Himbeere (*Rubus idaeus*) bedeckt und stark vergrast ist. Ein weiterer Teil ist mit einem Pappel-Forst bedeckt, dessen Bodenvegetation noch schwach entwickelt ist. Somit sind hier durch die anthropogene Überformung zur Zeit kaum noch Standorte für die Buchenwald-Arten gegeben. In TF 20 überwiegen die feuchten und nassen Flächen, so dass möglicherweise einzelne Vorkommen der Buchenwald-Arten erloschen sind, was bei größeren TF durch eine größere Anzahl Vorkommen ausgeglichen werden kann. Eine zunehmende Vernässung der Fläche wird als Begründung ausgeschlossen, da auch eine Abnahme bei den Arten der Phragmitetea und sonstigen Süßwasser- und Moorvegetation zu verzeichnen ist. Die Abnahme in der TF 44b wird durch ihre Randlage mit einer gewissen Verhagerungstendenz sowie das Vorhandensein von Lärchen-, Stieleichen- und Fichten (Picea abies)-Reinbeständen mit stark veränderter Bodenflora erklärt.

Die TF der Klassen I und II mit den größten Artenverlusten grenzen an Acker- und Grünlandflächen. Da sich die Artenverluste wie oben gezeigt auf die Gruppen der krautigen Vegetation oft gestörter Standorte, die u.a. die Ackerunkrautgesellschaften umfassen, und der anthropo-zoogenen Rasen und Heiden mit den Mähwiesen- und Weidegesellschaften konzentriert, wird davon ausgegangen, dass sich der Einfluss der Komplexmelioration der landwirtschaftlichen Flächen in den 60er und 70er Jahren auch auf das Artenspektrum der untersuchten Waldflächen ausgewirkt hat. Durch die Zurückdrängung von „Unkraut"-Arten auf den landwirtschaftlichen Nutzflächen ging der Sameneintrag derselben in den Wald wahrscheinlich stark zurück, so dass diese unter den suboptimalen Bedingungen bald ganz ausgefallen sind. Grundsätzlich zeigt sich in allen TF eine starke Verringerung der Zahl der Arten dieses soziologischen Verhaltens, die durch die Zunahme anderer Arten in der Gesamtbilanz der Artenzahl z.T. ausgeglichen wird.

Die größten Zunahmen (Klassen V und VI) wurden in den TF erreicht, in denen Flächen für Holzlagerplätze befestigt wurden. Dort wurden speziell auf den Lagerplätzen zwischen 15 und 39 Arten zusätzlich (Tab. 2) aufgenommen. Somit ist die Erhöhung der Artenzahl keine Folge von Veränderung in den eigentlichen Waldbeständen. Bei Abzug dieser Arten würden sich die TF in die Klasse IV einordnen.

Das Einbringen allochthoner Baumarten ist im Gebiet nur in geringem Maße erfolgt. Dies war vor allem eine Folge der kriegs- und nachkriegsbedingten Abholzung. Für die Wiederaufforstung wurde das gerade verfügbare Pflanzmaterial genutzt. Vor allem die Reinbestände von Nadelhölzern zeigen in der floristischen Zusammensetzung eine deutliche Abweichung, die durch ihre Kleinräumigkeit im Bezug auf die gesamte TF (außer in der TF 44b, s.o.) jedoch kaum zum Tragen kommt.

Literatur

BOCHNIG, E. (1957): Forstliche Vegetations- und Standortsuntersuchungen in der Universitätsforst Greifswald. Diss. Greifswald, 271 S.

BOCHNIG, E. (1959): Das Waldschutzgebiet Eldena bei Greifswald. - In: Archiv der Freunde der Naturgeschichte Meckl., Bd. 5., S. 75-138.

CLAUSNITZER, U. & M. SUCCOW (2001): Vegetationsformen der Gebüsche und Wälder. - In: SUCCOW, M. & H. JOOSTEN (Hrsg.): Landschaftsökologische Moorkunde. 2. Aufl., E. Schweizerbart'sche Verlagsbuchhandlung, Stuttgart, 622 S.

DE KLERK, P., D. MICHAELIS & A. SPANGENBERG (2001): Auszüge aus der weichselspätglazialen und holozänen Vegetationsgeschichte des Naturschutzgebietes Eldena (Vorpommern).- In: Greifswalder Geographische Arbeiten 23, S. 187-208.

ELLENBERG, H., H. E. WEBER, R. DÜLL, V. WIRTH, W. WERNER & D. PAULIßEN (1991): Zeigerwerte von Pflanzen in Mitteleuropa. E. Goltze KG, Göttingen, 248 S.

FRAHM, J.-P. & W. FREY (1992): Moosflora. 3. Aufl., E. Ulmer Verlag, Stuttgart, 528 S.

FUKAREK, F. (1996): Vegetationsveränderungen im Gebiet von Greifswald in den letzten 30 Jahren. Gleditschia, Bd. 24 (1/2), Berlin, S. 227-232.

KOSKA, I., M. SUCCOW & U. CLAUSNITZER: Vegetation als Komponente landschaftsökologischer Naturraumkennzeichnung. - In: SUCCOW, M. & H. JOOSTEN (Hrsg.): Landschaftsökologische Moorkunde. 2. Aufl., E. Schweizerbart'sche Verlagsbuchhandlung, Stuttgart, 622 S.

KWASNIOWSKI, J. (2001): Die Böden im Naturschutzgebiet Eldena (Vorpommern). - In: Greifswalder Geographische Arbeiten 23, S. 155-185.

NELLE, O. & J. KWASNIOWSKI (2001): Untersuchungen an Kohlenmeilerplätzen NSG Eldena (Vorpommern) - Ein Beitrag zur Erforschung der jüngeren Nutzungsgeschichte. - In: Greifswalder Geographische Arbeiten 23, S. 209-225.

JESCHKE, L., KLAFS, G., SCHMIDT, H. & W. STARKE (1980): Handbuch der Naturschutzgebiete der DDR - Band 1: Bezirke Rostock, Schwerin und Neubrandenburg. 2. Aufl., Leipzig, Jena, Berlin.

ROTHMALER, W. (1994): Exkursionsflora von Deutschland - Band 4: Gefäßpflanzen: Kritischer Band. 8. Aufl., G. Fischer Verlag, Jena, Stuttgart, 811 S.

SCAMONI, A. (1960): Waldgesellschaften und Waldstandorte. 3. Aufl., Akademie-Verlag, Berlin, 326 S.

WILMANNS, O. (1998): Ökologische Pflanzensoziologie. 6. Aufl., Quelle & Meyer, Wiesbaden, 405 S.

Autorin:

Dipl. Biol. Almut Spangenberg
Botanisches Institut der Ernst-Moritz-Arndt-Universität Greifswald
Grimmer Straße 88, D-17487 Greifswald
e-mail : aspangen@uni-greifswald.de

Das Forst-GIS der Universität Greifswald.
Struktur und Funktionalität am Beispiel des „NSG Eldena"

von

Jörg Hartleib

Zusammenfassung

Die Forstverwaltung der Ernst-Moritz-Arndt-Universität (EMAU) Greifswald hat 1999 und 2000 eine Forsteinrichtung der universitätseigenen Waldbestände durchgeführt. Um die ca. 3.048 ha Wald zukünftig besser verwalten zu können, wurden alle Daten durch das Geographische Institut der EMAU in einem Forst-GIS zusammengestellt. Dies ermöglicht neben der Verwaltung von Kartierergebnissen auch andere Parameter wie Standortdaten, Schutzstatus und Eigentumsverhältnisse in die Planung einfließen zu lassen. Auf Grundlage der von Langer (2001) durchgeführten Forsteinrichtung werden am Beispiel des „NSG Eldena" einige Auswertungen unter Zuhilfenahme des Forst-GIS aufgezeigt.

Abstract

The Forestry Department at the Ernst-Moritz-Arndt University Greifswald did undertake a forest landscape planning of the forest of the University of Greifswald during the years 1999 until 2000. All mapped data had been put together to a Geographic Information System by the Geographic Institute of the University Greifswald, purpose better managing of the 3,048 ha forest. Computerised forest conditions records providing a valuable opportunity for forest planning, investigating and analysing not only forest conditions but also enables to include other factors as environmental parameters, conservation status or ownership. On the basic of forest mapping by Langer (2001) some results of analysis are described of the area of "NSG Eldena" using the Geographic Information System.

1 Einleitung

Der Wald ist wegen seines wirtschaftlichen Nutzens (Nutzfunktion) und wegen seiner Bedeutung für die Umwelt, insbesondere für eine dauerhafte Leistungsfähigkeit des Naturhaushaltes und für die Erholung der Bevölkerung (Schutz- und Erholungsfunktion) zu erhalten, erforderlichenfalls zu mehren und seine ordnungsgemäße Bewirtschaftung ist zu sichern (BWaldG § 1 Abs. 1, vom 02.05.1975).

Dies zu erreichen ist in Anbetracht der unterschiedlichen Interessen und Betrachtungsweisen der Nutzer oftmals ein schweres Unterfangen. Meist bedarf es langwieriger Verhandlungen mit allen Beteiligten, um einen Kompromiss auszuhandeln und somit die Balance zwischen Ökologie und Ökonomie zu sichern.

Ein wesentliches Instrument der Forstwirtschaft hierfür ist die Forsteinrichtung. Sie besteht im wesentlichen aus zwei Teilen:
- Waldaufnahme (Beschreibung und Kartierung des Ist-Zustandes)
- Entwicklungsplan (Festlegung der Betriebsentwicklungsziele, Beschreibung und kartographischer Ausweis aller notwendigen Maßnahmen zur Erreichung dieser Ziele).

Deshalb sind im Rahmen der Forsteinrichtung zahlreiche Karten anzufertigen und vielfältige raumbezogene Analysen durchzuführen.

Um die Forsteinrichtung zu erleichtern und die Vorraussetzungen für eine bessere Datenverwaltung zu schaffen, wurde in Zusammenarbeit zwischen Forstverwaltung und Geographischem Institut der Ernst-Moritz-Arndt-Universität Greifswald ein Forst-GIS etabliert. Neben der reinen Verwaltung der Forstdaten und der vereinfachten Kartenerzeugung hatte man sich aber auch zum Ziel gesetzt, durch Einbeziehung vieler Wissenschaftsgebiete synergetische Effekte für die Forstplanung nutzbar zu machen. Auf der Basis möglichst umfassender und detaillierter Kenntnisse sollten sachlich begründete Entscheidungen getroffen werden können. Es war deshalb nicht das Ziel, ein in sich abgeschlossenes System zu schaffen, sondern vielmehr, es so offen wie möglich zu gestalten, um Schnittstellen zu Landeskunde, Geschichte, Archäologie, Bodenkunde, Geomorphologie, Botanik etc. zu gewährleisten.

Ein solches umfassendes Informationssystem kann nur das Ergebnis langjähriger und enger Zusammenarbeit vieler Wissenschaftsdisziplinen sein. Deshalb soll gerade der Universitätswald mit seiner Multifunktionalität und seinen vielfältigen Nutzfunktionen als geeignete Testplattform interdisziplinärer Zusammenarbeit fungieren. So wurden alle Anstrengungen unternommen, gleich zu Beginn der Arbeiten einen möglichst umfassenden Datenbestand aufzunehmen.

Das gesamte Waldgebiet der Universität Greifswald setzt sich aus zwei Revieren zusammen, dem Revier 01 Eldena und dem Revier 02 Potthagen. Insgesamt umfassen beide Reviere eine Fläche von etwa 3.048 ha. Das Forst-Revier Potthagen ist 1.599 ha groß und setzt sich aus den Forststandorten Tremt, Kieshofer Moor, Neuenkirchen-Wampen, Hinrichshagen-Dersekow, Karren- und Heidenholz sowie Grubenhagen-Potthagen zusammen. Das Revier Eldena ist mit 1.696 ha nur geringfügig größer. Es beinhaltet die Forststandorte Diedrichshagen, Hanshagen, Latzow und das NSG Eldena (Abb. 1). Insgesamt wurden im Rahmen des Projektes 3.295 ha Waldbestand, für 5.145 ha Flurdaten und für 5.044 ha Standortdaten aufgenommen.

2 Datengrundlagen

Das Forst-GIS soll alle für die forstliche Planung und Bewirtschaftung notwendigen Informationen enthalten. Dazu zählen neben dem rein forstlichen Datenbestand, wie Abteilungsabgrenzung, Baumartenzusammensetzung, Baumschäden etc. auch Informationen über den Standort, über die Eigentümer und angrenzende Nutzungstypen.

Davon ausgehend wurde es als notwendig erachtet, im Forst-GIS fünf Geometrien zu etablieren (Abb. 2):

- Waldaufnahme
- Topographie
- Parameter der Forstlichen Standortkartierung
- Flurkataster
- Biotop- und Nutzungstypen.

Abb. 1: Übersicht der Forststandorte

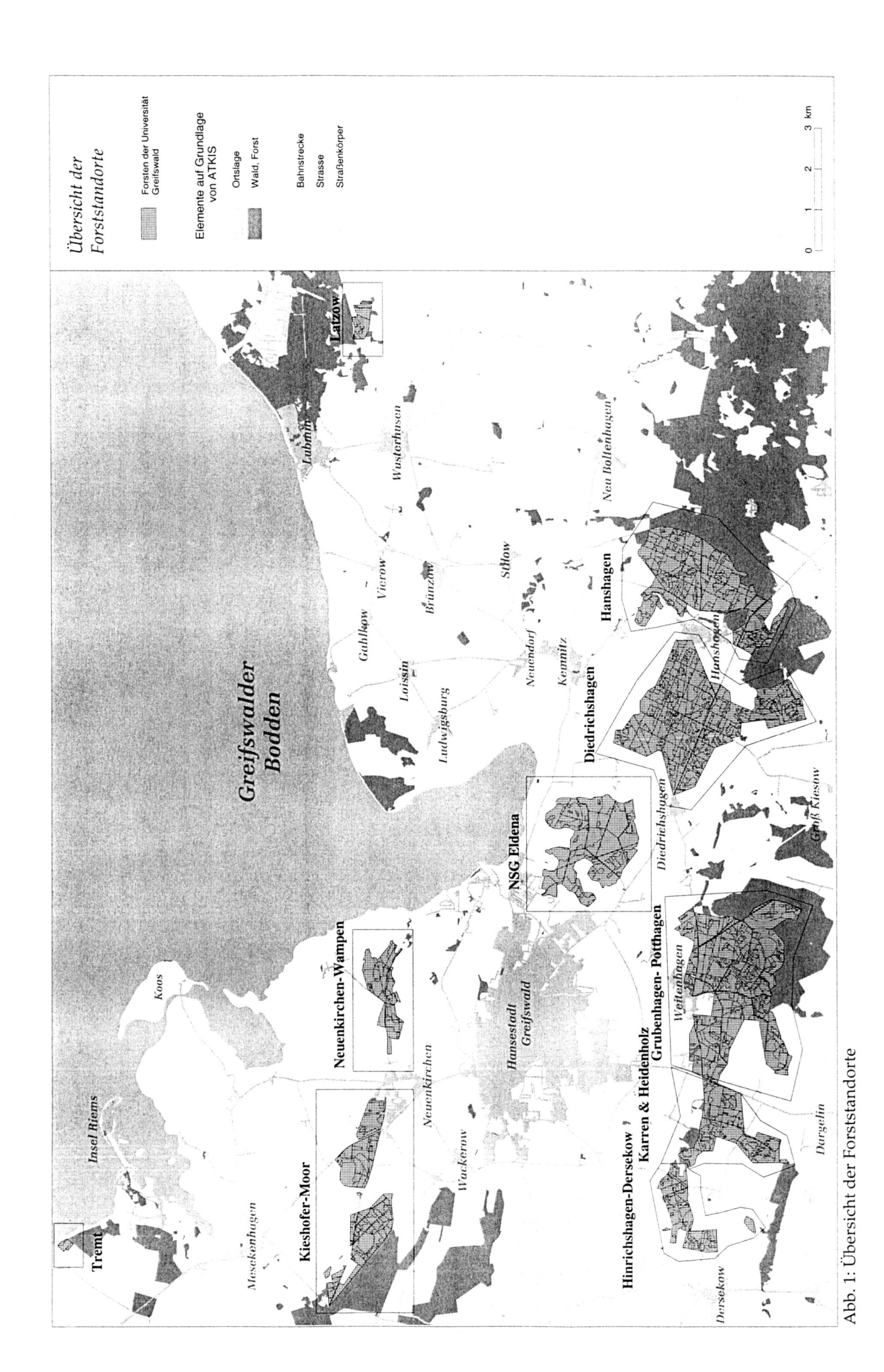

Ausschnitt: NSG Eldena (Revier Eldena)

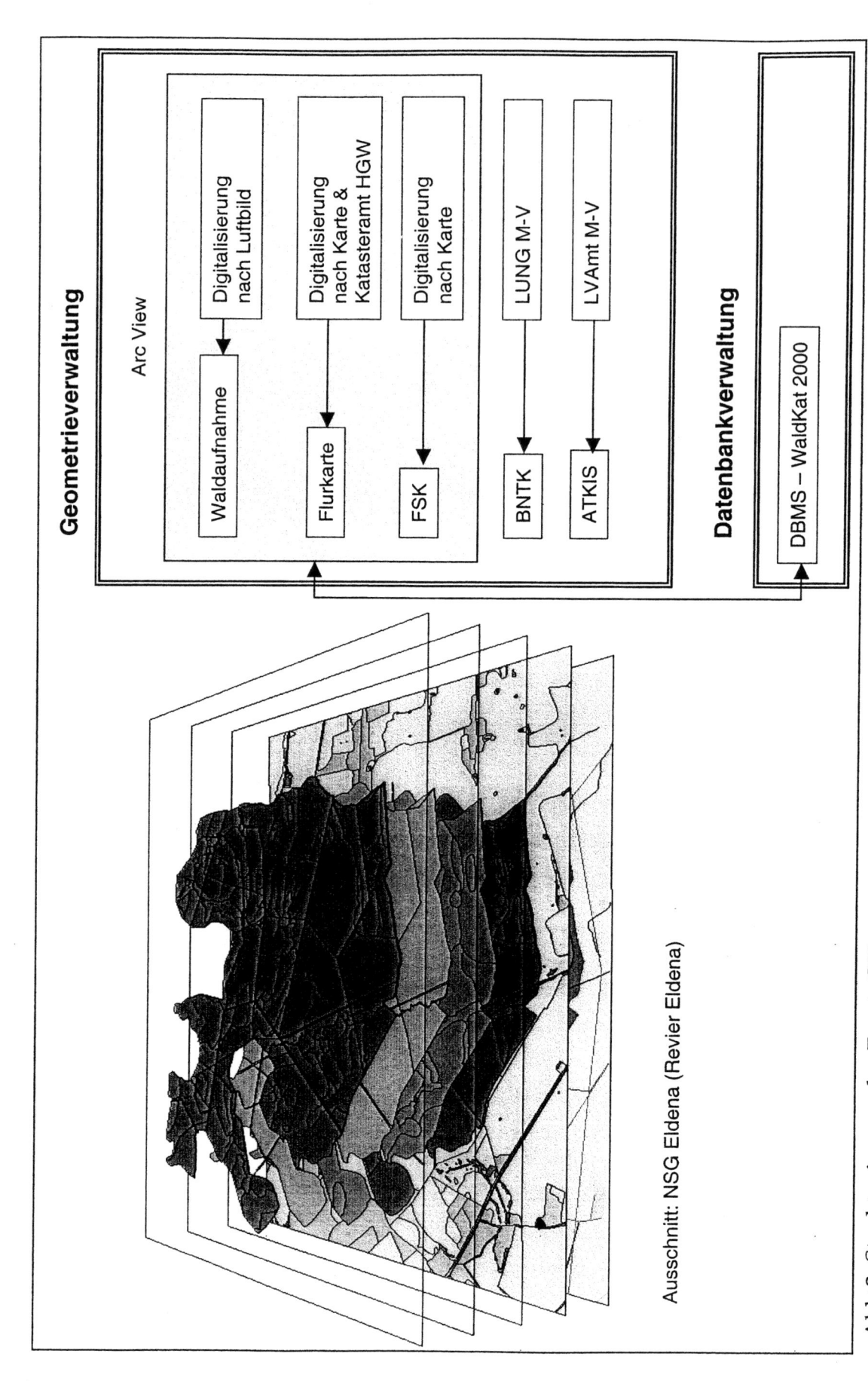

Abb.2: Strukturierung des Forst- GIS

2.1 Forstwirtschaftliche Einheiten

Aus forstwirtschaftlicher Sicht ist vor allem die Unterscheidung von Holzboden- und Nichtholzbodenflächen von Bedeutung. Holzbodenflächen sind die eigentlichen Anbau- und Ertragsflächen, hingegen zählen alle anderen nur als unterstützende Flächen. Die Holzbodenflächen werden in Abteilungen, Unterabteilungen und Unterflächen untergliedert. Die Unterfläche ist die kleinste forstwirtschaftliche Einheit. Sie ist in allen forstlichen Wirtschaftsparametern homogen. Die Holzbodenflächen werden durch die Abteilungsnummer (Zahl), Unterabteilungskennung (Großbuchstabe) und, falls mehr als eine Unterfläche vorhanden ist, mit der Unterflächennummer gekennzeichnet:

> 28A1 = 28 – Abteilung, A – Unterabteilung, 1 – Unterfläche

Zu den Nichtholzbodenflächen (NHB) zählen Holzlagerplätze, Wildäcker und Wildwiesen, Unland, Trassen und Versorgungsschneisen sowie Wasserflächen (außer gewerblich genutzte Fischgewässer). Aber auch Moore und LKW-fähige Wege fallen in diese Kategorie. Normalerweise nehmen sie aber nur einen geringen Teil der Waldfläche ein.

Ausgehend von den Betriebswirtschaftskarten wurden alle Bestände von LANGER (2001) begangen und neu kartiert. Die Ergebnisse wurden von ihm in Luftbilder im Maßstab 1:5.000 eingetragen. Diese waren später die Grundlage für die Digitalisierung. Anschließend wurden alle Teilkarten anhand der ATKIS-Daten referenziert und zusammengefasst.

Grundsätzlich sind alle für den Bestand wichtigen Baumarten in den unterschiedlichen Bestandsschichten erfasst worden. Von großer Bedeutung waren dabei die Arten der Hauptbestandsschicht, aber auch Überhalt, Unterstand und Nachwuchs. Dabei traten selbst in den Unterflächen als den kleinsten forstbetrieblichen Einheiten noch bis zu sechs Mischarten auf. Aus Hauptbestandsarten und den Mischungsanteilen wurden Bestandsformen gebildet, die in Bestandsformengruppen zusammengefasst werden können. Hierbei handelt es sich um acht Gruppen, auf die im Folgenden auch Bezug genommen wird (Abb. 3 und 4).

Tab.1: Bestandsformengruppen und ihre Abkürzungen

Abkürzung	Gruppe	Arten bzw. Gattungen der Gruppe
Ei	Eiche	REi (Roteiche), SEi (Stieleiche), TEi (Traubeneiche)
Bu	Buche	Bu (Rotbuche), Hbu (Hainbuche)
ALh	Andere Laubbäume mit hoher Umtriebszeit	Bah (Bergahorn), SAh (Spitzahorn), Els (Elsbeere), Kir (Kirsche), RKast (Rosskastanie), Rob (Robinie), Th (Tulpenbaum), WLi (Winterlinde)
ALn	Andere Laubbäume mit niedriger Umtriebszeit	As (Aspe), Bi (Birke), EbEs (Eberesche), Rerl (Roterle), SoALn (Sonstige ALn), SPa (Schwarz-Pappel), Wei (Weide), Tkir (Traubenkirsche)
Fi	Fichte	Fi (Fichte), KTa (Küsten-Tanne), SFi (Sitka-Fichte), SoFi (Sonstige Fichten), WTa (Weißtanne), CoTa (Colorado-Tanne)
Dgl	Douglasie	Dgl (Douglasie)
Ki	Kiefer	Ki (Kiefer), Stro (Strobe)
Lä	Lärche	ELä (Europ. Lärche), JLä (Japan. Lärche)

Abb. 3: Forststandort NSG Eldena: Bestandsformengruppen

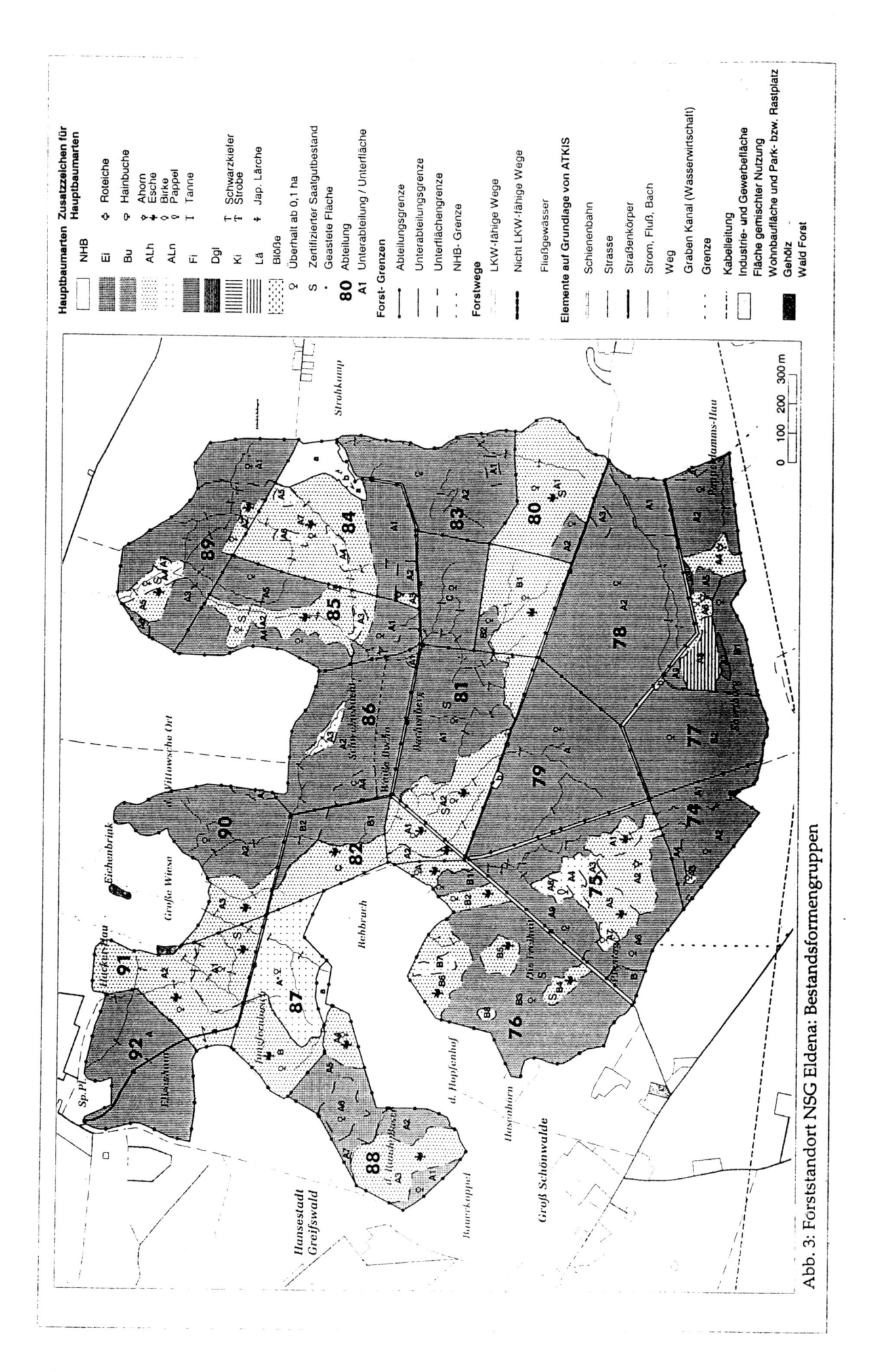

Abb. 4: Forststandort NSG Eldena: Bestandsalter

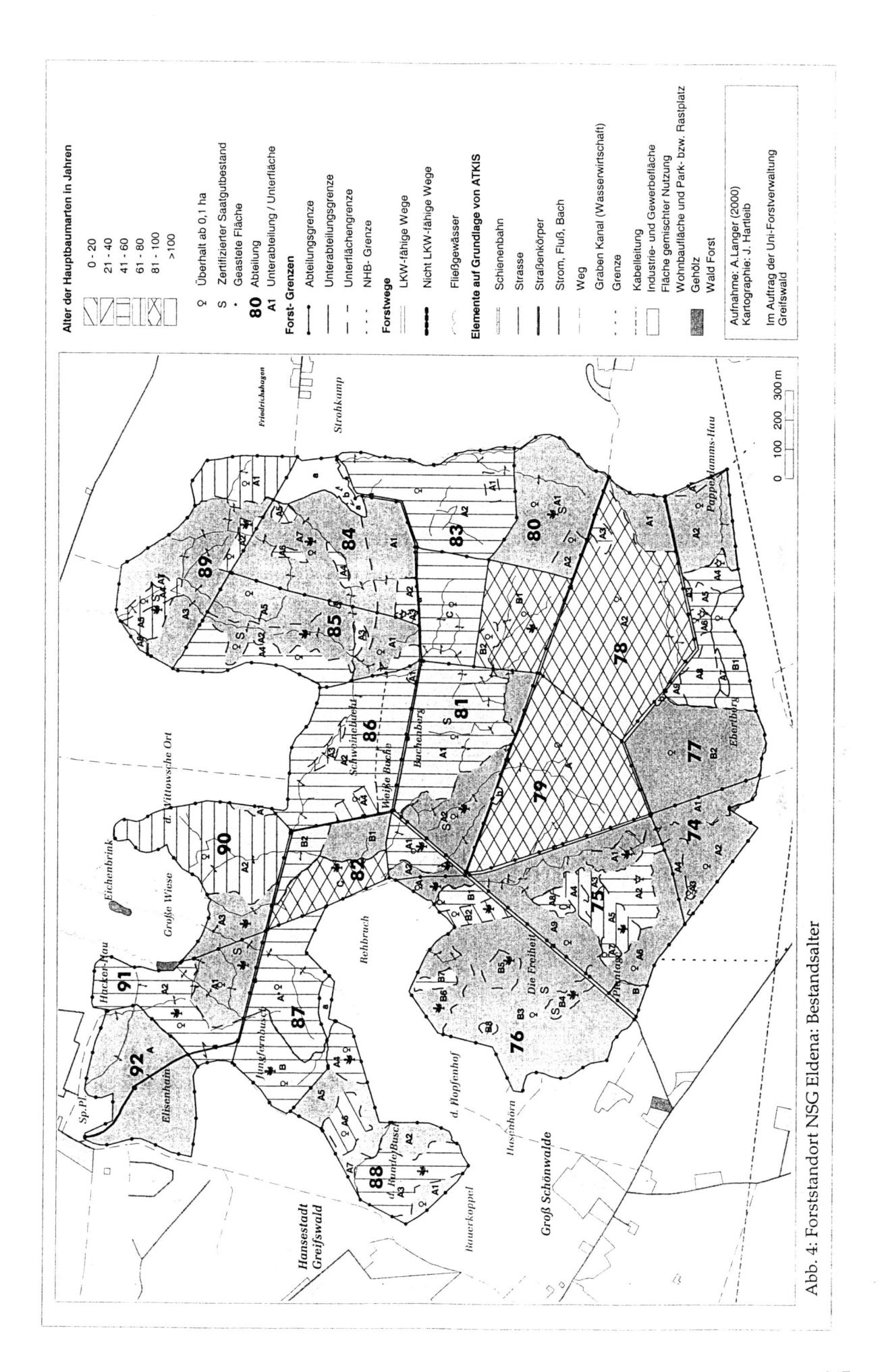

Einige Baumarten (Roteiche, Hainbuche, Ahorn, Esche, Birke, Pappel, Tanne, Schwarzkiefer, Strobe, Japanische Lärche) spielen unter forstwirtschaftlichen Gesichtspunkten eine besondere Rolle und werden deshalb als Hauptbestandsarten mit Zusatzzeichen aufgeführt.

2.2 Topographie

Den topographischen Informationen kommt in diesem Projekt eine besondere Bedeutung zu. Sie sind nicht nur Hintergrundinformation für die Forstbetriebskarten, sondern nehmen auf Grund ihrer Funktion als Referenzierungsgrundlage eine zentrale Stellung ein. Genutzt wurden hierfür die Geometrien des Amtlichen Topographisch-Kartographischen Informationssystems (ATKIS) des Landesvermessungsamtes Mecklenburg-Vorpommern.

2.3 Forstliche Standortkartierung

Für eine perspektivisch ausgerichtete standortgerechte forstliche Bewirtschaftung der Wälder sind detaillierte Standortparameter in die Planung einzubeziehen. Deshalb gingen die Stamm-Nährkraftstufen und Stamm-Feuchtestufen als Widerspiegelung von Boden-, Wasser- und Reliefparametern in das Projekt ein. Diese Informationen mitsamt ihren räumlichen Verbreitungen wurden den Karten der Forstlichen Standortkartierung (FSK) entnommen. Für die Forsteinrichtung wurden die Flächen der Standortkartierung mit den Unterflächen verschnitten und der jeweilige Anteil der Stamm-Nährkraftstufen und der Stamm-Feuchtestufen den Unterflächen zugeordnet.

2.4 Flur-Kataster

Enteignungen während der Nazi-Zeit, Bodenreform, Verstaatlichung und anschließende Rückübertragung lassen heterogene Eigentumsverhältnisse in den Waldbeständen sichtbar werden. Da sich Bewirtschaftung und Bilanzierung auf den jeweiligen Besitzer beziehen, ist das Flurkataster ein wesentlicher Bestandteil des Projektes. Die Brisanz der Information und die angestrebte Genauigkeit hätte flächendeckende amtliche Daten erfordert. Diese lagen aber nur für einen kleinen Teil des Untersuchungsgebietes als Daten des Amtlichen Liegenschafts-Katasters (ALK) vor. Sie wurden in das Projekt integriert und durch die digitalisierten Flurkarten ergänzt. Die dazugehörigen Eigentumsverhältnisse wurden dem Amtlichen Liegenschaftsbuch (ALB) entnommen. Die so gewonnenen Daten mussten anschließend mit den forstlichen Unterflächen abgeglichen werden (Verschneidung der Flurstücke mit den Unterflächen). Die rechnerisch bestimmte Größe der entstandenen Teilflächen konnte nun mit der Flächengröße des Amtlichen Liegenschaftsbuches in Übereinstimmung gebracht werden (Flächenabgleich). Diese Flächengrößen dienten als Grundlage für die forstwirtschaftlichen Berechnungen.

2.5 Diskussion der Geometriedaten

Die Geometriedaten sind über analoge Teilkarten, über deren Digitalisierung und Referenzierung ermittelt worden. Die Vielzahl von kleinen Ausschnitten hatte meist unterschiedliche Maßstäbe. Die Randverzerrung der Luftbilder und der Einbezug von Inselkarten (beispielsweise bei den Flurkarten) führten dazu, dass Teilkarten im Randbereich nicht passfähig waren. Teilweise konnte dies durch die quasi schnittfreie Referenzierungsgrundlage der ATKIS-Daten kompensiert werden. Da die Teilkarten auf Grund ihrer großen Maßstäbe aber oftmals nur wenige Referenzpunkte aufwiesen, mussten gewisse Lageungenauigkeiten mit Überlappungen und Lücken in Randbereichen in Kauf genommen werden. Diese konnten nur manuell und in sehr aufwendiger Kleinarbeit beseitigt werden. Bei zukünftigen Arbeiten dieser Art sollte deshalb abgewogen werden, die analogen Karten vorher zusammenzuzeichnen und anschließend zu digitalisieren. Dies bedeutet anfänglich einen größeren Aufwand, minimiert aber die Nacharbeit erheblich.

Auch die Daten der Biotop- und Nutzungstypen-Kartierung (BNTK) eigneten sich für die Referenzierung recht gut. Teilweise wiesen deren Flächenabgrenzungen sogar eine höhere Genauigkeit mit den Geometrien der Forstkartierung auf als die ATKIS-Daten, was offenbar auf eine geringere Generalisierung der BNTK zurückzuführen ist.

2.6 Tabellendaten

Der größte Teil der Daten wird mit dem ArcView Zusatzmodul WaldKat 2000 der Firma GREENLAB in Form einer Access-Datenbank verwaltet. Dieses Modul erleichtert es dem Kartierer, über zahlreiche Eingabemasken die notwendigen Daten einzugeben. Außerdem verfügt es über zahlreiche Funktionen zur Bewertung und Interpretation der Waldaufnahme. Diese Informationen können über ein Kartenmodul zum Teil auch visualisiert werden. Derzeit werden von dem Modul 82 Attribute verwaltet. Einige bedeutende Erfassungsdaten sind in der folgenden Tabelle dargestellt:

Tab. 2 : Auszug aus der Liste der erfassten Parameter

Attribut	Kurzform
Haupt-Baumart	HBA
Mittleres Alter	AD
Bestandsschicht (Hauptbestand, Nachwuchs, Unterstand, Überhalt)	BS
Mischungsanteil	MISCH
Ertrags- bzw. Leistungsklasse	EK
Gesamt-Bestockungsgrad der Bestandsschicht	BG_Ges
Schadensart	SA
Schadensgrad (3-stufig)	S_GRAD
Dringlichkeitsstufe der Pflegemaßnahme	PFL_DS
Astungsstufe in Metern der Pflegemaßnahme	PFL_A

4 NSG Eldena

Am Beispiel des Forststandortes NSG Eldena sollen im Folgenden einige wenige Ergebnisse demonstriert werden, welche mit Hilfe des Forst-GIS zustande kamen. Der Forststandort „NSG Eldena" befindet sich südöstlich der Stadt Greifswald im unmittelbaren Einzugbereich der Stadt und seiner Universität, ist Naherholungs- und Exkursionsgebiet sowie Gegenstand zahlreicher wissenschaftlicher Untersuchungen (BOCHNIG 1957/59, POWILS 1994, FUKAREK 1996, KWASNIOWSKI 2000 etc.).

Das Gelände wird durch eine flachwellige Grundmoränenplatte geprägt, die im Süden bis zu 30 m NN ansteigt und nach Norden auf 2 m NN abfällt. Der Standort ist vor allem durch Böden auf Geschiebelehm mit Grund- und Stauwassereinfluss geprägt. Markant ist ein umfangreiches künstlich angelegtes Grabensystem, welches zu allen Jahreszeiten mehr oder weniger Wasser führt.

Das heutige NSG Eldena ist als Teil des Amtes Eldena mit der Schenkung durch Herzog BOGISLAW XIV. im Jahre 1634 in den Besitz der Universität gelangt und wird seither (mit einigen Unterbrechungen) auch durch sie bewirtschaftet. Für das heutige Erscheinungsbild ist die Nutzung der letzten 100 Jahre ausschlaggebend. Während des 2. Weltkrieges und in der

Folgezeit wurde der Wald übernutzt. Besonders die Reparationsleistungen hinterließen Spuren, die noch bis heute sichtbar sind (Abb. 3 u. 4). Das NSG und speziell der „Elisenhain" haben einen hohen Beliebtheitsgrad bei der Greifswalder Bevölkerung und sind ganzjährig Anziehungspunkt für Erholungssuchende, was auch auf die teilweise befestigten Wege zurückzuführen ist. Besondere Anziehungspunkte sind vor allem bei Wissenschaftlern die Naturwaldparzellen (ca. 27 ha), welche als Totalreservate ausgewiesen sind. Seit 1961 (JESCHKE et. al. 1980) ist das Gebiet unter Naturschutz gestellt.

Das NSG Eldena umfasst eine Gesamtforstfläche von 416 ha. Es beinhaltet 406 ha Holzbodenfläche und 10 ha Nichtholzbodenfläche. Damit macht das Revier 12,6 % Prozent des gesamten Bestandes des Universitätsforstes aus. Es untergliedert sich in 19 Abteilungen und 45 Unterabteilungen mit insgesamt 108 Unterflächen. Setzt man die Anzahl der Unterflächen und die Gesamtfläche ins Verhältnis, erhält man für Eldena einen Strukturindex von 0,26, der damit im Vergleich zu den anderen untersuchten Gebieten deutlich niedriger ausfällt (Tab. 3). Demzufolge ist der Forststandort Eldena relativ gering strukturiert. Die kleinsten einheitlich aufgebauten und genutzten Waldflächen sind also recht groß.

$$\text{Strukturindex (Sx)} \quad Sx = \frac{Anzahl\ Unterflächen}{Gesamtfläche(ha)}$$

Tab. 3: Struktur und Flächengrößen des Universitäts-Forstreviers

Forststandort	Abteilungen	Unterabteilungen	Unterflächen	Gesamtfläche	Strukturindex
	Anzahl			[ha]	Sx
Diedrichshagen	80	234	782	1530	0,51
Hanshagen	31	75	276	530	0,52
Eldena	19	45	108	416	0,26
Kieshofer Moor	9	35	119	279	0,43
Karren- und Heidenholz	11	28	99	227	0,44
Hinrichshagen-Dersekow	7	23	73	152	0,48
Neuenkirchen-Wampen	4	14	48	122	0,39
Latzow	1	7	13	32	0,41
Tremt	1	1	3	7	0,42

Je kleiner der Index wird, um so größer werden die jeweiligen Flächen. Das heißt, dass damit auch die gleichförmig genutzten, flächigen und unzerschnittenen Bereiche zunehmen.

Hinsichtlich der Baumartenzusammensetzung dominiert im NSG Eldena die Rotbuche (*Fagus sylvatica*) in den unterschiedlichsten Kombinationen mit Edellaubhölzern wie Esche, Wildkirsche oder auch Ahorn (Abb. 5). Es ist eine typische Vergesellschaftung auf frischen Standorten bei vornehmlich basischem Untergrund. Die eingemischten Baumarten sind lichtbedürftig und meist ungleichaltrig. Sie befinden sich in permanenter Lücken-, Loch- und Femelverjüngung. Beobachtbar sind sowohl typische Pionier- als auch verschiedene Sukzessionsstadien, die sich in Richtung auf Buchen-Schlusswaldgesellschaften entwickeln.

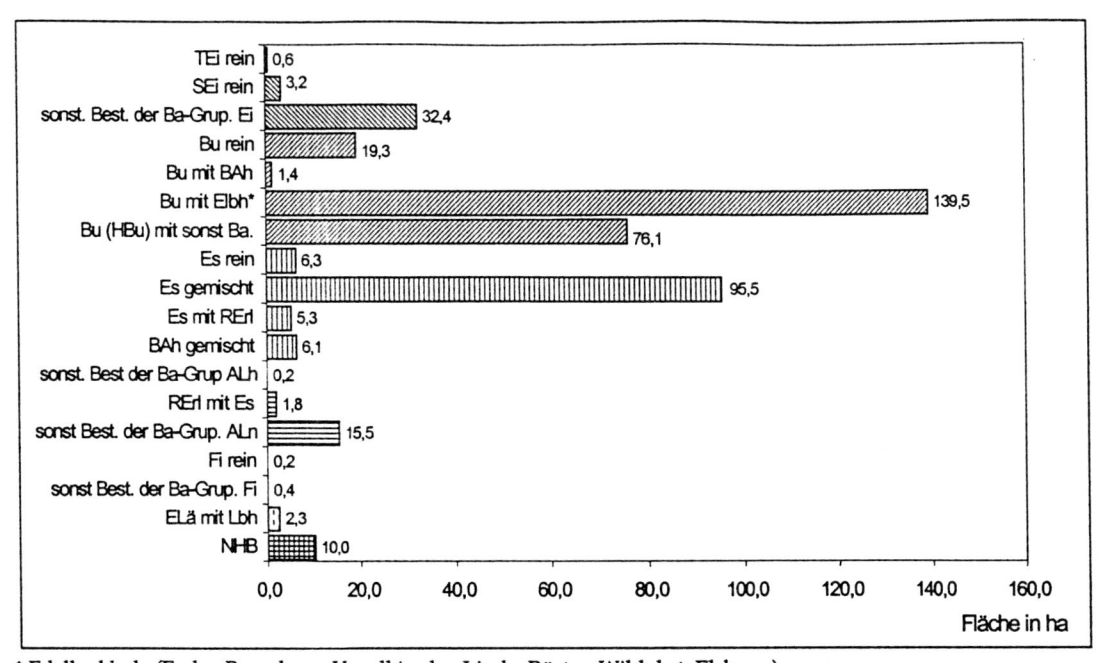

* Edellaubholz (Esche, Bergahorn, Vogelkirsche, Linde, Rüster, Elsbeere)
Abb. 5: Bestandsformen und ihre flächenhafte Ausdehnung im NSG Eldena

Die Altersspanne der Bestandsformen reicht von 10 bis zu 240 Jahren (Abb. 6 u. 7). Die ältesten Baumarten sind dabei Buchen und Eichen. Diese können als Relikte historischer Wirtschaftsformen gedeutet werden, wobei Waldmast und Holzgewinnung wesentliche Faktoren waren.

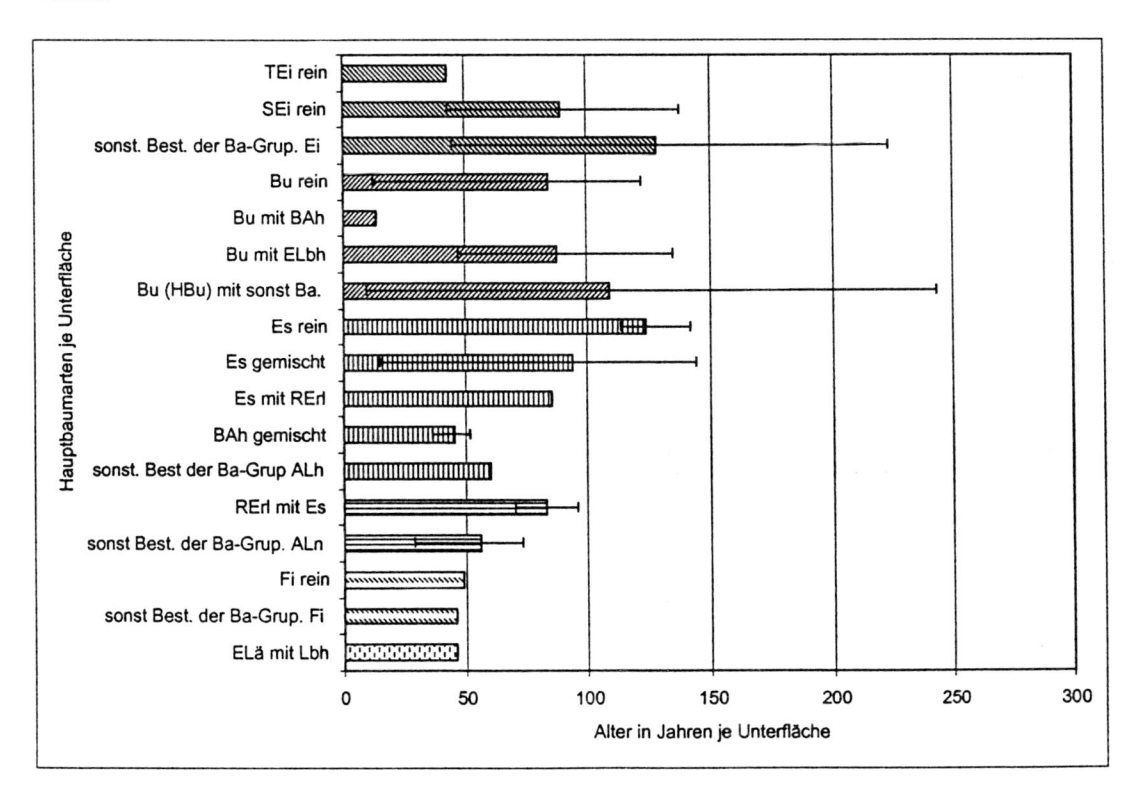

Abb. 6: Zusammensetzung und durchschnittliche Alterstruktur der Bestandsformen im NSG Eldena auf Basis der Unterflächen

Im Untersuchungsgebiet sind frische bis dauerfeuchte Standorte auf reichen bis kräftigen Böden verbreitet (Tab. 4).

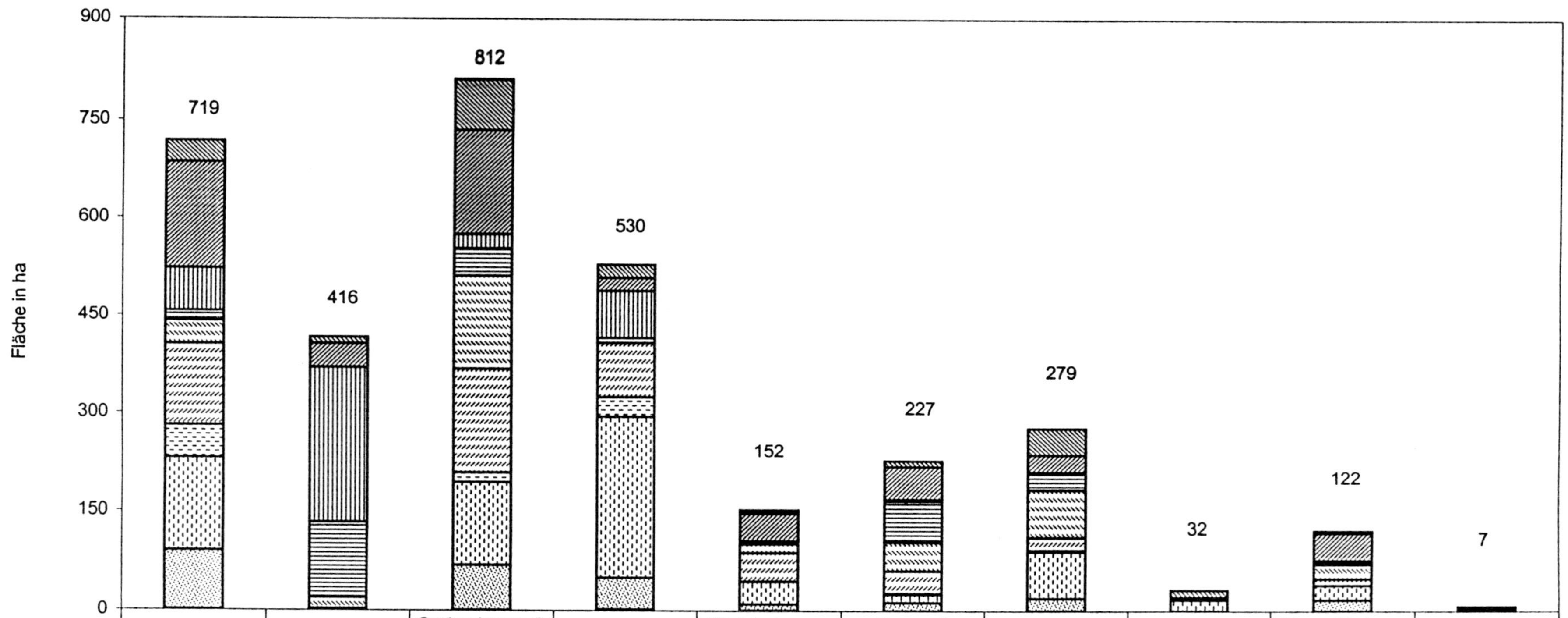

	Diedrichshagen	Eldena	Grubenhagen & Potthagen	Hanshagen	Hinrichshagen-Dersekow	Karren & Heidenholz	Kieshofer-Moor	Lazow	Neuenkirchen-Wampen	Tremt
Eiche	33	10	76	20	5	9	41	10	3	
Buche	163	36	160	20	41	50	28		41	
Alh	65	236	21	74	4	3	3		1	
Aln	16	113	41			61	24		5	
Fi	37	17	144	8	13	44	71	2	22	1
Dgl	124	1	160	83	44	34	19	2	10	
Ki	51		15	29		2	2			1
Lä	138		123	245	35	13	71	17	23	
Blöße	91	2	69	49	10	13	20		17	4
NHB	1		1	2	1		0			

Abb. 7: Übersicht zu den Bestandsarten in den Forststandorten [in ha]

Tab. 4: Stamm-Feuchte und Stamm-Nährkraftstufen im NSG Eldena

Stamm- Feuchte			Stamm Nährkraftstufe				
			R	K	M	Z	A
	↓		Reich	Kräftig	Mäßig Nährstoff-haltig	Ziemlich Arm	Arm
Unvernässte Standorte	Trockner	T 3	R 3	K 3	M 3	Z 3	A 3
	Mittelfrisch	T 2	R 2	**K 2**	M 2	Z 2	A 2
	Frischer	T 1		**K 1**	M 1	Z 1	A 1
Standorte mit Wechselfeuchte	Wechselfrisch	W 2	**WR 2**	**WK 2**	WM 2	WZ 2	
Mineralische Nassstandorte	Dauerfeucht	N 2	NR 2	NK 2	NM 2	NZ 2	NA 2
	Dauernass	N 1	**NR 1**	NK 1	NM 1	NZ 1	NA 1
Organische Nassstandorte	Trockenbrücher	O 4	OR 4	OK 4	OM 4	OZ 4	OA 4
	Brücher	O 3	**OR 3**	OK 3	OM 3	OZ 3	OA 3
	Sümpfe	O 2	OR 2	**OK 2**	OM 2	OZ 2	OA 2
	Pfühle, nasse Sümpfe	O 1	OR 1	OK 1	OM 1	OZ 1	OA 1

0-10ha	10-20ha	20-30ha	30-40ha	40-50ha	>50ha

Die Flurstücke im NSG Eldena sind mit durchschnittlich 8,0 ha vergleichsweise groß. Sie verteilen sich auf 3 Eigentümer, wobei der größte Teil des Gebietes mit mehr als 413 ha Eigentum der Universität Greifswald (> 99 % von 416 ha; gesamt 52 Flurstücke) ist.

5 Resümee

Die Forstverwaltung der Universität Greifswald besitzt heute ein modernes Instrument zur optimalen Forstplanung und Forstbewirtschaftung. Jetzt kommt es darauf an, die Vorzüge und Potentiale eines solchen Systems zu nutzen und vor allem die Daten fortzuschreiben. Die unterschiedlichen Wissenschaftsbereiche der Universität können von diesem System ebenfalls profitieren, da erstmals für die eigenen großen Waldflächen umfassende und einheitliche Datengrundlage vorliegen. Zukünftige Wissenschafts- und Bildungsprojekte können darauf aufbauen. Weitere Informationen, auch von außerhalb der Waldbereiche, lassen sich mühelos hinzufügen. Es sind alle Vorraussetzungen gegeben, ein fachübergreifendes Informationssystem zu etablieren.

Literatur

BOCHNIG, E. (1957): Forstliche Vegetations- und Standortsuntersuchungen in der Universitätsforst Greifswald. Diss. Greifswald, 271 S.

BOCHNIG, E. (1959): Das Waldschutzgebiet Eldena bei Greifswald.- In: Archiv der Freunde der Naturgeschichte Meckl., Bd. 5., S. 75-138.

FUKAREK, F. (1996): Vegetationsveränderungen im Gebiet von Greifswald in den letzten 30 Jahren. – In: Gleditschia, Bd. 24 (1/2), Berlin, S. 227-232

Gesetz zur Erhaltung des Waldes und zur Förderung der Forstwirtschaft (Bundeswaldgesetz; BWaldG) vom 2.Mai 1975

JESCHKE, L., KLAFS, G., SCHMIDT, H. & W. STARKE (1980): Handbuch der Naturschutzgebiete der DDR - Band 1: Bezirke Rostock, Schwerin und Neubrandenburg. 2. Aufl., Leipzig, Jena, Berlin.

KWASNIOWSKI, J. (2000): Boden- und Reliefanalyse zur Abschätzung anthropogener Landschaftsveränderungen im Naturschutzgebiet Eldena (Vorpommern). Diplomarbeit (unveröff.), Geographisches Institut der Universität Greifswald, 94 S.

LANGER, A. (2001): Bericht zur Forsteinrichtung des Forsten der Universität Greifswald (unveröffentl. Manuskript)

POWILS, K. (1994): Die historische Entwicklung des Universitätsforstamtes Eldena/Vorpommern. Diplomarbeit (unveröff.), Fachhochschule Eberswalde, Fachbereich Forstwirtschaft.

WERNICKE, H. (Hrsg.;2000): Greifswald – Geschichte der Stadt. Schwerin, 575 S.

Autor:

Dipl. Geogr. Jörg Hartleib
Geographisches Institut der Ernst-Moritz-Arndt-Universität Greifswald
Friedrich-Ludwig-Jahn-Straße 16, D-17487 Greifswald
e-mail: hartleib@uni-greifswald.de

Degradierung und Wiedervernässungsmöglichkeiten von Niedermooren in der Barther Heide (Vorpommern)

von

Hartmut Rudolphi

Zusammenfassung

Die Barther Heide ist ein bewaldetes Beckensandgebiet westlich von Barth. Im Zuge der Komplexmelioration zwischen 1970 und 1980 wurden dichte Grabennetze in den Feuchtgebieten angelegt und der Hauptentwässerungsgraben, die Planebek, mit einem Schöpfwerk an die Barthe angeschlossen. Im Rahmen dieser Arbeit wurden drei Feuchtgebiete landschaftsökologisch untersucht und auf Grundlage dieser Ergebnisse Vorschläge zur zukünftigen Entwicklung der Niedermoore erarbeitet. Kartiert wurden das Grabennetz, die Grundwasserspiegelhöhen, die Böden und die Vegetation. Als Ergebnis zeigt sich, dass der Hauptanteil der Moorflächen als mäßig entwässert einzustufen ist. Die Grundwasserstände liegen im Sommer bei 50 cm unter Flur, häufiger Bodentyp ist Fen. Es dominieren die Vegetationsformen „Frauenfarn-Erlen-Wald" und „Traubenkirschen-Erlen-Eschen-Wald". Kernpunkt der Schutzmöglichkeiten ist ein Zonierungskonzept mit drei Zonen. Das Ziel dieses Konzeptes ist die Regenerierung der Niedermoore, in denen ein Torfwachstum wieder möglich sein soll.

Abstract

The Barther Heide is a sandy basin deposit with forest in the west of Barth. During the rural engineering between 1970 and 1980 they installed a close net of drains through the wetlands. In the course of this work three wetlands had been examined with methods of landscape ecology and because of this results a program had been suggested for the future way of the low moors. The net of drains, the ground-water level, the soil types and the vegetation had been mapped. The result is, that the main part of the moors is moderately drained. The ground-water level is in summer 50 cm under ground line, a widespread soil type is fen and the typical kinds of vegetation are *Athyrium filix-femina-Alnus glutinosa*-community and *Padus avium-Alnus glutinosa-Fraxinus excelsior*-community. The central point of the future protection is a concept with three zones. The goal of this concept is the regeneration of the low moors, so that a peat growth is again possible.

1 Einleitung

Mit einem Anteil von 12,5 % der Landesfläche sind Moore ein wesentlicher Bestandteil von Mecklenburg-Vorpommern. Wie bereits vielfach beschrieben, ist der Gefährdungsstatus der Moore sehr hoch (Succow 1988, Lenschow 1997). Die jahrhundertlange Bewirtschaftung, vor allem aber die zunehmende Entwässerung und intensivere Nutzung der letzten Jahrzehnte, hat intakte Moorlandschaften nahezu verschwinden lassen. Lenschow (1997) gibt für Mecklenburg-Vorpommern an, dass 62,5 % der Moore stark oder extrem stark entwässert sind. Heute sind nur noch 4 % der Moorflächen im Bundesgebiet als naturnah einzustufen. In Mecklenburg-Vorpommern sind bereits 12 % der ursprünglichen Moore vollständig mineralisiert und damit unwiederbringlich verloren. Auch die Moore der Barther Heide waren von der Komplexmelioration in den 70er Jahren betroffen.

Die durchgeführte landschaftsökologische Analyse der Feuchtgebiete des Untersuchungsgebietes umfasst die Schwerpunkte Boden, Vegetation und hydrologische Verhältnisse. Es werden Vorschläge zum Schutz der Niedermoore gemacht.

2 Untersuchungsgebiet

Die Barther Heide ist ein Waldgebiet im Landkreis Nordvorpommern und liegt westlich von Barth (Abb. 1). Sie wird im Norden vom Bodstedter Bodden, im Westen vom Saaler Bodden, im Süden von einem Zug der Velgaster Staffel und im Osten von dem Fluss Barthe begrenzt. Der Name Barther Heide wurde in Anlehnung an LAUTERBACH & JANKE (in KAISER 2001) verwendet.

Das Waldgebiet hat eine Gesamtgröße von 26,5 km². Die Ausdehnung der Feuchtgebiete beträgt ca. 2,66 km², welche somit ca. 10 % der gesamten Waldfläche ausmachen (Abb. 2).

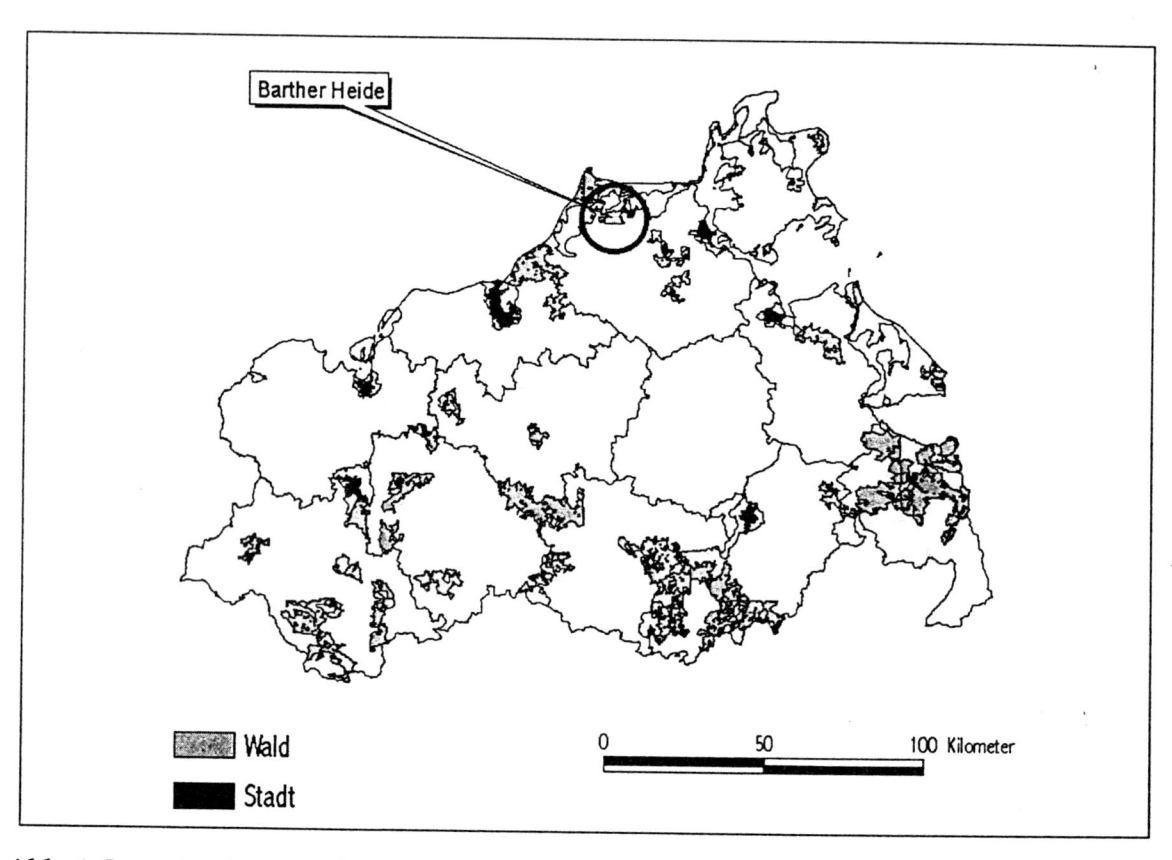

Abb. 1: Lage des Untersuchungsgebietes in Mecklenburg-Vorpommern

Die Entstehung der Barther Heide ist in die letzte Phase des weichselglazialen Eisrückzuges einzuordnen. Geologisch gehört die Barther Heide zusammen mit dem Altdarß zu einem spätpleistozänen Beckensandgebiet. Bis zu 25 m mächtige glazilimnische Sedimente lagerten sich in einem Eisstausee ab. Das Becken ist Teil einer sedimentären Großlandschaft, die von der Rostocker Heide bis nach Hiddensee reicht (KAISER 2001).

Nach KOPP & SCHULZe (1996) gehört das Untersuchungsgebiet zur Makroklimaform λ (Lambda), dem mecklenburgisch-westvorpommerschen Küstenklima. Diese Klimaform bezieht sich auf Besonderheiten des Küstenklimas, das eine starke Humusakkumulation, im Extremfall mit Doppel- und Dreifachfilz-Rohhumus, bewirkt.

Die langjährigen Mittelwerte (1951–1980, METEOROLOGISCHER DIENST DER DDR 1987) von Temperatur und Niederschlag der Station Barth bestätigen diese Lage im Makroklima. Die Jahresdurchschnittstemperatur liegt bei 8°C. Die Monatsmitteltemperaturen reichen dabei von 0°C im Februar bis 16,4°C im Juli. Der mittlere Jahresniederschlag beträgt 624 mm. Den niederschlagsarmen Monaten Februar bis April folgen der Sommer mit den höchsten Niederschlagsmengen (Juli mit 69 mm) und ein niederschlagsreicher Herbst und Winteranfang.

Die nördliche Hälfte des Waldgebietes ist einheitlich von glazilimnischen Sanden aufgebaut und besitzt eine äolisch geprägte Oberfläche. Im Nordosten sind Dünen aus dem jüngeren Holozän anzutreffen, südlich dieser Flächen und im westlichen Teil des Untersuchungsgebietes befinden sich spätglaziale Dünen und Flugsanddecken. Die sich anschließende Niederung besteht aus aneinander gereihten Senken mit geringmächtigen Mudden und Torfen. Ihre Entstehung lässt sich auf Toteis zurückführen (KAISER 2001). Im südwestlichen Teil des Untersuchungsgebietes und auch stellenweise entlang des östlichen Teils der Niederung befinden sich Kuppen von bis zu 5 m Höhe. Diese bestehen aus Geschiebemergel, glazilimnischen Sanden, Schluffen und glazifluvialen Sanden. Die Vollformen werden von KAISER (2001) als Kames angesprochen. Der südöstliche Teil des Gebietes besteht aus glazilimnischen Sanden mit geringer äolischer Überprägung.

Die Nutzungsgeschichte und die heutigen Besitzverhältnisse können wie folgt skizziert werden: *1278* wurde der Wald erstmals schriftlich erwähnt. Fürst WIZLAW II verkaufte den östlichen Teil des Waldes und die beiden Dörfer Alt und Neu Planitz an die „Stadt Bardt" (CURSCHMANN 1944). In einer Urkunde von Fürst WIZLAW III wird der Fluss *Plawenitz* genannt, der bis zur Gäthkenhäger Scheide reichte (BÜLOW 1922). Da es in diesem Bereich außer der Planebek keinen weiteren Fluss gibt, kann davon ausgegangen werden, dass es sich um diese handelte.

Auf den *Schwedischen Matrikelkarten von 1695* ist die Planebek als Grenze zwischen Stadtholz und Gäthkenhagen eingezeichnet. Im Textband zur Schwedischen Matrikelkarte wird das Barther Stadtholz als „stark ausgehauener Kiefernwald" beschrieben. Auf der Fläche seien viele kleine Teiche und Sümpfe vorhanden. Im Kronswinkel stehen Eichen mit Kiefer beigemischt. Südlich der Niederung (Divitzer Forst) ist „schöner Buchenwald" vorhanden. Die Niederung wird als „tiefer Moraststreifen", in der Mitte mit Weiden, an den Rändern mit Buche und Eiche beschrieben. Für den Bereich Gäthkenhagen werden nur Laubbäume wie Eiche, Buche und Espe erwähnt.

Auf dem *Preußischen Urmesstischblatt von 1825* ist für den Divitzer Forst großflächig Nadelwald eingetragen. Westlich von Hermannshagen-Heide im Neuendorfer Holz wurden mehrere Torfstiche angelegt. Wald mit großen Bäumen befand sich nur auf den Kames, auf den umliegenden Flächen wuchs Heidevegetation auf. Auf der Karte sind zum erstenmal Entwässerungsgräben eingezeichnet, die die Moore vor einer Torfnutzung entwässerten. Auf dem *Messtischblatt von 1885* ist die Planebek als ausgebauter Entwässerungsgraben eingezeichnet. Ein dichtes Grabennetz entwässert die landwirtschaftlichen Flächen in die Waldsümpfe oder in die Planebek. Die Nadelwälder südlich der Planebek sind teilweise durch Laubwälder ersetzt worden. Torfstiche sind auf der Karte nicht mehr eingezeichnet, was vermuten lässt, dass der Torfabbau zu jener Zeit schon eingestellt ist.

Anfang der *1970er Jahre* erfolgte eine Komplexmelioration. Dabei wurde das Grabennetz stark verdichtet, die bestehenden Gräben vertieft und in der Folge der Grundwasserspiegel des gesamten Gebietes abgesenkt.

Das Untersuchungsgebiet weist heute folgende Besitzverhältnisse auf:
- Landeswald (Forstrevier Fuhlendorf): W-Teil (ca. 686 ha)
- Kommunalwald (Stadt Barth): NO-Teil (ca. 1.345 ha)
- Privatwald: SO-Teil (ca. 589 ha).

Für die landschaftsökologische Bestandsanalyse wurden drei Teilgebiete ausgewählt (Abb. 2):

Teilgebiet 1 (Fuhlendorf 88,5 ha) liegt am westlichen Rand der Barther Heide im Landeswald. Es handelt sich um das am stärksten degradierte Moor im Untersuchungsgebiet. Für einen großen Flächenanteil kann nur noch die Wasserstufe 2+ angegeben werden.

Teilgebiet 2 (Gäthkenhagen 83,3 ha) gehört zum Privatwald und liegt etwa in der Mitte der Niederung. Hier befinden sich hinsichtlich des Wasserhaushaltes die am besten erhaltenen Moorflächen der drei Teilgebiete.

Teilgebiet 3 (Planitz 146,7 ha) liegt am östlichen Rand des Untersuchungsgebietes und gehört zum Kommunalwald. Es ist das größte Feuchtgebiet der Barther Heide.

Als Grundlage für die Berechnung der Wasserbilanz dient das gesamte Einzugsgebiet des Schöpfwerks Planebek mit einer Größe von 48,2 km². Hierzu gehören der Grossteil der Waldfläche sowie die südlich angrenzenden, landwirtschaftlich genutzten Flächen bis zur Velgaster Staffel.

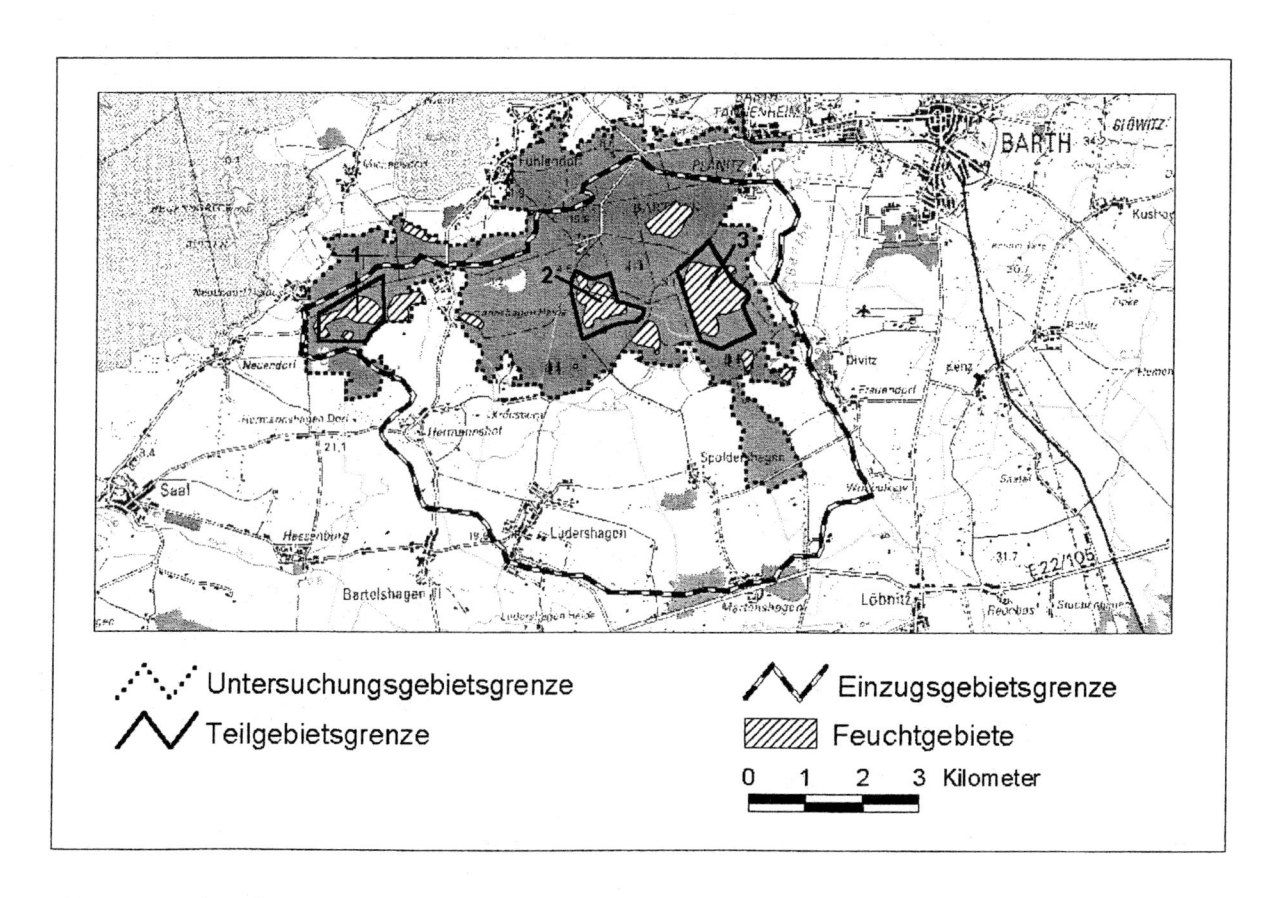

Abb. 2: Feuchtgebiete und Grenzen des Untersuchungsgebietes, der Teilgebiete und des Einzugsgebietes, die Zahlen sind die Nummern der Teilgebiete

3 Methoden

3.1 Ermittlung Grundwassertiefe und des Grundwasserganges

Mit der Erfassung der Tiefe des Grundwasserspiegels wurde das Ziel verfolgt, die verschiedenen Vegetationsformen „zu eichen". Die Messwerte eines Pegelmesspunktes sollten mit Werten aus der Literatur verglichen werden und außerdem auf die anderen Flächen mit gleicher Vegetationsform übertragbar sein. Der Grundwasserspiegel wurde mit Hilfe von drei Pegelreihen mit jeweils drei bis fünf Pegeln gemessen. In jedem Teiluntersuchungsgebiet befand sich eine Pegelreihe. Im Zeitraum von Anfang Oktober 1998 bis Ende September 1999 wurden die Grundwasserstände zweimal pro Monat abgelesen und so der Grundwassergang im Jahr ermittelt.

3.2 Grabenkartierung

Die Richtlinien vom „Deutschen Verband für Wasserwirtschaft und Kulturbau" (DVWK 1996a) zur Gewässerstrukturgütekartierung dienten als Orientierung für die Erarbeitung eines vereinfachten Aufnahmebogens. Kartiert wurden im Maßstab 1:10.000 u.a. Einschnittstiefe, Breite der Oberkante und Breite der Sohle. Beim Ablaufen der Gräben wurde für jeden Graben bzw. Grabenabschnitt eine neue Aufnahme angefertigt. Zur Darstellung der Ergebnisse wurden die Gräben in 4 Kategorien zusammengefasst (siehe 4.2).

Auf Grundlage genauer Angaben zu Tiefe und Vernetzung der Gräben und zum Vorhandensein und zur Funktionstüchtigkeit von wasserwirtschaftlichen Bauwerken können gezielte Vorschläge zur Wiedervernässung erarbeitet werden.

3.3 Boden- und Substratkartierung

Bei der Feldarbeit wurde mit Bohrstock, Moorbohrer, Motorhammer und Schürfgruben gearbeitet. Insgesamt wurden 84 Bohrungen angefertigt und 6 Gruben angelegt. Die Dokumentation der wichtigsten Leitprofile erfolgte mit Hilfe von 6 Gruben. Die Bodenansprache erfolgte nach der Bodenkundlichen Kartieranleitung (AG BODEN 1994 = „KA 4"). Zusätzlich zur „KA 4" wurden die Moorbodenhorizonte, Torf- und Muddearten nach SUCCOW & JOOSTEN (2001) und die Zersetzungsgrade der Torfe (Skala nach POST und GROSSE-BRAUCKMANN, in: SUCCOW & JOOSTEN 2001) angesprochen.

3.4 Vegetation

Der vegetationskundliche Teil der Arbeit umfasst die Vegetationsaufnahmen im Gelände, die Erstellung der Tabelle mit den Vegetationsformen und die Kartierung der Vegetationsformen im Maßstab 1:10.000 (Abb. 3).

3.4.1 Vegetationsaufnahmen

Insgesamt wurden 37 Frühjahrs- und 103 Sommeraufnahmen nach der modifizierten Methode von BRAUN-BLANQUET (1964) angefertigt. Die Flächengröße lag in der Regel bei 100 m². War die Fläche für die Baum- und Strauchschichten nicht repräsentativ, wurde sie für diese Schichten auf die Größe von 400 bis 900 m² erweitert. Auf den trockenen Standorten wurde neben der Sommerkartierung auch eine Frühjahrskartierung durchgeführt, um die Geophyten aufzunehmen. Die Ansprache der Humusformen erfolgte nach der Bodenkundlichen Kartieranleitung (AG BODEN 1994).

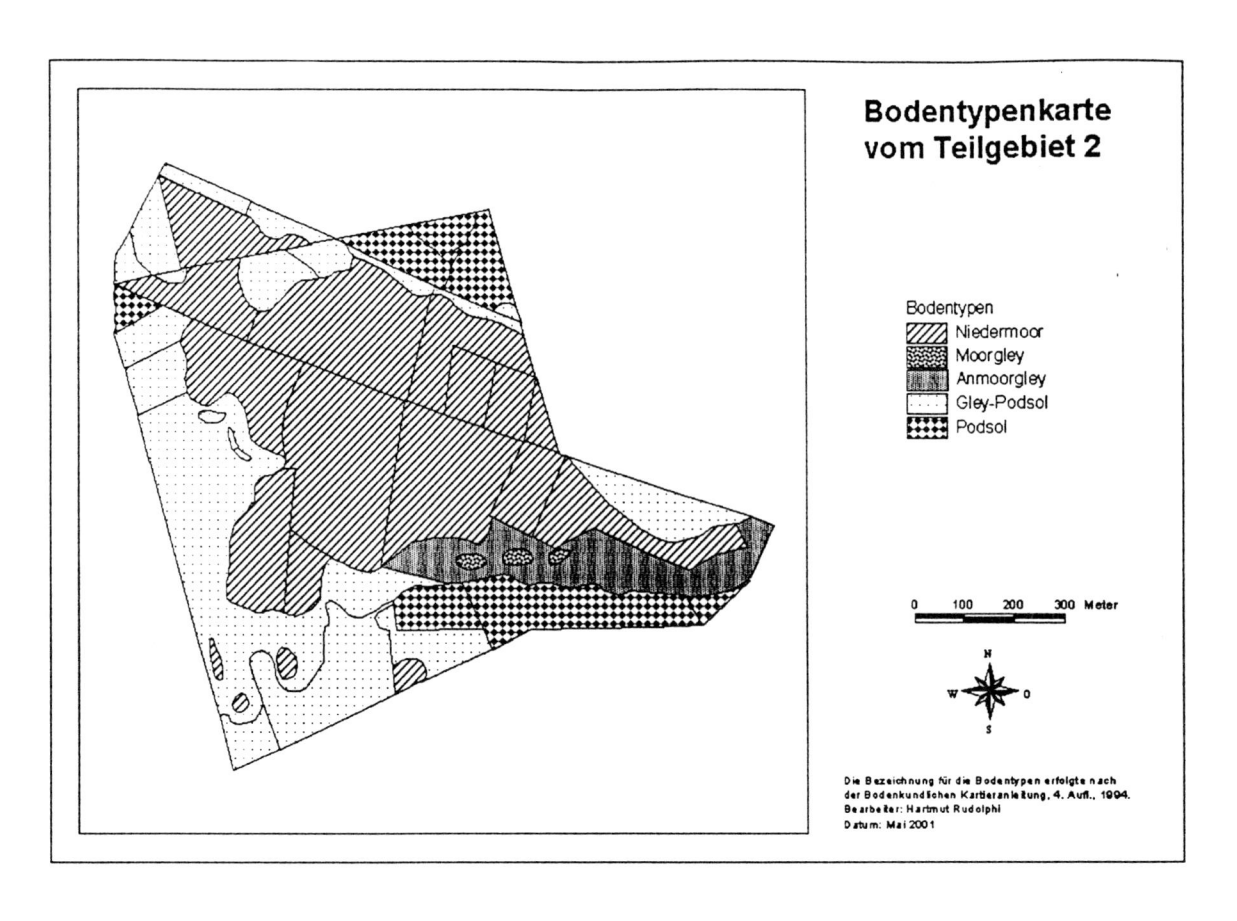

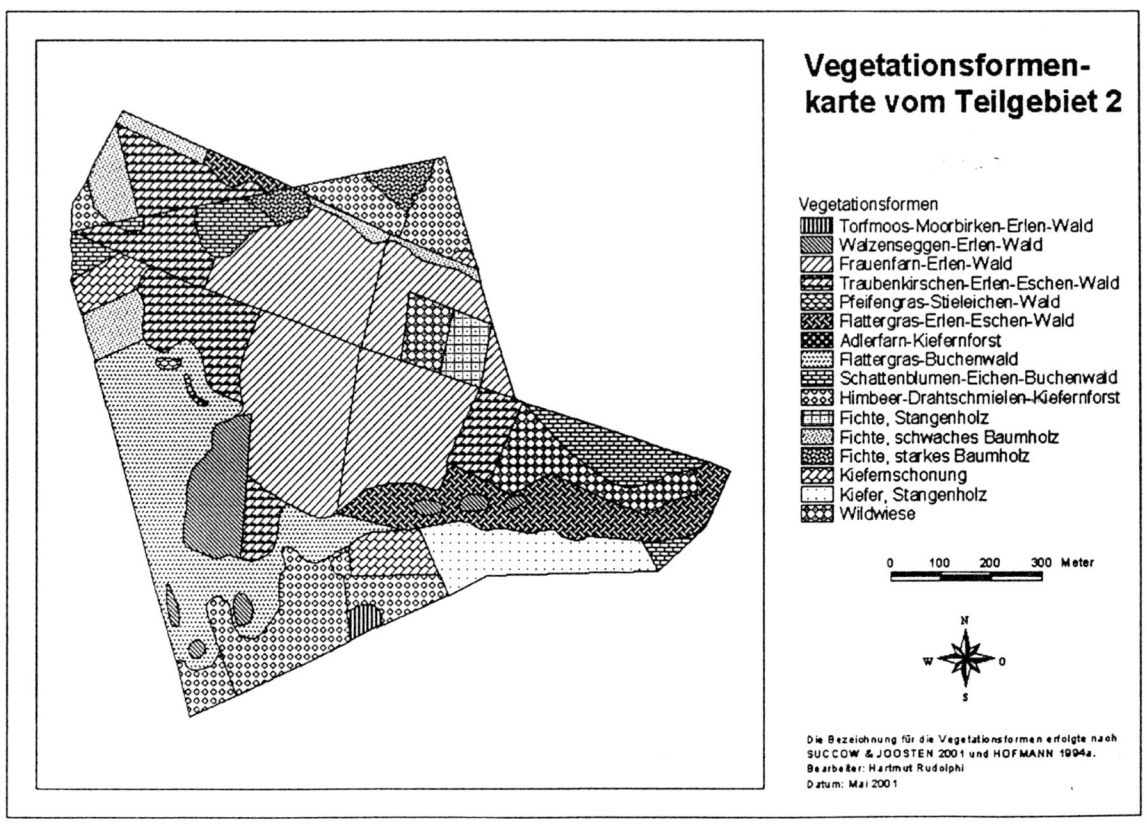

Abb. 3: Bodentypen und Vegetationsformen von Teilgebiet 2 in der Barther Heide

3.4.2 Tabellenarbeit und Ermittlung der Vegetationsformen

Die Vegetationsformen und Artengruppen für die Feuchtgebiete wurden von CLAUSNITZER (in: SUCCOW & JOOSTEN 2001) übernommen, die für die trockneren Standorte von HOFMANN (1994a, b). Als Hauptkriterium der Tabellenordnung wurden die Basis-Wasserstufen gewertet. Die Wasserstufen 5+ und 4+ wurden bei den Vegetationsformen zu einer Gruppe zusammengefasst, da das Untersuchungsgebiet zu trocken ist um die beiden Stufen qualitativ unterscheiden zu können. Innerhalb der Wasserstufen wurden die Arten und Vegetationsformen nach ihrer Trophie sortiert. Zur weiteren Charakterisierung der Vegetationsformen wurde der Wasserregimetyp und die Säure-Basen-Stufe angegeben. Arten, die weder bei CLAUSNITZER (in SUCCOW & JOOSTEN 2001) noch bei HOFMANN (1994a, b) vorkamen, wurden Artengruppen zugeteilt, die vergleichbare ökologische Parameter anzeigen. Für die ökologische Charakterisierung wurden die Feuchte- und Stickstoffzahlen von ELLENBERG et al. (1992) verwendet.

3.4.3 Kartierung der Vegetationsformen

Die flächendeckende Kartierung der 16 ausgeschiedenen Vegetationsformen fand im Jahre 2000 im Gelände anhand der diagnostischen Artengruppen, mit Hilfe der Luftbilder und der forstlichen Standortskarte statt. Bei Nadelholzforsten, die aufgrund fehlender Krautschicht keiner Vegetationsform zugeordnet werden konnten, wurde nur die Baumart und die Wuchshöhe notiert. Es erfolgte eine Einteilung in Pflanzung (bis 0,5 m Höhe), Schonung (bis 3 m Höhe), Stangenholz (bis 10 m Höhe), schwaches Baumholz (bis 20 m Höhe) und starkes Baumholz (ab 20 m Höhe).

3.5 Wasserhaushaltsberechnung am Schöpfwerk Planebek

Das Wassereinzugsgebiet der Planebek wird über ein Schöpfwerk „zwangsentwässert". Über die Kenntnis der Fördermengen und anderer Wasserhaushaltsgrößen kann der Wasserhaushalt des gesamten Einzugsgebietes ermittelt werden. Die Zuordnung dieser Größen auf die beiden Halbjahre ermöglicht zudem Aussagen zu Formen der Wiedervernässung. Auf Grund der Lage des Wassereinzuggebietes der Planebek kann davon ausgegangen werden, dass es neben den Niederschlägen zu keiner weiteren nennenswerten Wasserspeisung kommt. Quellaustritte werden von SANDER (1967) ausgeschlossen. Im Untersuchungsgebiet liegt auch ein Trinkwassereinzugsgebiet, für das jedoch keine Daten vorlagen und das deshalb nicht mit berücksichtigt wurde.

Als Grundlage zur Berechnung des Wasserhaushaltes diente die Formel: Niederschlag = Wasserüberschuss + aktuelle Evapotranspiration + Fördermenge (N = Wa+ETa+F). Da Niederschlag (N) und Fördermenge (F) bekannt waren, konnte der Wasserüberschuss (Wa) mit Wa = N-F-ETa berechnet werden. Die Daten für Niederschlag und Temperatur waren für den Zeitraum 1979 bis 1994 für die Station Barth unvollständig. Daher wurden für diesen Zeitraum die Werte der Station Warnemünde verwendet und mit einem Korrekturfaktor (K_B) für die Station Barth umgerechnet. Zur Berechnung der aktuellen Evapotranspiration (ETa) musste zuerst die potentielle Evapotranspiration (ETp) ermittelt werden. Dazu wurde die temperaturabhängige Formel von BLANEY & CRIDDLE (Etp_{B-C}) mit dem Korrekturfaktor von SCHRÖDTER (in DVWK 1996b) verwendet. Für die Berechnung der aktuellen Evapotranspiration (ETa = pot. Evapotr. * Korrekturfaktor) wurde ein Korrekturfaktor (K_{ETa}) ermittelt. Aus dem Hydrologischen Atlas für Deutschland (BUNDESMINISTERIUM F. UMWELT 2000) wurden die monatlichen Lysimeterwerte von potentieller (ETp_{Eb}) und aktueller Evapotranspiration (ETa_{Eb}) der Station Eberswalde von 1990 entnommen. Aus diesen Werten wurden monatliche Korrekturwerte (K_{Eb}) für Eberswalde errechnet. Da die potentielle Evapotranspiration im Untersuchungsgebiet niedriger ist als in Eberswalde, wurden die Ergebnisse mit einem weiteren Korrekturfaktor (K_U = pot. Evapotransp. Untersuchungsgebiet / pot. Evapotransp. Eberswald) für die Barther Heide umgerechnet. Die Berechnung für ein so kleines Einzugsgebiet kann als sehr grob angesehen werden, daher sind die ermittelten Monatswerte zu hydrologischen Halbjahreswerten zusammengefasst.

4 Ergebnisse
4.1 Grundwassertiefe und -gang

Bei der Interpretation der Ergebnisse muss beachtet werden, dass es sich bei dem Zeitraum der Messungen nur um ein Jahr handelt. Die Ergebnisse werden aber in der Regel durch die Vegetationsformen bestätigt.

Bei den Pegelreihen 1 und 2 sind die üblichen jahreszeitlichen Schwankungen zu erkennen. Ab November ist ein Anstieg des Grundwasserspiegels zu verzeichnen, der erst im Juli wieder deutlich zurück geht. Im Oktober sind die Werte am tiefsten, März und April am höchsten, wobei keine wirkliche Spitze auszumachen ist.

In der Pegelreihe 1 (Abb. 4) liegt der Pegelmesspunkt 1 ca. 220 cm höher als die Messpunkte 2 bis 5. Aus dem Diagramm ist dieser Höhenunterschied deutlich herauszulesen. Selbst bei den höchsten Pegelständen erreicht der Grundwasserspiegel nur eine Höhe von 265 cm unter Flur. Das ist hinsichtlich von stark ausgeprägten Gleymerkmalen bis 52 cm unter Flur (rGo-Bs) bemerkenswert. Die gemessenen Grundwasserstände deuten darauf hin, dass es sich um reliktische Vergleyungsmerkmale handelt. Pegel 2, 3 und 4 haben einen nahezu gleichen Verlauf des Wasserspiegels. Pegel 5 hat eine sehr unregelmäßige Kurve, was mit den Substraten Sand, Schluff und Lehm und mit der Lage am Fuße eines Kame zusammenhängt. So kommt es zu Sickerwasserstau und einer zusätzlichen lateralen Wasserzufuhr.

In der Pegelreihe 2 (Abb. 5) ist ein gemeinsamer Gang des Grundwassers zu sehen. Das um ca. 50 cm verschobene Niveau des Grundwasserspiegels von Pegel 6 lässt sich mit der Nähe zum Vorfluter erklären. Auf den Flächen bei den Pegeln 7 und 8 steht das Wasser für längere Zeit deutlich über Flur.

Bei der Pegelreihe 3 (Abb. 6) sind die fehlenden jahreszeitlichen Schwankungen auffällig. Dies lässt sich auf Schluff als Grundwasserleiter zurückführen. Bei einigen Bohrungen liegt der Torf direkt dem Schluff auf, an anderen Stellen befindet sich nur eine dünne Sanddecke (< 60 cm) darüber. In den Teilgebieten 1 und 2 konnte der Schluff erst in Tiefen zwischen 100 und 300 cm nachgewiesen werden. Pegel 9 liegt ca. 1,5 m höher als die anderen. Pegel 10 liegt in einer Senke und hat in dieser Pegelreihe den höchsten Wasserspiegel zu verzeichnen. Pegel 11 und 12 haben etwa das gleiche Niveau.

Aus der Tabelle 1 ist ersichtlich, welchen Zusammenhang es zwischen Vegetationsformen, Wasserstufen, Bodentypen und den jeweiligen Pegelständen gibt. In den Vegetationsformen Frauenfarn-Erlen-Wald und Pfeifengras-Kiefernforst standen drei Pegel, im Traubenkirschen-Erlen-Eschen-Wald und Walzenseggen-Erlen-Wald jeweils zwei und in den anderen beiden Vegetationsformen einer.

Tab. 1: Pegel mit den dazugehörigen Vegetationsformen, Wasserstufen und Böden
[Zahlen = Wasserstufen nach SUCCOW & JOOSTEN (2001), Wörter = Feuchtestufen nach HOFMANN (1994a)]

Pegel	Vegetationsform (mit Nummer, siehe 4.5)	Basis-Wasserstufe*	Bodentyp
1	14. Sauerklee-Blaubeer-Kiefernforst	mäßig frisch – mäßig	Podsol
2	9. Pfeifengras-Kiefernforst	feucht (2+)	Niedermoor
3	9. Pfeifengras-Kiefernforst	feucht (2+)	Niedermoor
4	9. Pfeifengras-Kiefernforst	feucht (2+)	Niedermoor
5	4. Frauenfarn-Erlen-Wald	3+	Niedermoor
6	4. Frauenfarn-Erlen-Wald	3+	Niedermoor
7	5. Traubenkirschen-Erlen-Eschen-Wald	3+	Niedermoor
8	2. Walzenseggen-Erlen-Wald	5+/4+	Niedermoor
9	10. Adlerfarn-Kiefernforst	mäßig feucht – frisch	Podsol-Gley
10	2. Walzenseggen-Erlen-Wald	5+/4+	Niedermoor
11	4. Frauenfarn-Erlen-Wald	3+	Anmoorgley
12	5. Traubenkirschen-Erlen-Eschen-Wald	3+	Anmoorgley

4.2 Gräben

Insgesamt wurden 67 Gräben bzw. Grabenabschnitte mit einer Gesamtlänge von ca. 25 km und 37 Wasserbauwerke (Einbauten) kartiert. Für die Darstellung der Ergebnisse wurden die Gräben in 4 Kategorien zusammengefasst (Tab. 2).

Tab. 2: Grabenkategorien

Typ	Tiefe [cm]	Breite Oberkante [cm]	Breite Sohle [cm]
1	≤ 50	> 20	> 20
2	> 50 bis ≤ 100	> 40	> 40
3	> 100 bis ≤ 200	> 200	> 60
4	> 200	> 550	> 200

Die Gräben vom *Typ 1* sind entweder alte Gräben, die heutzutage nicht mehr instand gehalten werden oder Gräben, die entlang der Wege verlaufen. Sie spielen in den meisten Fällen für die Entwässerung der Moore nur eine untergeordnete Rolle. *Grabentyp 2* umfasst Gräben, die in jüngerer Zeit entstanden bzw. vertieft worden sind. Sie wurden systematisch in den Feuchtgebieten angelegt, um diese zu entwässern. Sie münden in der Regel in Gräben des *Typs 3*. Dieser Grabentyp dient zum Sammeln des Wassers aus den Feuchtgebieten, um es in die Planebek, Grabentyp 4, zu transportieren. Aus der Planebek wird das Wasser durch ein Schöpfwerk in die Barthe gepumpt. Das *Teilgebiet 1* ist am stärksten entwässert. Die Torfe sind hier stark degradiert. Vor der Einmündung des Hauptentwässerungsgrabens in die Planebek befindet sich ein Stauwehr . Das *Teilgebiet 2* wird von der Planebek in zwei Bereiche geteilt. Der südliche Teil ist die feuchteste Fläche der drei Teilgebiete. Er wird von einem Hauptgraben (Typ 3) durchzogen, ansonsten sind Gräben des Typs 1 vorhanden. Der Hauptgraben ist über ein Stauwehr an die Planebek angeschlossen. Wie im gesamten Untersuchungsgebiet wurden auch hier alle kleinen Feuchtflächen mit Entwässerungsgräben an das Grabensystem angeschlossen. Am stärksten entwässert ist das *Teilgebiet 3*. Es wurde ein dichtes Netz von Gräben des Typs 2 angelegt. Bei Torfmächtigkeiten von 30 bis 50 cm ist eine völlige Mineralisierung der Moore vorprogrammiert. Die Gräben reichen oft mehr als 50 cm tief in den mineralischen Untergrund hinein.

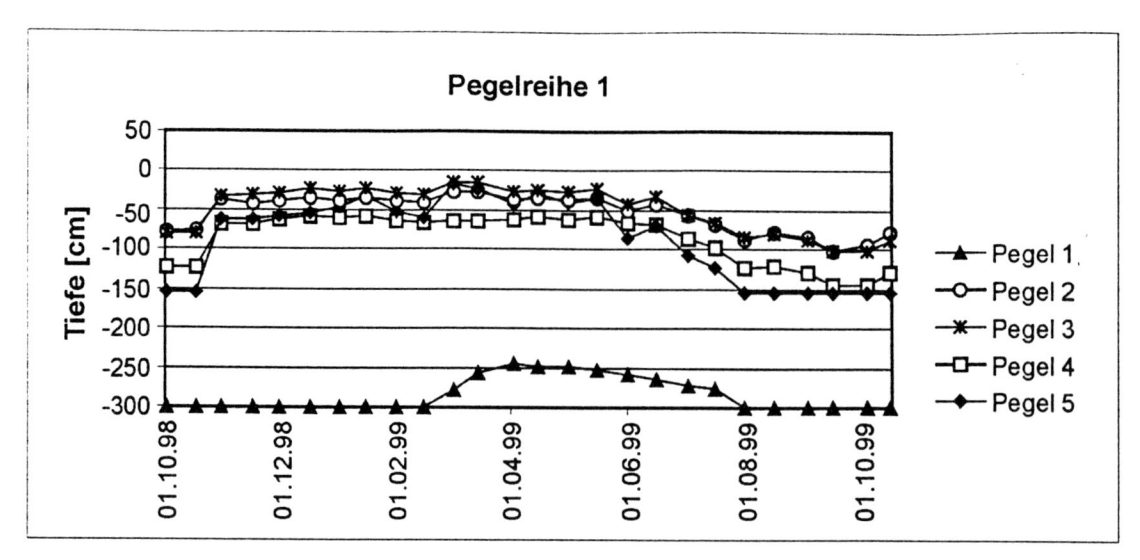

Abb. 4: Pegelreihe 1 im Teilgebiet 1

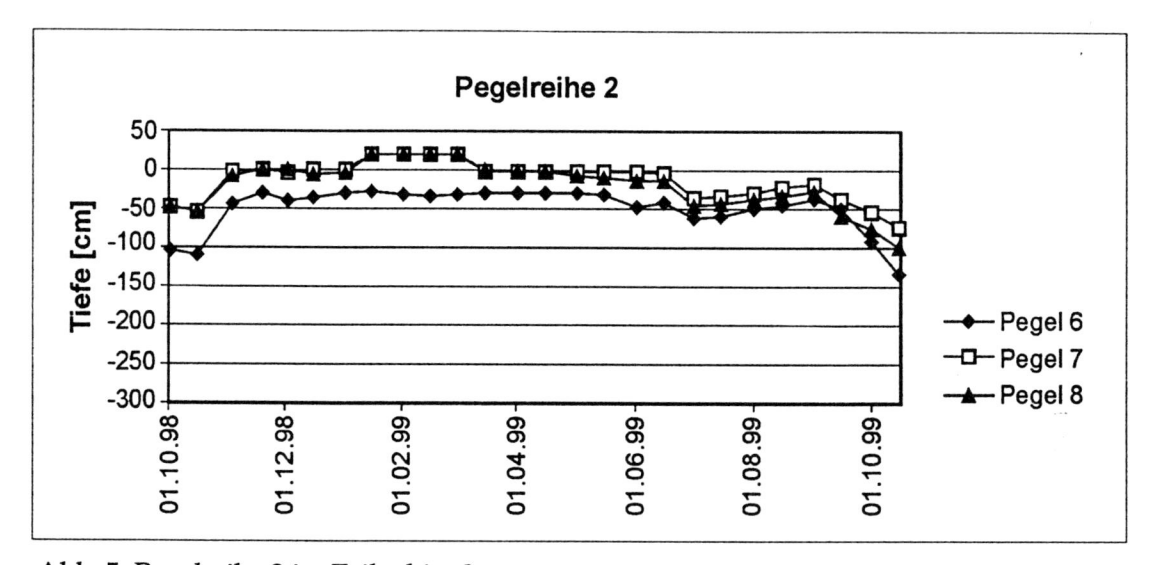

Abb. 5: Pegelreihe 2 im Teilgebiet 2

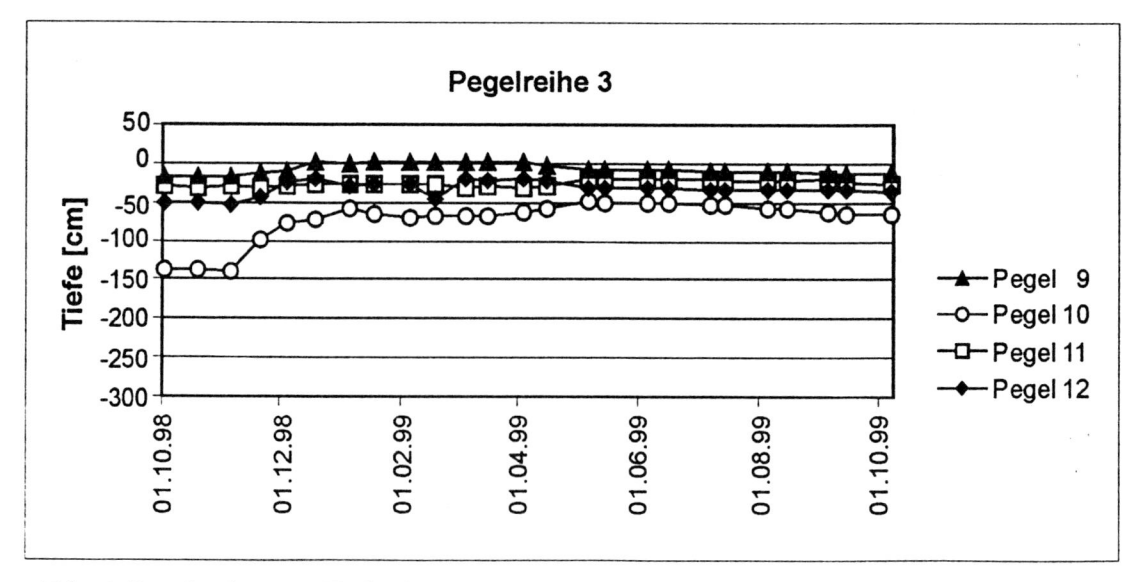

Abb. 6: Pegelreihe 3 im Teilgebiet 3

4.3 Boden und Substrat

Zwei Faktoren bestimmen die Bodenprozesse in der Barther Heide: Das sind das überwiegend sandige Substrat und das Wasser. Die Hauptbodentypen sind Podsol, Gley, Moor und deren Subtypen. Andere Bodentypen kommen nur kleinflächig vor (Abb. 3).

Braunerde

Die Braunerde kommt nur in Teilgebiet 1 vor, sie befindet sich auf einer Kuppe. Das Ausgangssubstrat ist schluffiger Geschiebedecksand über glazifluvialem Sand. Die Horizontfolge mit *Aeh / Bsv / Bv / C* belegt eine leichte Podsolierung. Die Artengruppe Nummer 28 *Hepatica nobilis* zeigt Carbonat (?) an. Als typische Humusform der Buchenwälder ist Moder anzutreffen.

Pseudogley

Die Subtypen mit Pseudogley kommen wie die Braunerde alle im Teilgebiet 1 vor. Der Podsol-Pseudogley befindet sich ebenfalls auf einer Kuppe mit Geschiebedecksand über Geschiebemergel als Ausgangssubstrat. Die Horizontfolge ist *Aeh / Ahe / Bsh / Bs-Sd / C*. Carbonat wird durch die Artengruppe Nummer 28 *Hepatica nobilis* angezeigt. Humusform ist hier Rohhumus. Der Braunerde-Lessivé-Pseudogley ist am südwestlichen Rand des Teilgebietes auf einer leichten Anhöhe zu finden. Substrat ist Geschiebesand über Geschiebemergel. Als Vegetationsform kommt der Flattergras-Buchenwald vor, die Humusform ist Moder.

Podsol

Die Podsole befinden sich im ganzen Untersuchungsgebiet auf den höheren Lagen der Dünen, Flugsanddecken sowie Kuppen mit glazifluvialen und glazilimnischen Ablagerungen. In der Regel sind die Flächen im Norden mit Kiefer (*Pinus sylvestris*), Fichte (*Picea abies, Picea sitchensis*) und Lärche (*Larix decidua, Larix kaempferi*) bepflanzt, im Süden auch mit Buche (*Fagus sylvatica*). Rohhumus ist die vorherrschende Humusform. In Abhängigkeit der Höhenlage und damit der Tiefe des Grundwasserspiegels lösen sich Normpodsol und Gley-Podsol ab, wobei der Gley-Podsol die größere Fläche in den Teilgebieten einnimmt. Die Normpodsole mit der Horizontabfolge *Ahe / Bh / Bhs / C* befinden sich nur in den höchsten Lagen des Gebietes. Oft zeigen auch sie noch Go-Merkmale, die aber dann tiefer als 8 dm u. Fl. liegen. Die Gley-Podsole bilden einen Saum um die Niederungen. Mit der Horizontfolge *Ahe / Bsh / Bhs / Go* bilden sie eine Stufe des Übergangs von Podsol über Gley-Podsol, Podsol-Gley zu Gley. Pseudogley-Podsole und der Braunerde-Podsole kommen mit jeweils nur einer Fläche im Teilgebiet 1 vor. Substrat ist Geschiebedecksand über glazifluvialen Sand bzw. Geschiebemergel. Die Horizontfolge beim Pseudogley-Podsol ist *Aeh / Ahe / Bh / Bs / Sw / Sd*, die Humusform Moder. Als Vegetationsform kommt der Perlgras-Buchenwald vor. Der Braunerde-Podsol befindet sich auf einer Kuppe und bildet den Übergang von der Braunerde zum Podsol. Die Horizontabfolge ist *Aeh / Ahe / Bsv / C* mit rohhumusartigem Moder. Die Fläche wurde mit Lärche (*Larix decidua, Larix kaempferi*) bepflanzt.

Gley

Die Gleye sind neben den Mooren und Podsolen die dritte große Gruppe der Bodentypen im Untersuchungsgebiet. Als Substrat ist Feinsand und Schluff vorhanden, Humusauflagen sind Rohhumus und Rohhumusartiger Moder. Als Subtyp ist der Podsol-Gley mit dem Profil *Ahe / Bhs / Bhs-Go / Go / Gr* anzutreffen. Die Flächen sind mit Fichte (*Picea abies, Picea sitchensis*) und Lärche (*Larix decidua, Larix kaempferi*) aufgeforstet.

Anmoorgley
Anmoorgleye kommen dort vor, wo das Grundwasser lange nahe der Oberfläche steht. Der Humusgehalt des *Aa*-Horizontes beträgt 15 bis 30 %, die Mächtigkeit 10 bis 40 cm. Im östlichen Teil des Teilgebietes 1 bilden die Anmoorgleye einen Saum um die Moorflächen. Im Teilgebiet 2 gibt es sie südlich des Moores. Im Teilgebiet 3 gibt es sowohl in der nördlichen als auch der südlichen Hälfte größere zusammenhängende Gebiete dieses Bodentyps. Hier bilden sie ein Mosaik mit kleinen vermoorten Senken. Die typische Horizontfolge ist *Go-Aa / Go / Gr*. An dem *Go* lässt sich erkennen, dass die Anmoorhorizonte zumeist reliktischen Charakter haben und sich unter den Bedingungen der Grundwasserabsenkung zu Gleyen umwandeln. Als Vegetation sind Eschen-, Erlen-Eschen-, Eschen-Buchen- und Eichen-Buchen-Wälder anzutreffen.

Moorgley
Bei den Moorgleyen liegt der Humusgehalt über 30 %, der H-Horizont ist < 30 cm mächtig. Der Bodentyp Moorgley kommt nur auf kleineren Flächen in den Teilgebieten 1 und 3 vor. Die Horizontabfolge *nH / Go / Gr* weist mit dem *Go*-Horizont auf die Grundwasserabsenkung hin. Auch dieser Bodentyp hat daher reliktischen Charakter. Im Teilgebiet 3 befinden sich auf diesen Flächen Frauenfarn-Erlen-Wälder und Flattergras-Erlen-Eschen-Wälder, im Teilgebiet 1 wurde die Fläche mit Kiefer (*Pinus sylvestris*) und Birke (*Betula pendula*) bepflanzt.

4.4 Moortypen
4.4.1 Hydrogenetische Moortypen
Im Untersuchungsgebiet lassen sich zwei hydrogenetische Moortypen unterscheiden:

Verlandungsmoore
Die untersuchten Moore weisen sich durch das Vorkommen von Mudden unterhalb der Torfe z. T. als Verlandungsmoore aus. Schon auf den Karten der Schwedischen Matrikelkarte des 17. Jh. sind auf diesen Flächen keine Seen mehr eingezeichnet. Stellenweise sind es Mudden des Spätglazials (KAISER 2001). Deshalb sind sie den Versumpfungsmooren gleichzustellen. Als Ausnahme zählt das Schwarze Moor außerhalb der Teiluntersuchungsflächen. Es ist als klassisches Verlandungsmoor anzusprechen, da hier noch eine kleine Restwasserfläche vorhanden ist.

Versumpfungsmoore
Versumpfungsmoore entstehen durch Wasserspiegelanstieg, so dass in Senken zwar Sümpfe, aber keine offenen Wasserflächen entstehen. Zwei Ausbildungen lassen sich im Untersuchungsgebiet differenzieren (nach SUCCOW & JOOSTEN 2001):
- Die Grundwasser-Versumpfungsmoore sind typisch für die sandigen Niederungen. Sie werden durch Grundwasser, das auch im Sommer nicht oder nur knapp unter Flur absinkt, ernährt.
- Die Waldsumpf-Kleinstmoore oder Waldsümpfe entstehen, wenn sich Oberflächenwasser durch verringerte Versickerung in kleinen Senken (< 0,1 ha) ansammelt. Im Sommer fallen diese Moorflächen oft trocken, was im Untersuchungsgebiet ausnahmslos beobachtet werden konnte. Torfbildende Pflanzen sind oft nur mit geringer Deckung vorhanden. Eine größere Ansammlung der Waldsümpfe befindet sich im Süden des Teilgebietes 2, sie sind alle mit dem Entwässerungsnetz verbunden.

4.4.2 Ökologische Moortypen

Für die Ausprägung der Vegetation sind die ökologischen Verhältnisse, vor allem die Wasserstufen-, Trophie- und Säure-Basen-Verhältnisse, von besonderer Bedeutung. Die ökologischen Verhältnisse steuern auch Torfart und Torfwachstum. In naturnahen Mooren können die ökologischen Parameter an der aktuellen Vegetation abgelesen werden. Die Moore können so ökologisch-phytozönologisch eingeteilt werden, was aber nur bei naturnahen oder mäßig entwässerten Mooren möglich ist (SUCCOW & JOOSTEN 2001). Im Untersuchungsgebiet sind zwei ökologische Moortypen zu unterscheiden:

Mesotroph-saure Moore

(Sauer-Zwischenmoore) erhalten saures Mineralbodenwasser. Im Untersuchungsgebiet gibt es nur drei intakte Flächen dieses Moortyps, die Vegetationsformen sind Torfmoos-Moorbirken-Erlen-Wald als naturnaher und Torfmoos-Moorbirken-Wald als mäßig entwässerter Standort. Der Torfmoos-Moorbirken-Erlen-Wald kommt in einer Hohlform in etwas höherer Lage im Teilgebiet 2 vor. Die umliegenden Waldflächen werden mit Gräben dorthinein entwässert. Im Teilgebiet 1 gibt es zwei Vorkommen des Torfmoos-Moorbirken-Waldes, ein kleines Vorkommen in einem Torfstich und ein größeres, das etwas abseits der Niederung liegt. Als stark entwässert, aber trotzdem mesotroph-sauer sind die Flächen mit Pfeifengras-Kiefernforst einzustufen. Diese Flächen liegen ebenfalls im Teilgebiet 1.

Eutrophe Moore

(Reichmoore) bilden die größte Gruppe der ökologischen Moortypen in Mitteleuropa. Der Grossteil der Moorflächen des Untersuchungsgebietes ist als eutroph-subneutral einzustufen. Die Flächen sind in allen drei Teilgebieten anzutreffen und gehen im Teilgebiet 1 sogar ins polytrophe Milieu über. Die Vegetationsformen sind Walzenseggen-Erlenwald auf den naturnahen Standorten, Frauenfarn-Erlen-Wald und Traubenkirschen-Erlen-Eschen-Wald auf mäßig entwässerten Standorten.

4.5 Vegetation

Ähnlich der geologischen Situation lässt sich auch die Vegetation aufgliedern. In der nördlichen Hälfte sind auf den glazilimnischen Sandflächen Kiefern- und Fichtenwälder gepflanzt. In der Niederung stehen je nach Nässegrad Erlen, Eschen und Eichen. Sowohl im südwestlichen als auch im südöstlichen Areal sind Laub- und Nadelwälder vorzufinden. Am Niederungsrand kommen Eschen- und Eichen-Buchenwälder vor, auf den höheren Lagen großflächig Buchen-, Kiefern- und Fichtenwälder.

Insgesamt konnten 16 Vegetationsformen und 54 Artengruppen ausgeschieden werden. In der Tab. 3 wird dargestellt, welche Artengruppen zur Kennzeichnung der Vegetationsformen dienten. Auf Grund der Datenmenge wurde auf eine Auflistung der einzelnen Arten, eine Beschreibung der meisten Vegetationsformen und Artengruppen verzichtet und auf RUDOLPHI (2000) verwiesen. Die Verteilung der Artengruppen zeigt, dass die Niedermoore generell als trocken angesprochen werden können. Nur noch in einer Fläche mit Torfmoos-Moorbirken-Erlen-Wald steht das Grundwasser ganzjährig in oder über Flur. Andere Vegetationsformen der Wasserstufen 5+/4+ und 3+ lassen sich in nasse und trockene Ausbildungen einteilen, wobei schon die nassen Ausbildungen im Vergleich mit Angaben aus der Literatur als relativ trocken eingestuft werden können. Im folgenden werden die drei häufigsten Vegetationsformen der Niedermoorstandorte beschrieben:

Walzenseggen-Erlen-Wald (SUCCOW & JOOSTEN 2001)
Die bei THIELE (2000) und PAULUS (2000) beschriebene Bulten-Schlenken-Struktur mit Vorherrschaft von *Alnus glutinosa* konnte auch im Untersuchungsgebiet nachgewiesen werden. Eine Strauchschicht ist fast gar nicht vorhanden, die Krautschicht ist lückig. Die Deckungsgrade der Krautschicht reichen von 1 % bis 70 % und sind u.a. abhängig von der Dauer der Wasserüberstauung. Das Erscheinungsbild der Krautschicht wird von den Sauergräsern *Carex acutiformis* und *Carex riparia* geprägt. Weiterhin sind *Galium palustre*, *Iris pseudacorus* und *Lycopus europaeus* vorhanden. Wie bei PAULUS (2000) lassen sich auch hier zwei Ausbildungen abgrenzen, eine nasse mit Arten der Wasserstufe 5+ wie *Glyceria fluitans* und *Hottonia palustris* und eine trockene Ausbildung, bei der diese Arten fehlen.

Frauenfarn-Erlen-Wald (SUCCOW & JOOSTEN 2001)
Die Baumschicht wird bei HOFMANN (1994a) mit der Vorherrschaft von *Alnus glutinosa* beschrieben, gelegentlich kommt noch *Betula pubescens* vor. Im Untersuchungsgebiet ist teilweise auf den trockneren Flächen *Fraxinus excelsior* stark vertreten. Auch *Quercus robur* ist regelmäßig in der Baumschicht anzutreffen. Die Strauchschicht ist nach HOFMANN (1994a) teilweise vorhanden. Dies wird zwar im Untersuchungsgebiet im allgemeinen bestätigt, jedoch weisen die Deckungsgrade eine sehr weite Amplitude auf. Als Arten treten vor allem *Prunus padus*, *Corylus avenella*, *Fraxinus excelsior* und *Rubus idaeus* in Erscheinung. Die Krautschicht erreicht in der Regel einen hohen Deckungsgrad, hier ist vor allem die die Vegetationsform auszeichnende *Oxalis acetosella*-Gruppe (31) hervorzuheben. Anhand der Krautschicht lassen sich die Aufnahmen in zwei Ausbildungen trennen. Die nasse Ausbildung ist durch Arten der Wasserstufen 5+ und 4+, wie die *Glyceria fluitans*-Gruppe (2), *Peucedanum palustre* und *Galium palustre* gekennzeichnet. Bei der trockenen Ausbildung fehlen diese Arten, dafür erreichen *Fraxinus excelsior* und die *Sorbus aucuparia*-Gruppe (G5) eine höhere Deckung. Die trockene Ausbildung bildet bei zunehmender Entwässerung den Übergang zum Flattergras-Erlen-Eschen-Wald, bei dem die 3+- bis 5+-Arten fast vollständig verschwunden sind. Anhand der Baumschicht wurden drei Fazies unterschieden: eine typische mit den beschriebenen Arten, eine Birkenfazies mit *Betula pendula* als gepflanzte Art und eine Birkenfazies mit *Betula pubescens*. *Alnus glutinosa* ist in diesen beiden Fazies nicht anzutreffen.

Traubenkirschen-Erlen-Eschen-Wald (SUCCOW & JOOSTEN 2001)
Als eine der artenreichsten Waldgesellschaften Norddeutschlands mit gut entwickelter Strauch- und Krautschicht wird der Traubenkirschen-Erlen-Eschen-Wald bei DIERSCHKE et al. (1987) bezeichnet. In der Baumschicht ist bei entwässerten Niedermoorstandorten *Alnus glutinosa* vorherrschend, in der Strauchschicht *Padus avium*, die als Charakterart genannt wird. Im Untersuchungsgebiet kommt der Traubenkirschen-Erlen-Eschen-Wald nur auf entwässerten Niedermooren der Wasserstufe 3+ vor, die ursprüngliche Vegetation ist daher der Walzenseggen-Erlen-Wald mit der Wasserstufe 5+/4+ (PAULUS 2000). *Padus avium* konnte zur Abgrenzung der Vegetationsform nicht herangezogen werden, da im Frauenfarn-Erlen-Wald die Traubenkirsche mit einer höheren Stetigkeit vorkommt. Zum sehr ähnlichen Frauenfarn-Erlen-Wald grenzt sich der Traubenkirschen-Erlen-Eschen-Wald mit der Trophieunterstufe „reich" und der Säure-Basen-Stufe „subneutral bis basenreich" ab. Zur Abgrenzung im Gelände diente hauptsächlich das Fehlen der *Oxalis acetosella*-Gruppe (31) und der *Quercus robur*-Gruppe (G10). Auch die *Glyceria fluitans*-Gruppe (2) ist im Frauenfarn-Erlen-Wald vertreten, fehlt aber im Traubenkirschen-Erlen-Eschen-Wald. Nur die *Phragmites australis*-Gruppe (17) konnte allein im Traubenkirschen-Erlen-Eschen-Wald nachgewiesen werden. Während das Fehlen von Eichen in der Tabelle von CLAUSNITZER (in SUCCOW & JOOSTEN 2001) nicht bestätigt wird, kam *Phragmites australis* in beiden Tabellen im Traubenkirschen-Erlen-Eschenwald wesentlich häufiger vor als im Frauenfarn-Erlen-Wald. Wie im

Walzenseggen-Erlen-Wald und Frauenfarn-Erlen-Wald lassen sich auch hier zwei Ausbildungen hervorheben: Eine nasse Ausbildung mit gut ausgeprägten Artengruppen der Wasserstufen 4+ und 3+ (*Peucedanum palustre*-Gr. (6), *Carex acutiformis*-Gr. (12) und *Lysimachia vulgaris*-Gr. (13)), und eine trockene, bei der diese Artengruppen nur schwach ausgeprägt sind bzw. fehlen. Statt dessen erreichen hier Arten der Wasserstufe 2- eine höhere Deckung. Diese trockene Ausbildung kann als Übergang zum Flattergras-Erlen-Eschen-Wald der Wasserstufe 2+ angesehen werden. Auch der Jungwuchs von *Fraxinus excelsior* auf diesen Flächen ist dafür ein deutliches Zeichen (DIERSCHKE et al. 1987).

4.6 Wasserhaushaltsberechnung

Mit der Berechnung des Wasserhaushaltes soll aufgezeigt werden, welcher Anteil an der Gesamtmenge des Wassers (= Niederschlag) dem Gebiet zur Grundwasserneubildung zur Verfügung steht. Der „Verlust" wird getrennt in die beiden Bereiche Evapotranspiration und Fördermenge, also der Menge, die durch das Schöpfwerk abgepumpt wird. In Abb. 7 ist die jahreszeitliche Trennung der drei Komponenten dargestellt (Mittelwerte von 1978 - 1998).

Im hydrologischen Sommerhalbjahr verdunstet die gesamte anfallende Wassermenge. Wasser, das zusätzlich geschöpft wird, ist aus dem Grundwasserspeicher des Gebietes entnommen. Im hydrologischen Winterhalbjahr kommen 36 % des Niederschlages der Grundwasserneubildung zugute. Weitere 30 % verdunsten durch Evapotranspiration, der Großteil davon im April, und 34 % des Niederschlages werden in die Barthe geschöpft. Auf ein ganzes Jahr bezogen, stehen nur 15 % der gesamten Wassermenge zur Grundwasserneubildung zur Verfügung, 20 % werden geschöpft und 65 % verdunsten. Wie bereits erwähnt, findet die Trinkwasserentnahme hier keine Berücksichtigung, so dass davon ausgegangen werden kann, dass im Gebiet noch weniger Wasser verbleibt.

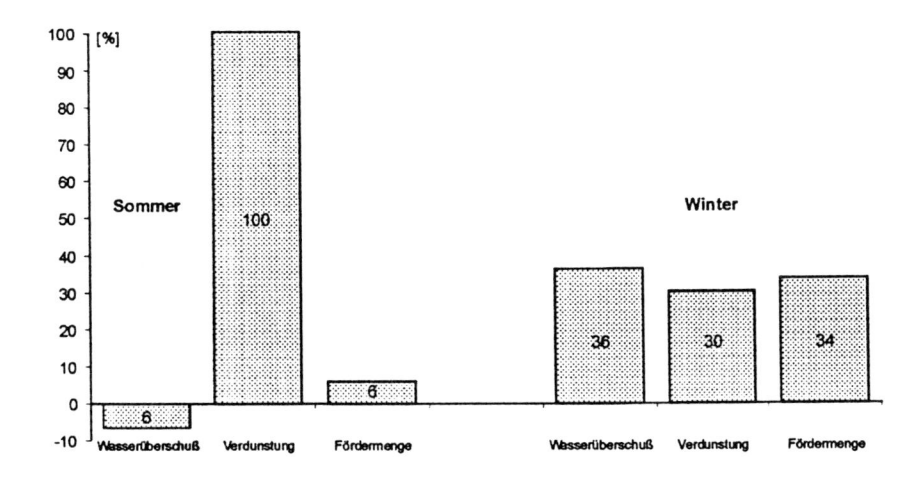

Abb. 7: Halbjahreszeitliche Verteilung von Wasserüberschuss, Evapotranspiration und Fördermenge, Hydrologische Halbjahresmittelwerte 1978 - 1997

Tab. 3 (folgende Seite): Vegetationsformen und Artengruppen des Untersuchungsgebietes

1 Artengruppe zur Kennzeichnung der Vegetationsform
2 Vorkommen der Artengruppe ohne Kennzeichnung
feu: feucht, fri: frisch, tro: trocken, mä: mäßig
meso: mesotroph, eu: eutroph, poly: polytroph
mit: mittel, zieml: ziemlich, sau: sauer, sub: subneutral, ba: basisch

Nummer	1	2		3	4		5		6	7	8	9	10	11	12		13	14	15			16
Vegetationsform	Torfmoor-Moorbirken-Erlen-Wald	Walzenseggen-Erlen-Wald		Torfmoor-Moorbirken-Wald	Frauenfarn-Erlen-Wald		Traubenkirschen-Erlen-Eschen-Wald		Brennessel-Grauweiden-Gebüsch	Pfeifengras-Stieleichen-Wald	Flattergras-Erlen-Eschen-Wald	Pfeifengras-Kiefernforst	Adlerfarn-Kiefernforst	Flattergras-Buchenwald	Perlgras-Buchenwald		Schattenblumen-Eichen-Buchenwald	Sauerklee-Blaubeer-Kiefernforst	Himbeer-Drahtschmielen-Kiefernforst			Sandrohr-Kiefernforst
Ausbildung		nasse Ausbildung	trockene Ausbildung	nasse Ausbildung		trockene Ausbildung	nasse Ausbildung	trockene Ausbildung				Gilbweiderich-Pfeifengras-Kf.										
Fazies													Birkenfazies		Typische Fazies	Ahornfazies			Typische Fazies	Fichtenfazies	Lärchenfazies	Fichten-fazies
Wasserstufe	5+/4+			3+						2+		feu	mä feu-fri	mä fri			mä fri - mä tro	mä tro	mä tro			mä tro-tro
Wasserregimetyp	topogenes Regime			Grundwasserregime															Infiltrationsregime			
Trophiestufen-Gruppe	meso	eu		meso	eu				poly	meso	eu	meso		eu	meso		eu		meso			
Trophiestufe	mit	kräftig - reich		ziemlarm	kräftig		reich		sehr reich	mit	reich	ziemlarm-mit		mit	kräftig		mit		mit - kräftig			zieml arm-mit
Säure-Basen-Stufe	sau	sub - ba		sau	sau - sub		sub - ba		sau	sub-ba	sau			sub	ba		sau		sau			
Anzahl Aufnahmenummern	1	8	5	2	10	8	14	6	2	2	14	9	5	15	3	2	10	5	1	9	6	2

Nr.	Artengruppe	1	2	3	4	5	6	7	8	9	10	11	12	13	14	15	16	17	18	19	20	21	22
Gehölze																							
G1	Myrica gale-Gr.	.	.	.	.	.	.	.	.	2	.	.	2	.	.	.	.	.	.	.	.	.	.
G2	Salix aurita-Gr.	.	.	.	.	.	.	.	.	2	.	.	2	.	.	.	.	.	.	.	.	.	.
G3	Salix pentandra-Gr.	.	2	.	.	.	.	.	.	.	.	.	.	.	.	.	.	.	.	.	.	.	.
G4	Betula pubescens-Gr.	1	1	1	1	1	1	1	1	1	.	.	1	1	.	.	.	.	1	1	.	.	.
G5	Sorbus aucuparia-Gr.	.	.	.	1	1	1	1	1	1	.	1	1	1	1	1	1	1	1	1	1	1	1
G6	Salix cinerea	.	.	.	.	.	.	.	.	1	.	.	.	.	.	.	.	.	.	.	.	.	.
G7	Alnus glutinosa-Gr.	.	1	1	1	1	1	1	1	.	.	1	.	.	.	.	.	.	.	.	.	.	.
G8	Fraxinus excelsior-Gr.	.	1	1	.	1	1	1	1	.	.	1	.	.	1	1	1	1	.	.	.	.	.
G9	Padus avium-Gr.	.	.	.	.	1	1	1	1	.	.	.	.	.	.	.	.	.	.	.	.	.	.
G10	Quercus robur-Gr.	.	.	.	.	1	1	.	.	.	1	1	1	.	.	.	.	1	1	1	1	1	1
G11	Fagus sylvatica-Gr.	.	.	.	.	.	.	.	.	.	1	1	.	.	1	1	1	1	.	.	.	.	.
G12	Viburnum opulus-Gr.	.	.	.	.	2	2	.	.	.	.	2	.	.	.	.	.	.	.	.	.	.	.
G13	Populus tremula-Gr.	.	.	.	.	.	.	.	.	.	1	1	1	.	1	.	.	1	1	1	.	.	1
G14	Pinus sylvestris-Gr.	.	.	.	.	.	.	.	.	.	.	.	1	.	.	.	.	1	1	.	.	.	.
G15	Picea abies-Gr.	.	.	.	.	.	.	.	.	.	.	.	.	.	.	.	.	.	.	1	1	.	1
G16	Larix kaempferi-Gr.	.	.	.	.	.	.	.	.	.	.	.	.	.	.	.	.	.	.	.	.	1	.
Kraut- und Moosschicht																							
Wasserstufe 5+																							
1	Alisma plantago-aquatica-Gr.	.	1	1	.	.	.	.	.	.	.	.	.	.	.	.	.	.	.	.	.	.	.
2	Glyceria fluitans-Gr.	1	1	1	.	1	1	.	.	.	.	.	.	.	.	.	.	.	.	.	.	.	.
3	Carex elata-Gr.	1	.	.	.	.	.	.	.	.	.	.	.	.	.	.	.	.	.	.	.	.	.
4	Lemna minor-Gr.	1	.	.	.	.	.	.	.	.	.	.	.	.	.	.	.	.	.	.	.	.	.
5	Hottonia palustris-Gr.	1	1	1	.	.	.	.	.	.	.	.	.	.	.	.	.	.	.	.	.	.	.
Wasserstufe 4+																							
6	Peucedanum palustre-Gr.	.	1	1	.	1	1	1	1	1	.	1	.	.	.	.	.	.	.	.	.	.	.
7	Carex gracilis-Gr.	.	2	2	.	.	.	.	.	.	.	.	.	.	.	.	.	.	.	.	.	.	.	.
8	Viola palustris-Gr.	.	2	.	.	2	.	.	.	2	.	.	.	.	.	.	.	.	.	.	.	.	.
9	Carex rostrata-Gr.	1	.	.	.	.	.	.	.	.	.	.	.	.	.	.	.	.	.	.	.	.	.
Wasserstufe 3+																							
10	Iris pseudacorus-Gr.	.	1	1	.	1	1	1	1	1	.	.	.	.	.	.	.	.	.	.	.	.	.
11	Ranunculus repens-Gr.	.	1	1	.	.	.	.	.	.	.	.	.	.	.	.	.	.	.	.	.	.	.	.
12	Carex acutiformis-Gr.	1	1	1	.	1	1	1	1	.	.	.	.	.	.	.	.	.	.	.	.	.	.
13	Lysimachia vulgaris-Gr.	1	1	1	.	1	1	1	1	.	.	1	.	.	.	.	.	.	.	.	.	.	.
14	Calamagrostis canescens-Gr.	.	2	.	2	.	.	2	.	.	.	.	.	.	.	.	.	.	.	.	.	.	.
15	Carex appropinquata-Gr.	.	.	.	.	.	.	2	.	.	.	.	.	.	.	.	.	.	.	.	.	.	.
16	Sphagnum palustre-Gr.	1	.	.	1	.	.	.	.	.	.	.	.	.	.	.	.	.	.	.	.	.	.
Wasserstufe 2+																							
17	Phragmites australis-Gr.	.	1	1	.	.	.	1	1	1	.	1	1	.	.	.	.	.	.	.	.	.	.
18	Deschampsia cespitosa-Gr.	.	1	1	.	1	1	1	1	.	.	.	.	.	.	.	.	.	.	.	.	.	.
19	Juncus effusus-Gr.	2	2	2	.	2	.	2	.	2	.	.	2	2	.	.	.	.	.	.	.	.	.
20	Cirsium oleraceum-Gr.	.	2	.	.	2	.	2	2	.	.	.	.	.	.	.	.	.	.	.	.	.	.
21	Carex remota-Gr.	.	1	1	.	.	.	.	.	.	.	.	.	.	.	.	.	.	.	.	.	.	.
22	Geum rivale-Gr.	.	.	.	.	1	1	.	.	.	.	.	.	.	.	.	.	.	.	.	.	.	.
Wasserstufe 2-																							
23	Humulus lupulus-Gr.	.	.	.	.	1	1	1	1	.	.	.	.	.	.	.	.	.	.	.	.	.	.
24	Urtica dioica-Gr.	.	1	1	.	1	1	1	1	1	.	.	.	.	.	.	.	.	.	.	.	.	1
25	Festuca gigantea-Gr.	.	1	1	.	1	1	1	1	1	.	1	.	.	.	.	.	.	.	1	1	1	1
26	Milium effusum-Gr.	.	.	.	.	1	1	1	1	.	.	1	.	.	1	1	.	.	.	.	1	1	.
27	Holcus lanatus-Gr.	.	2	.	.	1	.	2	.	.	.	2	2	.	.	.	.	2	.	.	.	.	2
28	Hepatica nobilis-Gr.	.	.	.	.	.	.	.	.	.	.	.	.	.	1	1	.	.	.	.	.	.	.
29	Mnium hornum-Gr.	.	.	.	.	.	.	.	.	.	.	.	.	1	.	.	.	1	1	1	1	1	1
30	Moehringia trinervia-Gr.	.	.	.	.	1	1	1	1	1	.	1	.	1	1	1	1	1	1	1	1	1	1
31	Oxalis acetosella-Gr.	.	.	.	.	1	1	1	1	.	.	1	.	1	1	1	1	1	1	1	1	1	1
32	Hypnum cupressiforme-Gr.	.	.	.	.	1	1	.	.	.	.	.	.	1	.	.	.	1	1	1	1	1	1
33	Dryopteris dilatata-Gr.	.	.	.	.	.	.	.	.	.	.	.	.	1	.	.	.	1	1	1	1	1	1
34	Molinia caerulea-Gr.	.	.	.	1	.	.	.	.	.	1	.	1	1	.	.	.	1	1	1	1	1	1
35	Pteridium aquilinum-Gr.	.	.	.	.	.	.	.	.	.	.	.	.	1	.	.	.	1	1	1	1	1	1
36	Avenella flexuosa-Gr.	.	.	.	1	.	.	.	.	.	.	.	1	1	.	.	.	1	1	1	1	1	1
37	Vaccinium myrtillus-Gr.	.	.	.	.	.	.	.	.	.	.	.	.	1	.	.	.	1	1	1	1	1	1
38	Pohlia nutans-Gr.	.	.	.	.	.	.	.	.	.	.	.	.	2	.	.	.	2	.	.	2	2	.

5 Diskussion

Die Feuchtgebiete der Barther Heide sind ein wesentlicher Bestandteil des Beckensandgebietes. Im Landschaftshaushalt spielen sie eine wichtige Rolle, insbesondere in bezug auf den Wasserhaushalt, die Stoff- und Energieflüsse, den Arten- und Biotopschutz und nicht zuletzt auch für den Nutzungs- und Erholungswert für den Menschen.

5.1 Moordegradierung

Verschiedene Autoren haben die Bodenbildung in entwässerten Mooren ganz allgemein oder für bestimmte Untersuchungsgebiete klassifiziert. Bei der Klassifizierung der Moorböden der Barther Heide wurde die Einteilung von SUCCOW & JOOSTEN (2001) übernommen (Tab. 4). Die Horizontfolgen und die Wasserstufen galten als Kriterien.

Tab. 4: Bodenentwicklung auf Niedermooren bei zunehmender Nutzungsintensivierung (aus SUCCOW & JOOSTEN 2001)

	unentwässert	schwach entwässert	mäßig entwässert	stark entwässert	schwach degradiert	stark degradiert
Horizontfolge	T	Tv´ T	Tv (Ts) T	Tv¯ Ta´ Ts T	Tm´ Ta Ta´ Ts T	Tm¯ Ta¯ Ta Ta´ Ts T
Bodenentwicklung	unvererdet	beginnende schwache Vererdung	mäßige Vererdung	starke Vererdung	beginnende Vermulmung	ausgeprägte Vermulmung
Bodentyp	Ried	Fenried	Fen	Erdfen	Fenmulm	Mulm
Grundwasserstand im Sommer [dm u. Fl.]	in oder über Flur	1-2,5	2,5-4,5	4,5-7	7-10	10-15
Wasserstufe	5+	4+	4+ 3+	3+ 2+	2+ 2-	2-

Dabei zeigt sich, dass der Großteil der angetroffenen Moore als mäßig entwässert einzustufen ist (3+) und als Vegetationsform in der Regel Frauenfarn-Erlen-Wälder und Traubenkirschen-Erlen-Eschen-Wälder vorkommen. Als unentwässertes Moor ist nur noch eine Moorfläche mit der Vegetationsform Torfmoos-Moorbirken-Erlen-Wald im Teilgebiet 2 vorhanden. Die Walzenseggen-Erlen-Wälder befinden sich auf den schwach entwässerten Flächen. Im Teilgebiet 2 kommt die einzige größere Fläche dieses Vegetationstyps vor, ansonsten handelt es sich um kleine bis sehr kleine Senken, die als Waldsümpfe (siehe 4.4.1) beschrieben wurden. Als stark entwässert bis schwach degradiert gelten die östlichen Flächen im Teilgebiet 1 mit Pfeifengras-Kiefernforst.

5.2 Gefährdete Vegetationsformen

Die Gefährdung der in der Barther Heide nachgewiesenen Vegetationsformen auf Standorten mit Wasserstufen ≥ 2+ teilt sich wie folgt auf (nach SUCCOW & JOOSTEN 2001, erweitert):

mesotroph-saurer Standort
Torfmoos-Moorbirken-Erlen-Wald   5+/4+   gefährdet
Torfmoos-Moorbirken-Wald   3+   gefährdet
Pfeifengras-Stieleichen-Wald   2+   gefährdet
Pfeifengras-Kiefernforst   2+   nicht gefährdet

eutropher Standort
Walzenseggen-Erlen-Wald   5+/4+   gefährdet
Frauenfarn-Erlen-Wald   3+   gefährdet
Traubenkirschen-Erlen-Eschen-Wald   3+   gefährdet
Flattergras-Erlen-Eschen-Wald   2+   nicht gefährdet

polytropher Standort
Brennessel-Grauweiden-Gebüsch   3+   nicht gefährdet

Bezogen auf die Flächen der drei Teilgebiete mit Wasserstufen ≥ 2+ (inklusive Pfeifengras-Kiefernforst), sind 63 % (= 98 ha) der Flächen als gefährdet einzustufen und 37 % (= 57 ha) als nicht gefährdet.

5.3 Vorschläge zur zukünftigen Entwicklung

5.3.1 Bisheriger Schutzstatus

Der Wald der Barther Heide und vor allem die dort vorkommenden Feuchtgebiete sind durch verschiedene Landes- und Bundesnaturschutzgesetze geschützt.

So gehört die Barther Heide zum Landschaftsschutzgebiet „Boddenlandschaft". Landschaftsschutzgebiete stehen u.a. „... zur Erhaltung, Wiederherstellung oder Entwicklung der Funktionsfähigkeit des Naturhaushaltes ..." unter Schutz (§ 23 Landesnaturschutzgesetz M.-V., 1998). Der § 23, Absatz 2 besagt: „... in einem Landschaftsschutzgebiet ... sind alle Handlungen verboten, die den Charakter des Gebietes verändern können oder dem besonderen Schutzzweck zuwider laufen, insbesondere wenn sie den Naturhaushalt schädigen oder das Landschaftsbild verunstalten können." In der Verordnung des LSG gehören „großflächige Veränderungen der wasserwirtschaftlichen Verhältnisse durch Grundwasserabsenkung oder Entwässerungen" zu den erlaubnispflichtigen Handlungen und sind somit bedingt möglich (Verordnung § 5, (1), 3.; LANDKREIS NORDVORPOMMERN 1996).

5.3.2 Empfehlungen zur zukünftigen Entwicklung der Feuchtgebiete

Für die Feuchtgebiete der Barther Heide werden folgende Maßnahmen empfohlen:
1. Nutzungsverzicht und keinerlei Eingreifen auf den Moorstandorten
2. Schonende Bewirtschaftung auf den semiterrestrischen Böden (Gleye, Anmoorgleye, Moorgleye)
3. Entnahme der Nadelbäume aus den Feuchtgebieten
4. Renaturierung der Waldsumpf-Kleinstmoore
5. Erhöhung des Wasserstandes der Planebek
6. Zonierungskonzept für Moorrenaturierungsbereiche mit Pufferzonen

Waldwirtschaft (Maßnahmen 1 - 3)
Auf den mäßig bis schwach entwässerten Mooren findet derzeit kaum eine Nutzung statt. Nach SCHOPP-GUTH (1999) sollte grundsätzlich auf eine Nutzung in Mooren verzichtet werden, um eine Moorregeneration zu gewährleisten. Waldbauliche Maßnahmen sind im Untersuchungsgebiet in der Regel auf Standorten mit Gleyen und mäßig bis stark entwässerten Mooren anzutreffen. Gegen die Nutzung auf mineralischen Böden ist nichts einzuwenden, sie sollte aber unter bestimmten Voraussetzungen stattfinden. Dazu gehören die vom NATURSCHUTZBUND DEUTSCHLAND (1998) gestellten Forderungen nach einer ökologisch orientierten Waldwirtschaft, wie z. B. Verzicht auf Kahlschläge, Förderung der Naturverjüngung, Wahl einheimischer Baumarten, Belassung von Totholzbeständen, kein Einsatz von Großmaschinen und Verzicht auf Chemie.

Generell sollten die Nadelhölzer aus den Feuchtgebieten entnommen werden, da es u.a. zu einer verstärkten Versauerung des Bodens kommt. Geschlossene Laubwaldbestände sind vorzuziehen. Erste Priorität hat die Entfernung der Fichten aus dem Torfmoos-Moorbirken-Wald im Teilgebiet 1. Hier soll sich die ursprüngliche Vegetationsform wieder ausbreiten können. Nach der Entnahme der Nadelbäume sollte eine natürliche Besiedlung zugelassen werden. Pflanzungen sind nicht angeraten, da es durch den empfohlenen Grundwasseranstieg zu einer hohen Absterberate kommen könnte.

Die vorgeschlagenen Maßnahmen wären auch im Sinne des Konzepts „Ziele und Grundsätze einer naturnahen Forstwirtschaft in Mecklenburg-Vorpommern" (MINISTERIUM F. LANDW. U. NATURSCH. M.-V. 1997). Gleiches wird im „Ersten gutachtlichen Landschaftsrahmenplan" (LANDESAMT FÜR UMWELT UND NATUR MECKL.-VORP. 1996) für den Waldbereich Barther Heide gefordert. Danach soll der naturnahe Waldbereich gefördert und der Anteil standortheimischer Laubgehölze erhöht werden.

Wiedervernässung (Maßnahmen 4 - 6)
Mit einer Vernässung kann *nicht* der Ausgangszustand eines Moores wieder hergestellt werden. AUGUSTIN (in LENSCHOW 1997) beschreibt die Wiedervernässung als „Annäherung an naturnahe Moorzustände". So ist der Begriff Renaturierung oder Regenerierung nur im weiteren Sinne zu verwenden (siehe auch SCHOPP-GUTH 1999). Soll eine Regeneration des Moores stattfinden, muss der Grundwasserspiegel mindestens auf das ursprüngliche Niveau angehoben werden.

• Renaturierung der Waldsumpf-Kleinstmoore
Die unter 4.4.1 beschriebenen Moore sind wichtige Biotope für Amphibien, Libellen und andere Tiergruppen. Im Süden des Teilgebietes 2 befindet sich eine größere Anzahl Kleinstmoore. Für das lokale Waldinnenklima und den lokalen Wasserhaushalt spielen sie eine erhebliche Rolle, z. B. als Sammelbecken für Kaltluft und Zulaufwasser. Eine Wiedervernässung wäre einfach und problemlos zu verwirklichen. Die Abflussgräben sind auf die ursprüngliche Oberflächenhöhe zu verfüllen.

• Erhöhung des Wasserstandes der Planebek
Kleinflächige Wiedervernässungsversuche können keine Moorregeneration bewirken (GÖTTLICH 1990, LENSCHOW 1997). Für die großräumige Anhebung des Grundwasserspiegels innerhalb des Untersuchungsgebietes werden folgende Maßnahmen vorgeschlagen:
- Abpumpen des Wassers am Schöpfwerk Planebek erst bei höheren Wasserständen. Die Höhe des Wasserstandes muss die landwirtschaftlichen Flächen berücksichtigen. Ein Grundwasserspiegelanstieg auf diesen Flächen ist aber nicht zu vermeiden, auf den Moor-

flächen ist dieser mitunter sogar sinnvoll. Im Sommerhalbjahr ist die Entwässerung generell zu unterlassen. Wie aus der Abbildung 7 hervorgeht und unter 4.6 beschrieben, geht im Sommer jegliche Entwässerung auf Kosten der Wasserreserven.

- Einbauen von Spundwänden in der Planebek und in weiteren Sammelgräben (Typ 3). Durch das Gefälle werden die westlich gelegenen Gebiete stärker entwässert als die im Osten, die in der Nähe des Schöpfwerkes liegen. Das Gefälle könnte durch die Einbauten teilweise ausgeglichen werden. Die Überlaufhöhe ist auf die Oberbodenhöhe der danebenliegenden Flächen zu setzen. Da die landwirtschaftlichen Flächen, die über die Planebek entwässert werden, in der Regel höher liegen als die bewaldete Niederung, wäre trotzdem eine, wenn auch eingeschränkte, Entwässerung möglich. Die Anzahl der Spundwände orientiert sich erstens an den Höhenstufen der Planebek und zweitens an der Zahl und Größe der Feuchtgebiete.

Zonierungskonzept
Verschiedene Autoren verwenden für die Renaturierung von Mooren Zonierungskonzepte. Die Konzepte sind für größere Flächen geeignet, die Moorflächen der Barther Heide dagegen sind zu klein um diese Zonierungen direkt zu übernehmen. Für das Untersuchungsgebiet wird das Konzept von SCHOPP-GUTH (1999) in veränderter Form vorgeschlagen.

1. *Moorregenerationszone* umfasst Flächen von Niedermooren und Moorgleyen, die zur Regeneration wiedervernässt werden sollen. Die Gräben sind aufzufüllen, es ist keine Nutzung vorzusehen, der Wasserspiegel ist ganzjährig auf Oberflächenniveau anzuheben.
2. *Stabilisierungszone* umfasst Flächen mit semiterrestrischen Böden (ausgenommen Moorgleye) im Vernässungsbereich der Moore. Auch hier sind die Gräben aufzufüllen. Nutzung kann als naturnahe Forstwirtschaft erfolgen, soweit dadurch keine Bodenschädigungen (z.B. Verdichtung) hervorgerufen werden.
3. *Nutzungszone* umfasst Flächen mit terrestrischen Böden, die inselartig in den Feuchtgebieten liegen oder die Feuchtgebiete als Randzone umgeben. Bei den inselartigen Flächen sind Gräben aufzufüllen, bei den Randzonen kann eine Entwässerung zugelassen werden. Insgesamt soll eine naturnahe Forstwirtschaft stattfinden. Nadelwald wird durch standortgerechten Laubwald ersetzt. Die Zone dient als Pufferzone zu den Feuchtflächen. Die Breite soll 200 bis 250 m nicht unterschreiten (als Orientierung für diesen Wert gilt die Angabe von GÖTTLICH (1990) für die hydrologische Schutzzone II).

Die Grabenverfüllungen sollten bis zur Oberkante des Geländes reichen, damit jegliche Absenkung des Grundwasserspiegels unterbunden wird. Gräben der Typen 1 und 2 sind für Baumaschinen nur schwer zu erreichen. In diesen Fällen können Spundwände am Ende der Gräben Abhilfe verschaffen. Zur Verfüllung der Gräben kann Sand aus der Umgebung verwendet werden, so gibt es z. B. im Norden des Teilgebiet 2 anthropogene Aufschüttungen, die problemlos abgebaut werden können.

5.3.3 Probleme bei Wiedervernässung
Die Wiedervernässungsmaßnahmen haben sowohl auf forstliche als auch landwirtschaftlich genutzte Moorflächen und deren Nachbarflächen Auswirkungen. Mit dem Wasserspiegelanstieg findet eine Einschränkung der Nutzung dieser Flächen statt.

Eine Erhöhung des Grundwasserspiegels wird die *forstliche Nutzung* der Feuchtgebiete und deren umliegenden Flächen einschränken. Forstlich interessante Baumarten wie Esche (*Fraxinus excelsior) und Eiche (Quercus robur) werden wahrscheinlich durch die Schwarz-Erle (Alnus glutinosa) ersetzt, die z. Z. wirtschaftlich kaum zu nutzen ist. Das Einsetzen von Großmaschinen wird eingeschränkt werden, da im Winterhalbjahr Waldbaumaßnahmen stattfinden, zu dieser Zeit aber auch die höchsten Wasserstände zu verzeichnen sind. Eine Nutzungsänderung oder Aufgabe der Nutzung wäre nicht zu vermeiden.

Danksagung
Mein Dank gilt den Herren Prof. Dr. Billwitz und Dr. Kaiser für die fachliche Begleitung der Arbeit. Bei Dipl. Biol. Seuffert bedanke ich mich für die Unterstützung im Rahmen des botanischen Teils der Arbeit. Ganz herzlich möchte ich mich bei den Herren Moritz, Westfal und Grubert für das monatliche Ablesen der Pegelwerte bedanken, sowie bei den Mitarbeitern des Forstamtes Schuenhagen für die zahlreichen Auskünfte. Herrn Dr. Rödel gilt mein Dank für die Hilfe bei der Erstellung der Wasserbilanz.

Literatur
BRAUN-BLANQUET, J. (1964):Pflanzensoziologie, Grundzüge der Vegetationskunde, 3. Aufl., 865 S., Springer, Berlin, Berlin, New York

BÜLOW, W. (1922): Chronik der Stadt Barth, 826 S., Selbstverlag der Stadt

BUNDESMINISTERIUM FÜR UMWELT, NATURSCHUTZ UND REAKTORSICHERHEIT (2000): Hydrologischer Atlas von Deutschland, 7 Kapitel, Furtwängler GmbH Deuzlingen

CURSCHMANN, F. (1944): Matrikelkarten von Vorpommern, I. Teil: Texte, 660 S., Julius Abel Verlagsgesellschaft Greifswald

DEUTSCHER VERBAND FÜR WASSERWIRTSCHAFT UND KULTURBAU (DVWK) (1996a): Gewässerstrukturgütekartierung in der Bundesrepublik Deutschland, DVWK FA 4.13, 179 S.

DEUTSCHER VERBAND FÜR WASSERWIRTSCHAFT UND KULTURBAU (DVWK) (1996b): Ermittlung der Verdunstung von Land- und Wasserflächen, Merkblätter 238, S. 35-36, Kommessionsvertrieb Wirtschafts- und Verlagsgesellschaft Gas und Wasser mbH Bonn

DIERSCHKE, H., DÖRING, U. & HÜNERS, G. (1987): Der Traubenkirschen-Erlenwald (Pruno-Fraxinetum Oberd. 1953) im nordöstlichen Niedersachsen, Tuexenia 7, S. 367-379

ELLENBERG, H., WEBER, H., DÜLL, R., WIRTH, V., WERNER, W. & PAULISSEN, D. (1992): Zeigerwerte von Pflanzen in Mitteleuropa, 2. Aufl., 258 S., Scripta Geobotanica, Erich Glotze Göttingen

GÖTTLICH, K. (1990): Moor- und Torfkunde, 529 S., Schweitzerbart'sche Verlagsbuchhandlung Stuttgart

HOFMANN, G. (1994a): Wald- und Forstökosysteme, Informationsmaterial zur Gastvorlesung an der Ernst-Moritz-Arndt-Universität Greifswald (unveröff.), 134 S.

HOFMANN, G. (1994b): Wälder und Forsten, Mitteleuropäische Wald- und Forstökosystemtypen in Wort und Bild, AFZ / Der Wald, Sonderheft, München, 51 S.

KAISER, K. (2001): Die spätpleistozäne bis frühholozäne Beckenentwicklung in Mecklenburg-Vorpommern – Untersuchungen zur Stratigraphie, Geomorphologie und Geoarchäologie. Greifswalder Geographische Arbeiten 24, 208 S.

KOPP, D. & SCHULZE, G. (1996): Anweisung für die forstliche Standortserkundung in den Wäldern des Landes Mecklenburg-Vorpommern, SEA 95, Teil A 296 S., Teil B 248 S., Deutscher Landwirtschaftsverlag Berlin

LANDESAMT FÜR UMWELT UND NATUR MECKLENBURG-VORPOMMERN (1996): Erster Gutachtlicher Landschaftsrahmenplan der Region Vorpommern, 77 S., Abel-Druck GmbH Dortmund

LANDESAMT FÜR UMWELT UND NATUR MECKLENBURG-VORPOMMERN (1998): Renaturierung des Flusstalmoores „Mittlere Trebel", 87 S., Hrsg.: Ministerium für Bau, Landesentwicklung und Umwelt

LANDKREIS NORDVORPOMMERN (HRSG.) (1996): Kreisblatt, 2. Jahrg., Nr. 5, 11 S., Grimmen

LENSCHOW, U. (1997): Landschaftsökologische Grundlagen und Ziele zum Moorschutz in Mecklenburg-Vorpommern, Materialien zur Umwelt in Meckl.-Vorp., H 3/97, 72 S., Hrsg.: Landesamt für Umwelt und Natur Meckl.-Vorp.

MINISTERIUM FÜR LANDWIRTSCHAFT UND NATURSCHUTZ MECKLENBURG-VORPOMMERN (1997): 2. Forstbericht, 53 S., Service & Druck GmbH Brüel

NATURSCHUTZBUND DEUTSCHLAND (1998): Lebendiger Wald (Informationsbroschüre), 22 S.

PASSARGE, H. & HOFMANN, G. (1964): Soziologische Artengruppen mitteleuropäischer Wälder, Archiv für Forstwesen 13 (9), S. 913-937

PASSARGE, H. & HOFMANN, G. (1968): Pflanzengesellschaften des nordostdeutschen Flachlandes II, Gustav Fischer Verlag Jena

PAULUS, A. (2000): Landschaftsökologische Untersuchungen unter besonderer Berücksichtigung des in den zurückliegenden drei Jahrzehnten eingetretenen Florenwandels im Wendorfer Holz bei Greifswald, Diplomarbeit am Botanischen Institut, Ernst-Moritz-Arndt-Universität Greifswald, 107 S. und Anhang

PRETZELL, D., KNÖR, E.-M. & REIF, A. (1997): Degradation von Erlenbruchwäldern in der Oberrheinebene, Verhandlungen der Gesellschaft für Ökologie, Band 27, S. 435-440

RUDOLPHI, H. (2001): Landschaftsökologische Untersuchung bewaldeter Feuchtgebiete in der Barther Heide, Diplomarbeit am Geographischen Institut, Ernst-Moritz-Arndt-Universität Greifswald, 91 S. und Anhang

SANDER (1967): Hydrologische Stellungnahme zur Studie „Melioration Untere Barthe", unveröffentlichtes Protokoll, Bezirksstelle Geologie, 3 S.

SCHOPP-GUTH, A. (1999): Renaturierung von Moorlandschaften, Schriftenreihe für Landschaftspflege und Naturschutz, H 57, 219 S., Hrsg.: Bundesamt für Naturschutz Bonn, Landwirtschaftsverlag GmbH Münster-Hiltrup

SEUFFERT & STOLZE (2001): Der Melln(see) – Vegetationsökologische, stratigraphische und palynologische Untersuchung in einem Verlandungsmoor, Diplomarbeit am Botanischen Institut, Ernst-Moritz-Arndt-Universität Greifswald, 200 S. und Anhang

SUCCOW, M. (1988): Landschaftsökologische Moorkunde, 340 S., Gustav Fischer Verlag Jena

SUCCOW, M. & JOOSTEN, H. (2001): Landschaftsökologische Moorkunde, 2. Aufl., 622 S., Schweizerbart'sche Verlagsbuchhandlung Stuttgart

THIELE, S. (2000): Landschaftsökologische Untersuchungen unter besonderer Berücksichtigung des in den zurückliegenden drei Jahrzehnten eingetretenen Florenwandels im Universitätsforst Weitenhagen bei Greifswald, Diplomarbeit am Botanischen Institut, Ernst-Moritz-Arndt-Universität Greifswald, 112 S. und Anhang

WILMANNS, O. (1993): Ökologische Pflanzensoziologie, 5. Aufl., Quelle & Meyer Heidelberg

Autor:

Dipl. Geogr. Hartmut Rudolphi
Domstrasse 29, D-17489 Greifswald
e-mail: rudhart@uni-greifswald.de

Ein Bodenschutzkonzept als Beispiel für angewandte geoökologische Forschung

von

Konrad Billwitz, Jörg Hartleib & Matthias Wozel

Zusammenfassung

Der Lehrstuhl Geoökologie der Ernst-Moritz-Arndt-Universität Greifswald erarbeitete mit dem Institut für Landschaftsplanung und Landschaftsökologie der Universität Rostock wissenschaftliche Grundlagen für den langfristigen Schutz des 498 ha großen unterirdischen Einzugsgebiets einer Grundwasserfassungsanlage vor Kontamination. Ausgangspunkt der Überlegung war die Überzeugung, dass der beste Grundwasserschutz durch den Schutz des Bodens und der Bodenfunktionen realisiert wird. Um die zahlreichen Parameter sowie Funktionen handhaben zu können und flächendeckend zu ableitbaren Erkenntnissen zu gelangen, wurden alle Informationen in einem Geographischen Informationssystem (GIS) zusammengestellt und entsprechend interpretiert. Das Einzugsgebiet ist glazitektonisch gestört („Stauchmoränengebiet Kühlung bei Bad Doberan"). Der Sickerwasserpfad für die Grundwasserneubildung ist deshalb nur schwer verfolgbar. Die Kenntnis der stabilen Relief-, Substrat- und Bodeneigenschaften allein bieten keine Gewähr für absoluten Grundwasserschutz. Deshalb bedarf es vor allem eines zwingenden Landnutzungsmanagements.

Abstract

The Department of Geoecology at the Ernst-Moritz-Arndt-University Greifswald and the Institute of Landscape Planning and Landscape Ecology at the University Rostock carried out fundamental research for long-term protection against pollution of a ground water catchment area with an expense of 498 ha. The basic concept for the protection for ground water is to protect the soil itself and its geoecological functionality. To handle the large amount of information and the complex relationships of the geoecological components a GIS were used. The area of interest is very heterogeneous and glacio-tectonical deformed. Because the complicated geological structure of the underground, it is difficult to trace the vertical water paths for the ground water regeneration. Therefore the knowledge of the invariant variables relief, substrate, and soil for its own is insufficient to ensure the protection of the ground water. This leads to the conclusion that a stipulated, strict management of land use has to be established.

1 Einleitung

Aus der Erkenntnis heraus, dass die „landschaftliche Komponente Boden" auf Grund vielfältiger prozessualer Verflechtungen ein „ökologisches Hauptmerkmal" der Landschaft darstellt, wird am Lehrstuhl Geoökologie dem Boden sowohl in der Ausbildung als auch in der Forschung große Aufmerksamkeit gewidmet. Im Boden durchdringen sich vielfältige Sphären. Boden ist kostbar, weil er unvermehrbar und äußerst knapp ist. Er ist als eigenständiger Naturkörper, als naturraumgenetisches, landschaftsgeschichtliches und kulturhistorisches Archiv und als Indikator, Transformator und Vermittler von Umweltbelastungen in höchstem Maße schutzwürdig und auch schutzbedürftig.

Vorsorgender Bodenschutz gilt als zentraler Bestandteil eines flächendeckenden Umweltschutzes, weil Böden eine unserer wichtigsten Lebensgrundlagen darstellen, weil sie Naturkörper mit jahrtausendelanger Geschichte, weil sie selbst Ökosystem und Teil von Ökosystemen sind. Im Boden vollziehen sich vielfältige Stoff- und Energieumsatzprozesse, die in erheblichem Maße auch zum Schutz von Grundwasserressourcen beitragen.

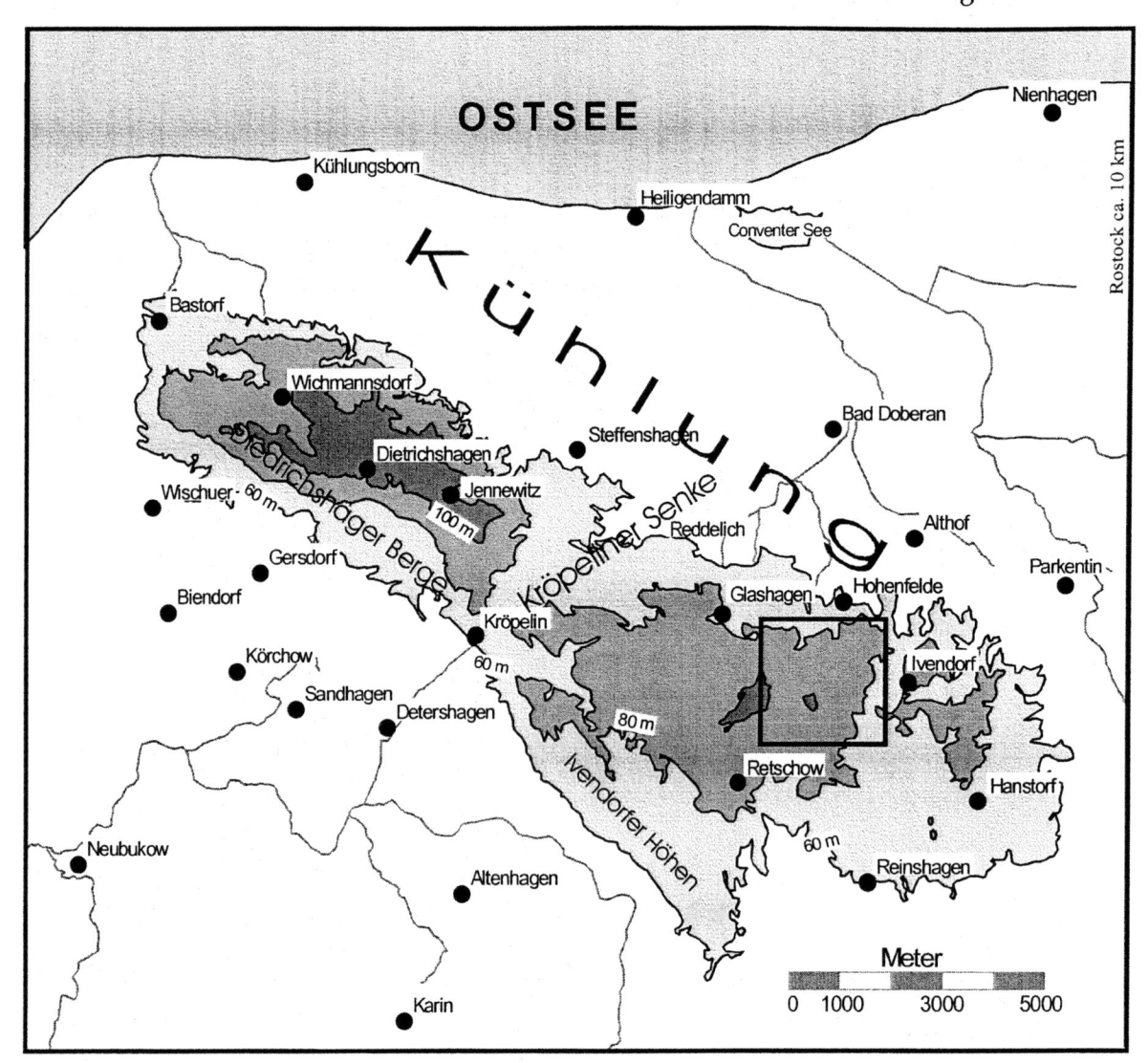

Abb. 1: Die Lage des Untersuchungsgebietes (i.w.S.) im Bereich der Kühlung (HARTLEIB 1999)

2 Betriebliche Bodenschutzkonzepte

Neben der Land- und Forstwirtschaft sind Wasserwirtschaft und alle wassernutzenden Wirtschaftszweige, darunter auch mineralwasserproduzierende Betriebe an einem umfassenden Bodenschutz interessiert. Mineralwasser weist als natürliches Grundwasser eine bestimmte Zusammensetzung der Inhaltsstoffe (Mineralstoffe, Spurenelemente) auf und kann ernährungsphysiologische Wirkungen besitzen. Es ist durch Art und räumliche Verteilung der durchflossenen Substrate und Böden geprägt (DVWK 1990). Da die Substrat- und Bodenverhältnisse stabil sind und sich in absehbarer Zeit kaum ändern, sind Beeinflussungen der Wasserqualität im wesentlichen nur durch Stoffe im Sickerwasser zu befürchten, die nicht dem natürlichen Stoffstrom entsprechen, sondern durch Landbewirtschaftung, Bodenveränderungen oder durch Stoffeinträge über den Straßenverkehr (Winterdienst, Havariefälle u.ä.) hervorgerufen werden. Weitsichtige mineralwasserproduzierende Betriebe berufen sich deshalb nicht nur auf enge Schutzzonen um ihre Wasserfassungsanlagen, sondern sind darüber hinaus an einem langfristigen Nutzungsmanagement von Boden und Fläche des gesamten hydrologischen Einzugsgebietes interessiert. Der Auftraggeber für die vorliegende Studie („Glashäger Brunnen GmbH" Bad Doberan) ist ein derartig weitsichtiger Nutzer.

3 Ökosystemare Zusammenhänge und effektiver Grundwasserschutz

Im Mittelpunkt des Schutzes von Grundwasserressourcen sollten der Boden und die Bodenfunktionen stehen, weil über die Stoff- und Energieumsätze im Boden und über die Wechselbeziehungen des Bodens zu Hydrosphäre und Atmosphäre nicht nur die Speicher- und Reglergrößen für den Bodenwasser- und Landschaftswasserhaushalt (und letztlich auch für die Grundwasserneubildung) bestimmt werden, sondern der Boden auch als Lebensraum für Organismen und als Pflanzenstandort, als Filter, Puffer und Transformator sowohl für bodeneigene Stoffe, als Reaktor für Lösungsprodukte der Verwitterung, für Zersetzungs- und Humifizierungsprodukte, für trockene und nasse Depositionen aus der Atmosphäre als auch für Einträge aus der landwirtschaftlichen Nutzung bedeutungsvoll ist. Die Existenz eines funktionsfähigen Bodens macht somit zu einem erheblichen Teil die Gratisleistung der Natur sowohl für die Grundwasserneubildung als auch für den Grundwasserschutz aus.

Hinsichtlich der für die Fragestellung im Vordergrund stehende Filterfunktion sind bestimmte Eigenschaften von Substraten und Böden von besonderer Bedeutung, speziell die Korngrößen- und Tonmineralzusammensetzung, die Bodenstruktur/Lagerungsdichte und die organische Bodensubstanz. Diese Eigenschaften beeinflussen entscheidend die Versickerungsintensität und die Filterwirkung. Während die Körnung durch Bodennutzung und -bearbeitung nicht wesentlich beeinflussbar ist, sind die Bodenstruktur, Lagerungsdichte und die organische Substanz erheblich von der Art und Intensität der Landbewirtschaftung abhängig. Landbewirtschaftung mit schwerer Technik auf feuchten oder wenig tragfähigen Böden führt zu tiefgründigen Bodenverdichtungen und Strukturveränderungen, die die natürliche Versickerung und damit die Filter- und Pufferfunktion einschränken.

Ein Schutzkonzept für die Mineralwasserressourcen für Glashäger Brunnen GmbH Bad Doberan musste diesen Einflussmöglichkeiten nachgehen, musste das naturgegebene und das von der Nutzung ausgehende Risikopotential einer Kontamination abschätzen und Möglichkeiten zur Minderung dieser Risiken anbieten. Schwerpunkt einer entsprechenden Ausgangsanalyse stellten die Analyse und Diagnose der Naturraumausstattung (vor allem des Reliefs und Bodens), der Landnutzung und der hydrologischen Bedingungen in ihrem möglichen Einfluss auf die Grundwasserqualität dar.

Aufgrund der spezifischen landschaftlichen Bedingungen des Einzugsgebietes der Wasserfassungsanlagen als Teil des geologisch komplizierten, aber reliefintensiven Stauchmoränengebietes der „Kühlung" wurden drei Sachverhalte besonders untersucht

- das Relief als Regler von Stoff- und Energieflüssen in dem landwirtschaftlich intensiv genutzten Wassereinzugsgebiet,
- die Eigenschaften der oberflächennahen Substrate und der Böden in ihrem Einfluss auf standörtlichen Wasserhaushalt sowie auf Sickerung und Filterung,
- die derzeitige Landnutzung in ihrem möglichen Einfluss auf die Grundwassergefährdung.

Der letztere Teil oblag dem Institut für Landschaftsplanung und Landschaftsökologie der Universität Rostock als Kooperationspartner. Alle Arbeiten erfolgten GIS-gestützt. Mit der Erarbeitung eines digitalen Geländemodells (DGM) wurde die reliefabhängige Modellierung von Bodenprozessen ermöglicht.

Tabelle 1: Übersicht über die verwendeten und produzierten Karten

Ausgangsdaten	Erstellte Basiskarten	Abgeleitete Interpretationskarten
• TK 10 & TK 25 (LVMA M-V) • BNTK – Basisdaten (Erfassungsstand 1991) • SCHMETTAU'sche Karte (1788) • WIEBEKING'sche Karte (1786) • Meßtischblatt Nr. 1937, Blatt Hanstorf (1927), 1:25.000 • CIR-Luftbild (Aufnahme 05/1991), 1:10.000 • Luftbilder (1953, 1995) • Schlagkarteien der Landwirte • Meliorationsprojekte • Geländekartierungen, Befragungen vor Ort • Hydrogeologische Karte • Hydrologie: Grundwasserneubildung und Geschütztheitsgrad (nach LAUN 1996) • Reichsbodenschätzung • Forstwirtschaftliche Standortkartierung	• Flächennutzung im UG auf Grundlage der BNTK (LAUN 1991) • Biotope und Nutzungstypen (Stand 1991) 1:10.000 • Biotope und Nutzungstypen (Stand 1998) 1:10.000 • Panchromatisches Luftbild und Meliorationsinfrastruktur (Aufnahme 04/1995 und Meliorationsunterlagen) 1:10.000 • Höhenschichten und oberirdische Einzugsgebiete (UG i.w.S.) • Digitales Geländemodell (DGM) 1:10.000 • Naturschutzrelevante Schon- und Schutzgebiete 1:10.000 • Bohrpunkte der Substrat- und Bodenuntersuchungen 1:10.000 • Substrattypen 1:10.000 • Trinkwasserschutzzonen (GLA M-V)	• Isohypsenmodell auf der Grundlage des DGM 1:10.000 • Hangneigungsmodell 1:10.000 • Expositionsmodell 1:10.000 • Modellierte reliefabhängige Verdunstungseigenschaften 1:10.000 • Wölbungsmodell 1:10.000 • Modellierte reliefabhängige Stoffakkumulation 1:10.000 • Reliefskulpturmodell 1:10.000 • Bodenformen 1:10.000 • Modellierte potentielle Erosionsanfälligkeit des Ackerlandes 1:10.000 • Modellierte potentielle Kontaminationsgefährdung des Grundwassers vor allem durch Nitratstickstoff auf der Grundlage der Wasserleitfähigkeit der oberen Bodenschicht (kf-Werte) sowie Grundwasserflurabstand 1:10.000 • Modellierte potentielle Kontaminationsgefährdung des Grundwassers auf der Grundlage der Kationenaustauschfähigkeit der oberen Bodenschicht (KAK pot) 1:10.000 • Potentielle Belastungen und Vorsorgemaßnahmen 1:10.000 • Höhenschichtenmodell und oberirdische Einzugsgebiete (Kartengrundlage DGM) 1:10.000

4 Reliefanalyse und -diagnose

Das Relief ist Bestandteil der Landschaftshülle und insbesondere als landschaftshaushaltliche Regelgröße bedeutsam. Die Reliefverhältnisse gehören zu den natürlichen Standortbedingungen und sind in vielfältige geökologischen Zusammenhänge nicht nur des naturräumlichen Hauptstockwerkes, sondern auch des oberflächennahen Untergrundes eingebunden (BILLWITZ 1991). Eine detaillierte *Relieferfassung* machte sich aus mehreren Gründen erforderlich:

(1) Die Geomorphodynamik mit den rezenten geomorphologischen Prozessen ist nicht nur wesentlicher Bestandteil des aktuellen geoökologischen Geschehens wegen ihrer Formveränderungen, sondern vor allem infolge der reliefgesteuerten Stoff- und Energieumverteilung. Die Modellierung von Bodenprozessen (z.B. erosive Kappung, akkumulative Überdeckung, nässebedingte Verzögerung des Humusabbaus usw.) ist nur unter Berücksichtigung von Reliefparametern möglich, weil sowohl Stoff- (anorganische, organische, feste, flüssige, gasförmige usw.) als auch Energieumsetzungen (Strahlung, Wärme, Wind usw.) in Abhängigkeit vom Relief erfolgen.

(2) Die Reliefmerkmale (Hangneigung, Exposition, Position, Wölbung usw.) nehmen einerseits durch ihre Art und Dimension in unterschiedlicher Weise Einfluss auf derartige Umsatzprozesse und bedingen andererseits eine gewisse Raumstrukturierung, die sichtbare (damit auch quantitativ beschreibbare) mit nicht immer sichtbaren Funktionsbeziehungen in einen Gesamtzusammenhang bringt: Damit werden neben Gelände- und Mikroklimaeffekten vor allem Wasserhaushaushaltseffekte bis hin zur Grundwasserneubildung beeinflusst.

(3) Bei der bodenkundlich und bodenhydrologisch sowie prozessual orientierten Auswertung von Luftbildern ist die Positionierung unterschiedlicher Grauwert- oder Farbareale im Relief unabdingbar.

Eine derartige detaillierte *Relieferfassung und -interpretation* wird durch ein Digitales Geländemodell (DGM) wesentlich unterstützt, wobei die Reliefelemente Höhe, Hangneigung, Exposition, Position und Wölbung die Diagnose bezüglich ihres Einflusses auf den Stoff- und Energieaustausch wesentlich erleichtern. Die *Höhenverhältnisse* werden bevorzugt mit Hilfe von Höhenschichten dargestellt, die einerseits einen recht plastischen Eindruck vom Relief vermitteln, andererseits gut geeignet sind, die Abdachungsverhältnisse zu verdeutlichen und damit auch oberirdische Einzugsgebiete festzulegen. Eine wesentliche Kenngröße ist zudem die *Hangneigung*. Sie wird im Gelände mittels eines Hangneigungsmessers in Verbindung mit einer Peilstange bestimmt und dient der Verifizierung des DGM. Das Hangneigungsmodell des engeren Untersuchungsgebiets lässt u.a. eine Dominanz der Streichrichtung der Hänge von NO nach SW erkennen und verweist damit auf die glazitektonische Prägung oder zumindest Überformung der „Kühlung" (Abb. 2). Die *Exposition* als eine Hauptkenngröße des Reliefs hat im Zusammenhang mit der Neigung großen Einfluss auf die Bodenfeuchteverhältnisse, weil sie über Sonneneinstrahlung und Schattenwirkung regelnd wirkt. Sie hat weiterhin in Verbindung mit Hangneigung und Substrat Einfluss auf die Winderosionsgefährdung, auf den Oberflächenwasserhaushalt und über die Bodenfeuchteverhältnisse auch auf die standörtliche Ausprägung der Vegetation. Der Berechnung der Exposition liegt ebenfalls das DGM zu Grunde. Hinsichtlich des Bodenwasserhaushalts lässt sich schlussfolgern, dass insbesondere die strahlungsbegünstigten süd-, südwest- und westexponierten Flächen Bodenwasserdefizite aufweisen. Derartige Flächen vermögen folglich sommers kaum zur Grundwasserneubildung beizutragen. Positiver sind demgegenüber die nach Norden, Nordosten und Osten exponierten Flächen einzustufen. Die Neigungsklassen lassen sich mit den strahlungsbegünstigten und -benachteiligten Expositionen verschneiden und als „modellierte reliefabhängige Verdunstungseigenschaften" interpretieren.

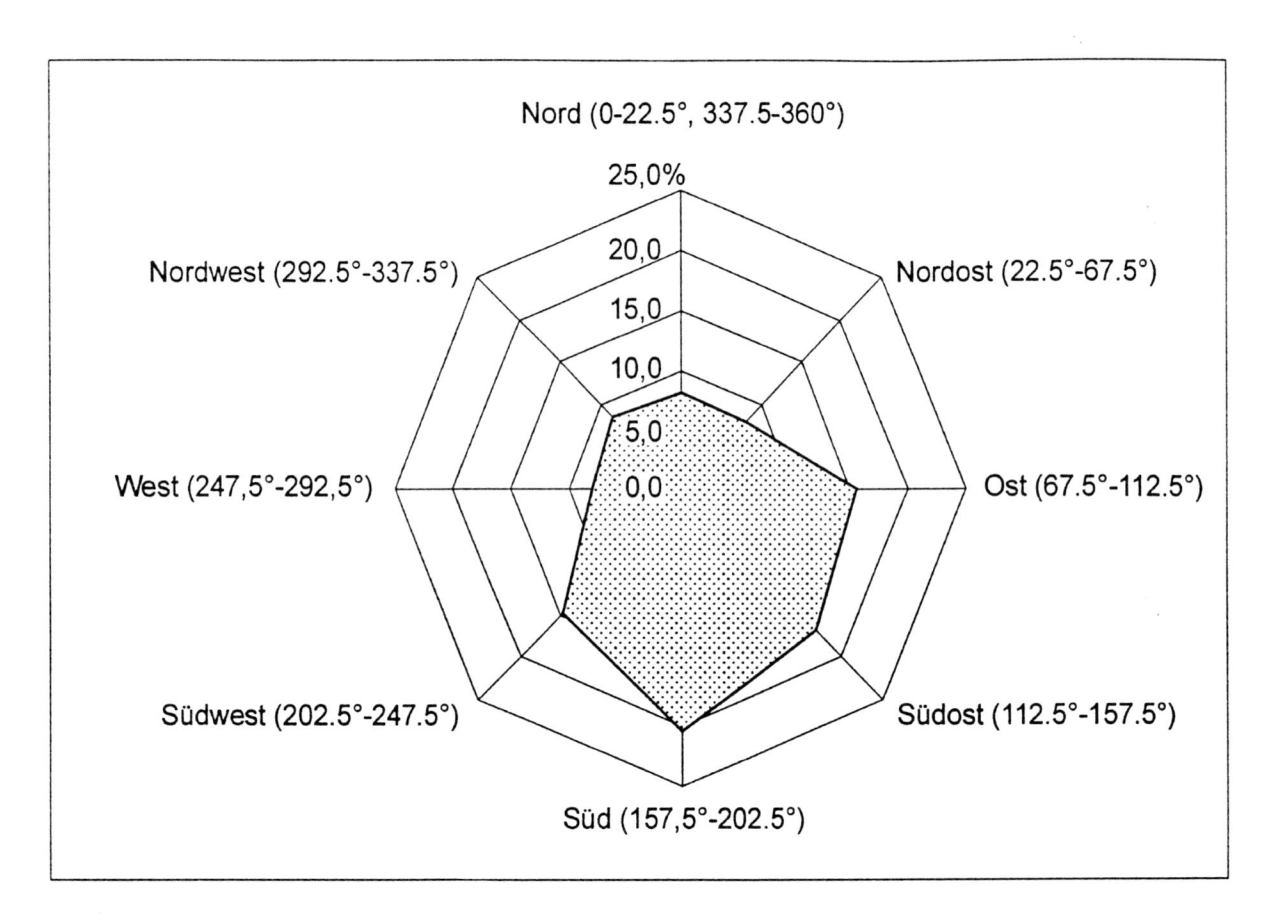

Abb. 2: Prozentuale Verteilung der Exposition im Untersuchungsgebiet

Das Reliefmerkmal *Wölbung* wird durch Wölbungsrichtung (Vertikal- und Horizontalwölbung), durch die Wölbungstendenz (konkav, gestreckt, konvex) und die Wölbungsstärke erfasst. Während Konvexhänge vorzugsweise Hangabtragungen anzeigen, sind die Konkavhänge meist Sedimentationsbereiche. Bei gleichartigen Boden- und Gesteinsverhältnissen sind konvexe Hänge außerdem trockener und weisen stärker flächige Formen der Bodenerosion auf. Konkave Hänge bedingen dagegen relativ feuchtere Böden und werden häufig von linearer Zerschneidung durch Hangrinnen betroffen. Die Reliefkennzeichnung nach Wölbungseigenschaften ist daher sowohl geomorphologisch als auch geoökologisch wichtig, wobei die *Horizontalwölbung* die Änderung der Exposition, die *Vertikalwölbung* analog dazu die Änderung der Hangneigung widerspiegelt.

Im Zusammenhang mit dem Projektthema sind vor allem die Flächen interessant, die mit ihrer konkav-konvergierenden Bewegungstendenz bevorzugt zur Sammlung von Feuchte und Kolluvialmaterialien befähigt sind. Konvex-divergierende Bewegungstendenzen des Reliefs bewirken dagegen vor allem erosiven Abtrag und divergierende Verlagerung von Feuchte und Bodenmaterial. Das sind die in der Tendenz trockenen und erosiv beanspruchten Standorte. Aus der Wölbung lassen sich außerdem zwanglos *Dellenachsen* ableiten. Dellenachsen und Konkavhänge sind Gebiete mit reliefabhängiger Stoffakkumulation, in denen sich oberflächlich abfließendes Wasser potentiell sammeln kann. Dellenachsen und Dellenachsensysteme zeigen zugleich reliefbedingte hydrographische Zusammenhänge an.

Da die Hangneigung und die Exposition teilweise beträchtlich den Wasser- und Wärmehaushalt beeinflussen, sind durch Verschneiden von Hangneigungsklassen mit den Südost-

bis Westhängen einerseits und mit Nordwest- bis Osthängen andererseits kleinflächig solche Gebiete ermittelbar, die aufgrund ihrer diesbezüglich höheren oder geringeren Evapotranspiration mehr oder weniger zur Ausbildung eines Sickerwasserstromes im Boden und damit auch zur Grundwasserbildung beizutragen vermögen. Die modellierbaren reliefabhängigen Verdunstungseigenschaften vermitteln einen räumlichen Eindruck dieser Verhältnisse (vgl. Abb. 2).

Die relativ stabilen Reliefparameter Wölbung und Neigung beeinflussen (neben der Art und Weise der landwirtschaftlichen Nutzung und der Ausprägung von Bodenparametern) die *Erosionsdisposition*. Schon bei Hangneigungen ab 2° sind Hänge bei entsprechendem Substrat bzw. Vegetationsbedeckung erosionsgefährdet, ab 4° sind sie besonders anfällig. Aber auch die Wölbung beeinflusst die Erosion: Besonders stark erosionsdisponiert sind alle konvexen Hänge (konvex-divergierende, konvex-gestreckte und konvex-konvergierende). Unter Acker sind das solche Bereiche, bei denen das natürliche Bodenprofil bereits in starkem Maße gekappt ist. Hingegen sind die konkaven Hänge bevorzugte Akkumulationsbereiche. Hier werden die durch Erosion weggeführten Materialien meist in Form von Kolluvialdecken wieder abgelagert. Die areale Differenzierung der standörtlichen Erosionsdisposition kann dementsprechend aus dem DGM abgeleitet werden. Dellenachsen und Konkavhänge sind für landschaftshaushaltliche Fragestellungen somit Stoffsenken. Naturgesetzlich sammeln sich hier feste und flüssige Substanzen und werden im landschaftlichen Zusammenhang wirksam. Es sind feuchte, nasse oder überstaute Bereiche und Bereiche mit nährstoff-, schwermetall- und humusreichen Kolluvialmaterialien. Die Kenntnis der arealen Verbreitung der Kolluvien und ihrer standörtlich-individuellen Besonderheiten, in Verbindung mit dem Substrattyp, ist von Bedeutung für die Beurteilung des Gefährdungspotentials, das von diesen Stoffsenken für das Grundwasser ausgeht. Während die areale Verbreitung hinreichend genau ermittelt werden kann, sind die standörtlichen Besonderheiten nur durch diffizile Standorterkundungen in Verbindung mit aufwendiger geochemischer Analytik beizubringen.

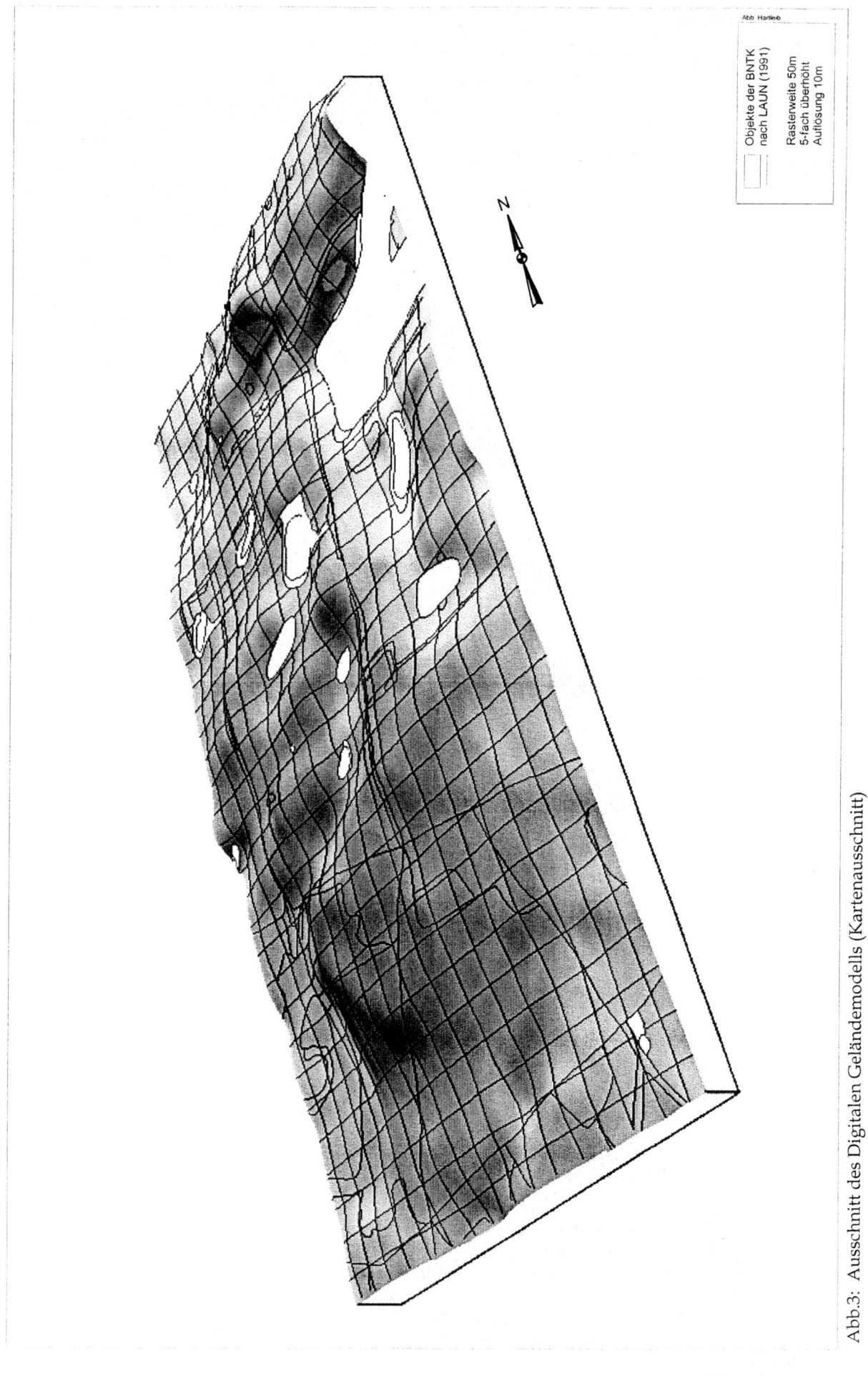

Abb. 3: Ausschnitt des Digitalen Geländemodells (Kartenausschnitt)

Objekte der BNTK nach LAUN (1991)

Rasterweite 50m
5-fach überhöht
Auflösung 10m

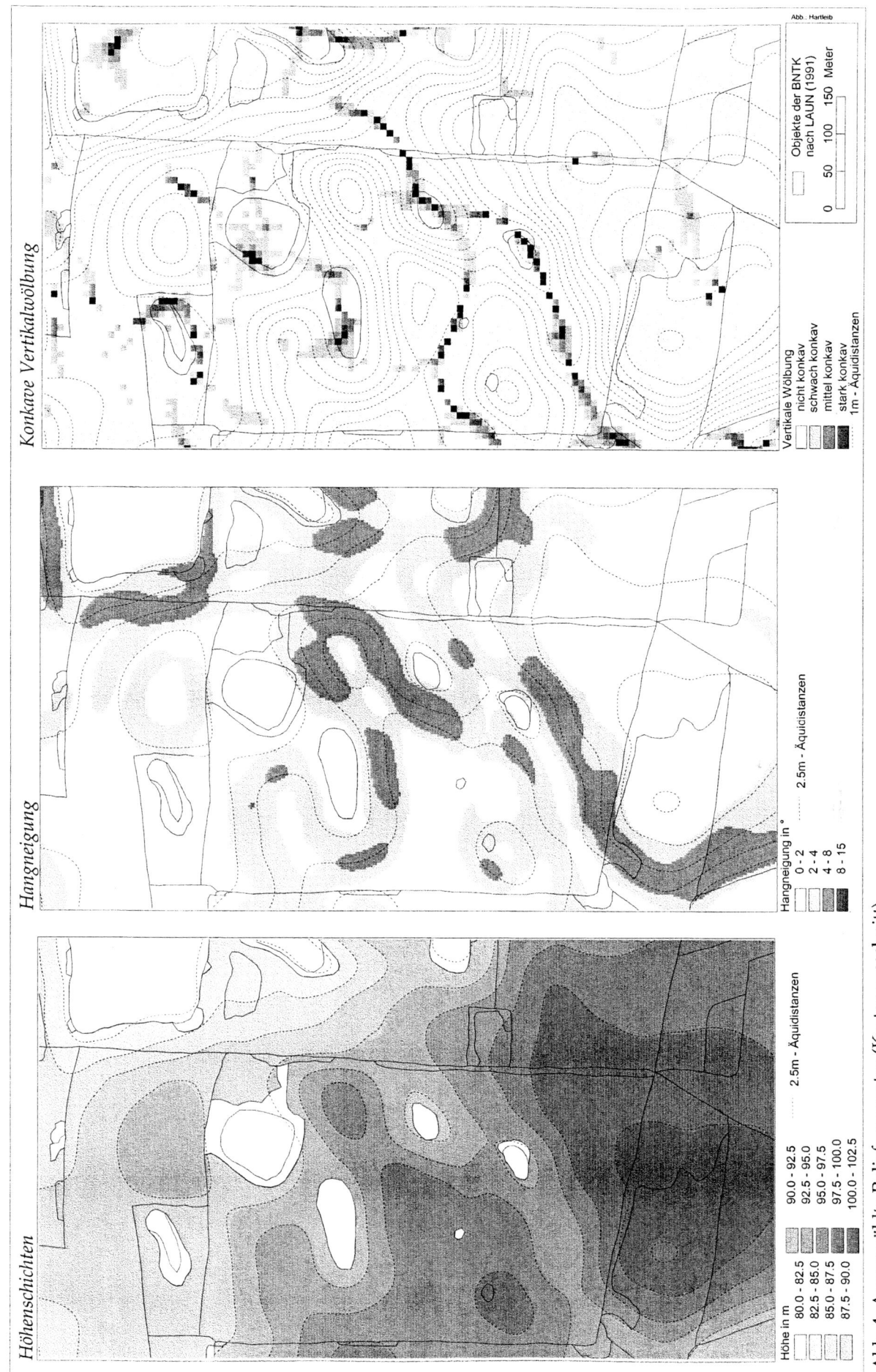

Abb. 4: Ausgewählte Reliefparameter (Kartenausschnitt)

5 Substrat- und Bodenanalyse und –diagnose

Die im Rahmen der landschaftsökologischen Vorerkundung abgeleiteten Aussagen zur Beurteilung der Bodenverhältnisse entsprachen keinesfalls den Anforderungen an ein aussagekräftiges Bodenschutzkonzept, weil die verfügbaren Ausgangsdaten ungeeignet oder veraltet waren. Es ergab sich somit die zwingende Notwendigkeit einer bodenkundlichen Neukartierung im Maßstab 1:10.000. Hierfür wurden anfangs alle verfügbaren punktuellen und flächenhaften Daten aus der bodengeologischen Kartierung des ehemaligen Bezirkes Rostock, aus den standörtlichen Untersuchungen der Meliorationsprojektierung, aus der forstlichen Standorterkundung und der Bodenschätzung in eine Konzeptbodenkarte übernommen. Darauf aufbauend wurde eine umfangreiche eigene Bodenneukartierung mittels Schürfgruben (12 Gruben) und Bohrstocksondierungen (399 Bohrpunkte) konzipiert. Komplett übernommen wurden lediglich die Bodendaten für die im Untersuchungsgebiet vorhandenen Waldflächen (etwa 25 % der Gesamtfläche) aus der forstlichen Standorterkundung. Sie entsprachen bereits modernsten nomenklatorischen Anforderungen. Bestimmte Schwierigkeiten hinsichtlich der arealen Passfähigkeit der kartierten Wald- zu den landwirtschaftlichen Nutzflächen ließen sich im Laufe der Arbeiten beheben.

Die 12 Schürfe wurden ausführlich makromorphologisch beschrieben, beprobt, fotografisch dokumentiert und laboranalytisch untersucht. Dazu wurden von den als Leitprofile angesprochenen Bodenprofilen sowohl Volumen- als auch Gewichtsproben horizontweise entnommen. Die *Volumenproben* wurden als Stechzylinderproben aus der vertikal abgestochenen Profilwand entnommen und dienten vor allem der Bestimmung der Volumenverhältnisse, der Wasserleitfähigkeit und der Lagerungsdichte. *Gewichtsproben* wurden mit Spaten und Messer (etwa 0,5 kg) entnommen, in wasserdichte Beutel verfüllt und luftgetrocknet. Alle nachfolgenden Untersuchungen erfolgten im Labor des Geographischen Instituts der Universität Greifswald.

Die Anlage der *Schürfe* und die *Bohrstocksondierungen* erfolgten ausschließlich auf der landwirtschaftlich genutzten Fläche (LN) als in der Regel reliefdeterminierte Abfolgen von den Kuppen über die konvexen Oberhänge, die gestreckten Mittelhänge und die konkaven Unterhänge bis in die Senken. Damit sollten merkmalskorrelative Zusammenhänge zwischen einzelnen bestimmenden Elementen der Bodendeckenstruktur abgeleitet werden. Sowohl die Boden- als auch die Substrattypologie orientierten sich an der Bodenkundlichen Kartieranleitung (KA 4), deren Substrattypisierung allerdings vereinfacht wurde.

Alle Beschreibungen der Bohrpunktdaten wurden in eine ACCESS-Datenbank übertragen und mit der Bohrpunktkarte verknüpft. Dies ermöglicht jederzeit die Profildaten einzusehen und zu visualisieren. Die umfangreichen Auswertungen punktueller Profildaten und die durch die Geländearbeiten erworbenen regionalpedologischen Kenntnisse ermöglichen die Definition und Charakterisierung von „Leitböden". Leitböden sind solche Böden, die weitflächig verbreitet sind und die Struktur der Bodendecke des Arbeitsgebiets prägen.

Tabelle 2: Die Leitböden des Untersuchungsgebiets

Einschichtige Böden		Zweischichtige Böden			
[bzw. Decke < 3 bzw. > 12 dm mächtig]		Decke 3-7 dm [... / ...]		Decke 7-12 dm [... // ...]	
sBB-LL	[Sand-]Braunerde-Lessivé	s/lLLd	[Sand üb. Lehm-]Bänderparabraunerde	s//lLL	[Sand über tiefem Lehm-] Lessivé
sLLd	[Sand-]Bänderparabraunerde	s/lLL	[Sand üb. Lehm-]Lessivé		
sRQ	[Sand-]Regosol	s/lBB	[Sand üb. Lehm-]Braunerde		
sYK	[Sand-]Kolluvisol	s/lSS-BB	[Sand üb. Lehm-]Pseudogley-Braunerde		
sYK-GG	[Kolluvialsand-]Gley	s/lLL-SS	[Sand üb. Lehm-]Lessivé-Pseudogley		
sBB-GG	[Sand-]Braunerde-Gley				

Die Geländearbeiten bestätigen die komplizierten quartärgeologischen, geomorphologischen und pedologischen Verhältnisse innerhalb des Stauchmoränenkomplexes der „Kühlung". Die Bodenprofilaufnahmen zeigen einerseits, dass oberflächennah nirgends (mehr) typische carbonathaltige Geschiebemergel auftreten. Die Lehm-Substrate sind offensichtlich vorwiegend „flow tills" (lehmige, periglaziär (?) verlagerte und entkalkte Fließerden aus ursprünglichen Geschiebemergeln). Zudem dominieren flächenhaft eindeutig austauscharme und carbonatfreie Sandsubstrate. Die Kalkfreiheit aller oberflächennahen Lockersubstrate unterstreicht die generell geringe Pufferkapazität der Substrate gegenüber eindringenden sauren Sickerwässern. Oft werden die Sande von Lehmen und Sandlehmen unterlagert und bilden damit die weit verbreiteten mehrschichtigen Substrattypen.

Die auf Sanden ausgebildeten Böden gehören vorwiegend zu den Braunerden (sBB) und untergeordnet zu den Lessivés (sLL). Letztere sind meist Bänder(sand)-Parabraunerden (sLLd). Gebietsweise können auf Sanden auch Pseudogley-Braunerden (sSS-BB) flächenhaft verbreitet sein, vor allem bei Hangwasserzuzug in Unterhangposition. Lokal findet man auf Sanden Regosole (sRQ), Kolluvisole (sYK), Gleye (sGG) und punktuell auch Pseudogleye (sSS). Die kleinflächige und untergeordnete Ausbildung von sRQ, sSS-BB, sYK, sGG und sSS kann auf den glazitektonisch begründbaren engräumigen Substratwechsel, vor allem aber auf die reliefabhängige Umverteilung von klastischem Material (sRQ an Kuppen und Oberhängen; sYK in den Dellen und an Unterhängen) und Bodenwasser (Hang- und Grundwasser an Unterhängen und in Dellen (sSS-BB, sGG, sSS) zurückgeführt werden. Sobald sich Geschiebelehm an der Oberfläche befindet, bilden sich regelmäßig Lessivés (hier ausschließlich als Parabraunerden vorkommend = lLL) heraus, die z.T. erosiv gekappt sind. Das sandlehmige Bodenmaterial wird mittels lateraler Bodenprozesse beständig in kleine Hohlformen verfrachtet und bildet dort kleinstflächig frische bis feuchte Kolluvisole meist in ringförmiger Anordnung um Sölle (lYK). Kleinflächig in tiefer Reliefposition vorkommende Geschiebelehme vergleyen unter Grundwassereinfluss (lGG). Sobald sich in geneigtem Gelände am Unterhang auch ein Lehmkolluvium zu bilden vermag, können sich bei tieferem Grundwasser auch Gley-Kolluvisole ausbilden (lGG-YK). In einigen grundwassergeprägten Hohlformen haben sich Niedermoore entwickelt (HN). Wenn diese Niedermoore kolluvial überdeckt werden, müssen diese Böden als „Kolluvisole über Niedermoore" (YK/HN) bezeichnet werden. Diese Gesetzmäßigkeiten der reliefabhängigen Bodendeckenstruktur werden durch ein Bildmodell unterstrichen (Abb. 5).

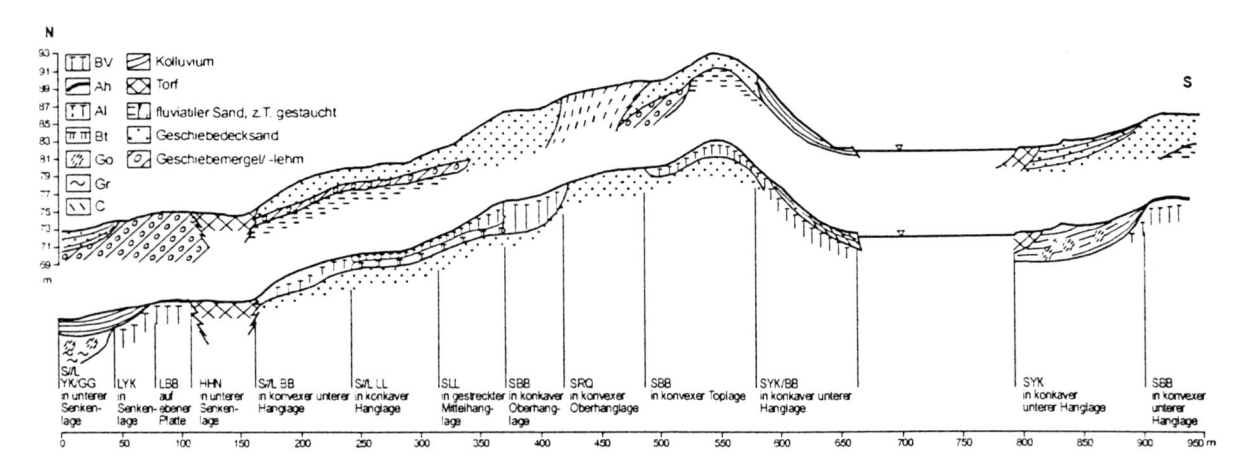

Abb. 5: Reliefabhängige Bodenverbreitung anhand einer Relief-Boden-Sequenz

Insgesamt zeichnet sich auf den Ackerflächen ein Bodenverteilungsmuster ab, das die Kuppen- und Senkenstruktur der Stauchmoränen deutlich nachzeichnet: Die weitflächigen Vorkommen von Sand-Braunerden werden nur in Gebieten mit aufgepresstem oder söhlig lagerndem Geschiebelehm von Lehm-Fahlerden und ihren gekappten oder kolluvial überdeckten Varietäten oder durch Nassböden (Pseudogleye und Gleye) unterbrochen. Es gibt offensichtlich nur eine Bodengesellschaft. Das ist die Braunerde/Parabraunerde/Kolluvisol-Gesellschaft, die hier allerdings ohne Pararendzina als „Begleitbodentyp" vorkommt. Ein besonders eigenartiges Bodenverbreitungsmuster hat sich um die kreisförmigen oder länglichen Hohlformen mit und ohne Wasser herausgebildet (vgl. auch SCHINDLER 1996). Hier ist die Lage zum Grundwasser entscheidend für die auf kurze Entfernungen sich wandelnden Böden. Die Normalabfolge geht von unterschiedlich degradierten Torfböden aus, bildet weiter ringförmige Areale von Moorgleyen über Naßgleye und Normgleye aus, geht weiter zu Gley-Kolluvisolen und Kolluvisolen über und erreicht an den anschließenden Mittelhängen halb- oder anhydromorphe Böden. Alle diese Böden wechseln auf kurze Entfernungen, so dass meist nur ein Bodentyp, bestenfalls zwei kartierbar sind.

Die Kartierergebnisse von Substraten und Böden gestatten eine Beurteilung der boden- und reliefbedingte Erosionsanfälligkeit (Erosionsgefährdung, Erosionsdisposition), der mechanischen Filtereigenschaften der Aerationszone sowie der Kontaminationsempfindlichkeit der Böden. Durch Bodenerosion werden einmal pufferfähige Substrate und Böden vorzugsweise auf Kuppen und an Oberhängen abgetragen und zum anderen die abgetragenen klastischen Materialien – angereichert mit Humus - an Mittel- und Unterhängen sowie in Senken als Kolluvium wieder abgelagert. Dadurch werden Bodenmaterialien flächenhaft umverteilt und damit Filtereigenschaften für Sicker- und Grundwässer verändert. Für die Kontaminationsgefährdung für Sicker- und Grundwässer sind die Abtragungs- und die Akkumulationsbereiche unterschiedlich zu bewerten. Humusreiches Kolluvium erhöht einerseits die potentielle Kationenaustauschkapazität (KAKpot) und befördert die Gesamtfilterwirkung für kolloid- und ionendisperse Stoffe. Die durch Erosion an Humus verarmten Kuppen und Oberhänge vermindern dagegen eine derartige Filterwirkung.

Erosionsbeschleunigende bzw. -dämpfende Faktoren sind Interzeption, Infiltration und Speicherung. Diese werden durch die stabilen Merkmale Hangneigung, Hanglänge und Bodenart geprägt. Demgegenüber sind Bodenbedeckung, Rauhigkeit, Aggregatstabilität, Porenvolumen und Porengrößenverteilung sowie die organische Bodensubstanz variable Merkmale und nur teilweise beeinflussbar. Da die Bodenerosion vorzugsweise auf Ackerflächen wirksam wird, wurde das erosionsbedingte Gefahrenpotential auch nur für diese Flächen eingeschätzt. Dazu wurden die Hangneigungsareale der Ackerflächen mit den unterschiedlichen Bodenarten verschnitten und damit diejenigen Flächen ermittelt, die besonders erosionsanfällig sind und damit langfristig ein entsprechendes Nutzungs-management erfordern. Diese Flächen bedürfen entweder einer

- nachhaltigen ackerbaulichen Bewirtschaftung mit dem Ziel der verstärkten Humusbildung und Verbesserung des Krümelgefüges, der Aggregatstabilität, des Bodenlebens etc. als Beitrag zur Erhöhung des bodeninternen Erosionswiderstands und der Verbesserung der Gesamtfilterwirkung oder einer
- Umwidmung von Acker- in extensives Grünland zur dauerhaften Unterbindung bzw. Reduzierung der nutzungsbedingten Bodenerosion und der Reduzierung der Kontaminationsgefahr des Grundwassers durch Schadstoffe.

Unter den Filtereigenschaften der Böden versteht man deren Fähigkeit, gelöste oder suspendierte Stoffe vom Transportmittel (Sickerwasser) zu trennen und dadurch die suspendiert oder gelöst im Sickerwasser vorkommenden Wasserschadstoffe herauszufiltern und an die Kolloidbestandteile des Bodens zu binden. Derartige Schadstoffe können u.a. bestimmte Öle, Fette, Huminstoffe usw., anorganische Stoffe (Tonkolloide, Eisen- und Mangan-Hydroxide) sowie Mikroorganismen sein. Die mechanischen Filtereigenschaften hängen vor allem von der Wasserdurchlässigkeit, der Lagerungsdichte und der Grobporenverteilung des Bodens ab. Deshalb wurde aus der horizontweisen Erfassung der Bodenart bis zu einer Tiefe bis zu 12 dm in einem mehrstufigen Prozess der kf-Wert für den jeweiligen Substrattyp ermittelt. Der umfangreiche Rechenprozess ist im ausführlichen Gutachten dokumentiert (BILLWITZ et al. 2000). Die Aerationszone (gaserfüllter Porenraum über der Grundwasseroberfläche), in der die Filterprozesse stattfinden, reicht allerdings meist tiefer. Bodenartenangaben dafür liegen aber nicht vor. Deshalb wurden die hier dargelegten Bewertungsergebnisse der oberen 12 dm mit dem errechneten Grundwasserflurabstand gemeinsam kartographisch dargestellt. Als Ergebnis dieser gemeinsamen Darstellung liegt die modellierte potentielle Kontaminationsgefährdung des Grundwassers (vor allem durch Nitratstickstoff auf der Grundlage der Wasserleitfähigkeit der oberen Bodenschichten) in Kopplung mit dem Grundwasserflurabstand vor. Die Interpretation gestaltet sich schwierig, weil beide Sachverhalte gedanklich miteinander in Beziehung gesetzt werden müssen: Das hohe oder niedrige Filtervermögen der oberen Bodenschicht wird als hohe oder niedrige Kontaminationsgefährdung durch transportfähige bzw. wasserlösliche Substanzen wirksam. Der Grundwasserflurabstand repräsentiert zugleich die Aerationszone, in der sich ebenfalls mechanische Filtervorgänge abspielen. Großer Grundwasserflurabstand und hohes Filtervermögen des Oberbodens sind daher besonders günstig für den Schutz der Grundwasserressourcen zu beurteilen, wohingegen geringer Grundwasserflurabstand und geringes Filtervermögen besondere Gefährdungen für das Grundwasser wahrscheinlich machen.

Da sich Grundwasser aus dem Sickerwasser des jeweiligen Grundwassereinzugsgebiets speist, bestimmt der Boden mit seinen einzelnen Bestandteilen als „Reaktor" die Art der Prozesse in der Bodenlösung während der Bodenpassage. Viele Bodenbestandteile liegen als mehr oder weniger leicht lösliche Salze vor, sind adsorbiert bzw. austauschbar an der Oberfläche von anorganischen oder organischen Adsorbentien gebunden, befinden sich in schwer austauschbarer Form in den Zwischenschichten von Tonmineralen, sind in die organische Substanz oder immobil als Gitterbaustein in Silicaten eingebaut oder okkludiert im Innern von Eisen- und Manganoxiden. Diese Bodenbestandteile sind während der Bodenpassage des Sickerwassers einer Vielzahl von Prozessen ausgesetzt. Das sind Lösungs-, Mobilisierungs- und Nachlieferungsprozesse, Immobilisierungs- oder Festlegungsprozesse (Fixierung von Stoffen in leicht, schwer oder nicht-pflanzenverfügbarer Form), Austauschprozesse (Desorption, Adsorption), Humifizierungs- und Mineralisierungsprozesse usw. Viele der gelösten, ausgetauschten und umgesetzten Ionen werden mit dem Sickerwasser nach unten verlagert und z.T. aus dem Wurzelraum ausgewaschen. Sie finden sich teilweise im Grundwasser wieder und bestimmen dessen Qualität. Zur exakten Bestimmung der pro Flächeneinheit ausgewaschenen Ionen würde man Zeitreihen der Sickerwassermengen und -inhaltsstoffe für unterschiedliche Tiefen unterhalb des Wurzelraumes benötigen. Derartige Angaben sind nur im Rahmen umfassender Forschungsprogramme beizubringen. Deshalb wurde versucht, aus den verfügbaren Unterlagen zu Substrat und Boden ansatzweise die areal unterschiedlichen Austauscheigenschaften der Böden zu bestimmen und daraus die Kontaminationsempfindlichkeit des Grundwassers abzuleiten. Dazu wurde die potentielle Kationenaustauschkapazität (KAKpot) für die Bodenarten, die Substrate und Substratgruppen sowie für die Substrattypen ermittelt und dabei vor allem auf die naturgesetzlichen Abhängigkeiten zwischen KAKpot und spezifischer Oberfläche und Teilchengröße der mineralischen Bodenbestandteile orientiert. Andere Einflussgrößen (pH-Wert, Humusgehalt usw.) wurden hierbei nicht berücksichtigt. Die erhaltenen Werte wurden hinsichtlich der potentiellen Kontaminationsgefährdung des Grundwassers interpretiert, in fünf unterschiedlichen Stufen ausgewiesen und kartographisch dargestellt. Organogene Substrate wurden als austauschstarke Substrate und demzufolge als gering kontaminationsgefährdet eingeschätzt. Sandsubstrate sind austauschschwach, demzufolge stark kontaminationsgefährdet. Die erarbeitete Karte offenbart hinsichtlich der KAK-abhängigen Kontaminationsgefährdung eine starke Heterogenität des Untersuchungsgebiets (vgl. Abb. 6).

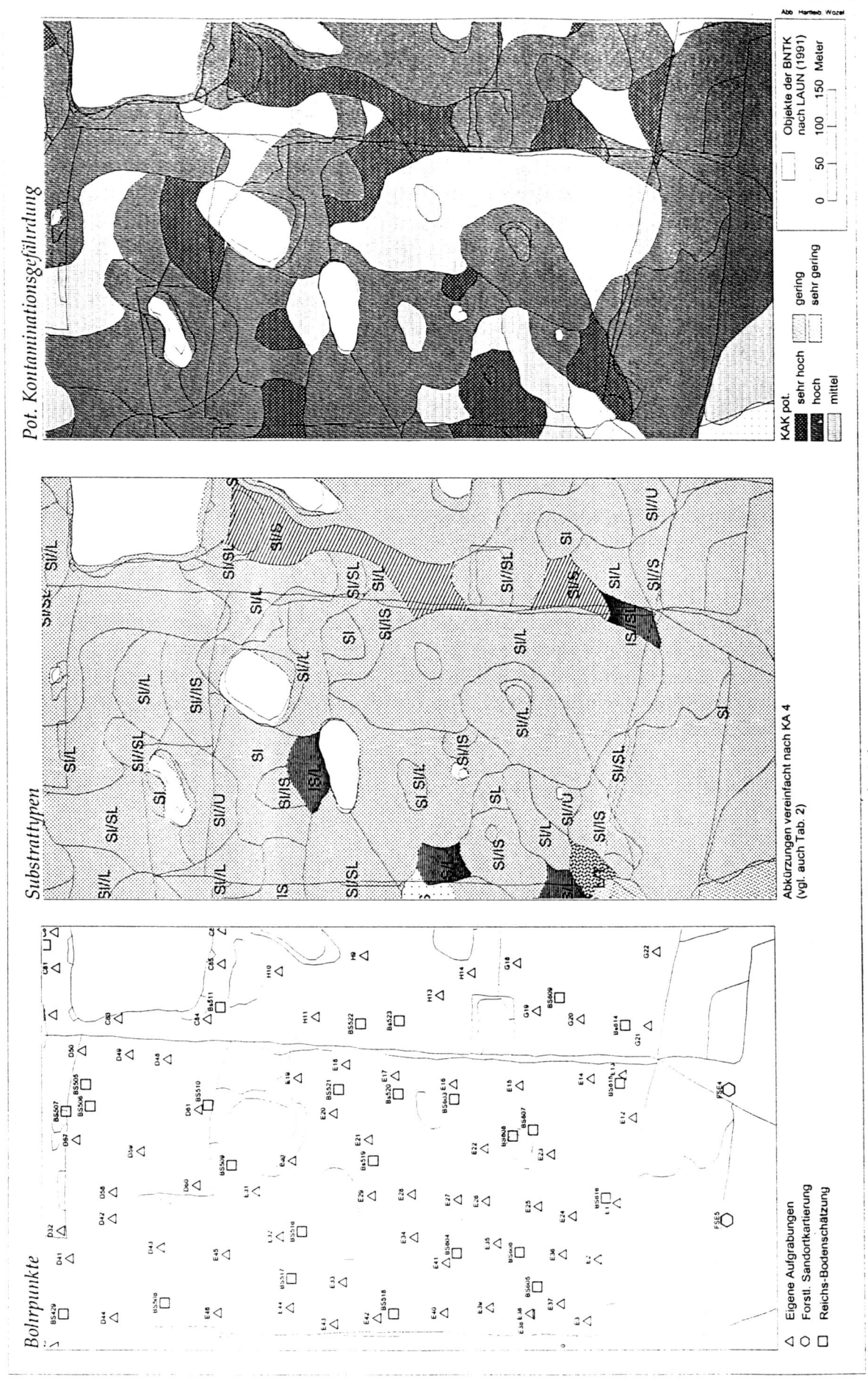

Abb. 6: Bohrpunkte und ausgewählte Bodenparameter (Kartenausschnitt)

6 Landnutzungsanalyse und -diagnose

Die Landnutzungsanalyse und -diagnose erfolgte im Institut für Landschaftsplanung und Landschaftsökologie der Universität Rostock. Dabei ist die landwirtschaftliche Nutzung von besonderer Bedeutung, da sie im Untersuchungsgebiet den größten Flächenanteil einnimmt. Wegen der vielfältigen Einflüsse auf die Standortbedingungen insbesondere auf das Grund- und Oberflächenwasser, war es zweckmäßig, die Landnutzung zeitlich soweit wie möglich zurückzuverfolgen. Von Interesse waren dabei Schlageinteilungen, praktizierte Fruchtfolgen sowie spezifische Angaben zur Bewirtschaftung (vor allem Düngung, Pflanzenschutz, Ernteergebnisse). Außerdem waren Meliorationsanlagen und ihre Instandhaltungsmaßnahmen, die Lagerung und Ausbringung von Stalldung, Jauche, Gülle und Silosickersaft sowie die Abwasserentsorgung im Siedlungs- und Landtechnikbereich von Bedeutung. Von Einfluss auf das Grundwasser sind auch die Behandlung der Verkehrsflächen (vor allem mit Tausalzen) sowie Art und Umfang von Bodenversiegelungen und andere im Gebiet vorkommende Flächennutzungen.

Die Erfassung der *Landnutzung* erfolgte auf der Grundlage von modernen und historischen topographischen Karten (u.a. WIEBEKING'sche Karte 1786, SCHMETTAU'sche Karte 1788, Luftbilder 1953, 1991, 1995, Biotop- und Nutzungstypenkarten mit dem Erfassungsstand 1991 (LANDESAMT FÜR UMWELT UND NATUR M-V 1995a), Schlagkarteien der Landwirte; spezifische Angaben zur Bewirtschaftung (einschließlich Düngung/Pflanzenschutz und Ernteergebnisse), Meliorationsprojekte, Geländekartierungen, Befragungen vor Ort.

Wesentliche Eingriffe in den Landschaftswasserhaushalt gab es in den vergangenen 35 Jahren durch intensive und komplexe Meliorationsmaßnahmen. Die Wasserverhältnisse des Einzugsgebietes des Ivendorfer Grabens wurden z.B. entscheidend verändert, wobei abflusslose Senken bzw. benachbarte Einzugsgebiete an das verrohrte Vorflutsystem angeschlossen wurden. Das großflächige Vorflut- und Dränprojekt Glashagen (PROJEKTIERUNGSUNTERLAGEN 1988) wurde dagegen nicht realisiert.

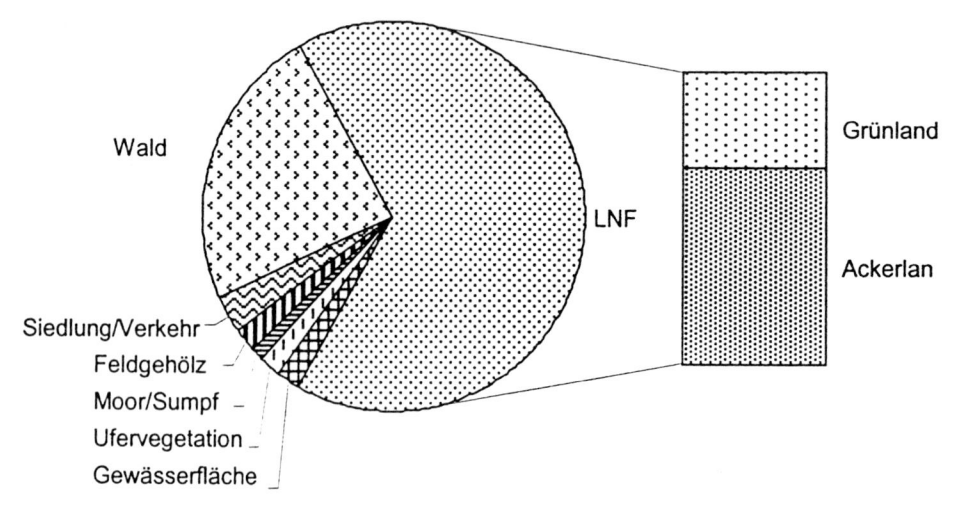

Abb. 7: Landnutzungsverteilung der Hauptnutzungsarten im Untersuchungsgebiet

Für die Analyse der aktuellen Nutzung lag die *Biotop- und Nutzungstypenkartierung* (1:10.000) auf digitaler Basis vor. Außerdem wurde die landwirtschaftliche Nutzung der letzten Jahre gesondert erhoben. Aus diesen Unterlagen konnten die Hauptnutzungsarten wie Wald (24 %), LNF (66 %, davon 1/3 Grünland und 2/3 Ackerland), Gewässerfläche (2 %), Ufervegetation (2 %), Moor/Sumpf (1 %), Feldgehölz (2 %), Siedlungsfläche/Verkehr (3 %) flächenscharf entnommen werden.

Die landwirtschaftliche Nutzung hat sich in den vergangenen Jahren in ihren grundsätzlichen großfeldrigen Nutzungsstrukturen trotz Eigentumswandel und anderen Wirtschaftsbedingungen nicht wesentlich geändert. Einen Wandel gab es vor allem dort, wo sich landwirtschaftliche Großbetriebe verkleinerten und Wieder- bzw. Neueinrichter die Bewirtschaftung übernahmen und diese zum Teil auch wieder kleinere Schlageinheiten einführten. Im Untersuchungsgebiet arbeiten heute wieder 11 landwirtschaftliche Betriebe.

In den letzten Jahren zeigten sich allerdings merkbare Veränderungen im Anbauspektrum der Fruchtarten, die heute im wesentlichen nicht mehr nach acker- und pflanzenbaulichen Gesichtspunkten, sondern fast ausschließlich nach ökonomischen Kriterien wie Absatz, Gewinn oder Förderung ausgewählt werden. Weitere Veränderungen ergeben sich besonders aufgrund von Flächenstillegungen sowie durch Umnutzung in Bauland. Die wichtigsten Fruchtarten sind Wintergetreide (Weizen, Gerste), Winterraps sowie Mais. Der Zwischenfrucht- und Leguminosenanbau spielt keine oder nur eine untergeordnete Rolle.

Die *Belastungsanalyse* ermittelte alle im Untersuchungsgebiet feststellbaren aktuellen und potentiellen Belastungen für das Grundwasser, wobei sich dies ausschließlich auf die Erfassung und Bewertung qualitativer Merkmale bezog. Zu den *punktuellen Belastungsquellen* der Landwirtschaft gehören Stallanlagen, Technik- und Reparaturstützpunkte, Tankstellen, Dünger- und Pflanzenschutzmittellager sowie Feldsilos. Im Siedlungsbereich belasten die Abfalllagerung und -beseitigung, die Abwasserbehandlung sowie ehemalige militärische Einrichtungen die Landschaft punktuell. Zu den *linienförmigen Belastungsquellen* gehören belastete Fließgewässer, Verkehrswege, die Art der Entwässerung und der Gewässerunterhaltung. Zu den *diffusen Belastungsquellen* werden Gülle- und Stalldung-ausbringung, Düngung, Pflanzenschutzmittelanwendung gerechnet. Die Atmosphäre trägt mit „saurem Regen" und Nährstoffeintrag zur diffusen Belastung bei.

Die Abwasserentsorgung ist heute kaum noch ein Problem für eine eventuelle Grundwasserverschmutzung. Neuere zentrale, Gemeinschafts- oder Kleinkläranlagen sowie funktionsfähige Trennanlagen gewährleisten heute eine effektive Reinigung des anfallenden Abwassers. Der Schlamm aus diesen Anlagen wird meistens einmal jährlich durch Fäkalienwagen abgepumpt und in der Kläranlage entsorgt. Das anfallende Regenwasser wird in der Regel mit dem in Kleinkläranlagen gereinigten Abwasser dem nächstgelegenen Teich oder Graben zugeführt oder auf den Grundstücken versickert. Auch die Abfallbeseitigung erfolgt über eine Straßenrandentsorgung zentral zu offiziellen Deponieplätzen. Wilde Siedlungsmüllkippen wurden nicht festgestellt. Um Havarien mit Gefahrgütern auf der Straße abzuwehren, bedarf es an der Landesstraße 13 einer Schutzbeplankung und einer Ableitung des Straßenabflusses aus dem Einzugsgebiet heraus. Sanierungsmaßnahmen machen sich bei der derzeit noch geläufigen Praxis der Lagerung und Ausbringung von Fäkalschlamm, der Lagerung von Stallmist auf befestigten und unbefestigten Plätzen und bei Silage-Anlagen erforderlich.

Hauptbelastungsstoffe für das Grundwasser können dagegen Stickstoffverbindungen sein, die einerseits als nasse und trockene atmosphärische Deposition und andererseits aus der landwirtschaftlichen Düngung auf den Boden und von dort in den Sickerwasserpfad gelangen. Der größte Teil des Bodenstickstoffs ist an die organische Substanz gebunden und kann aus dieser Bindung nur durch mikrobielle Umsetzungen in die mineralische Stickstoffform (Ammonium- und Nitrat-N) überführt werden. Beeinflusst werden diese Prozesse durch vielfältige Bewirtschaftungseingriffe in Form von organischer und mineralischer Düngung, Pflanzenanbau, Bodenbearbeitung und auch durch hydromeliorative Maßnahmen (vgl. ANONYMUS 1991, SCHMIDT & ELLMER 1994).

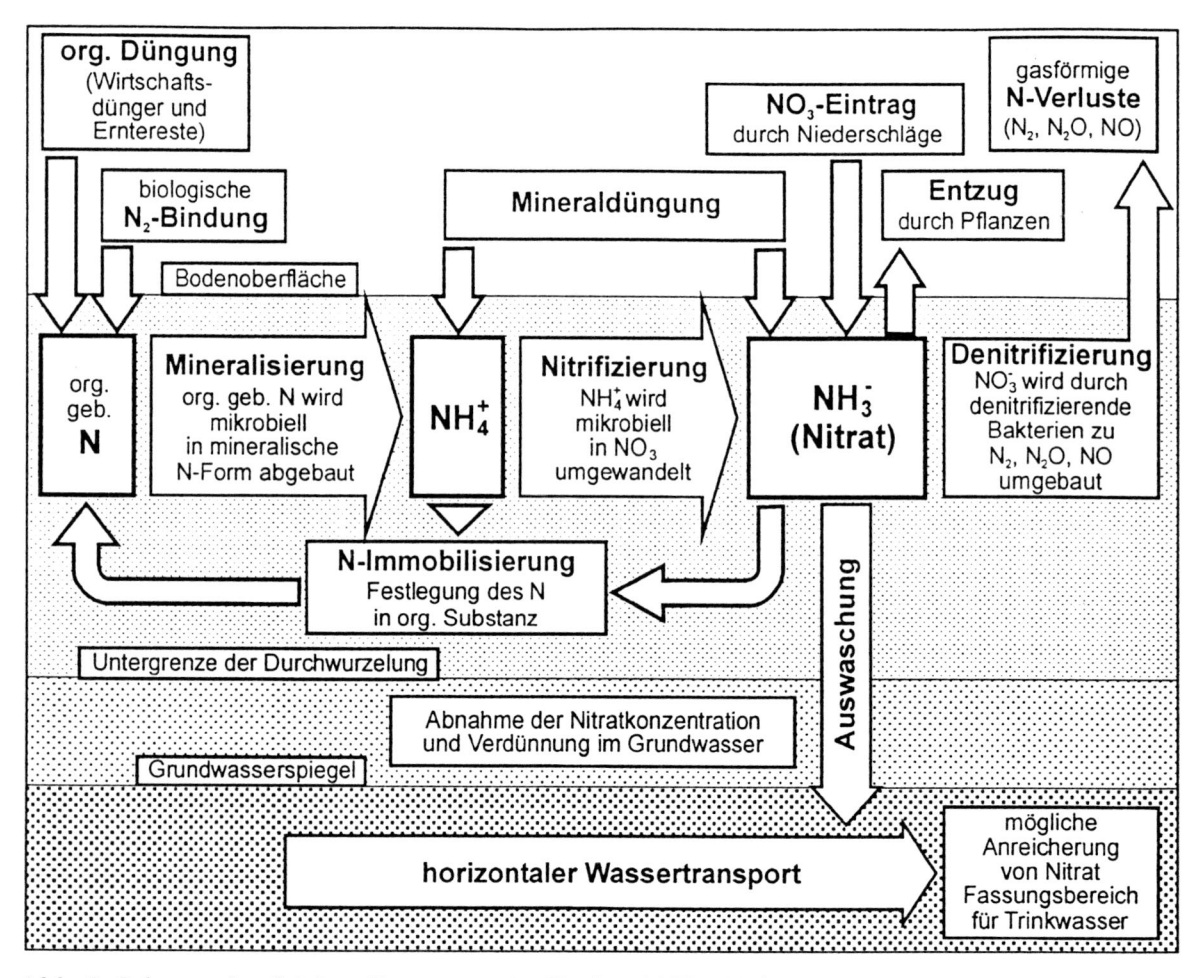

Abb. 8: Schema des Stickstoffumsatzes im Boden (AID 1991)

Der Stickstoffaustrag ins Grundwasser wird von der Bewirtschaftung der Flächen und vor allem von den Faktoren Fruchtart und Düngung beeinflusst. Der jeweiligen Fruchtart kommt bei der Minimierung des Nitrataustrages eine besondere Bedeutung zu, da sie zum einen durch die Aufnahme von Nitrat aus der Bodenwasserlösung das auswaschungsgefährdete Nitratpotential vermindert und zum anderen durch die Transpiration die Menge des Wassers im Boden verringert. Besonders wichtig sind dabei Fruchtarten, die über Winter und im zeitigen Frühjahr den Witterungsbedingungen entsprechend Wasser und Nährstoffe aufnehmen können, d.h. Grünland, Wintergetreide, Winterraps und Winterzwischenfrüchte.

Die landwirtschaftliche Nutzung muss deshalb auf o.g. Kulturarten orientiert werden, wenngleich auch ökonomische Zwänge (Förderung, Agrarpreise) dem manchmal entgegen stehen. Auch über die richtige Höhe und über den Zeitpunkt der Stickstoffgaben kann erreicht werden, dass nur soviel Stickstoff zugeführt wird, wie die Pflanze benötigt und aufnehmen kann (Precision Farming).

Dementsprechend wäre also einerseits ein fruchtartenspezifischer „Vertragsackerbau" und/oder eine generelle Umstellung auf extensive Grünlandnutzung sowohl für die quantitative als auch für die qualitative Grundwasserneubildung von Vorteil. Zugleich machen sich für den Schutz von Zulaufpositionen und Ackerhohlformen landeskulturelle Maßnahmen (Einrichtung von Puffer- und Filterzonen) erforderlich.

7 Schlussfolgerungen

Im Ergebnis der Untersuchung, in die umfangreiche Geländearbeiten zur Boden- und Relieferkundung, Luftbildinterpretationen sowie Nutzungskartierungen ebenso eingingen wie GIS-gestützte Modellierungsarbeiten, konnte herausgearbeitet werden, dass in dem etwa 500 ha-Einzugsgebiet neben punktuellen Sanierungsaufgaben vielfältige andere Management-Maßnahmen erfolgen müssen.

Da die flächenhaft dominierenden sandigen Böden mit ihrer geringen Kationenaustauschkapazität eine Kontaminationsgefährdung des Grundwassers nicht ausschließen können und auch die Reliefausprägung mit der Sammlung und möglichen „Versinkung" von kontaminierten Bodenwässern nicht beeinflussbar ist, läuft schließlich alles auf solche Landnutzungsformen hinaus, die derartige Stoffauswaschungen minimieren: Auf einen düngungsextensiven fruchtartenspezifischen Ackerbau mit Fruchtfolgen mit hohem Anteil an Zwischenfrüchten und Stoppelsaaten sowie mit Verzicht auf Hackfrüchte, auf eine weitere flächenhafte Reduzierung des Ackerlands und Erweiterung extensiver Grünlandnutzung. Insbesondere bedürfen die vielen landschaftstypischen Senken, Moor- und Wasserlöcher im Einzugsgebiet, die als Sammelbereiche für Bodenmaterial und Humus, für Nährstoffe und Wasser gelten, einer Nutzungsumwidmung und eines besonderen Managements durch Einrichtung von Grün-Puffern und Barrieren. Bauliche Vorsorge ist auch bei der das Einzugsgebiet berührenden Landesstraße 13 angebracht. Alle diese Maßnahmen zielen auf eine vorsorgliche Reduzierung der Stoffauswaschung in den Untergrund ab.

Die erfolgreiche Bearbeitung des Auftrags machte die Spezifik von geoökologisch ausgerichteter Auftragsforschung deutlich. Es bedarf einer wissenschaftlich interessanten und fachspezifischen Aufgabenstellung mit möglichst längerfristigen Terminen und einer Verkopplungsmöglichkeit von Vorerkundung, Gelände-, Labor- und GIS-Arbeit sowie von Fernerkundung, einer entsprechenden technischen Ausstattung der Universität und einer günstigen Erreichbarkeit des Forschungsobjekts.

Literatur

AG Boden (1994): Bodenkundliche Kartieranleitung. 4. Aufl., 392 S., Hannover

AID (1991): Nitrat in Grundwasser und Nahrungspflanzen. Heft 1136, Bonn

ANONYMUS (1991); Nitratversickerung im Kreis Vechta: Simulation und ihr Praxisbezug. Endbericht zum BMFT-Projekt „Intensivlandwirtschaft und Nitratbelastung des Grundwassers im Kreis Vechta" [= Berichte aus der Ökologischen Forschung, Bd. 3], Forschungszentrum Jülich GmbH, 294 S.

BILLWITZ, K. (1991): Rezente Geomorphodynamik im Jungmoränengebiet Vorpommerns und Wege ihrer Erkundung. – In: Z. Geomorph. N. F.; Suppl.-Bd. 89; Berlin-Stuttgart, 8-20.

BILLWITZ, K., HARTLEIB, J., JANZEN, K., KLINGENBERG, U. PETERS-OSTENBERG, E. & M. WOZEL (2000): Bodenschutzkonzept Glashäger Brunnen GmbH. Unveröff. Gutachten, Geographisches Institut Universität Greifswald, Institut für Landschaftsplanung und Landschaftsökologie Universität Rostock und Glashäger Brunnen Bad Doberan.

DVWK (1990): Methodensammlung zur Auswertung und Darstellung von Grundwasserbeschaffenheitsdaten. – Schriftenreihe des DVWK, H. 89, Parey: Hamburg und Berlin.

HARTLEIB, J. (1999): Kartierung von Relief und reliefabhängiger Feuchteverteilung eines Ausschnitts aus dem Stauchmoränengebiet der Kühlung. Diplomarbeit am Geographischen Institut der Univ. Greifswald.

LANDESAMT FÜR UMWELT UND NATUR M-V (1995a): Biotoptypenkartierung durch CIR-Luftbildauswertung in M-V. - Schriftenreihe des LAUN M-V, Heft 1, Gülzow-Güstrow, 100 S.

PROJEKTIERUNGSUNTERLAGEN (1988): Dränung Glashagen 1, PB 52, Projektnummer 31/01/ME/4305/88; Projektierungsbereich West, Meliorationskombinat Rostock.

SCHINDLER, U. (1996): Untersuchungen zum Wasserhaushalt kleiner Binneneinzugsgebiete mit Söllen im Norddeutschen Jungmoränengebiet am Beispiel des „Breiten Fenn", - In: Naturschutz und Landschaftspflege in Brandenburg – Sonderheft Sölle, 5., 39-43.

SCHMIDT, O. & F. ELLMER (1994): N- und C-Gehalte in tieferen Bodenschichten auf einem konventionell genutzten Ackerstandort. – In: Ökolog. Hefte d. Landw.-Gärtn. Fakultät HU-Berlin, H. 1, 51-58.

Autoren:

Prof. Dr. Konrad Billwitz
Geographisches Institut der Ernst-Moritz-Arndt-Universität Greifswald
Friedrich-Ludwig-Jahn-Straße 16, D- 17487 Greifswald
e-mail: billwitz@uni-greifswald.de

Dipl. Geogr. Jörg Hartleib
Geographisches Institut der Ernst-Moritz-Arndt-Universität Greifswald
Friedrich-Ludwig-Jahn-Straße 16, D- 17487 Greifswald
e-mail: hartleib@uni-greifswald.de

Matthias Wozel
Geographisches Institut der Ernst-Moritz-Arndt-Universität Greifswald
Friedrich-Ludwig-Jahn-Straße 16, D- 17487 Greifswald
e-mail: wozel@web.de